AF574897

Natürliche und pflanzliche Baustoffe

Gerhard Holzmann • Matthias Wangelin
Rainer Bruns

Natürliche und pflanzliche Baustoffe

Rohstoff - Bauphysik - Konstruktion

2., akt. und erw. Aufl. 2012

Ing. Gerhard Holzmann
Welden
Deutschland

Dr. Rainer Bruns
Papenburg
Deutschland

Dipl.Ing. Matthias Wangelin
Kassel
Deutschland

ISBN 978-3-8348-1321-3
ISBN 978-3-8348-8302-5 (eBook)
DOI 10.1007/978-3-8348-8302-5

Die Deutsche Nationalbibliothek verzeichnet diese Publikation in der Deutschen Nationalbibliografie; detaillierte bibliografische Daten sind im Internet über http://dnb.d-nb.de abrufbar.

Springer Vieweg
© Vieweg+Teubner Verlag | Springer Fachmedien Wiesbaden 2012
Das Werk einschließlich aller seiner Teile ist urheberrechtlich geschützt. Jede Verwertung, die nicht ausdrücklich vom Urheberrechtsgesetz zugelassen ist, bedarf der vorherigen Zustimmung des Verlags. Das gilt insbesondere für Vervielfältigungen, Bearbeitungen, Übersetzungen, Mikroverfilmungen und die Einspeicherung und Verarbeitung in elektronischen Systemen.

Die Wiedergabe von Gebrauchsnamen, Handelsnamen, Warenbezeichnungen usw. in diesem Werk berechtigt auch ohne besondere Kennzeichnung nicht zu der Annahme, dass solche Namen im Sinne der Warenzeichen- und Markenschutz-Gesetzgebung als frei zu betrachten wären und daher von jedermann benutzt werden dürften.

Lektorat: Dipl.-Ing. Ralf Harms | Annette Prenzer

Gedruckt auf säurefreiem und chlorfrei gebleichtem Papier

Springer Vieweg ist eine Marke von Springer DE.
Springer DE ist Teil der Fachverlagsgruppe Springer Science+Business Media
www.springer-vieweg.de

Vorwort

Mit dieser erweiterten Auflage von „Natürliche und pflanzliche Baustoffe“ haben wir das Gebiet der Faserpflanzen um die Bambusaufbereitung und das Reetdach ausführlich ergänzt. Außerdem schufen wir einen umfassenden Überblick zu den aktuell immer wieder diskutierten, flüchtigen Schadstoffen in der Raumluft und fügten ein neues Kapitel rund um Färberpflanzen ein.

Das neue Kapitel der Färberpflanzen erläutert Ihnen wie gewohnt die botanische Einteilung, die Kultivierungsgeschichte sowie den Anbau und den Nutzen von Pflanzen aus denen Farbstoffe gewonnen werden. Allerdings ist der Einsatz von bautechnisch nutzbaren Farben und Lacke gerade in Europa äußerst zurück gegangen und nur noch selten vorhanden, weshalb nur wenige Bilder von Herstellungsverfahren aufgezeigt werden können und im Gros eher andere Einsatzgebiete, wie die genannte Textilfärbung, angesprochen werden. Nach langer Recherche kann man im Grunde nur noch einen Hersteller in Deutschland nennen, der Pflanzenfarbstoffe aktiv und beständig nutzt und hier auch hauptsächlich den Krapp, die Indigopflanze sowie den Wau (Reseda) einsetzt.

Allgemein können Farbstoffe aus Pflanzen wahrscheinlich den Farbstoffbedarf der Welt nicht mehr vollständig decken. Nicht von der gewünschten Menge und schon gar nicht aufgrund der gewünschten günstigen Preise. Produkte aus der Natur bedürfen oftmals viel Handarbeit und auch wesentlich mehr Zeit. Die Pflanzen müssen angebaut und gepflegt werden, geerntet und aufbereitet, da bleibt ein höherer Personalbedarf oder anderes, das Mehrkosten mit sich bringt, nicht aus. Das heißt, dass Farben aus Färberpflanzen, die im besten Falle umweltgerecht und ohne den Einsatz von künstlichem Dünger u.ä. angebaut werden, unvermeidbar um einiges teurer sind als die synthetischen Produkte aus dem Labor.

Allerdings produziert man bei Produkten aus Pflanzen allgemein betrachtet keinen echten Abfall und schon gleich gar keinen Sondermüll, sofern keine entsprechenden Zusatzstoffe beigemengt werden. In der synthetischen Farbherstellung sieht das oftmals ganz anders aus, wie z. B. ein bekanntes Testmagazin 1987 aufdeckte. Die Journalisten stellten damals fest, dass man zur Herstellung von 100 kg des rot färbenden und künstlich hergestellten Azofarbstoffes „Benzopurpurin 4 B“ nicht weniger als 82 kg Nebenprodukte erzeugt und sage und schreibe 668 kg Abfall produziert. Erschreckende Zahlen, vor allem dann, wenn man sieht, dass die über 650 kg Abfälle direkt auf Sondermülldeponien oder zur Verbrennung transportiert werden. Blickt man noch tiefer in die Geschichte der synthetischen Farbherstellung, so sieht man, dass seit dem ersten künstlich hergestellten Farbstoff fortlaufend akute Umweltverschmutzungen stattfanden. Flüsse und Landschaften wurden vergiftet, Mensch und Tier nicht nur gesundheitlich gefährdet, sondern schlicht geopfert. Vieles liest man erst dann, wenn schon lange Gras über die Angelegenheit gewachsen ist, wenn die Zerstörung schon geschehen ist und die Rettung unmöglich.

Wie oben geschildert ist es kaum möglich, mit Pflanzenfarbstoffen den Bedarf der gesamte heutigen Weltbevölkerung zu befriedigen, jedoch gibt es einige Bereiche, für die die Reaktivierung der Pflanzenfarbstoffnutzung durchaus sinnvoll ist. Nicht wenige Baubiologen und selbst Mediziner weisen mittlerweile auf schädliche Ausdünstungen in Wohn- und Aufenthaltsräumen hin. Synthetische Lacke, Farb- und Anstrichmittel zählen neben einigen anderen Kunstprodukten zu den Hauptauslösern von steigenden Allergiekrankheiten, bis hin zur immer mehr verbreiteten, sogenannten vielfachen Chemikalienunverträglichkeit (MCS Multiple Chemical Sensitivity). Menschen, die unter solchen Krankheiten leiden, können sich schon heute in sehr vielen Bereichen des öffentlichen Lebens gar nicht mehr aufhalten und die Anzahl dieser Menschen ist hierbei auch nicht gering. Man geht davon aus, dass in den Industriestaaten um die 15 % der Bewohner an MCS erkrankt sind und das ist nur eine von vielen Krankheiten im Zusammenhang mit Umweltgiften.

Rathäuser, Schulen, Kindergärten, Konzertsäle, Opernhäuser, Umkleidekabinen von Schwimmhallen und viele andere Orte, im speziellen die, die zwischen den 60er und 80er Jahren erbaut wurden, sind oft dermaßen giftig, dass sie gesperrt und äußerst aufwändig saniert werden müssen, bevor sich wieder Menschen darin aufhalten können. Schuld hieran sind vor allem flüchtige Substanzen die aus Produkten wie z. B. Lacke, PVC-Beläge, Laminate und vielen anderen Kunstprodukten aber auch frischen Naturprodukten, ausgasen. Leider gibt es in Deutschland noch keine vorsorglichen Untersuchungen in diesen Gebäuden. Eine Prüfung der möglicherweise vorhandenen Raumluftgifte erfolgt grundsätzlich erst bei einem begründeten Verdacht und somit leider auch erst nachdem es die ersten Opfer gegeben hat. Was genau schädliche, flüchtige Substanzen sind, erfahren Sie im Kapitel 3, „Chemische Grundlagen zu Baustoffen".

Neben den Färberpflanzen und den Schadstoffen erläutert dieses Werk nun auch, wie oben angegeben, die Kultivierung und Weiterverarbeitung von Bambus zu Parketten und zu einem Hartholzersatz, der aufgrund seiner Härte und Widerstandsfähigkeit durchaus mit den härtesten Hölzern aus den Tropen vergleichbar ist. Da der Bambus auch sehr schnell wächst und theoretisch in unendlichen Mengen verfügbar ist, wäre dies eine mögliche Variante, die Regenwälder künftig zu schonen. Ich bin für Sie durch mehrere chinesische Provinzen gereist um Ihnen ein möglichst vollständiges Bild zur Bambusaufbereitung aufzeigen zu können. Werfen Sie einen Blick in das Kapitel 5.1 und sehen Sie selbst, welch wunderbarer Baustoff Bambus ist.

Auch bei dieser Erweiterung gilt, wir haben das Rad nicht neu erfunden, sondern versucht, die wichtigsten Punkte aus den vorgenannten Themengebieten durch möglichst viele aktuelle Informationen, die vor Ort bei den Landwirten, in den Aufbereitungsstätten und bei den Verarbeitern abgerufen wurden und den bedeutendsten Literaturen hierzu zusammen zu fassen. All diejenigen, die sich noch tiefer in die Themen einarbeiten wollen, denen sei ein Blick in das Literatur- und Quellverzeichnis nahegelegt. Ich denke, es wäre nicht unverhältnismäßig, wenn ich schreibe, dass jedes Einzelne dieser fabelhaften Schriftstücke, in höchstem Grade empfehlenswert ist. Gerne stehe ich Ihnen persönlich auch direkt für weiterführende Fragen zur Verfügung. Senden Sie hierzu einfach eine E-Mail an die in der Autorenvorstellung angegebenen Adresse.

Sie sehen, es gibt einmal mehr zahlreiche Gründe, wieder häufiger auf die nachwachsenden, und vor allem gesundheitlich zumeist unbedenklichen, Pflanzenrohstoffe zu blicken. Denn selbst der günstigste Einkaufspreis, ist nicht in der Lage, die Gesundheit zu bezahlen. Jedes noch so billige Kunststoffprodukt ist im Grunde viel zu teuer für uns Menschen. Denn, von der Wiege zur Bahre, lässt am Ende auch die Frage aufkommen, wohin mit der gefüllten Bahre?

In diesem Sinne schließe ich auch dieses Vorwort mit den Worten: „Nicht von der Wiege zur Bahre sondern von der Wiege zur Wiege, damit Sie alle auch in hohem Alter noch tief ein- und ausatmen können."

Danksagung

Auch für diese zweite, erweiterte Auflage habe ich etwas mehr als ein Jahr recherchiert, jede Menge Literatur, Prüfzeugnisse und Manuskripte durchgearbeitet und viele Menschen befragt. Daher gilt gleich der erste Dank diesen vielen wunderbaren Fachautoren, die dafür sorgten, dass das Wissen um die Pflanzenrohstoffe nicht verloren gegangen ist. Lesen und Fragen war die eine Seite, die andere waren einmal mehr viele tausende Kilometer, die ich in Deutschland und China gereist bin um möglichst viele aktuelle Informationen für Sie zu erhalten. Auch hier sind mir viele Menschen begegnet die mir geholfen haben. Diese alle aufzulisten würde weit über den zur Verfügung stehenden Rahmen einer Danksagung reichen, daher nachfolgend namentlich aufgeführt, diejenigen Personen die mir in ganz besonderem Maße geholfen haben. Ich hoffe auf das Verständnis der Menschen, die ich hier nun nicht nennen kann, auch Ihnen bin ich natürlich sehr dankbar und auch wenn Sie hier nun nicht stehen, in meinem Herzen stehen Sie ganz sicher.

Herzlichen Dank an:

- Dipl.-Ing. **Ralf Harms** und das gesamte Team des Vieweg + Teubner Verlags
- Malermeister **Wolfgang Feige**
- Dipl. Ing. **Wolfgang Schäffer**
- **Jian Zhou**; Huzhou Sunrise Company (cordial thanks for everything)
- **Xu Xu**; Panda Bambus Parkett
- Dr. **Hermann Fischer**; AURO Pflanzenchemie
- **Philip Kullmann** und **Ole Jedack**; Hiss Reet e.K.
- Reetdachdeckermeister **Hans-Hermann Ohm**; Reimer und Hans-Hermann Ohm GbR

Dankeschön auch an die wunderbaren Künstlerinnen **Julia Kunz** und **Tatjana Bevc-Haffner** die dieses Werk mit den Pflanzenzeichnungen ausstatteten.

Desweiteren möchte ich mich bei allen Mitgliedern, der zu diesem Buch entstandenen Xing-Gruppe „Natürliche und pflanzliche Baustoffe" bedanken, sowie bei allen, die mir Feedbacks zur Erstauflage gaben. Ihre Kommentare und Tipps waren sehr hilfreich.

Großer Dank gilt ebenso, auch im Namen meines Autorenteams, unseren Familien, unseren Frauen und Kindern, die geduldig viel gemeinsame Zeit opferten, damit dieses Werk erweitert werden konnte.

Last but not least vielen lieben Dank an meine liebe Ruth, die nicht nur sehr viel Geduld mit mir hatte, sondern auch all die Texte auf Tippfehler prüfte und somit selbst auch einige Abende für dieses Werk investierte.

Welden; Januar 2012 Gerhard Holzmann

Inhaltsverzeichnis

1 Grundlagen zu pflanzlichen Rohstoffen ... 1

2 Physikalische Grundlagen zu den Baustoffen ... 15
2.1 Dichte und Wärmedämmung ... 15
2.2 Wärmedämmung und Wärmespeicherung ... 16
2.3 Feuchte und Diffusion ... 20

3 Chemische Grundlagen zu den Baustoffen ... 25
3.1 Chemie aus Baustoffen ... 25
3.2 Leichtflüchtige Substanzen (VOC) ... 30
3.3 Mittel- und schwerflüchtige Substanzen: Biozide, Weichmacher u.a. ... 37
3.4 Bewertung von Emissionen aus baurechtlicher Sicht – das AgBB-Schema ... 51

4 Ressourcen- und Umweltschutz durch pflanzliche Rohstoffe ... 55
4.1 Ökobilanzierung von Baustoffen ... 62
4.2 Allgemeine Regelwerke für Baustoffe und Bauprodukte ... 68

5 Faserpflanzen im Bauwesen ... 73
5.1 Bambus ... 73
5.1.1 Ernte und Aufbereitung für das Bauwesen ... 78
5.1.2 Bauprodukte aus Bambus ... 81
5.1.3 Einbaubeispiele ... 97
5.2 Flachs ... 100
5.2.1 Ernte & Rohstoffaufbereitung ... 103
5.2.2 Bauprodukte aus Flachs ... 107
5.2.3 Einbaubeispiele ... 110
5.3 Getreide ... 115
5.3.1 Ernte & Aufbereitung für das Bauwesen ... 117
5.3.2 Bauprodukte aus Getreide ... 121
5.3.3 Einbaubeispiele ... 122
5.4 Hanf ... 123
5.4.1 Ernte & Rohstoffaufbereitung für das Bauwesen ... 128
5.4.2 Bauprodukte aus Hanf ... 132
5.4.3 Einbaubeispiel ... 135
5.5 Holz ... 139
5.5.1 Ernte & Aufbereitung für das Bauprodukt ... 143
5.5.2 Bauprodukte aus Holzfasern ... 149
5.5.3 Einbaubeispiele ... 152

5.6 Kokos ... 155
5.6.1 Ernte & Aufbereitung für das Bauwesen ... 161
5.6.2 Bauprodukte aus Kokos ... 164
5.6.3 Einbaubeispiele ... 166
5.7 Kork ... 168
5.7.1 Ernte & Aufbereitung für das Bauwesen ... 171
5.7.2 Bauprodukte aus Kork ... 175
5.7.3 Einbaubeispiel ... 178
5.8 Schilf ... 182
5.8.1 Ernte & Rohstoffaufbereitung für das Bauwesen ... 185
5.8.2 Bauprodukte aus Schilf ... 189
5.8.3 Einbaubeispiele ... 193
5.9 Seegras ... 215
5.9.1 Ernte & Rohstoffaufbereitung für das Bauwesen ... 220
5.9.2 Bauprodukte aus Seegras ... 222
5.9.3 Einbaubeispiel ... 224
5.10 Stroh ... 227
5.10.1 Ernte & Aufbereitung für das Bauwesen ... 231
5.10.2 Bauprodukte aus Stroh ... 232
5.10.3 Einbaubeispiel ... 234
5.11 Wiesengras ... 244
5.11.1 Ernte und Rohstoffaufbereitung für das Bauwesen ... 247
5.11.2 Bauprodukte aus Wiesengras ... 250
5.11.3 Einbaubeispiele ... 251
5.12 Weitere Pflanzen für die Herstellung von Dämmstoffen ... 255
5.12.1 Ananas ... 255
5.12.2 Bastpalme ... 255
5.12.3 Baumwolle ... 256
5.12.4 Bombayhanf ... 256
5.12.5 Brennnessel ... 256
5.12.6 Faserbanane ... 257
5.12.7 Halfagras ... 257
5.12.8 Hanfpalme ... 257
5.12.9 Hopfen ... 258
5.12.10 Jute ... 258
5.12.11 Kapok ... 259
5.12.12 Kenaf/Roselle ... 259
5.12.13 Kongojute ... 259
5.12.14 Miscanthus ... 260
5.12.15 Neuseelandflachs ... 261

5.12.16 Ramie ... 261
5.12.17 Sisal/Agaven ... 261
5.12.18 Zuckerrohr ... 262
5.12.19 Zwergpalme ... 263
5.13 Pflanzendämmstoffe in der Baukonstruktion ... 264

6 Färberpflanzen im Bauwesen ... 277
6.1 Alkanna ... 277
6.2 Blauholz ... 280
6.3 Eiche ... 283
6.4 Flechte ... 286
6.5 Gelbholz ... 288
6.6 Ginster ... 291
6.7 Goldrute ... 294
6.8 Indigo ... 298
6.9 Kamille ... 302
6.10 Knöterich ... 305
6.11 Krapp ... 308
6.12 Rotholz ... 315
6.13 Saflor ... 319
6.14 Safran ... 323
6.15 Scharte ... 328
6.16 Waid ... 331
6.17 Wau ... 339
6.18 Farben und Färben mit Färberpflanzen ... 342
6.18.1 Rezepte für Farben pflanzlich gefärbten Pigmenten ... 342
6.18.2 Rezepte für Beizenmittel in der Textilienfärbung ... 347
6.18.3 Rezepte zur Textilfärbung ... 347

7 Anhang ... 359
7.1 Literatur ... 359
7.2 Internetadressen von Verbänden, Institut, Behörden, Informationsplattformen und Qualitätszeichen ... 363
7.3 Normungen für Wärmedämmungen und Wärmedämmstoffe ... 368

Sachwortverzeichnis ... 375

1 Grundlagen zu pflanzlichen Rohstoffen

Zum Einstieg in das Werk erhalten Sie nachfolgend einen grundlegenden Überblick über Einteilungen und Produktmöglichkeiten aus pflanzlichen Rohstoffen und somit eine kurze Zusammenfassung der prästudialen Unterrichtseinheiten.

Produkte aus Pflanzenrohstoffen können grundsätzlich in drei Gruppen eingeteilt werden. Diese unterscheiden Produkte aus unbehandelten (rohen), physikalisch behandelten und chemisch behandelten Pflanzenrohstoffen.

Tabelle 1.1 Grundsätzliche Einteilung der pflanzlichen Rohstoffe und Produktbeispiele

Produkte aus rohen Pflanzenrohstoffen	**Produkte aus physikalisch umgewandelten Pflanzenrohstoffen**	**Produkte aus chemisch umgewandelten Pflanzenrohstoffen**
Stroh, Schilf, Riedgras, Sisal- und Kokosfasern, Holz, Baumrinde, Schachtelhalm, Roggen-/Weizenmehl, pflanzliche Emulsionen (Feigen- und Kokosmilch, Pflanzenharze), Farbstoffe, Zucker, Melasse	Nessel-, Hanf-, Flachs- und Leinengewebe, Trockenausbauplatten, Faserdämmplatten, ölige Balsame und Bindemittel, Terpentinöl, umgewandelte Pflanzenharze (Schellack, Gummigut, Naturasphalt)	Zellulose für Gewebe, Vliese, Karton und Papier, Zellulose-/ Stärkeleime (-kleister), Naturharzklebstoffe und -lacke, Holzkohle, Kohlenstoffpigmente, Pflanzengerb- und Farbstoffe

Die im heutigen Bauwesen aus pflanzlichen Rohstoffen hergestellte Produktvielfalt ist sehr umfangreich. In nachfolgender Tabelle geben wir ihnen einen zusammengefassten, paradigmatischen Einblick in die am häufigst genutzten pflanzlichen Rohstoffe und deren Einsatzgebiete.

Tabelle 1.2 Pflanzenrohstoffe und Produktbeispiele

Pflanzenrohstoffe	**Produkte**	**Einsatzgebiete**
Mais, Kartoffeln, Reis, Weizen, Roggen, Baumharze, Holzcellulose (aus Hölzern, Schilf, Stroh oder Gräsern)	Kleber, Kleister, Leime, Dämmstoffe	Holz-, Stärke- und Gummierleime (-kleister), Tapetenkleister, Papierklebstoffe, Kleisterfarben, Knochenleime, Stärkeether, Dextrin, Zellulosekleister, Zelluloseleime, Schüttdämmungen, Ein-/Aufblasdämmstoffe
Baumharze	Lacke, Naturasphalt	Bernsteinlacke, Öllacke, Firnis, Nitrozellulose- und Spirituslacke, Temperabindemittel, Harzklebstoff, Latexbindemittel, Kautschuklacke, Asphalte, Dichtungs- und Dachanstriche
Schachtelhalm	Schleifmittel	Feinschliffe z. B. bei Polimentvergoldungen
Nadelhölzer	Weichmacher, Balsame	Nitrocelluloselacke, Spirituslacke, Venezianisches Terpentin, Balsamterpentinöle
Stroh, Holz, Schilf	Putzträger, Putzbewehrungen, Dämmstoffe, Bauplatten	Unterschiedliche Putzuntergründe, Rabitzarbeiten, Dämmarbeiten, Trockenausbau

Pflanzenrohstoffe	Produkte	Einsatzgebiete
Sämtliche Baumarten, Sträucher, Bambus, Schilf, Weiden	Holz	Möbel, Papier, Heizmaterial, Energiegewinnung, Fertigbauteile, Dämmplatten, Ausbauplatten, Konstruktionshölzer, Mehrschichthölzer, Spanplatten
Flachs, Hanf, Kokos, Baumwolle, Sisal, Jute, Bambus, Abaca, Schilf, Seegras, Stroh, Gras, Bäume, Leinen, Nesseln	Fasern, Dämmstoffe	Textilien, Dämmstoffe, Trockenausbauplatten, Faserverstärkungen (-bewehrungen) in Kunststoffen, Putzen und Betone, Wärmedämmplatten, Ausbauplatten, Seile, Taue, Garne
Indigo, Safran, Möhren, Rote Beete, Waid, Rotkraut, Wau, Weintrauben, Obstkerne, Nussschalen	Farben	Lacke, wasserlösliche Farben, Textilienfärbung, Farbpigmente (z. B. Rebschwarz)
Weiden, Pappeln, Getreide, Bäume, Schilf, Wiesengras, Miscanthus	Biomasse	Energieerzeugung (Wärme und Elektrizität)
Zuckerrübe	Zucker	Verpackungsmaterialien
Lupine, Raps, Mais, Soja, Reis, Weizen, Roggen, Hafer, Dinkel	Proteine	Unterschiedliche Spezialprodukte wie Klebstoffe, Düngemittel u. a., Verpackungsmaterialien
Disteln, Raps, Oliven, Nüsse, Soja, Hanf, Kakao, Leinsamen, Sonnenblumen, Crampe	Öle/Fette	Brenn-, Schmier- und Treibstoffe, Imprägniermittel, Seifen, Ölfirnis, Ölfarben, Öllacke, Ölkitte, Temperamalfarben, Effektlacke, Lackweichmacher
Bäume und anderes Gehölz	Lignozellulose	Papier, Watte, Viscose
Getreide, Mais, Kartoffeln	Stärke	Verpackungsmaterialien, Folien, Bioplastik, Tapetenkleister, Gipskartonbauplatten, Putze

Mit Blick auf die wirtschaftliche Bedeutung erfüllt die Natur zahlreiche, ökonomisch wertvolle „Dienstleistungen". Die unterschiedlichen Leistungen und Produkte, welche die Natur für den Menschen erbringt, können in Produktions-, Regelungs- und Soziokulturfunktion unterschieden werden.

Tabelle 1.3 Funktionsarten der Leistungen und Produkte aus der Natur

Funktionen	Leistungen & Güter	Beispiele
Produktionsfunktionen (Quelle für erneuerbare und nicht erneuerbare Ressourcen)	Organische Stoffe	Nahrung, Futter, Medikamente, nachwachsende Rohstoffe
	Anorganische Stoffe	Erze, Salze, Baustoffe, Wasser
	Energie	Sonnen-, Wasser-, Windenergie, Fossile Energieträger, Biomasse
Regelungsfunktionen (Ausgleich von natürlichen sowie anthropogenen Störungen in der Umwelt)	Aufnahme	Emissionen & Abfallstoffe
	Transport	Verlagerung von Schadstoffen, Schadstoffdisposition in Gewässern und Luft

Funktionen	Leistungen & Güter	Beispiele
	Speicherung	Senkung der Schadstoffe in Gewässern und Erdreich, Wasserspeicherung, Wärmepufferung
	Reinigung	Wasser- und Kluftreinigung, Abbau von Schad- und Abfallstoffen
Soziokulturfunktionen (Soziale und kulturelle Bedeutung für Menschen und Gesellschaft)	Information	Bioindikation des Umweltzustandes, Bildung und Wissenschaft
	Lebensraum	Bioklimatische Wirkung, Flächennutzung
	Gesundheit	Erholung, Freizeit
	Kultur	Ästhetik, Kulturgut, Brauchtum, Heimatverbundenheit
		Quelle: „Nachwachsende Rohstoffe“ Sommer/Mayer 2001

Die Ökologie und die Ökonomie sind direkt voneinander abhängig. So gibt zum einen die Natur der Wirtschaft nur ein begrenztes Wachstum durch nicht erneuerbare Ressourcen (z. B. Erdöl oder Mineralien) und zum anderen beeinträchtigt die Wirtschaft durch Schadstoffemissionen und Abfälle den Bestand von Natur und Umwelt. Deshalb sind auch umweltpolitische Leitideen wie Konzepte zur „Nachhaltigen Entwicklung“ zustande gekommen. Durch den Einsatz von pflanzlichen Rohstoffen werden die natürlichen Umweltbedingungen und Ressourcen geschont und zugleich der Wirtschaft ein neues Wachstumspotential ermöglicht. Um dieses Zusammenspiel zu regulieren, wurden Managementregeln zum Umgang mit Stoffströmen formuliert, welche wie folgt zusammengefasst werden können:

- Die Abbauraten nicht erneuerbarer Ressourcen sollen sich an den Substitutionsrate erneuerbarer Ressourcen orientieren.
- Die Abbaurate erneuerbarer Ressourcen sollen ihre Regenerationsrate nicht überschreiten.
- Die Stoffeinträge in die Umwelt sollen an der Belastbarkeit der Umweltmedien ausgerichtet sein.
- Das Zeitmaß anthropogener Eingriffe in die Umwelt soll in ausgewogenem Verhältnis zum Zeitmaß der für das Reaktionsvermögen der Umwelt relevanten Prozesse stehen.

Ziel dieser Managementregeln zum Umgang mit Stoffströmen ist nicht der reparierende Umweltschutz, sondern vielmehr die Vermeidung von Umweltschäden durch eine umweltverträgliche Wirtschaftsweise mit dem Resultat einer nachhaltigen Entwicklung.

Ökonomisch-ökologischer Stoff- und Energiestrom

Was den ökologisch-ökonomischen Stoff- und Energiestrom betrifft, so kann grundsätzlich festgestellt werden, dass nachwachsende, insbesondere pflanzliche Rohstoffe eine sehr positive Entwicklung im Wirtschaftsprozess vorweisen. Die Verwendung von nachwachsenden Rohstoffen im Wirtschaftsprozess gilt als ein strategischer Handlungsansatz zur Umsetzung des Leitbildes einer „Nachhaltigen Entwicklung“. Dabei werden unter den nachwachsenden Rohstoffen im Allgemeinen Pflanzen oder Pflanzenteile verstanden, die aus landwirtschaftlicher Erzeugung gewonnen werden, aber nicht grundsätzlich als Nahrungs- oder Futtermittel Verwendung finden. Die Vorteile für Umwelt und Wirtschaft können wie folgt zusammengefasst werden:

- Schonung der begrenzt vorhandenen fossilen Rohstoffe
- Kaum Schadensintensität von Produkten aus Pflanzenrohstoffen für Mensch und Umwelt
- Keinerlei umweltbelastende Entsorgung durch Kompostierung
- Sehr positive Kohlendioxidbilanz, dadurch Verminderung des Treibhauseffektes
- Wirtschaftliche Entfaltungsmöglichkeiten für Landwirtschaft und Handwerk
- Schaffung von Arbeitsplätzen
- Nutzung von Brachland

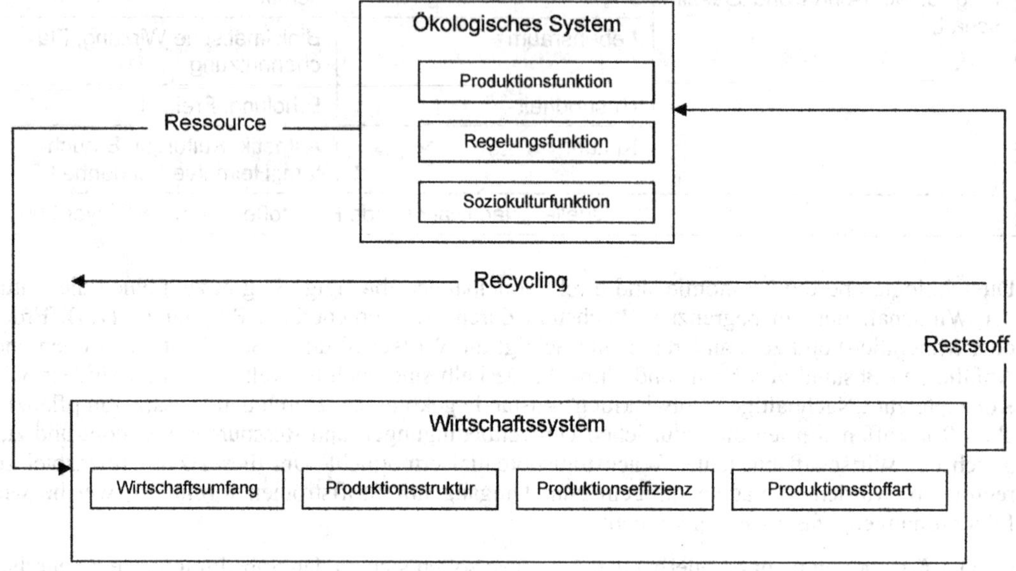

Quelle: „Nachwachsende Rohstoffe" Sommer/Mayer 2001

Skizze 1.1 Ökonomisch-ökologischer Stoff- und Energiestrom

Ein sehr umfangreicher Verwendungsbereich von Pflanzenrohstoffen betrifft deren Einsatz als Farbstoffe. Umfangreich mit Blick auf die vielen Nutzungsmöglichkeiten in der Kosmetik- und Lebensmittelindustrie sowie der Textilfärberei, die seit vielen Jahrhunderten bekannt ist.

Auch im Bauwesen wurden Pflanzenfarbstoffe viele Jahrhunderte für Anstrichfarben, Lacke, Lasuren und vieles mehr genutzt. Auch wenn seit ca. 160 Jahren hauptsächlich synthetische Farbstoffe am Farben- und Lackmarkt vertreten sind und mineralische Pigmente in aller Regel eine wesentlich günstigere Lichtechtheit aufweisen, findet man auch in der Gegenwart noch ein paar wenige Anstriche, die durch Pflanzenfarbstoffe gefärbt wurden. So sind in der heutigen Zeit holzschützende Farbanstriche aus der Rohstoffpflanze Waid, Wandlasuren aus Krapp, Indigopflanzen, einfachem Blattgrün oder Färberwau oder auch Anstriche mit Rebenschwarz (angekohltes Rebenholz) bei Fachhändlern erhältlich. Jedoch sind es nicht nur Anstriche, für die man Farbstoffe aus Pflanzen nutzte und nutzt. Auch textile Bodenbeläge, Polsterstoffe, Gardinen und einige andere Textilien die im Haus vorhanden sind werden immer öfter wieder mit Pflanzenfarbstoffen gefärbt.

Einige der Farbstoffe können auch ohne große Mühe selbst hergestellt und verarbeitet werden. Sehr einfach geht dies bei Textilien, denen wir auch im Bauwesen sehr oft begegnen, wie z. B. bei Arbeitskleidung, Handschuhen, Schuhen oder bei Verpackungen von Produkten und Materialien usw. Etwas mehr Aufwand bedeutet die Herstellung von Anstrichfarben, Lasuren, Lacken o. Ä., da hierfür i. d. R. ein Farbstoffträger benötigt wird, der dann als eingefärbtes Pigment Verwendung findet.

Wie bereits erläutert, wird in der Farbenwelt von Farbstoffen und Pigmenten gesprochen.

Farbpigmente sind bei Naturfarben Erd- oder Mineralpigmente (anorganische Farbpigmente) und somit Stoffe, die auch in fein pulverisierter Form nicht in Wasser löslich sind. Selbst in Bindemittel gelöst, setzen sich Pigmente nach gewisser Zeit am Boden ab. Um dieser Absetzung entgegen zu wirken, sind in den Bindemitteln Dispergiermittel enthalten. Zu diesen anorganischen Pigmenten zählen z. B. unterschiedlich gefärbte Erden, Kalk, Gips, Eisen- oder Manganoxide oder auch schwarzer Ruß aus unvollständiger Verbrennung von pflanzlichem oder tierischem Material und vielem mehr. Anorganische Pigmente werden zur Färbung schon seit vielen Jahrhunderten verwendet. So gibt es in Nordspanien und Südwestfrankreich Höhlenmalereien, die etwa aus der Zeit 15.000 bis 9.000 v. Chr. stammen, zu welchen diese Pigmente verarbeitet wurden. Schon in dieser Zeit wurden Eisenoxide aus Goethit und Hämathit sowie Manganoxid, Ruß und Holzkohle verwendet.

Tabelle **1.4** Beispiele zu oft genutzten Farbpigmenten

Pigmentart	**Farbe**
Manganoxid	Braun bis schwarz
Eisenoxid	Ocker, gelbrot bis braunrot
Azurit	Blau
Ägyptisch Blau	Blau
Chrysokoll	Grün
Malachit	Grün
Auripigment	Gelb
Mennige	Rot
Zinnober	Rot
Beioxid	Weiß
Kalk, Gips	Weiß

Natürliche Farbstoffe sind im Gegensatz zu Farbpigmenten in Flüssigkeiten löslich und können damit z. B. von Fasern aufgenommen werden bzw. sich mit den Fasern verbinden. Allgemein unterteilt man natürliche Farbstoffe in zwei Gruppen; die hier zum Thema gemachten pflanzlichen Farbstoffe aus Blättern, Wurzeln, Rinden, Hölzern, Flechten, Pilzen oder Beeren und in die tierischen Farbstoffe, die aus Schnecken und Läusen oder deren Sekrete hergestellt werden.

Tabelle 1.5 Beispiele zu roten, gelben und blauen Pflanzenfarbstoffen

Pflanze	Lat. Name	Färbende Pflanzenteile	Vorkommen	Farbrelevante Inhaltsstoffe
Rote und rötliche Farbstoffe aus Pflanzen				
Alkanna, Färberalkanna	Alkanna tinctoria	Wurzel	Mittelmeerraum	Alkannin
Amerikanische Kermesbeere	Phytolacca americana	Früchte	Nordamerika	Betacyan
Blutweiderich	Lythrum salicaria	Wurzel, Blüten	Europa, Asien, Australien, Nordwestafrika, Nordamerika	Salicarin
Brasilholz	Caesalpinia echinata	Harz, Rinde, Holz	vor allem an der brasilianischen Atlantikküste	Brasilin
Echtes Labkraut	Gallium verum	Wurzeln	Europa, Nordasien, Himalaya, Nordafrika	Anthrachinone
Färberdistel, Saflor	Carthamus tinctorius	Blüten	Orient, Nordafrika, Indien, Ostasien, Südeuropa, Amerika, Zentralasien	Carthamin
Färberflechte, Strauchflechte	Roccella tinctoria	Flechte	Westl. Mittelmeergebiet bis Kapverden	Orseille, Lackmus
Färberkroton, Krebs- oder Lackmuskraut	Chrozophora tinctoria	Kraut, Blüten	Arabien, Mittelmeerraum	Folium
Färbermeister, Färberwaldmeister	Apserula tinctoria	Wurzeln	Europa	Alizarin
Färberröte, Krapp	Rubia tinctorum	Wurzeln	Mittelmeerländer bis Kleinasien	Alizarin
Gewöhnliches Labkraut, Wiesenlabkraut	Gallium mollugo	Wurzeln	Europa, Kaukasus bis Ostindien	Anthrachinone
Heidelbeere	Vaccinium myrtillus	Früchte	Mitteleuropa, Eurasien	Anthocyan bzw. Myrtilli
Henna Strauch	Lawsonia inermis	Blätter	Nord- und Ostafrika, Asien	Hennosid, Lawson
Indischer Spinat, Malabarspinat	Basella rubra	Kraut, Blüten, Früchte	weltweit in den Tropen und Subtropen	div. Betalaine
Lotwurz	Onosma echioides	Wurzel	Italien, Balkan (Türkei)	Alkannin
Oregano, Echter Dost	Origanum vulgare	Kraut	Europa, Mittelmeerraum	Kämpferol

Pflanze	Lat. Name	Färbende Pflanzenteile	Vorkommen	Farbrelevante Inhaltsstoffe
Rotholz	Caesalpinia sappan	Holz	Südostasien	Brazilin
Schwarzer Holunder	Sambucus nigra	Früchte	Europa, Westsibirien, Kaukasus, Kleinasien Nordafrika	div. Flavone, Sambucyanin
Stockrose, Schwarze Malve	Alcea rosea var. nigra	Blüten	Süditalien, Balkan	Malvidin
Syrische Raute	Peganum harmala	Samen	Westasien, Nordindien, Mittelmeerraum	Harmalin (Türkischrot)
Orange Farbstoffe aus Pflanzen				
Annattostrauch, Achiote, Orleansstrauch, Rukustrauch	Bixa orellana	Samen	Amerika, Südostasien	Anatto, Bixin, Orlean
Hennastrauch	Lawsonia inermis	Blätter	Nord- und Ostafrika, Asien	Hennosid, Lawson
Mädchenauge, Schönauge	Coreopsis tinctoria	Blüten	Südliches Nordamerika	Mareosid, Maritimetin
Gelbe und gelbliche Farbstoffe aus Pflanzen				
Bärentraube, Echte Bärentraub	Arctostaphylos uva-ursi	Blätter	Westkanada, europäische Mittelgebirge, Nordeuropa	div. Flavone
Birke	Betula pendula	Rinde, Blätter	Europa, Asien, Nordamerika	div. Flavone, Hyperosid, Myricetin etc.
Chinesische Gelbschote, Gardenie, Knopflochblume, Blumen-Gardenie	Gardenia jasminoides	Früchte	Ostasien, Südchina, Taiwan, Vietnam, Japan	Carotin
Echtes Mädesüß	Filipendula ulmaria	Kraut	Nord- und Mittelasien, Europa, eingeführt nach Nordamerika etc.	div. Flavone
Färbereiche, Quercitron-Eiche, Schwarz-Eiche	Quercus velutina (-tinctoria)	Rinde, Holz	Nordamerika, Pennsylvania, Georgia, South- und North Carolina sowie im südlichen Neuengland	Quercitrin
Färberginster	Genista tinctoria	Kraut, Blüten	Mitteleuropa, Asien	div. Flavone, Luteolin

Pflanze	Lat. Name	Färbende Pflanzenteile	Vorkommen	Farbrelevante Inhaltsstoffe
Färberkamille	Arthemis tinctoria	Blüten, Blätter	Süd-, Mitteleuropa, Westasien, Nordamerika	div. Flavone, Apigenin, Luteolin
Färbermaulbeere, Gelbholz, Echter Fustik	Chlorophora tinctoria, Maclura tinctoria	Holz	Zentralamerika, Südamerika und auf den Antillen	Morin
Färberscharte	Serratula tinctoria	Kraut, Blüten	Europa, Asien	Apigenin, Serratulin
Färberwau	Reseda luteola	Samen, Kraut, Blüten	Mittel- und Südeuropa	div. Flavone, Luteolin
Frauenmantel, Frauenhilf, Marienkraut, Muttergottesmantel, Taublatt, Tauschüsselchen, Tränenschön, Weiberkittel	Alchemilla vulgaris	Blüten, Kraut	Europa bis Russland	div. Flavone
Gelbe Schafgarbe, Goldgarbe, Farnblättrige Schafgarbe, Hohe Schafgarbe, Hohe Garbe, Gold-Schafgarbe	Achillea filipendulina	Kraut	Naher Osten, Kaukasus, verwildert auch in Europa	Apigenin
Gelbwurzel, Kurkuma	Curcuma longa	Wurzel	Südostasien	Curcumin
Gilbweiderich, Gewöhnlicher Felberich, Felberich, Pfennigkraut	Lysimachia vulgaris	Kraut	Europa, Nordasien	div. Flavone
Goldrute	Solidago virgaurea	Kraut	Nordamerika, Nordafrika, Eurasien, Mitteleuropa	div. Flavone, Quercitrin/Quercetin
Heidekraut, Besenheide	Calluna vulgaris	Blätter	Mittel- und Nordeuropa bis Westsibirien	div. Flavone
Johanniskraut	Hypericum perforatum	Kraut	Europa, Westasien, Nordafrika, eingebürgert in Ostasien, Nordamerika, Südamerika und in Australien	Hypericin, Quercetin
Odermennig	Agrimonia eupatoria	Kraut	Europa, Nordasien	div. Flavone
Perückenstrauch	Cotinus coggygria	Holz	Südeuropa, Asien	Fisetin

Pflanze	Lat. Name	Färbende Pflanzenteile	Vorkommen	Farbrelevante Inhaltsstoffe
Petersilie	Petroselinum crispum	Blätter	Weltweit als Kulturpflanze, ursprünglich östliches Mittelmeergebiet, Westasien	Carotin u.a.
Purgierkreuzdorn	Rhamnus catharticus	Früchte	Europa, Asien, Nordamerika	Rhamnelin, Xanthorhamnin
Rainfarn	Chrysanthemum vulgare	Blüten	Europa, Asien	Luteolin
Ringelblume	Calendula officinalis	Kraut, Blüten	Europa	Quercitin
Römische Kamille	Anthemis nobilis	Blüten	Südliches Mitteleuropa, Südeuropa, Nordwestafrika	div. Flavone, Pinene, Apigenin, Quercetin, Chrysoeriol, Lutein etc.
Saflor	Cartamus tinctorius	Blüten	Orient, Nordafrika, Indien, Zentral- und Ostasien, Südeuropa, Amerika	Carthamin, Carthamidin
Safran	Crocus sativus	Blüten	Mittelnmeerländer, Orient, Zentral- und Ostasien, Indien, Nordamerika	Crocin
Sauerdorn, Gewöhnliche Berberitze, Essigbeere	Berberis vulgaris	Früchte	Europa, Asien	Berberin
Schafgarbe, Gemeine Scharfgabe	Achillea millefolium	Kraut, Blüten	Nahezu weltweit	Apigenin
Schöllkraut	Chelidonium majus	Kraut	Europa, Mittelmeerraum, Asien, eingeführt nach Nordamerika	Berberin
Studentenblume, Tagetes	Tagetes erecta	Blüten	Mittelamerika	Lutein
Wiesenflockenblume	Centaurea jacea	Kraut	Europa, Westasien	div. Flavone
Wiesenkerbel	Anthriscus sylvestris	Kraut	Europa, Nordwestafrika, Westasien	div. Flavone
Zwiebel, Küchenzwiebeln	Allium cepa	Zwiebel vor allem Zwiebelhaut	Weltweit, ursprünglich West- und Mittelasien, Afghanistan	Quercitin/Quercetin

Pflanze	Lat. Name	Färbende Pflanzenteile	Vorkommen	Farbrelevante Inhaltsstoffe
Blaue und bläuliche Farbstoffe aus Pflanzen				
Blauholz, Campechebaum	Haematoxylum campechianum	Holz	Zentralamerika, nördl. Südamerika	Haematoxylin, Hämatein
Chinesischer Waid	Isatis indigotica	Wurzeln, Kraut, Blüten	Ostasien	Indigo
Färbende Fleckblume	Adenostemma lavenia	Kraut, Blüten	Ostasien	Indigo
Färbende Geißraute	Tephrosia tinctoria, Galega tinctoria	Kraut, Blüten	Südostasien	Indigo
Färberhülse, Wilder Indigo, Falscher Gelber Indigo	Baptisia tinctoria auch Baptisia australis	Blätter	Nordamerika	Indigo
Färberknöterich, Chinesischer Indigo	Polygonum tinctorum	Blätter	Ostasien	Indigo
Färberorleander	Wrightia tinctoria	Kraut, Blüten	Afrika, Asien, Australien	Indigo
Färberschwalbenwurz	Marsdenia tinctoria	Kraut, Blüten	Südostasien	Indigo
Färberwaid	Isatis tinctoria	Kraut, Blüten	Europa, Asien, Nordafrika	Isatan B/Indigo
Garapflanze, Yoruba indigo, Afrikanischer Indigo	Philenoptera cyanescens	Kraut, Blüten	Afrika	Indigo
Gemeiner Teufelsabbiss	Succisa pratensis	Blüten	Mitteleuropa	Indigo
Indigopflanzen	Indigofera tinctoria, Indigofera suffruticosa, Indigofera arrecta	Kraut, Blüten	Indien, Asien	Indoxyl/Indigo
Schamblume, Schmetterlings-Erbse, Blaue Klitorie	Clitoria ternatea	Blüten	Ostafrika, eingebürgert in zahlr. tropische und subtropische Länder	div. Flavone

Pflanze	Lat. Name	Färbende Pflanzenteile	Vorkommen	Farbrelevante Inhaltsstoffe
Braune und bräunliche Farbstoffe aus Pflanzen				
Blauholz, Campechebaum	Blauholz, Campechebaum	Holz	Zentralamerika, nördl. Südamerika	Haematoxylin, Hämatein
Frauenmantel, Frauenhilf, Marienkraut, Muttergottesmantel, Taublatt, Tauschüsselchen, Tränenschön, Weiberkittel	Alchemilla vulgaris	Blüten, Kraut	Europa bis Russland	div. Flavone
Kleiner Odermennig	Agrimonia eupatoria	Blüten	Europa, Asien	div. Flavone
Oregano, Echter Dost	Origanum vulgare	Kraut	Europa, Mittelmeerraum	Kämpferol
Schöllkraut	Chelidonium majus	Blüten	Europa, Mittelmeerraum, Asien	Berberin
Zwiebel, Küchenzwiebeln	Allium cepa	Zwiebel vor allem Zwiebelhaut	Weltweit, ursprünglich West- und Mittelasien, Afghanistan	Quercitin/Quercetin
Schwarze Farbstoffe aus Pflanzen				
Pflanze	**Lat. Name**	**Färbende Pflanzenteile**	**Vorkommen**	**Farbrelevante Inhaltsstoffe**
Blauholz, Camechebaum	Haematoxylum campechianum	Holz. Rinde	Mexiko, Indien	Haematoxylin, Hämatein
Granatapfel	Punica granatum	Frucht	West-, Mittelasien, Mittelmeerraum	div. Flavone, Anthocyane, Quercetin, Polyphenole
Hennastrauch	Lawsonia inermis	Blätter	Nord- und Ostafrika, Asien	Hennosid, Lawson
Jenipapo	Genipa americana	Früchte	Südamerika	Orlean

Tabelle 1.6 Beispiele zu tierischen Farbstoffen

Rote Farbstoffe aus tierischen Organismen			
Tier	**Lat. Name**	**Körperteil**	**Farbrelevante Inhaltsstoffe**
Purpurschnecke	Hexaplex trunculus, Bolinus brandaris, Ocenambra erinecea	Sekret der Hypobronchialdrüsen	Indigoider Farbstoff
Kermes	Kermes vermilio Planchon	Körperhülle der weiblichen Läuse	Kermessäure
Polnische Cochenille	Porphyrophor apolonica L.	Läuse	Karminsäure
Amerikanische Cochenille	Dactylopius coccus costa	Körperhülle der weiblichen Läuse	Karminsäure

Bild 1.1 Karminrot der Cochenillen

Um den Farbstoff aus den verschiedenen Pflanzen als Anstrichfarbe, Lasur u.ä. nutzen zu können, werden zunächst sogenannte Pflanzenpigmente hergestellt. Die aus den Pflanzen extrahierten Farbstoffe werden hierzu auf ein Substrat, welches in aller Regel Tonerde ist, fixiert. D.h. das aufgelöste Substrat wird mit dem pflanzlichen Farbstoff komplett durchfärbt und danach wird selbiges wieder auskristallisiert und in der Farbenproduktion als Pigment weiterverarbeitet. Bei nachfolgend aufgeführten Färberpflanzen ist also in aller Regel auch immer die Nutzung des Farbstoffes für Pigmente möglich. Allerdings ist dies wie angedeutet, oftmals und je nach späterem Einsatz nicht wirklich funktional, da bei manch Pflanzenfarbstoff die Farb- bzw. Lichtechtheit zu gering oder gar nicht vorhanden ist.

Neben der Aufteilung in tierische und pflanzliche Farbstoffe werden, vor allem in der Textilfärberei, zusätzlich Farbgruppen unterschieden, die sich wie folgt darstellen:

- Küpenfarbstoffe werden aus Färberpflanzen gewonnen, deren Farbstoff in einer unlöslichen Vorstufe vorliegen und zunächst durch Reduktionsvorgänge in eine lösliche Vorform des Farbstoffes umgewandelt (verküpt) werden muss. Die eigentliche Färbung entwickelt sich hierbei durch einen Oxidationsprozess.

- Beizenfarbstoffe sind Farbstoffe, die zur Verankerung von Farbstoff und Untergrund (z. B. bei Textilien) Haftbrücken benötigen. Oftmals bestehen diese aus Metallsalzen u.ä. die den Untergrund vorbeizen.
- Direktfarbstoffe erklären ihre Eigenschaften schon in der Betitelung selbst, das heißt, dass diese Farbstoffe ohne Vorbehandlung färben.

Tabelle **1**.7 Farbstoffgruppen für Naturfarbstoffe

Farbstoffgruppe	**Pflanze**
Küpenfarbstoffe	Indigopflanzen (Indigofera tinctoria, Indigofera suffruticosa) Knöterich, Färberknöterich (Polygonum tinctorum) Waid, Färberwaid (Isatis tinctoria)
Beizenfarbstoffe	Alkanna, Färberalkanna (Alkanna tinctoria) Blauholz (Haematoxylum campechianum) Eiche, Färbereiche (Quercus velutina) Färberscharte (Serratula tinctoria) Gelbholz, Färbermaulbeerbaum (Maclura tinctoria) Ginster, Färberginster (Genista tinctoria) Goldrute, Echte Goldrute (Solidago virgaurea) Kamille, Färberkamille (Anthemis tinctoria) Krapp (Rubia tinctorum) Rotholz (Caesalpinia sappan) Wau, Färberwau (Reseda luteola)
Direktfarbstoffe	Flechten, Färberflechten (z. B. Rocella tinctoria) Saflor (Cathamus tinctorius) Safran (Crocus sativus)

2 Physikalische Grundlagen zu den Baustoffen

Die Suche nach Pflanzenrohstoffen für den Baubereich ist auch immer die Suche nach dem idealen Baustoff. Nur, es gibt keinen Baustoff, der alles kann, der alle bauphysikalischen, ökologischen, ökonomischen und ästhetischen Kriterien erfüllt. Die Suche nach dem optimalen Baustoff ist immer eine Entscheidung für den optimalen Kompromiss, bei dem eine Auswahl von Kriterien als Entscheidungshilfe dient.

Eine grundsätzliche Entscheidungshilfe sind die physikalischen Eigenschaften von Rohstoffen, die über den Einsatzbereich entscheiden. Dabei schließen sich bestimmte Kriterien, wie zum Beispiel hohe Diffusionsoffenheit und Feuchtigkeitsbeständigkeit, in der Regel aus.

Die weiteren Abschnitte beinhalten einen Überblick über die wichtigsten Eigenschaften von Rohstoffen für Wärmedämmstoffe im Bauwesen.

2.1 Dichte und Wärmedämmung

Die Rohdichte ist als Quotient aus der Masse eines Stoffes und dem eingenommenen Volumen definiert. Die Einheit ist kg/m^3. Die Rohdichte beeinflusst weitere physikalische Eigenschaften der Stoffe, unter anderem die Wärmeleitfähigkeit. Baustoffe mit einer geringen Rohdichte weisen in der Regel ein hohes Hohlraumvolumen aus. Dies führt zu einer besseren wärmedämmenden Eigenschaft des Baustoffes.

Tabelle **2**.1 Rohdichte von marktgängigen Baustoffen

Baustoff	**Rohdichte [kg/m^3]**
Baumwolle	20–60
Flachs	Ca. 30
Getreidegranulat	105–115
Hanf	Ca. 35
Holzfasern (WF)	150–190
Holzwolle-Platten (WW)	350–600
Kokosfasern	75–120
Kork, expandiert (ICB)	95–115
Schafwolle	25–30
Schilfrohr	190–225
Seegras	70–80
Stroh als Wärmedämmstoff	90–110
Wiesengras als Wärmedämstoff	35–65
Reed (als Dach)	120–200

2.2 Wärmedämmung und Wärmespeicherung

Thermische Energie (Wärmeenergie) ist die Energie, die in der ungeordneten Bewegung der Atome gespeichert ist. Es ist die Fähigkeit eines Stoffes, zugeführte Wärme aufzunehmen, zu speichern und wieder abzugeben. Wärmeenergie zu speichern oder zu leiten ist eine spezifische Eigenschaft aller Stoffe, ob fest, flüssig oder gasförmig. Im Folgenden wird eine Reihe von stoffspezifischen Eigenschaften beschrieben.

Spezifische Wärmekapazität C

Das stoffbedingte Maß der Wärmeaufnahme wird als **spezifische Wärmekapazität** *C* [in kJ/kgK] bezeichnet. Die Wärmekapazität ist definiert durch die benötigte Wärmemenge *Q*, um die Masse m eines Stoffes um die Temperaturdifferenz von einem Kelvin zu erhöhen.

$$C = \frac{Q}{m \cdot \Delta T} \quad \frac{\mathrm{J}}{\mathrm{kg} \cdot \mathrm{K}}$$

Die Eigenschaft eines Stoffes zur Speicherung von Wärme ist stark abhängig von der Struktur und Rohdichte und wird mit einem speziellen Messverfahren, der Kalorimetrie, ermittelt. Typische Werte für die spezifische Wärmekapazität von Stoffen sind:

- Luft: 1 kJ/kgK
- Beton: 0,88 kJ/kgK
- Holz: 1,7 kJ/kgK
- Wasser: 4,2 kJ/kgK

Für das Bauwesen ist die Wärmespeicherfähigkeit von Stoffen bei zwei Anwendungen von wesentlicher Bedeutung:

- Schwere Bauweisen mit hoher Speichermasse haben ein günstigeres sommerliches Wärmeverhalten als Leichtbauweisen.
- Die Speicherung von Wärme für Heizung und Warmwasser.

Tabelle 2.2 Wärmespeicherkapazität von marktgängigen Baustoffen

Baustoff	Wärmespeicherkapazität *C* [J/kgK]
Baumwolle	840–1300
Flachs	1.640
Getreidegranulat	1950
Hanf	1.700
Holzfasern (WF)	Ca. 2000
Holzwolle-Platten (WW)	2100
Kokosfasern	1300–1600
Kork, expandiert (ICB)	ca. 1670
Schafwolle	960–1300
Schilfrohr	1200
Seegras	2.000
Stroh	Ca. 1000
Wiesengras	Ca. 2200

Wärmediffusion

Eine weitere für Baustoffe wichtige physikalische Eigenschaft ist die **Wärmeleitung**, auch **Wärmediffusion** genannt. Darunter versteht man den Wärmefluss in einem Feststoff oder ruhenden Feld durch einen Temperaturunterschied.

Ein Molekül wird durch Wärmezufuhr angeregt zu schwingen. Je nach Art des Stoffes reagiert das benachbarte Molekül in kürzerer oder längerer Zeit ebenfalls mit Schwingungen. Diese Weiterleitung der Schwingung ist ein Transport von Wärmeenergie. Die Wärmeleitung ist u. a. abhängig von dem Gefüge des Stoffes. Ein Baustoff mit dichtem Gefüge leitet die Wärme besser als ein Stoff mit weniger dichtem Gefüge. Metalle besitzen ein sehr dichtes Gefüge und leiten die Wärme sehr gut weiter. Holz besitzt ein weit weniger dichtes Gefüge und hat eine geringere Wärmeleitfähigkeit. Poröse Baustoffe mit Lufteinschlüssen leiten auf Grund ihrer Struktur und Dichte die Wärme nur sehr gering weiter.

Wärmeleitfähigkeit

Das Maß für die Wärmeleitung in einem bestimmten Stoff ist die **Wärmeleitfähigkeit** λ. Definiert ist die Wärmeleitfähigkeit durch die Wärmemenge, die bei einer Temperaturdifferenz von 1 Kelvin durch einen Materialwürfel von einen Meter Kantenlänge dringt. Gemessen wird die Wärmeleitfähigkeit in Watt pro Meter mal Kelvin [W/(mK)].

Typische Werte für Baustoffe sind:

- Aluminium: 160 W/mK
- Stahl: 50 W/mK
- Beton: 2,1 W/mK
- Holz: 0,13 W/mK
- Mineralwolle: 0,035–0,045 W/mK

Die Werte zeigen, dass durch Aluminium bei gleichem Querschnitt fast 5000 mal so viel Wärme fließt wie durch Mineralwolle.

Nach DIN 4108 „Wärmeschutz und Energieeinsparung in Gebäuden“ dürfen Baustoffe mit einer Wärmeleitfähigkeit kleiner gleich 0,1 W/mK als Wärmedämmstoffe bezeichnet werden. Sehr gute Baustoffe weisen eine Wärmeleitfähigkeit unter 0,030 W/mK aus.

Die Wärmeleitfähigkeit von Baustoffen wird von einer Reihe von Faktoren beeinflusst:

- Verwendete Feststoffe und deren Rohdichten
- Gefügeaufbau der Feststoffe
- Art und Aufbau der Gaseinschlüsse
- Winddichtigkeit des Gefüges
- Feuchtigkeit und Temperatur des Baustoffes

Bei faserigen Baustoffen ist die Wärmeleitfähigkeit von der Faserstruktur und deren Orientierung abhängig. Die Leitfähigkeit bei homogenen Baustoffen ist dagegen stärker abhängig von der Porigkeit des Baustoffes. Feuchtigkeit in Baustoffen steigert im Allgemeinen die Wärmeleitfähigkeit. Das gilt besonders für Wärmedämmstoffe, deren wärmedämmende Eigenschaft durch einen hohen Feuchtegehalt deutlich reduziert werden kann.

Tabelle **2**.3 Wärmeleitfähigkeit von marktgängigen natürlichen Dämmstoffen

Baustoff	**Wärmeleitfähigkeit λ [W/mK]**
Baumwolle	0,040
Flachs	0,040
Getreidegranulat	0,050
Hanf	0,040
Holzfasern (WF)	0,040–0,090
Holzwolle-Platten (WW)	0,090
Kokosfasern	0,040–0,050
Kork, expandiert (ICB)	0,045–0,060
Schafwolle	0,040–0,045
Schilfrohr	0,055–0,090
Seegras	0,043–0,050
Strohballen	0,038–0,072

Wärmekonvektion

Eine weitere wichtige Eigenschaft ist die **Wärmemitführung**, auch **Wärmekonvektion** genannt. Sie bezeichnet einen Wärmetransport, der an ein gasförmiges oder flüssiges Medium gebunden ist. Durch die Bewegung des Mediums wird hierbei die Wärme übertragen. Die Bewegung kann z. B. in einer Flüssigkeit durch Rühren, bei Luft in Folge von Durchzug oder durch die Bewegung von Menschen hervorgerufen werden. Dämmstoffe auf Pflanzenfaserbasis müssen daher Winddicht eingebaut werden, um die Wärmekonvektion innerhalb der Dämmschicht möglichst gering zu halten.

Wärmestrahlung

Eine weitere wärmetechnische Eigenschaft ist die **Wärmestrahlung**. Sie ist eine elektromagnetische Strahlung, die ein Objekt abhängig von seiner Temperatur und Oberflächenbeschaffenheit abgibt. Da alle Körper in einem Raum Wärmestrahlung abgeben, ergibt sich eine Strahlungsbilanz. Dabei geht in der Summe mehr Abstrahlung von einem Körper mit höherer Temperatur aus. Wärmestrahlung kann durch strahlungsundurchlässige Stoffe unterbrochen werden.

Der bei Dämmstoffen übertragene Anteil der Wärmestrahlung ist abhängig von der Rohdichte, den Lufteinschlüssen und der Strahlungsundurchlässigkeit des eingesetzten Rohstoffes. So erhöht sich im Allgemeinen der Strahlungsanteil bei geringerer Rohdichte.

Wärmeschutztechnische Kennzahlen

Weitere für das Bauwesen wichtige Werte sind der **Wärmedurchlasswiderstand**, **Wärmeübergangswiderstand**, **Wärmedurchgangswiderstand** und **Wärmedurchgangskoeffizient**. Dies sind keine materialspezifischen Werte, sondern Größen für die Ermittlung wärmeschutztechnischer Kennzahlen von Bauteilen.

Wärmedurchlasswiderstand

Der **Wärmedurchlasswiderstand** R ist die spezifische Wärmeleitfähigkeit λ eines Baustoffes in Relation zur eingesetzten Stärke.

$R = d/\lambda$ [m²K/W]

Je größer der Wärmedurchlasswiderstand, umso größer ist die wärmedämmende Wirkung des Bauteils.

Wärmeübergangswiderstand

Der **Wärmeübergangswiderstand** innen wird als R_{si} bezeichnet, außen als R_{se}. Je nach Bauteillage – horizontal oder vertikal – weisen beide Wärmeübergangswiderstände unterschiedliche Werte auf.

Tabelle **2.4** Wärmeübergangswiderstände

	Richtung des Wärmestroms		
	Aufwärts	Horizontal	Abwärts
R_{si}	0,1	0,13	0,17
R_{se}	0,04	0,04	0,04

Wärmedurchgangswiderstand

Der **Wärmedurchgangswiderstand** R_T errechnet sich aus der Summe aller Wärmedurchlasswiderstände und der Summe der Wärmeübergangswiderstände zwischen der Luft und der Bauteiloberfläche.

$$R_T = \frac{d_n}{\lambda_n} + R_{si} + R_{se} \quad \frac{\text{m}^2\text{K}}{\text{W}}$$

Wärmedurchgangskoeffizienten

Der Wärmeverlust über ein Bauteil wird über den **Wärmedurchgangskoeffizienten** U beschrieben. Die Einheit des Wärmedurchgangskoeffizienten ist [W/(m²K)]. Der U-Wert wird durch den Kehrwert des Wärmeübergangswiderstandes gebildet

$$U = \frac{1}{R_T} \quad \frac{\text{W}}{\text{m}^2\text{K}}$$

Definiert ist der U-Wert über die Wärmemenge, die unter stationärer, d. h. zeitlich unveränderter Randbedingung in einer Sekunde zwischen einer 1 m² großen Oberfläche und der angrenzenden Luft bei einem Temperaturunterschied von 1 K ausgetauscht wird. Der U-Wert berücksichtigt die Wärmeübertragungseffekte Konvektion und Strahlung, die in dem inneren und äußeren Wärmeübergangswiderstand jeweils zusammengefasst sind.

Der Wärmetransport infolge Wärmeleitung durch ein Bauteil wird durch die Dicke und die Wärmeleitfähigkeit der einzelnen Bauteilschichten beeinflusst.

Ein kleiner Wärmedurchgangskoeffizient führt zu geringerem Wärmeverlust in der Heizzeit – die Wärme bleibt im Gebäude. Im Sommer wirkt sich der kleine U-Wert ebenfalls positiv aus – die Wärme bleibt außerhalb des Gebäudes!

2.3 Feuchte und Diffusion

Feuchtigkeit in Form von Wasserdampf befindet sich in der Luft und im Allgemeinen auch in den Bauteilen. Die Wasserdampfmoleküle haben dabei das Bestreben, sich in allen Richtungen gleichmäßig zu verteilen.

Beispiel dazu ist der maximal mögliche Wassergehalt der Luft, der von der Temperatur abhängig ist. Je höher die Temperatur, umso mehr Feuchtigkeit kann in der Luft gespeichert werden. Bei 20° C kann Luft maximal 17,3 g/m^3 Wasser aufnehmen, bei 0° C sind es nur noch 4,8 g/m^3. Dies wird als Taupunkt bezeichnet. In kalter Winterluft ist also deutlich weniger Wasserdampf erhalten als in der warmen Innenraumluft. Kühlt die Innenraumluft auf den Weg nach draußen ab, fällt das überschüssige Wasser in flüssiger Form aus.

Transportmechanismen

Im Folgenden sind eine Reihe von stoffspezifischen Feuchtetransportmechanismen beschrieben.

Transportmechanismus durch Diffusion

Diffusion ist ein ohne äußere Einwirkung eintretender Ausgleich von unterschiedlichen Gaskonzentrationen. Eine Gaskonzentration löst sich dadurch auf, dass sich die Gasmoleküle in dem ihnen zur Verfügung gestellten Raum völlig gleichmäßig verteilen. Dieser Prozess geschieht von allein. Alle Gaskonzentrationen lösen sich auf. Das beschriebene Gesetz des Gasausgleichs bildet den Antrieb für die Trocknung feuchter Bauteile, auch wenn keine Luftströmung vorliegt. Gleichzeitig ist dieses Gesetz auch Ursache dafür, dass sich hygroskopische (wasserliebende) Stoffe wie Putze an die Raumluftfeuchte angleichen. Dadurch kann bei hoher Luftfeuchte die Basis für Schimmelbildung im Bereich von Wärmebrücken entstehen.

Wird ein Fußboden feucht aufgewischt, ist die sichtbare Feuchtigkeit nach wenigen Minuten verschwunden. Dieser Trocknungsprozess geschieht mittels Diffusion. Die höhere Konzentration an Wasserdampf über der feuchten Fläche verteilt sich, sie diffundiert in den restlichen Raum. Damit wird eine weitere Trocknung der Restfeuchte möglich. Lüftung bzw. Luftbewegung ist hierzu nicht erforderlich (sie kann eine Trocknung unterstützen bzw. beschleunigen). Dies zeigt sich z. B. bei ausgebauten Dachräumen ohne Hinterlüftung.

Wasserdampf-Diffusionswiderstand μ

Die Wasserdampfdurchlässigkeit eines Baustoffes wird durch den Wasserdampf-Diffusionswiderstand μ beschrieben. Dieser ist abhängig von der Dicke und Struktur des Materials. Dabei setzen Stoffe den Wasserdampf-Molekülen einen unterschiedlichen Widerstand entgegen. Dieser ist definiert durch den Wasserdampf-Diffusionskoeffizient δ, eine stoffbedingte physikalische Größe. Der μ-Wert ist definiert als der Quotient aus dem Wasserdampf-Diffusionskoeffizienten der Luft und dem des betreffenden Stoffes. Luft hat daher eine Wasserdampfdiffusions-Widerstandzahl von 1, Holz hat gegenüber Luft den 40-fachen Widerstand. Dies bedeutet, dass das Ausdiffundieren einer bestimmten Wassermenge aus Holz 40 mal so lange dauert wie aus Luft. Diese als μ-Wert bezeichnete Stoffeigenschaft ist für die Baustoffe in der DIN 4108 Teil 4 definiert.

Auszug DIN 4108 Teil 4:

Beton:	70/150 μ	Gipskartonplatten:	8 μ
Holz:	40 μ	Vollklinker 2200 kg/m^3:	50/100 μ

Aluminiumlegierungen: praktisch dampfdicht ab 50 μm Dicke

Tabelle **2.5** Wasserdampf-Diffusionswiderstand von marktgängigen natürliche Dämmstoffe (nach DIN 12086

Baustoff	**Wasserdampf-Diffusionswiderstand μ**
Baumwolle	1–2
Flachs	1–2
Getreidegranulat	3
Hanf	1–2
Holzfasern (WF)	5–10
Holzwolle-Platten (WW)	2–5
Kokosfasern	1–2
Kork, expandiert (ICB)	5–10
Schafwolle	1–5
Schilfrohr	2–5

Transportmechanismus durch Flankendiffusion

Durch Flankendiffusion können bei innen und außen luft- und diffusionsdichten Konstruktionen Feuchteschäden auftreten. Wird die Dichtschicht auf der Bauteilinnenseite durch andere Bauteile durchbrochen, beispielsweise durch eine Innenwand, kann ein Feuchteeintrag durch Diffusion über die Innenwand erfolgen. Der Feuchteeintrag kondensiert im Bauteilinneren aus und kann nicht mehr entweichen. Die über die Heizperioden zunehmende Feuchtigkeit im Bauteilinneren zerstört systematisch die Bauelemente.

Abhilfe schafft eine Verringerung der Diffusionsvorgänge der die Dichtschicht durchbrechenden Bauteile oder eine Baukonstruktion mit einem höheren Trocknungsvermögen, bei der die eindiffundierte Feuchtigkeit wieder entweichen kann.

Transportmechanismus durch Konvektion

Eine Luftströmung (Konvektion) im Bauteil entsteht durch Undichtigkeiten in der Baukonstruktion. Über die Konvektion können wesentlich höhere Feuchtemengen in die Konstruktion transportiert werden als durch Diffusion. Dringt durch Undichtigkeiten warme Innenraumluft in das Außenbauteil ein, kühlt sich diese bei niedrigen Außentemperaturen auf dem Weg durch die Konstruktion ab. Durch das Abkühlen der Luft erhöht sich die Luftfeuchtigkeit. Wird die Taupunkttemperatur unterschritten, fällt Tauwasser innerhalb der Konstruktion aus.

Auch nach Außen hin diffusionsoffenere Baukonstruktionen können durch hohe Feuchtelasten gefährdet sein. Das kondensierte Wasser kann im kalten Winterklima gefrieren und zu einer Reif- und Eisbildung innerhalb des Bauteils führen. Da Wasser und Eis für Wasserdampf undurchlässig sind, wird der Feuchtestrom im Bauteil reduziert, so dass es zu Bauschäden kommen kann.

Ein Beispiel: Durch eine 1 mm breite und 1 m lange Fuge auf der Wandinnenseite können bis zu 0,8 Liter Wasser pro Tag in das Bauteil eindringen. Diese müssen durch das bauteilbedingte Trocknungsvermögen wieder austrocknen. Ansonsten kann es zu Bauschäden und Schimmelbildung kommen. Randbedingungen des Beispiels:

Dampfbremse s_d-Wert: 30m
Innentemperatur: +20° C
Außentemperatur: –10° C
Druckdifferenz: 20 Pa (Windstärke 2-3)
Messung: Institut für Bauphysik, Stuttgart

Transportmechanismus durch Kapillarität

Ein kapillar aktiver Stoff hat die Eigenschaft, Wasser aufzusaugen. Wasser breitet sich kugelförmig in dem kapillar aktiven Stoff aus und steigt dabei auch gegen die Erdanziehung nach oben. Bei der Kapillarität werden in der Regel wesentlich größere Wassermengen als durch die Diffusion transportiert.

Dieser Transportmechanismus ist besonders relevant bei Bauelementen, die einer Dauerfeuchte ausgesetzt sind, zum Beispiel Keller, Schwimmbäder und Zisternen.

Transportmechanismus durch Sorption

Bei der Sorption dringt Wasserdampf infolge von Diffusion in Materialien ein, wenn die Raumluftfeuchte höher ist als die Ausgleichsfeuchte im Material, und lagert sich an der inneren Oberfläche des Stoffes an. Sinkt die Raumluftfeuchte unter die Ausgleichsfeuchte im Material, so lösen sich Wassermoleküle wieder von der inneren Oberfläche des Stoffes ab und diffundieren zurück in die Raumluft.

Der Wasserdampf wird bei Sorptionsvorgängen lediglich zwischengespeichert und phasenverschoben wieder an die Raumluft abgegeben. Eine hohe Wasserdampfsorption in Räumen hat somit den Vorteil, dass eine direkte Kopplung von Wasserdampfabfuhr und Wasserdampfproduktion nicht notwendig ist. Die Wasserdampfabfuhr kann zeitlich versetzt zur Produktion erfolgen. Bauteile und Elemente der Raumausstattung wirken sich somit klimaregulierend aus. Damit Feuchteschäden nicht auftreten, muss ein Mindestluftwechsel gewährleistet sein, um zu vermeiden, dass sich an Innenoberflächen Tauwasser niederschlägt. Die Grafik zeigt das Sorptionsverhalten verschiedener Wandaufbauten nach einer sprunghaftezn Erhöhung der rel. Luftfeuchte von 40 % auf 80 % bei 20 bis 25° C. Der Beton mit Tapete hat eine sehr niedrige Sorption, Holzfaserdämmplatten haben dagegen eine hohe Sorption.

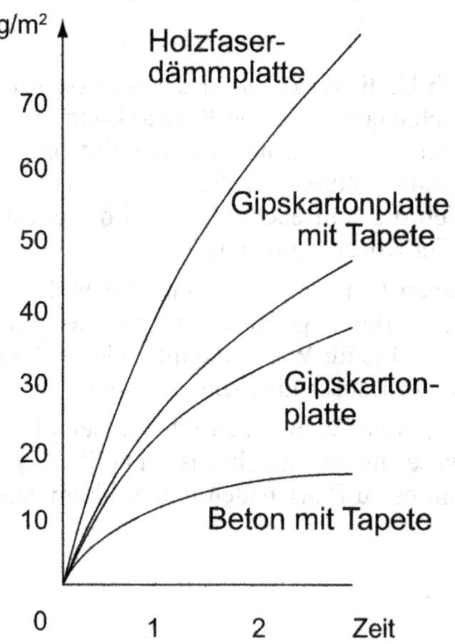

Bild 2.1: Holzweichfaserplatten haben deutlich höhere Sorptionseigenschaften als zum Beispiel Beton mit Tapete (Datengrundlage: Borsch-Laaks: Sorption, Diffusion, Kapillarleitung)

2.3.1 Feuchtebilanz

Die in einem Raum herrschende Luftfeuchte wird bestimmt von:

- der Feuchteproduktion im Raum
- dem Luftaustausch mit der Außenluft (Luftwechsel) und gegebenenfalls Nachbarräumen sowie deren Temperatur und Feuchte
- den Sorptionseigenschaften der Raumumschließungsflächen sowie des Mobiliars oder anderer Gegenstände im Raum
- dem Feuchtetransport durch Außenbauteile

Ihre Berechnung erfolgt mit Hilfe der Feuchtebilanz über den Raum. Vernachlässigt man den betragsmäßig geringen Anteil des Feuchtetransports durch Außenbauteile infolge Diffusion und die komplexen Sorptionsvorgänge, so ergibt sich die relative Luftfeuchte in einem Raum unter stationären Bedingungen aus folgender Gleichung:

$$\varphi_{\mathrm{i}} = \varphi_{\mathrm{a}} \cdot \frac{p_{\mathrm{SA}}}{p_{\mathrm{Si}}} + \frac{m_{\mathrm{i}} \cdot R_{\mathrm{D}} \cdot T_{\mathrm{i}}}{n \cdot V_{\mathrm{i}} \cdot p_{\mathrm{Si}}}$$

mit

φ_{i}	Relative Feuchte der Raumluft	[–]
φ_{a}	Relative Feuchte der Außenluft	[–]
p_{Sa}	Sättigungsdampfdruck der Außenluft	[Pa]
p_{SR}	Sättigungsdampfdruck der Raumluft	[Pa]
m_{R}	Feuchteproduktion im Raum	[kg/h]
R_{D}	Gaskonstante von Wasserdampf	462 (Pa m^3/kg K)
T_{R}	Lufttemperatur im Raum	[K]
V_{R}	Luftvolumen des Raumes	[m^3]
n	Luftwechsel des Raumes	[h^{-1}]

3 Chemische Grundlagen zu den Baustoffen

3.1 Chemie aus Baustoffen

Chemie: dieser Begriff ist für viele gleichbedeutend mit Industrieskandalen und Umweltverschmutzung. Er geht aber weit über diese negativen Begleiterscheinungen hinaus. Unsere moderne, technisierte Welt wäre ohne die Entdeckungen und Entwicklungen der Chemie gar nicht erst entstanden. Es gibt heute keinen Lebensbereich, der nicht von ihr berührt wird.

Neben Medizin, der Landwirtschaft, dem Verkehr und der Energieerzeugung ist auch die Bauwirtschaft nicht von einer Entwicklung weg von den natürlichen Baustoffen hin zu künstlichen Materialien verschont geblieben. Baustoffe bestehen schon lange mehr nur aus pflanzlichen Fasern, Holz, Stein oder Lehm. Natürliche Materialien sind vielfach durch Erdölprodukte ersetzt oder durch Zugabe chemischer Verbindungen verändert worden.

Was auf der einen Seite eine Reihe technische Vorteile bedeutet, birgt auf der anderen Seite auch gewisse Risiken. Durch die für unsere Häusern und Wohnungen verwendeten Materialien sind wir ständig einem unüberschaubaren Mix an unterschiedlichsten chemischen Verbindungen ausgesetzt. Welche Folgen der Umgang und die Verwendung solcher Produkte für die Umwelt und die menschliche Gesundheit hat, ist häufig nur unvollständig erforscht. Dies betrifft den gesamten Lebenszyklus der Baustoffe und Einrichtungsgegenstände von der Produktion bis zur Entsorgung.

In den vergangenen Jahrzehnten gab es immer wieder ehemals hochgelobte Materialien und Baustoffe, die nach Jahrzehnten des medizinisch-wissenschaftlichen Streits, letztendlich als gesundheitlich bedenklich eingestuft werden mussten. Bekanntestes Beispiel hiefür ist das Asbest, bei dem es vom ersten Verdachtsmoment bis zum endgültigen Verbot fast 100 Jahre gedauert hat. Viele erinnern sich noch an den Holzschutzmittelskandal der 70er und 80er Jahre des letzten Jahrhunderts. In einer großen Anzahl von Gebäuden finden sich heute noch große Mengen hochgiftiger Substanzen wie Pentachlorphenol, Lindan und DDT.

Die Reihe solcher Altlasten ließe sich noch weiter fortführen, aber auch heute stehen wieder ganze Stoffgruppen als gesundheitlich problematisch zur Diskussion. Ein Beispiel sind die weitverbreiteten Weichmacher aus der Gruppe der Phthalate.

Die Erkenntnisse und Warnungen, die von der Europäische Umweltagentur (EEA) in der Monographie „Späte Lehren aus frühen Warnungen: das Vorsorgeprinzip 1889-2000“ anhand von 14 Beispielen aufgezeigt wurden, sollten Anlass genug sein, die Anwendung einiger Substanzen kritisch zu hinterfragen. Ein zunehmendes Umweltbewusstseins in der Gesellschaft macht es auch für Architekten, Bauingenieure und Handwerker immer mehr erforderlich, sich mit dem Thema Schadstoffe aus Bauprodukten zu beschäftigen. Nicht zuletzt dient das Wissen um mögliche Inhaltsstoffe auch der Abwendung von Haftungsrisiken.

In diesem Kapitel kann verständlicherweise aufgrund des beschränkten Platzes nur ein Überblick über die wichtigsten Gruppen von Innenraumschadstoffen und deren möglichen Quellen gegeben werden. Es soll als Anreiz für die weitergehenden Beschäftigung mit diesem wichtigen Thema dienen. Für detaillierte Informationen sei daher auf die umfangreiche Fachliteratur verwiesen.

Neben Partikeln in Form von Staub und Fasern (z. B. Künstliche Mineralfasern (KMF), Asbest), Schwermetallen (z. B. Blei, Kupfer, Quecksilber, Cadmium) und anorganischen Gasen, (z. B. Kohlendioxid (CO_2), Kohlenmonoxid (CO), Stickstoffoxide (NO_x), und Ozon (O_3) sind es vor allem Produkte der Erdölchemie, die maßgeblich die Qualität unserer Innenraumluft beeinflussen. Die sogenannten Kohlenwasserstoffe setzen sich, wie der Name andeutet, hauptsächlich aus den Elementen Kohlenstoff (chemisches Zeichen: C) und Wasserstoff (chemisches Zeichen: H) zusammen. Das Grundgerüst ist meist mit weiteren Elementen, wie Sauerstoff, Stickstoff, Phosphor, Schwefel oder einem Halogen, wie Chlor oder Bor verknüpft. Trotz relativ weniger beteiligter Elemente existiert eine unüberschaubare Zahl von Kombinationsmöglichkeiten. Um in diese Vielfalt der chemischen Strukturen eine gewisse Systematik zu bringen, lassen sich die verschiedenen Verbindungen aufgrund der Art und Weise einteilen, wie die Kohlenstoffatome miteinander verknüpft sind.

Tabelle **3**.1.1 Einteilung von Kohlenwasserstoffverbindungen nach ihrer Struktur

Bezeichnung		**Beispiele**
aliphatische, nicht ringförmige Kohlenwasserstoffe (Aliphate)	gesättigt	Alkane, Alkohole, Ketone, Aldehyde,
	ungesättigt	Alkene, Alkine
ringförmige Kohlenwasserstoffe mit einem, zwei oder mehreren Ringen (mono-, bi-, polycyclisch)	aromatisch (Aromate)	Benzol, Styrol, Xylol, Toluol, PAK, PCB
	nicht aromatisch	Cyclohexan
ringförmige Kohlenwasserstoffe, mit mindestens einem Nichtkohlenstoffatom im Ring (Heterocyclen)	aromatisch (Aromate)	Furan
	nicht aromatisch	Tetrahydrofuran

Die chemische Struktur der jeweiligen Verbindungen ist ein wesentlicher Faktor für ihre Stabilität, die Reaktivität und damit letztendlich auch ihres Um- und Abbau. Die Verbreitung in der Umwelt wird durch diese Eigenschaften maßgeblich beeinflusst. Die Zusammensetzung und die Struktur beeinflusst damit auch das potentielle Risiko, welches mit einer Substanz verbunden ist.

Tabelle **3**.1.2 Einteilung der chemischen Verbindungen nach ihrem Siedepunkt (nach Zwiener, 2006)

Abkürzung	**Bezeichnung**	**Siedepunkt [°C]**	**Beispiele**
VVOC	volatile organic compounds (=sehr leicht flüchtige organische Verbindungen)	0 bis 50 (-100)	Formaldehyd, Aceton, Acetaldehyd
VOC	volatile organic compounds (leicht flüchtige organische Verbindungen)	50 (-100) bis 240 (–260)	viele Lösemittel, wie z. B. Styrol, Xylol,
SVOC	semi volatile organic compounds (mittel- bis schwer flüchtige organische Verbindungen)	240 (-260) bis 380 (-400)	Weichmacher, Biozide, Flammschutzmittel, PCB
POM	particulate organic matter (partikelgebundene organische Verbindungen)	>380	PAK aus Bitumenbaustoffen
MVOC	microbial volatile organic compounds (mikrobiell erzeugte organische Verbindungen, durch Schimmelpilze und Bakterien)	im VOC-Bereich	unterschiedlichste Substanzen und Substanzklassen

Für die Baupraxis und die Innenraumanalytik hat sich eine Gruppierung der chemischen Verbindungen nach der Höhe ihrer Siedepunkte durchgesetzt und bewährt. Die Gruppen werden mit einer aus dem englischen abgeleiteten Abkürzung bezeichnet. Je höher der Siedepunkt einer einzelnen Verbindung ist, desto schwerer flüchtig ist diese und wird demzufolge langsamer und über einen längeren Zeitraum an die Raumluft abgegeben. Neben der Temperatur beeinflussen auch Feuchtigkeit und Luftdruck die Emission aus den Baustoffen. Vor allem in Neubauten, bei Renovierung und Sanierungen sowie nach Neuanschaffungen von Inneneinrichtungen kann es zu erhöhten Konzentrationen in der Raumluft kommen. Während die Konzentrationen einiger Substanzen sehr schnell wieder unter unkritische Werte sinken, können andere über Jahrzehnte das Gebäude belasten.

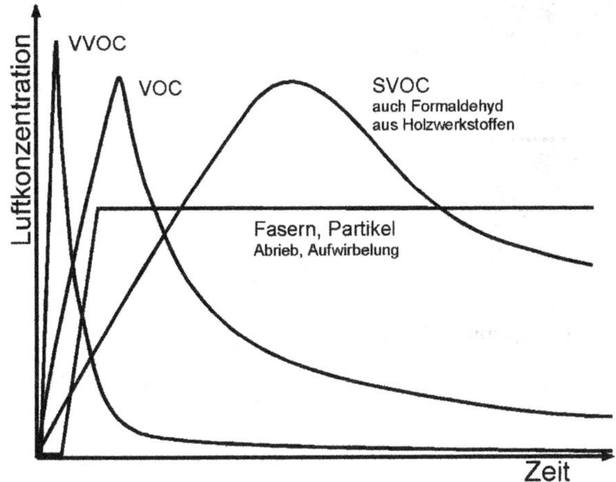

Bild **3.1**.1 Prinzipieller zeitlicher Verlauf der Emission von Inhaltsstoffen aus Bauprodukten. Während Partikel und Fasern durch Luftbewegungen ständig auf einem gewissen Konzentrationslevel verbleiben, steigen die Luftkonzentrationen von VOC und SVOC nach der Einbringung (Neubau, Renovierung, Sanierung) zunächst auf hohe Werte an, um im Laufe der Zeit wieder zu sinken. Der Emissionszeitraum kann sich dabei je nach Substanz über wenige Stunden bis zu Jahrzehnten erstrecken.

Zu den bekanntesten Chemikalien in unserer Raumluft gehört sicherlich das Formaldehyd. Daneben existieren viele weitere leicht- , mittel- und schwerflüchtige Chemikalien, die über Baustoffe, Boden- und Wandbeläge sowie Möbel in Innenräume eingebracht werden und dort die Qualität der Raumluft beeinflussen. Auch Baustoffe aus Naturmaterialien emittieren flüchtige Substanzen. In erhöhten Konzentrationen freigesetzt, können alle diese Substanzen zu Geruchsbelastungen und manchmal auch Gesundheitsproblemen bei den Raumnutzern führen. Müdigkeit, Kopfschmerzen und eine Vielzahl von Allergien sind dabei häufige Symptome.

Methoden zu Untersuchung auf Schadstoffe

Je nach Flüchtigkeit der einzelnen chemischen Substanzen werden diese von der Primärquelle an die Raumluft abgegeben (Emission) oder bleiben mehr oder weniger fest am Ursprungsort gebunden. Sie können sich zudem an Staubpartikel anlagern sowie andere Baustoffe und Gegenstände kontaminieren (Sekundärquelle). In Abhängigkeit von der jeweiligen Fragestellung erfolgt die Probenahme für eine Schadstoffanalyse entweder mit Hilfe von Pumpen und spezieller Probenahmemedien aus der Luft, durch Sammeln von Hausstaub oder durch eine direkte Materialentnahme aus verdächtigen Materialien. Wischproben von Oberflächen mit speziellen Tüchern sind eine weitere Möglichkeit für die Schadstoffanalytik.

Zur gezielten Überprüfung und Bewertung ganzer Bauprodukte kommen Emissionsmessungen in Prüfkammern unter definierten Bedingungen zum Einsatz.

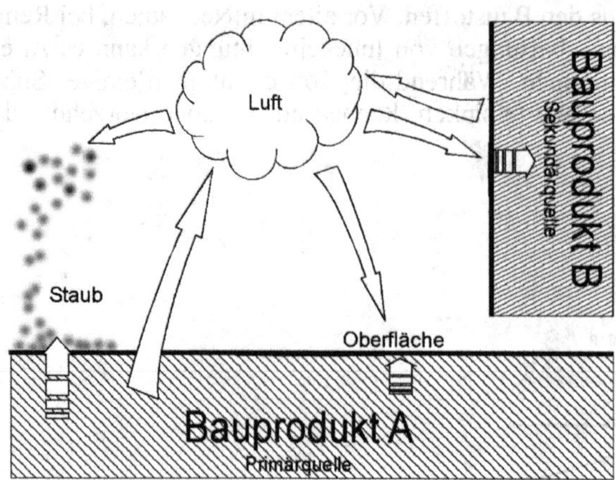

Bild 3.1.2 Ausbreitungswege von Emissionen aus Bauprodukten

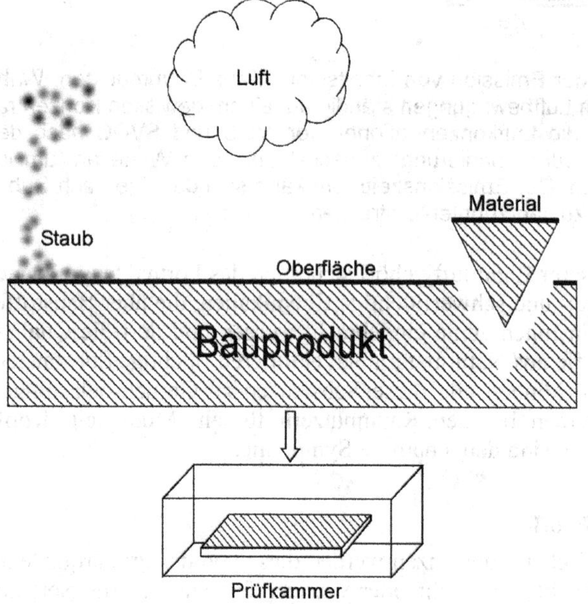

Bild 3.1.3 Die Untersuchung auf Schadstoffe kann am Material direkt, am Hausstaub oder durch Beprobung der Luft erfolgen.

Bild 3.1.4 Luftbeprobung in einem Seminarraum

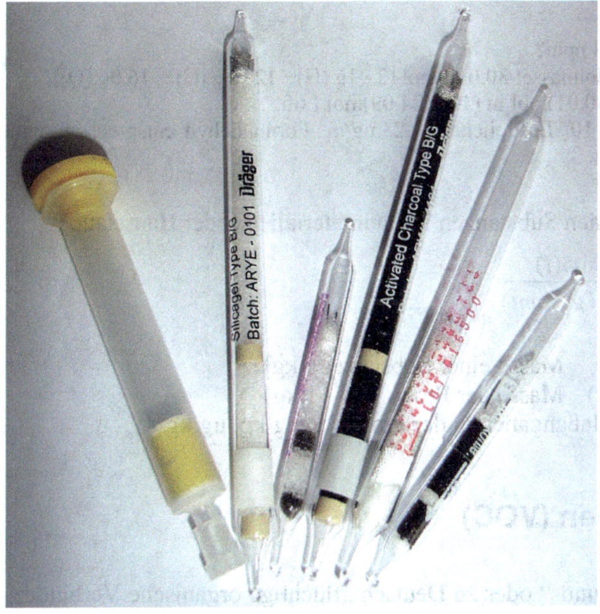

Bild 3.1.5 Röhrchen für Luftproben mit unterschiedlichen Adsorbentien

Konzentrationsangaben in der Schadstoffanalytik

Chemische Substanzen liegen bei den üblichen Temperaturen in Innenräumen gasförmig oder aber gebundenen an einer Matrix vor. Die Probenahme bzw. Analyse erfolgt daher entweder aus der Luft oder bei weniger flüchtigen Stoffen aus dem Baustoff direkt. Manche Substanzen konzentrieren sich zudem im Hausstaub an und können dort nachgewiesen werden. Je nach Substanz, analysierter Matrix und Fragestellung erfolgt daher die Quantifizierung und Bewertung mit unterschiedlichen Maßeinheiten:

1. Konzentrationsangaben von gasförmigen Substanzen in der Luft

– Massenkonzentration: $\rho(i) = \frac{m(i)}{V}$

mit

m(i)	Masse einer Substanz	[kg]
V	Volumen der Luftprobe	[l]

übliche Maßangaben in der Praxis: mg/m³, µg/m³, ng/m³

– Volumenanteil: ppm = „parts per million" = „1 Teil auf 1 Million" = 10^{-6} = 1ml/m³
ppb = „parts per billion" = „1 Teil auf 1 Milliarde" = 10^{-9} = 1µl/m³

Massenkonzentration und Volumenanteil lassen sich unter Berücksichtigung der Masse eines Mols (Molmasse M [g/mol] = Summe der mittleren Atommassen der an der Verbindung beteiligten chemischen Elemente von einem Mol Teilchen; 1 mol = $6{,}022 \cdot 10^{23}$ Teilchen) und des Volumens eines Mols (Molvolumen V_m) einer gasförmigen Substanz ineinander umrechnen. Das Molvolumen ist für alle Gase konstant ($V_m \approx 22{,}4$l/mol bei 0°C und 1013mbar. In der analytischen Praxis kann als Molvolumen $V_m \approx 24{,}09$l/mol bei 20°C verwendet werden).

Beispiel:

1,25 mg/m³ Formaldehyd entsprechen wieviel ppm?
Summenformel von Formaldehyd: HCHO, Molmasse: 30,01g/mol (2 · 1g (H)+ 12,01g (C) + 16,0g (O)).
1,25mg in 1m³ Luft entsprechen (1,25 10^{-3} / 30,01)mol in (10^3 / 24,09)mol Luft.
Auf 1 Formaldehydmolekül kommen somit 10^6 Luftteilchen. 1,25mg/m³ Formaldehyd entsprechen somit etwa $1/10^6$ = 1ppm.

2. Konzentrationsangaben von gebundenen Substanzen in Baumaterialien (oder Hausstaub)

– Massenanteil: $\omega(i) = \frac{m(i)}{m(gesamt)}$

mit

m(i)	Masse einer Substanz	[kg]
m(gesamt)	Masse der Probe	[kg]

übliche Maßangaben in der Praxis: mg/kg, µg/kg

3.2 Leichtflüchtige Substanzen (VOC)

VOC steht für „Volatile Organic Compounds" oder zu Deutsch „flüchtige organische Verbindungen". Ihnen gemeinsam ist der relativ niedrige Siedepunkt von unter 260°C, sie gehören aber unterschiedlichsten chemischen Stoffgruppen an. Eine Untergruppe der VOC`s sind die sogenannten Lösemittel. Diese dienen dazu, den Produkten bestimmte Verarbeitungseigenschaften zu verleihen, Stoffe miteinander zu mischen oder voneinander zu lösen. Der Begriff „Lösemittel" ist in der Technischen Regel für Gefahrstoffe (TRGS) 610 definiert.

Manche Farben und Lacke enthalten Substanzen, die ihrer Funktion nach Lösemittel darstellen, mit einem Siedepunkt oberhalb von 200°C allerdings nicht unter die Definition der TRGS 610 fallen. Solche Produkte dürfen als lösemittelfrei deklariert werden.

> Zitat: Absatz 2.5 TRGS 610 – Lösemitteldefinition
>
> Lösemittel im Sinne dieser TRGS sind flüchtige organische Stoffe sowie deren Mischungen mit einem Siedepunkt ≤ 200°C, die bei Normalbedingungen (20°C und 1013 hPa) flüssig sind und dazu verwendet werden, andere Stoffe zu lösen oder zu verdünnen, ohne sie chemisch zu verändern.

Als Ersatzstoffe für die klassischen (TRGS-konformen) Lösemittel werden in „wasserbasierten" Lacken, Dispersionsfarben, Klebern und Reinigern vermehrt höher siedende VOC (Ester und Ether mehrwertiger Alkohole, sogenannte Glykole) eingesetzt. Aufgrund ihres höheren Siedepunktes werden Glykole zwar während der Anwendung der Produkte in geringeren Konzentrationen als die klassischen Lösemittel freigesetzt, dafür gasen sie aber über längere Zeiträume aus und tragen so zur dauerhaften Belastung der Raumluft bei.

Lösemittelgehalte verschiedener Farben und Lacke (Quelle: FNR)

- Dispersionsfarben 0 – 10%
- Lacke mit Umweltzeichen bis zu 10%
- Alkydharzlacke 10 – 50%
- Nitrolacke ca. 70%
- Naturharzlacke < 30%

VOC sind in einer Vielzahl von Produkten enthalten und werden von diesen in relevanten Konzentration an die Luft abgegeben. Sie treten vor allem aus Lacken, Farben, Klebern, Isolierungen, Dichtungsmaterialien, Bodenbelägen, Tapeten, Teppichen, Kunststoffen, Möbeln und vielen Haushaltschemikalien aus. VOC-auffällige Produkte sind oft schon an ihrem intensiven Geruch zu erkennen und sollten dann vorsorglich nur in einem gut gelüfteten Raum verwendet werden. Dies gilt besonders bei der Verarbeitung von Farben, Lacken, Verdünner, Sprays, Montageschäumen, Reinigungs- oder Pflegmitteln.

Auch natürliche Baustoffe oder die sogenannten Naturfarben enthalten und emittieren VOC, die zu Innenraumproblemen führen können. Beispiele hierfür sind die geruchsintensiven Terpene aus Nadelhölzern oder Naturfarben, Aldehyde aus Linoleum oder Furfural aus Kork.

VOC werden über den Atemtrakt oder die Haut aufgenommen. Zu den akuten Symptomen bei einer Raumluftbelastung mit VOC gehören Augen- und Atemwegsreizungen und Kopfschmerzen. Sie können zudem zu dauerhaften Schäden am Nervensystem und den inneren Organen führen. Einige VOC gelten als krebsfördernd oder sogar krebserregend.

Tabelle 3.2.1 Einige Stoffgruppen leichtflüchtiger Substanzen (VOC) und mögliche Emissionsquellen

Stoffgruppe	**Emissionsquellen**
Alkane	Lösemittel, Lacke, Kleber, Kunstharze, Reinigungsmittel, Teppiche
Aldehyde	Formaldehyd: Holzwerkstoffe, Möbel, Textilien, Farben, Tapeten, Dämmstoffe längerkettige Aldehyde: Holzwerkstoffe, Kleber, Teppiche, Linoleum, Kork
Ketone	Lösemittel, Farben, Lacke
Aromate	Lösemittel, Farben, Lacke, Kleber, Dämmstoffe, Bodenbeläge
Alkohole	Lösemittel, Kleber, Lacke, Reinigungsmittel
Terpene	Holz, Holzwerkstoffe, sogenannte Naturfarben und -lacke, Duftstoffe, Reinigungsmittel

Stoffgruppe	Emissionsquellen
Glykole	wasserbasierte Lacke und Farben, Kleber, Harze
Siloxane	Lacke, Möbelbeschichtungen, Silikonprodukte
Isocyanate	„formaldehydfreie" Holzwerkstoffe, Kleber, Polyurethan (PU)-Schäume

Formaldehyd

Formaldehyd (Methanal, Summenformel HCHO) ist sicherlich einer der bekanntesten Innenraumschadstoffe. Es handelt sich bei diesem Stoff um ein giftiges, farbloses, stechend riechendes und sehr leichtflüchtiges Gas. Es gehört zur Gruppe der Aldehyde und wird aufgrund seines sehr geringen Siedepunktes von –19,5°C streng genommen nicht zu den VOC, sondern zu den VVOC gerechnet. Formaldehyd ist einer der wichtigsten Grundstoffe der chemischen Industrie. Er ist in vielen Produkten des täglichen Lebens eingebaut. Die größte Bedeutung für die Freisetzung in Innenräume haben die bei der Herstellung von Spanplatten und anderen Holzwerkstoffen verwendeten Formaldehyd-Harzleime.

Tabelle 3.2.2 Holzwerkstoffe und der Anteil von formaldehydhaltigen Bindemitteln (Quellen: WECOBIS, Informationsdienst Holz, 2001, Stache, 2010)

Holzwerkstoff	Bindemittel	Harzanteil
Spanplatten	Harnstoff-Formaldehydharze (UF) Melamin-Formaldehydharze (MF) modifizierte Melamin-Formaldehydharze (MUF und MUPF) Phenol-Formaldehydharze (PF) Phenolresorcin-Formaldehydharze (PRF) Polymere Diphenylurethan-Diisocyanaten (PMDI)	bis 10%
MDF-Platten (Mitteldichte Faserplatten)	Harnstoff-Formaldehydharze (UF)	8 bis 10%
Hartfaserplatten	Phenol-Formaldehydharze (PF)	1 bis 3%
OSB-Platten (oriented strand board)	Phenol-Formaldehydharze (PF) modifizierte Melamin-Formaldehydharze (MUF und MUPF) Polymere Diphenylurethan-Diisocyanaten (PMDI)	7-16%
Sperrholz	Phenol-Formaldehydharze (PF) Melamin-Formaldehydharze (MF) Harnstoff-Formaldehydharze (UF)	bis 12%

Wichtige Quellen für Formaldehyd in Innenräumen sind aus Holzwerkstoffen bestehende Möbel und Bodenbeläge (Laminate, Fertigparkett). Daneben findet Formaldehyd Verwendung in der Kunststoffindustrie, in Textilien, Leder, Lacken, Montage- und Dämmschaumstoffen, Bioziden, als Konservierungsmittel in Farben, sowie in Medikamenten, Kosmetika, Körperpflegemitteln, Wasch- und Reinigungsmitteln. Im medizinischen Bereich wird Formaldehyd zur Desinfektion und Konservierung verwendet. Weiterhin entsteht Formaldehyd biogen bei der Zersetzung biologischen Materials und als Produkt bei der unvollständigen Verbrennung in Motoren, Feuerstellen oder beim Tabakrauchen.

Aus Holzwerkstoffen emittiert Formaldehyd in Abhängigkeit von Luftfeuchtigkeit und -temperatur über sehr lange Zeiträume (Jahrzehnte). Die Menge des abgegebenen Formaldehyds wird zudem maßgeblich vom verwendeten Leim beeinflusst. Beschichtungen wirken als Diffusionssperre und können die Emission von Formaldehyd sehr deutlich senken. Offene Kanten, Bohr- und Verstelllöcher wiederum verstärken die Emission.

Die natürliche Freisetzung von Formaldehyd aus massivem Echtholz ist abhängig von der Holzart. Sie spielt aber im Vergleich zur Emission aus Holzwerkstoffen für die Raumluftkonzentration nur eine untergeordnete Rolle.

Tabelle **3**.2.3 Formaldehydemission von natürlichem Holz (Quelle: Meyer, B.; Boehme, C., 1994)

Holzart a	**Formaldehydkonzentration** 1 ppb = 0,001 ppm ≙ 1,25 µg/m³ bei 20°C und 1013hPa	
Buche	2 – 3 ppb	= 0,002 – 0,003 ppm
Eiche	4 – 9 ppb	= 0,004 – 0,009 ppm
Douglasie	4 – 5 ppb	= 0,004 – 0,005 ppm
Fichte	3 – 4 ppb	= 0,003 – 0,004 ppm
Kiefer	3 – 5 ppb	= 0,003 – 0,005 ppm

Zur Einteilung von Holzwerkstoffen nach der Menge des freigesetzten Formaldehyds haben sich folgende Bezeichnungen durchgesetzt:

- Emissionsklasse **E1**: Formaldehyd-Ausgleichskonzentration unter 0,1 ppm
- Emissionsklasse **E2**: Formaldehyd-Ausgleichskonzentration 0,1 – 1,0 ppm
- Emissionsklasse **E3**: Formaldehyd-Ausgleichskonzentration 1,0 – 2,3 ppm
- Emissionsklasse **F0**: keine Formaldehydabgabe, aber häufig PU-Kleber mit Isocyanaten

Die Emissionsklassen E1 bis E3 wurden 1980 in der „Richtlinie über die Verwendung von Spanplatten hinsichtlich der Vermeidung unzumutbarer Formaldehydkonzentrationen in der Raumluft" festgelegt (herausgegeben vom Ausschuss für Einheitliche Technische Baubestimmungen ETB). 1994 wurde diese ETB-Richtlinie vom Deutschen Institut für Bautechnik durch die DIBt-Richtlinie 100 „Richtlinie über die Klassifizierung und Überwachung von Holzwerkstoffplatten bezüglich der Formaldehydabgabe" ersetzt. Seither müssen in den Handel gebrachte Holzwerkstoffe mindestens die E1-Emisionsanforderung erfüllen. Sie sind nicht formaldehydfrei, sondern lediglich als formaldehydärmer zu bezeichnen. E1 ist somit keinesfalls ein Qualitätsmerkmal, wie es gerne für Marketingzwecke benutzt wird, sondern ein gesetzlicher vorgeschriebener Mindeststandard. Die E1-Norm sichert zudem nicht die Einhaltung des vom ehemaligen Bundesgesundheitsamtes (BGA) im Jahr 1977 herausgegebenen und heute noch geltenden Richtwertes für Innenräume von 0,1 ppm (125µg/m³). Auch das DIBt verwendet diesen Richtwert in seinen „Grundsätzen zur gesundheitlichen Bewertung von Bauprodukten in Innenräumen" und zur Bewertung nach dem AgBB-Schema.

Die Prüfkammerbedingungen, unter denen die Einhaltung der Norm getestet wird (Temperatur: 23°C, relative Luftfeuchtigkeit: 45%, Luftwechsel: 1/h, Beladung: 1m²/m³), entsprechen nicht grundsätzlich der realen Einbausituation. Je nach Menge der verbauten Platten und Möbel, der Raumgröße, der Größe der Oberflächen, der Lüftungsraten und des Raumklimas können sich in der Realität deutlich höhere Luftkonzentrationen ergeben. Formaldehydfreie F0-Platten dürfen zwar kein Formaldehyd enthalten, stattdessen werden aber häufig Bindemittel mit Isocyanaten eingesetzt, so dass auch diese Platten nur unter Vorbehalt verwendet werden sollten. Stichprobenartige Untersuchungen von OSB- und Spanplatten zeigen zudem, dass die Angaben der Hersteller bezüglich des Formaldehydgehaltes nicht immer verlässlich sind. Auch als formaldehydfrei deklarierte Produkte emittieren manchmal große Formaldehydmengen.

Formaldehyd kann über die Atemwege, die Haut und die Verdauungsorgane in unseren Körper aufgenommen werden. Es wirkt zyto- sowie neurotoxisch und erbgutschädigend. Neueste Forschungsergebnisse haben dazu geführt, dass Formaldehyd von der WHO-Forschungseinrichtung „International Agency for Research on Cancer“ (IARC) in Lyon im Jahr 2004 von der Risikostufe „wahrscheinlich krebserregend“ in die Bewertungsstufe „für Menschen krebserregend“ eingestuft wurde. In Deutschland wird trotz dieser Einstufung der Richtwert von 1977 (0,1ppm) weiterhin für ausreichend erachtet.

Frischluftzufuhr senkt immer nur vorübergehend die Konzentration von Formaldehyd, ist aber als Erstmaßnahme immer zu empfehlen. Als sicherste Maßnahme gegen zu hohe Formaldehydkonzentrationen in Innenräumen gilt, wie bei jedem anderen Schadstoff auch, die Vermeidung und Entfernung von Emittenten. Wo dies nicht möglich ist, kann die Versiegelung mit diffusionsdichten Folien und Lacken Abhilfe schaffen. Zur Sanierung von formaldehydbelasteten Gebäuden haben sich auch spezielle Vliese aus Schafwolle bewährt.

Aldehyde und Ketone als Geruchsursache

Vor allem die höheren aliphatischen Aldehyde und Ketone sind in Gebäuden wesentlich an der Geruchsbildung beteiligt. Sie gehören zu den geruchsaktivsten Substanzen und tragen maßgeblich zum Eindruck „schlechte Luft“ bei. Die einzelnen Stoffe können sich gegenseitig in ihrer Geruchswirkung beeinflussen, indem sie sich verstärken oder überlagern. Dies kann zu unspezifischen Geruchseindrücken führen. Die Quellen für Aldehyde und Ketone können vielfältig sein. Sie werden u.a. als Lösemittel in Farben und Lacken eingesetzt. Holz und Holzwerkstoffe, wie Laminat, Fertigparkett, Paneelen und OSB-Platten emittieren Aldehyde vor allem aufgrund von Produktionsresten der verwendeten Harzleime.

Die Hauptursache für längerfristige Innenraumbelastungen mit Aldehyden und daraus resultierende Gerüche scheint nach bisherigen Kenntnissen häufig nicht die direkte Emission aus Bauprodukten zu sein, sondern die Bildung aus Vorläufersubstanzen (ungesättigte VOC, wie Alkene, Terpene, Fettsäuren, Eiweiße) durch chemische und mikrobielle Reaktionen. Die Bildung ist u.a. stark sauerstoff- bzw. ozonabhängig. Dies führt vor allem bei hoher Sonneneinstrahlung zur verstärkten Bildung von Aldehyden aus Vorläufersubstanzen. In den Sommermonaten ist aus diesem Grund mit einer höheren Konzentration in Innenräumen zu rechnen. Für den zeitlichen Verlauf von Aldehyd-Belastungen aus Vorläufersubstanzen ist charakteristisch, dass sie über einen längeren Zeitraum zunehmen können, während direkte VOC-Emissionen aus Baustoffen abnehmen. Diese Tatsache führt dazu, dass aldehyd-unauffällig deklarierte Bauprodukte in der späteren Anwendung zu Problemen führen können. Bei der Baustoffauswahl sollten diese Erkenntnisse berücksichtigt werden. Als besonders auffällig bezüglich einer längerfristigen Aldehydemission haben sich u.a. Alkydharz- und Leinölanstriche, Farben mit Terpenen als Lösemittel, Linoleum, Styrol-Butadien-Gummi, PVC-Produkte, Wachse und Öle (vor allem solche mit ungesättigten Fettsäuren, wie Linolsäure oder Ölsäure) erwiesen.

Aldehyde und Ketone können neben den schon beschriebenen, teilweise als unangenehm empfundenen Geruchsproblemen, auch zu gesundheitlichen Beschwerden führen. Augen- und Atemwegsreizungen sind bekannte akute Symptome. Beschrieben werden daneben auch Kopfschmerzen, Konzentrationsprobleme und Müdigkeit.

Isocyanate – geringe Emission, hohes Risiko?

Die Ester der Isocyansäure werden als Isocyanate bezeichnet. Sie sind chemisch äußerst reaktive Substanzen. Je nach Anzahl der funktionellen Isocyanatgruppe (-N=C=O) spricht man von Mono-, Di- oder Polyisocyanaten. Das Methylisocyanat als einfachste (Mono-) Isocyanat wird zur Herstellung von Pestiziden verwendet. Häufig in Bauprodukten verwendete Diisocyanate sind

- Toluoldiisocyanat (TDI)
- Diphenylmethandiisocyanat bzw. Methylendiphenyldiisocyanat (MDI)
- Hexamethylendiisocyanat (HMDI)
- Polymeres Diphenylmethandiisocyanat (PMDI)
- Isophorondiisocyanat (IPDI)
- Diisocyanatodicyclohexylmethan (H12MDI)

Diisocyanate sind die Grundlage zur Herstellung von Polyurethanen (PU). Aus diesen polymeren Kunststoffen werden u.a. Polster, Matratzen, Dichtungen, Fußböden, Lacke, Klebstoffe, Vergussmassen, Dämmstoffe und Montageschäume produziert. In Holzwerkstoffen, wie Span- und Faserplatten, werden polyurethanhaltige Bindemitteln als Ersatz für Formaldehydharze eingesetzt. Solche OSB-Platten, Laminatböden oder Trägerplatten für Holz-, Linoleum- oder Korkfertigparkett werden dann als „formaldehydfrei“ beworben. Die Verwendung von PU-Bindemitteln erwähnen die Hersteller nicht.

In der Praxis verlaufen chemische Reaktionen nie vollständig, so dass vor allem bei der Verarbeitung von Zweikomponentensystemen, wie Farben, Lacken, Klebern oder Bauschäumen zur Freisetzung von Isocyanaten kommen kann. Über Emissionen aus ausreagiertem bzw. ausgehärtetem Polyurethan und die damit möglicherweise verbundenen gesundheitlichen Auswirkungen bestehen in Fachkreisen zur Zeit unterschiedliche Meinungen. Dies betrifft vor allem das Verhalten von Schäumen oder Holzwerkstoffen während der mechanischen Bearbeitung (Erhitzung beim Sägen, Schleifen oder Bohren, Bildung von Stäuben) sowie bei erhöhter Luftfeuchtigkeit (Bildung von Aminen) und Temperatur (Freisetzung von Blausäure im Falle eines Brandes). Eine Freisetzung von Partikeln aus dem ausgehärteten Schaum durch Abrieb und aufgrund von Alterungsprozessen und eine dadurch bedingte dauerhafte Belastung der Innenräume ist nicht auszuschließen.

Isocyanate gelten als hoch allergen, haut-, augen- und atemwegsreizend sowie als Auslöser von asthmatischen Erkrankungen. Sie stehen im Verdacht bei Kontakt mit der Haut und beim Einatmen Krebs auszulösen.

Aufgrund des Gefährdungspotentials wird von einer Anwendung diisocyanat-haltiger Produkte, wie Lacke, Voranstriche, Grundierungen, Lasuren, Klebstoffe und Ortschäume im häuslichen Bereich durch Heimwerker abgeraten. Auf den großflächige Einsatz, z. B. von PU-haltigen Siegeln für Parkette und Holzwerkstoffböden, sollte sowohl in nichtgewerblichen als auch in gewerblichen Bereichen verzichtet werden.

Seit dem 1.Dezember 2010 sind MDI und MDI-haltige Gemische mit einem Gehalt von 1% oder mehr an MDI aufgrund einer EU-Verordnung mit „krebserzeugend Kategorie 3; R 40“ zu kennzeichnen und dürfen nur noch unter hohen Anforderungen im Einzelhandel verkauft werden. Dies betrifft vor allem viele Dicht- und Montageschäume aus Polyurethan. Hersteller und Verkäufer sind verpflichtet den Endverbraucher über das Risiko dieser Baustoffe aufzuklären. Es besteht zudem ein Selbstbedienungsverbot, so dass diese Produkte nicht mehr für den Endverbraucher frei zugänglich in den Regalen von Baumärkten stehen dürfen. Verkäufer müssen zudem über einen Sachkundenachweis verfügen.

Bedingt durch das hohe gesundheitliche Risiko gehören die Arbeitsplatzgrenzwerte der Isocyanate zu den niedrigsten, die für Chemikalien festgelegt wurden (je nach Substanz 5-10 ppb). Diese liegen z.T. nur wenig über der Nachweisgrenze dieser Substanzen. Bereits sensibilisierte Personen können auf Expositionen deutlich unterhalb der Arbeitsplatzgrenzwerte reagieren. Es wurden zudem Isocanat bedingte Erkrankungsfälle beschrieben, bei denen in der Raumluft messtechnisch keine Isocyanate nachgewiesen werden konnten.

Natürliche Lösemittel: Terpene

Viele Pflanzen enthalten als natürliche Inhaltstoffe leichtflüchtige Terpene. Es handelt sich dabei um teilweise sehr geruchsintensive ungesättigte Kohlenwasserstoffe. Terpene sind Bestandteile ätherischer Öle. Der typische Geruch von frischem Nadelholz, z. B. Kiefern und Fichten ist auf Terpene zurückzuführen. Sie werden aufgrund ihrer guten Lösungseigenschaft in sogenannten Naturfarben oder Holzpflegemitteln (z. B. Parkettöle) als natürliche Lösemittel eingesetzt. In Produkten zur Raumbeduftung, wie Duftkerzen und Duftölen sollen sie unangenehme Gerüche „beseitigen" und für eine „Wohlfühlatmosphäre" sorgen. Reinigungsmittel (Duftzusatz) und Kosmetika sind weitere Einsatzgebiete für Tepene.

Bild **3**.2.1 und Bild **3**.2.2 Möbel aus Nadelholz, Holzpflegemittel und Naturfarben können Terpene in die Raumluft emittieren.

Häufig in Innenräumen zu findende Terpene sind Limonen, α-Pinen, β-Pinen und δ-3-Caren. Letzteres gilt als hoch allergen und wird deshalb in den meisten Naturfarben nicht mehr als Lösemittel eingesetzt.

Gerade in der Rohbauphase kommt es durch Holz und Holzwerkstoffe zu erhöhten Konzentrationen an Terpenen in der Raumluft. In den letzten Jahren ist darüber hinaus eine Zunahme der Terpenkonzentrationen in Innenräumen durch Farben, Holzpflegemitteln und Duftstoffen festzustellen. Manche der sogenannten Bio- oder Ökofarben enthalten als Lösemittel große Mengen dieser Substanzen. Während der Verarbeitung solcher Farben und noch längere Zeit danach kann es zu einer erhöhten Konzentration in der Raumluft kommen. Nach ökologischen Gesichtspunkten erbaute Holzhäuser weisen im Vergleich zu Massivbauten nach neuesten Erkenntnissen tendenziell eine höhere Auffälligkeit auf.

δ-3-Caren und α-Pinen reizen die Augen und die Schleimhäute von Nase und Rachen. Das reizende und allergene Potential von δ-3-Caren ist höher als das der anderen Terpene. Allergene Hautreizungen durch Terpentinöl werden vor allem durch die darin enthaltenen Terpene α-Pinen, β-Pinen und δ-3-Caren ausgelöst. Bei hohen Konzentrationen, die allerdings um Größenordnungen über den innenraumrelevanten Werten liegen, kann es auch zu neurotoxischen Wirkungen kommen. Einige Naturfarbenhersteller verwenden aufgrund der beschriebenen gesundheitlichen Wirkungen Isoaliphate als Alternative zu den Terpenen.

3.3 Mittel- und schwerflüchtige Substanzen: Biozide, Weichmacher u. a.

Unter dem Begriff der mittel- bis schwerflüchtigen Substanzen (engl. SVOC, semivolatile organic compounds) werden diejenigen organischen Chemikalien zusammengefasst, die einen Siedepunkt oberhalb von etwa 200°C (bis 400°C) haben. Der niedrige Dampfdruck führt dazu, dass die Stoffe sich auf mit ihnen behandelten Material niederschlagen und dort weitgehend gebunden bleiben. In der Raumluft werden diese Stoffe deshalb nur zu einem geringen Anteil nachgewiesen. Sie können sich aber durch Abrieb, Luftzirkulation usw. als feste Teilchen ablösen und sich an den Hausstaub, Textilien, Polster, Tapeten o.ä. binden und dort anreichern.

Bei den meisten SVOC handelt es sich um ein bis mehrfach halogenierte Chemikalien. Meist sind sie chloriert, daneben gibt es aber auch bromierte oder fluorierte Verbindungen. Sie sind häufig recht reaktionsfreudig und deshalb gesundheitlich meist kritisch zu beurteilen. Die Substanzen werden vor allem über Hautkontakt, über kontaminierte Nahrungsmittel oder den Hausstaub in den menschlichen Körper aufgenommen. SVOC stehen im Verdacht eine Vielzahl von Beschwerden und Krankheiten zu verursachen. Betroffen sein können demnach Organe, das Immunsystem, der Hormonhaushalt, die Haut und die Schleimhäute. SVOC können neurologische und psychologische Symptome hervorrufen und unspezifische Schmerzen verursachen. MCS (multiple chemical sensitivity, vielfache Chemikalienunverträglichkeit), SBS (sick building syndrome, Beschwerden durch krankmachende Gebäude), CFS (chronic fatigue syndrome, chronisches Müdigkeitssyndrom) und das Holzschutzmittelsyndrom sind Sammelbegriffe für solche Erkrankungen.

Zu den schwerflüchtigen Schadstoffen, die in unseren Innenräumen vorkommen, zählen Fungizide und Insektizide (u.a. Pentachlorphenol (PCP), Lindan, Dichlordiphenyltrichlorethan (DDT), Permethrin), Polycyclische aromatische Kohlenwasserstoffe (PAK), Polychlorierte Biphenyle (PCB), Flammschutzmittel, Weichmacher und metallorganische Verbindungen. Sie wurden und werden in einer Vielzahl von Materialien und Stoffen verarbeitet und für viele Anwendungen eingesetzt. Quellen für SVOC in Innenräumen können u.a. Möbel, Teppiche, Tapeten, Wandverkleidungen, Bodenbeläge, Dämmstoffe, Textilien, Kleidungsstücke und Pflanzen sein.

Tabelle 3.3.1 Einige schwerflüchtige Substanzen (SVOC) und ihre möglichen Quellen

Fungizide:	
PCB (Altlast)	Holzschutz, Leder, Textilien
Isothiazolinone	Topfkonservierer in Dispersionsfarben
Insektizide:	
Lindan (Altlast)	Holzschutz, Leder, Teppiche
DDT (Altlast)	Holzschutz, Leder, Teppiche
Pyrethroide (Permethrin u.a.)	Holzschutz, Leder, (Woll-)Teppiche, Insektenbekämpfung
PCB (Altlast)	ältere Fugendichtmassen, Brandschutzanstriche, Wandanstriche, Deckenplatten und Kondensatoren in Leuchtstofflampen
PAK	(schwarze) Anstriche und Kleber, Estriche, alte Korkdämmplatten
Weichmacher (u.a. Phtalate)	Teppiche, Tapeten, Kunststoffböden (z. B. PVC-Beläge), Farben, Lacke, Kleber
Phosphorsäureester	Flammschutzmittel, Bodenpflegemittel (Antirutschmittel)

Auch wenn manche Chemikalien längst in Deutschland verboten sind, so sind sie weiterhin noch in vielen Produkten und Baustoffen vorhanden oder haben sich als sekundäre Kontamination dauerhaft an Oberflächen angelagert. Sie gelangen neu über nicht ausreichend deklarierte Produkte aus anderen Ländern in unsere Innenräume oder sind seit Jahren dort vorhanden, weil die verwendeten Baustoffe, Materialien, Farben oder Textilien vor dem Verbot produziert wurden – eine schleichende Gefahr, die meist bei der Ursachensuche für gesundheitliche Beschwerden nicht beachtet wird.

Holzschutzmittel und andere Biozide

Holz kann als Naturstoff von Pilzen, Bakterien und Insekten leicht besiedelt und nachfolgend zersetzt werden. Dieser natürliche Vorgang ist aus naheliegenden Gründen in und an Gebäuden unerwünscht. Um einer Zerstörung vorzubeugen bzw. einen vorhandenen Befall zu bekämpfen, werden Holz- und Holzwerkstoffe mit anorganische Salzen oder organischen Chemikalien gegen diese Schädlinge behandelt. Im Außenbereich kann vorbeugender chemischer Holzschutz in bestimmten Situationen erforderlich sein, in Innenräumen ist er gänzlich überflüssig. Grundsätzlich sollte auch für den Außenbereich das Prinzip gelten, chemische Mittel möglichst zu vermeiden und konstruktive Maßnahmen und die Verwendung resistenterer Holzarten zu bevorzugen.

Biozide Wirkstoffe zum Einsatz auf und in Baustoffen und Einrichtungsgegenständen werden je nach Zielorganismus unterscheiden in

- Insektizide gegen Insekten
- Akarizide gegen Milben
- Fungizide gegen Pilze
- Bakterizide gegen Bakterien
- Algizide gegen Algen

Zum vorbeugenden Holzschutz in Innenräumen werden in der Regel keine Biozide mehr eingesetzt. Eine Belastung von Holz und Holzwerkstoffen ist daher meist auf eine länger zurückliegende vorbeugende Behandlung oder auf eine Maßnahme zur akuten Schädlingsbekämpfung zurückzuführen. Biozide werden aber nicht nur auf Holz eingesetzt, sondern finden ihre Verwendung in vielen weiteren Baustoffen und Produkten. Aufgrund weltweiter Importe und Bestimmungen von Herstellerverbänden kann ein Vorkommen von Bioziden in Innenräumen nie vollständig ausgeschlossen werden.

In Beschichtungen, wie Fassadenfarben, Innenraumfarben und Putzen, erfüllen biozide Zusätze zwei Funktionen. Sie dienen entweder dem Schutz des Produktes vor Befall und Verderb während des Transportes und der Lagerung (Topfkonservierung) oder sollen in der Anwendung die Oberfläche der Beschichtung im getrockneten Zustand vor der Besiedlung mit Pilzen, Algen u.a. schützen und deren Eigenschaften (Farbe, Geruch, Form, Wasserdurchlässigkeit) erhalten (Filmkonservierung).

Biozide sind meist nicht fest an die Baustoffe gebunden, sondern werden nach und nach an die Umgebung abgegeben. Bei Anwendung im Außenbereich in Fassadenfarben und Oberputzen von Wärmdämmverbundsystemen besteht zudem das Risiko der Auswaschung in das Erdreich.

Je nach Wirkungsweise auf das biologische System der Zielorganismen, ist bei den bioziden Wirkstoffen ein gesundheitliches Risiko auch für den Menschen nicht ausgeschlossen. Bekanntes Beispiel sind Holzschutzmittel mit Pentachlorphenol (PCP) und Lindan (γ-HCH). Trotz bekannter Gefährdungspotentiale wurden Mittel, die diese und andere Wirksubstanzen enthielten, bis Ende der 1980er Jahre auch in Innenräumen in großen Mengen eingesetzt. PCP und Lindan wurden später durch andere Holzschutzmittelwirkstoffe ersetzt.

Pyrethroide sind eine weitere Gruppe häufig verwendeter insektizider Substanzen. Viele Bodenbeläge aus Schurwolle werden zum Schutz vor Mottenfraß und Milbenbefall mit dem Pyrethroid Permethrin behandelt.

Altlast Pentachlorphenol (PCP)

Zu den bekanntesten Altlasten in unseren Häusern gehört das vor allem in Holzschutzmitteln in großen Mengen verwendete Pentachlorphenol (PCP). Technisches PCP ist produktionsbedingt mit anderen chlorierten Phenolen, sowie Dioxinen und Furanen verunreinigt. Diese Substanzen finden sich somit auch in den PCP-haltigen Holzschutzmitteln wieder.

Viele der sogenannten Fertighäuser aus den 60er und 70er Jahren, vor allem deren Holzständerkonstruktionen wurden zum Schutz vor Pilzen und Insekten mit PCP-haltigen Holzschutzmitteln behandelt, meist in Kombination mit anderen insektiziden Mitteln. Großflächig wurden sie auch auf Holzvertäfelungen in Innenräumen verstrichen. Einsatzgebiete waren zudem die Leder-, Textil-, Teppich- und die Papierindustrie. PCP wird über einen langen Zeitraum (Jahrzehnte) von den behandelten Materialien in relevanten Mengen freigesetzt und kontaminiert über die Luft alle im Raum befindlichen Oberflächen, Textilien und Möbel. Noch heute findet man in Gebäuden hohe Konzentrationen der mittlerweile in Deutschland verbotenen Substanz. Betroffene Gebäude weisen häufig einen typisch muffigen Geruch auf. Er bleibt schon nach sehr kurzem Aufenthalt in belasteten Räumen in der Kleidung haften. Ursache ist nicht das PCP selber, sondern sehr geruchsintensive Verbindungen aus der Gruppe der Chloranisole. Sie stellen nach heutiger Kenntnis mikrobielle Abbauprodukte des PCP dar. Die fehlende Kenntnis über diesen Zusammenhang und die Ähnlichkeit des Geruches mit mikrobiellem Befall (Schimmelpilze, Bakterien) nach einem Feuchteschaden führt häufig zu einer Fehldiagnose.

Bild **3**.3.1 Viele Dachstühle in älteren Gebäuden wurden zum Schutz vor Pilzen und Insekten mit Holzschutzmitteln behandelt.

PCP in Gebäuden kann, je nach Wirkdauer, Konzentration und der Konstitution der Raumnutzer zu gesundheitlichen Problemen führen. PCP gilt als krebserzeugend (cancerogen), erbgutverändernd (mutagen) und fruchtschädigend (teratogen). In der Literatur werden als unspezifische

Symptome Kopfschmerzen, Müdigkeit, Schlafstörungen, Konzentrationsschwäche, Schädigungen der Haut- und Schleimhäute, Haarausfall, Depressionen, Störungen des Immun- und Nervensystems sowie Nieren- und Leberschäden genannt und unter dem Begriff Holzschutzmittelsyndrom zusammengefasst.

Ende der 70er Jahre fanden sich tausende gesundheitlich betroffener Personen in der „Interessengemeinschaft der Holzschutzmittelgeschädigten" (IHG) zusammen und sorgten für eines der längsten Gerichtverfahren in der Bundesrepublik Deutschland. Die Strafprozesse gegen die Verantwortlichen des Holzschutzmittelherstellers wurden erst 1996 durch einen Vergleich beendet.

PCP wurde ab 1987 für die Verwendung in Innenräumen und erst 1989 durch PCP-Verbotsverordnung endgültig in Deutschland verboten. Es ist heute entsprechend der TRGS 905 („Technische Regeln für Gefahrstoffe – Verzeichnis krebserzeugender, erbgutverändernder oder fortpflanzungsgefährdender Stoffe", Ausgabe 07/2005, geändert 05/2008) als krebserzeugend in die Kategorie 2 eingestuft. Nach wie vor sind eine Vielzahl von Gebäuden ohne Kenntnis der Bewohner mit dieser Chemikalie belastet und bedürften einer Sanierung. Die Bewertung und Sanierung von PCP-Belastungen werden durch die „Richtlinie für die Bewertung und Sanierung PCP-belasteter Baustoffe und Bauteile in Gebäuden" (PCP-Richtlinie) geregelt.

Altlast Lindan

Lindan (Hexachlorcyclohexan, γ-HCH) wurde als Insektizid in der Land-, Forst- und Holzwirtschaft, sowie in der Medizin verwendet. Zunächst nur als Bestandteil von sogenanntem technischem Lindan mit über 80% Verunreinigungen (u.a. mit α-HCH, β-HCH) im Einsatz, war das Insektizid ab 1981 in der EU nur noch als reines (99%iges) γ-HCH zugelassen. Über den Pflanzen- und Holzschutz hinaus fand es Verwendung in Insektensprays und –pulvern, sowie zur Bekämpfung von Kopfläusen. Seit dem 01. September 2006 ist die Vermarktung von allen Produkten mit diesem Wirkstoff EU-weit verboten (Biozid-Richtlinie 98/8/EG, Verordnung (EG) Nr. 1451/2007).

Bis etwa 1983 kam Lindan häufig in Kombination mit PCP und DDT in Holzschutzmitteln in Innenräumen zum Einsatz. Ähnlich wie das PCP findet es sich daher in vielen Fertighäusern in Holzständerbauweise und dort, wo großflächige Holzvertäfelungen, Dachbalken usw. mit Holzschutzmitteln behandelt wurden. Wo dies der Fall ist, sorgt es auch Jahre nach der Anwendung für eine Belastung der Raumluft und kontaminiert alle im Raum befindlichen Oberflächen, Textilien und Möbel. Rechtlich verbindliche Grenzwerte für Lindan existieren in Deutschland nicht (Ausnahme Arbeitsschutz). Lediglich unverbindliche (vorläufige) Richtwerte für die Raumluft und behandelte Oberflächen regeln den Umgang mit dieser Substanz.

Lindan (γ-HCH) hat eine hohe akute Toxizität und reichert sich in fettreichen Geweben von Lebewesen an (Bioakkumulation). Es wird über die Nahrung, die Haut und die Atmung aufgenommen. Akute Symptome sind u.a. Kopfschmerzen, Mattigkeit und Bluthochdruck. Als chronische Folgen werden Schäden an Nieren, Leber, dem Nerven- und Immunsystem beschrieben. In den technischen Regeln für Gefahrstoffe (TRGS 905) ist Lindan als möglicherweise krebserregend (Kategorie K3) eingestuft.

Vielfach unbeachtet: Isothiazolinone

Verbindungen aus der Gruppe der Isothiazolinone dienen als Fungizide und Bakterizide zur Vermeidung von mikrobiellem Befall. Anwendung finden diese Substanzen als sogenannte Topfkonservierer in wasserverdünnbaren Farben und Lacken. Sie werden außerdem Silikondichtmassen, Klebern, Kleistern, Anti-Schimmelmitteln, Holzschutzmitteln, Wachsen, Leder, Textilien und dem Befeuchterwasser von Klimaanlagen zugesetzt. Kosmetika, sowie Wasch- und Reinigungsmittel, sind weitere Einsatzgebiete. Aufgrund ihrer hohen bioziden Wirksamkeit können sie in vergleichsweise niedrigen Konzentrationen eingesetzt werden.

Häufig verwendete Isothiazolinone sind:

- Methylisothiazolinon (MIT, MI)
- Chlormethylisothiazolinon (CMIT, CMI, MCI)
- Benzisothiazolinon (BIT)
- Octylisothiazolinon (OIT, OI)
- Dichloroctylisothiazolinon (DCOIT, DCOI)

Dispersionsfarben, die das Umweltzeichen „Blauer Engel“ (RAL-UZ 102) tragen, dürfen bis zu 15mg/kg eines Gemische aus CMIT und MIT und 200mg/kg eines Gemisches aus MIT und BIT enthalten.

Die RAL-UZ 102 schreibt zudem auf der Verpackung von Farben und Lacken einen Hinweis auf Isothiazolinone vor.

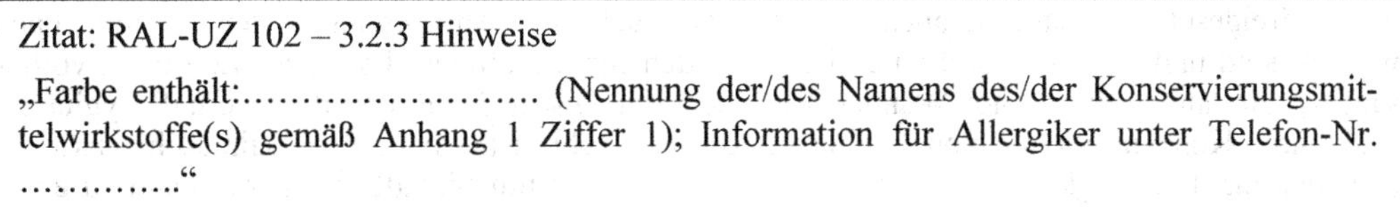
Zitat: RAL-UZ 102 – 3.2.3 Hinweise

„Farbe enthält:........................ (Nennung der/des Namens des/der Konservierungsmittelwirkstoffe(s) gemäß Anhang 1 Ziffer 1); Information für Allergiker unter Telefon-Nr. ....“

Die Richtlinie für Bautenanstrichstoffe des Verband der deutschen Lackindustrie (VdL-RL 01) enthält ebenfalls eine vergleichbare Vorschrift.

Zitat: VdL-RL 01 – 4.1 Anforderungen im Allgemeinen

Beratung für Isothiazolinonallergiker unter der Telefonnummer ....“

Um die Kennzeichnung der (End-)Produkte zu umgehen, wurden und werden laut dem deutschem Umweltbundesamt Produkte entwickelt, die Kombinationen von Konservierungsmitteln enthalten, wobei die Konzentrationen der einzeln abgepackten Bestandteile jeweils unter der Kennzeichnungspflicht liegen (www.biozid.info).

Tabelle 3.3.2 Zulässige Konzentrationen an Isothiazolinonen in Wandfarben nach Vergabegrundlage für das Umweltzeichen Blauer Engel (RAL-UZ 102, Anhang 1, Stand April 2010). *) BNPD = 2-Brom-2-nitropropan-1,3-diol

Wirkstoff/-Kombination	**Gehalt in der Wandfarbe**
2-Methyl-2(H)-isothiazol-3-on (MIT) / 1,2-Benzisothiazol-3(2H)-on (BIT) im Verhältnis 1:1	≤ 200 ppm
5-Chlor-2-methyl-4-isothiazolin-3-on (CIT) / 2-Methyl-4-isothiazolin-3-on im Verhältnis 3:1	≤ 15 ppm
BIT	≤ 200 ppm
BNPD*) + CIT/MIT (3:1)	≤ 130 ppm + ≤ 15 ppm
BNPD + CIT/MIT (3:1)	≤ 150 ppm + ≤ 10 ppm
BNPD + CIT/MIT (3:1)	≤ 170 ppm + ≤ 5 ppm

Wirkstoff/-Kombination	Gehalt in der Wandfarbe
MIT/BIT (1:1) + CIT/MIT (3:1)	≤ 150 ppm + ≤ 12,5 ppm
MIT/BIT (1:1) + CIT/MIT (3:1)	≤ 125 ppm + ≤ 15 ppm
BIT+ CIT/MIT (3:1)	≤ 150 ppm + ≤ 12,5 ppm

Isothiazolinone zählen laut dem ehemaligen Bundesinstitut für gesundheitlichen Verbraucherschutz und Lebensmittelsicherheit (BgVV) zu den bedeutenden Kontaktallergenen. Sie gelten als stark haut und schleimhautreizend. Diese Wirkungen treten nicht nur bei direkter Berührung der Produkte auf. Immer häufiger gibt es Berichte nach denen akute Hautekzeme, Schwellungen und Juckreiz auch durch einen Kontakt über die Luft verursacht werden können. Die Symptome sind sehr hartnäckig und dauerhaft, so dass sie auch bei abnehmenden Raumluftkonzentrationen nicht immer vollständig abklingen.

Aufgrund ihres höheren Siedpunktes werden Isothiazolinone über längere Zeiträume aus Bauprodukten freigesetzt, so dass sie auch noch Monate nach ihrer Anwendung in der Raumluft nachweisbar sind und zu gesundheitlichen Beschwerden führen können. Es ist zur Zeit nicht vorhersagbar, wie lange ein frischer Wandanstrich benötigt, bis in der Raumluft dauerhaft hygienisch akzeptable Konzentrationen von Isothiazolinonen gewährleistet sind. Raumklimaschwankungen (Temperatur, Feuchtigkeit) oder ein neuer Anstrich selbst mit biozidfreier Farbe kann zu einem Wiederanstieg der Raumluftkonzentration führen. Aus hygienisch-gesundheitlicher Sicht sollte daher auf einem Einsatz von Isothiazolinonen in Innenräumen verzichtet werden.

Weichmacher

Allgegenwärtig sind in unseren Innenräumen SVOC aus der Gruppe der Weichmacher. Sie finden sich als Additive in Kunststoffen und sorgen für deren Flexibilität und Dehnbarkeit. Den mengenmäßig größten Anteil an den Weichmachern machen Substanzen aus der chemischen Gruppe der Phthalate aus. Es sind Ester der Phthalsäure (= 1,2-Benzoldicarbonsäure) mit unterschiedlichsten Alkoholen.

Aufgrund ihrer Produktions- und Verbrauchsmengen bedeutende Phthalate sind:

- Diisodecylphthalat (DIDP)
- Diisononylphthalat (DINP)
- Di(2-ethylhexyl)phthalat (DEHP)
- Dibutylphthalat (DBP)
- Benzylbutylphthalat (BBP)

Vor allem in Produkten, die aus PVC bestehen, sind große Mengen an Phthalate und andere Weichmacher enthalten. Aus diesen treten sie je nach chemischer Eigenschaft unterschiedlich schnell aus und gelangen so in die Raumluft. Die Kunststoffe verlieren dadurch über einen längeren Zeitraum ihre Elastizität und werden brüchig oder spröde.

Beispiele für den Einsatz von Weichmachern sind Fußbodenbeläge, Vinylschaumtapeten, Teppichrücken, Fenster- und Türprofile, Kabelummantelungen, Folien, Kunststoffmöbel, Aufblasmöbel und Kinderspielzeug. Besonders leichtflüchtige Weichmacher sind in Latexfarben enthalten, die daher in hohen Konzentrationen in der Raumluft und im Hausstaub wiederzufinden sind.

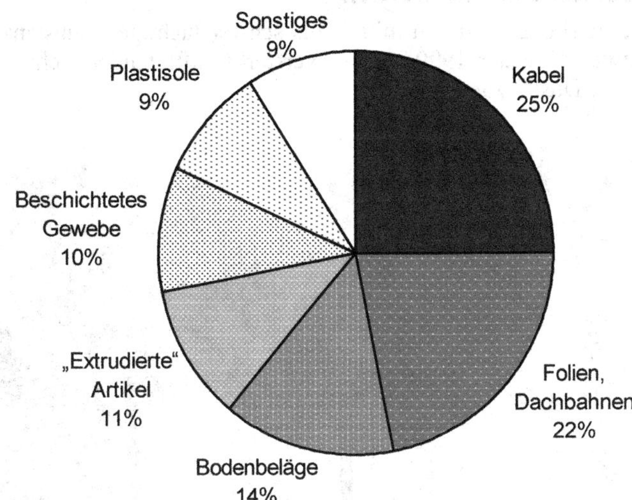

Bild 3.3.2 Weichmacherverbrauch für PVC in Westeuropa. Plastisole: pastenartige Anwendungen, Beschichtungen von Metall, Textilien und Tapeten, Kunstleder, KFZ-Unterbodenschutz. Extrudierte Artikel: Schläuche und andere endlos geformte Profile (Quelle: UBA, 2007)

Phthalate gelten zur Zeit nicht als akut toxisch, stehen aber im Verdacht hormonell wirksam oder krebserzeugend zu sein. Sie wirken bei dauerhafter Einwirkung im Tierversuch schädigend auf Nieren, Leber und Hoden und sowie reproduktionstoxisch. Allergien, Immunschwächen und Nervenschäden sind bei längerer Belastung nicht auszuschließen. Nach Ansicht des Bundesinstitutes für Risikobewertung (BfR) sind Maßnamen zur Expositionsminimierung erforderlich. In vielen Kunststoffprodukten des täglichen Lebens und der Medizin wird der Einsatz von Phthalaten aufgrund der bisher vorliegenden Daten zur Zeit versucht zu minimieren oder sie werden schon ganz vermieden. DEHP, DBP und BBP sind mittlerweile europaweit in einigen Anwendungen verboten, so etwa in Zubereitungen (z. B. Lacke und Farben), die an private Haushalte als Endverbraucher verkauft werden, sowie in Kosmetikprodukten. Die Verwendung der Phthalate DEHP, DBP, BBP DINP, DIDP und DNOP (Di-n-octylphthalat) ist darüber hinaus in Spielzeug und Babyartikeln nur noch eingeschränkt zulässig. Untersuchungen zeigen, dass zumindest die Innenraumbelastung mit DEHP leicht rückläufig zu sein scheint. Dafür werden zunehmend neue, leichter flüchtige Weichmacher in Innenräumen nachgewiesen, deren gesundheitliche Wirkung zur Zeit nicht abschätzbar ist.

Aufgrund ihrer gesundheitlichen Wirkung sollten Gegenstände, die Weichmacher enthalten, grundsätzlich nicht in Kinderhände gelangen und keinesfalls von ihnen in den Mund genommen werden (z. B. Plastikspielzeug). Problematisch sind aus diesem Grunde auch Bodenbeläge aus PVC, weil z. B. Kleinkinder beim Spielen auf ihnen herumkriechen. Die Weichmacher DEHP, BBP und DBP wurden im Jahr 2008 und DiBP im Jahr 2010 von der Europäischen Chemikalienagentur (ECHA) aufgrund der eindeutigen gesundheitlichen Risiken in die Liste der besonders besorgniserregenden Substanzen aufgenommen. Für den Verbraucher ergeben sich daraus vor allem umfangreiche Informationsrechte, die in der sogenannten REACH-Verordnung (REACH-VO, Verordnung (EG) Nr. 1907/2006) festgelegt sind.

Fogging – wenn die Wände plötzlich schwarz werden

Neben der gesundheitlichen Langzeitwirkung wird den mittel- bis schwerflüchtigen Substanzen auch eine Relevanz bei den seit etwa Mitte der 1990er Jahre verstärkt auftretenden Schwarzstaubablagerungen („Fogging“, „Magic Dust“) zugesprochen.

Bild 3.3.3 + Bild 3.3.4 „Fogging“ über einer Heizung (links) und auf allen Oberflächen in einem Wohnraum. Deutlich zeichnen sich auf dem rechten Bild die Stoßkanten der Platten an der tapezierten(!) Decke ab. Die Ablagerungen haben sich innerhalb einer einzigen Nacht gebildet.

Bei diesem vornehmlich in der kälteren Jahreszeit auftretenden Phänomen kommt es buchstäblich über Nacht zu Ablagerungen, die auf hellen Oberflächen als dunkle Verfärbungen sichtbar werden. Auch wenn die Ursachen bis heute nicht gänzlich geklärt sind, ist ein Zusammenhang mit Renovierungsarbeiten unumstritten. Regelmäßig werden in den Ablagerungen neben Fettalkoholen, Fettsäuren, Fettsäureestern und Paraffinen auch Phthalate nachgewiesen. Abhilfe bringt meist nur eine vollständige Entfernung möglicher Quellen und die zukünftige Vermeidung von Produkten, die diese Substanzen enthalten. Einige Hersteller werben auf den Verpackungen ihrer Produkte mit der Eigenschaft, keine „foggingaktiven Substanzen“ zu verwenden.

Polychlorierte Biphenyle (PCB)

Die aus dem Reinstoff Biphenyl durch Chlorierung hergestellten Polychlorierten Biphenyle (PCB) gelten als toxische und krebsauslösende Substanzen. Sie finden sich auch heute noch als Altlasten vor allem in öffentlichen Gebäuden. Bis in die 80 Jahre des letzten Jahrhunderts wurden sie in elektrischen Transformatoren und Kondensatoren als Isoliermittel eingesetzt. Weitere Anwendungsbeispiele waren Hydraulikflüssigkeiten sowie in der offenen Verwendung als Weichmacher und Flammschutz in Lacken, Klebstoffen, Dichtungsmassen, Deckenplatten, Kabelummantelungen, Kunststoffen und Buntsteinputzen. Eine der häufigsten Anwendungen war die Verwendung in Fugendichtungsmassen (Gebäudetrennfugen, Bewegungsfugen zwischen Betonfertigteilen, Anschlussfugen von Türzargen, Fensterrahmen -bänke und -gläsern).

Bild **3**.3.5 + Bild **3**.3.6 Fugenmassen und Deckenplatten sind nur zwei Beispiele für Baustoffe, die PCB enthalten können.

Von den PCB existieren insgesamt 209 verschiedene Verbindungen, sogenannte PCB-Kongonere. Sie werden nach einem bestimmten System von 1 bis 209 durchnummeriert (PCB-1 bis PCB-209). Die unchlorierte Verbindung Biphenyl wird mit der Nummer 0 bezeichnet (PCB-0). Die Kongonere unterscheiden sich durch ihren unterschiedlichen Grad der Chlorierung (Anzahl und Position der Choratome am Biphenyl-Grundgerüst). In kommerziellen Produkten sind aus dieser Gruppe von Verbindungen nur etwa 50 bis 70 in Verwendung. Die Besonderheit der PCBs besteht in Ihrer thermischen und chemischen Stabilität. Sie sind schwer entflammbar, elektrisch isolierend und superhydrophob (extrem wasserabweisend). Diese Eigenschaften machten ihren kommerziellen Erfolg aus, sind aber gleichzeitig der Grund für ihre biologische Gefährlichkeit. Sie werden nur sehr langsam abgebaut und in biologischen Systemen über die Nahrungskette angereichert. Sie zählen aufgrund dieser Bioakkumulation zu den sogenannten Persistenten Organische Schadstoffen (POP). Der Ab- und Umbau in andere Verbindungen durch verschiedene Stoffwechselwege ist in der Literatur beschrieben.

In Deutschland ist PCB seit 1978 in der offenen Anwendung verboten. 1989 wurde durch die PCB-Verbotsverordnung das Inverkehrbringen und Anwenden von Stoffen, Zubereitungen und Erzeugnissen mit bestimmten PCB oder mit einer Konzentration von mehr als 50mg/kg vollständig untersagt. 1993 wurde die PCB-Verbotsverordnung durch die „Verordnung über Verbote und Beschränkungen des Inverkehrbringens gefährlicher Stoffe, Zubereitungen und Erzeugnisse nach dem Chemikaliengesetz“ (Chemikalien-Verbotsverordnung, ChemVerbotsV) ersetzt. Seit 1999 sind PCB-Altlasten meldpflichtig und müssen als Sonderabfall entsorgt werden. Alte Kondensatoren in Leuchtstofflampen, Waschmaschinen und anderen Geräten sowie Dichtungsmassen in Gebäuden aus den Jahren vor dem Verbot bilden auch heute noch eine bedeutende Quelle für Raumluftbelastungen und stellen ein Gefährdungspotential für die Gebäudenutzer dar.

Die akute Toxizität von PCB's gilt als gering, eine chronische Schädigung ist aber schon bei geringen Mengen vorhanden. In der wissenschaftlichen Literatur sind Chlorakne, Haarausfall, Hyperpigmentierungen, Leberschäden, Embryonalschäden (Teratogenität), Reproduktionstoxizität, Schädigung des Immun- und Hormonsystems beschrieben. Die TRGS 905 weist PCB als Substanz mit begründetem Verdacht krebserzeugender Wirkung (Kategorie K3) aus. Die Aufnahme erfolgt aufgrund ihrer Fettlöslichkeit sehr schnell auch über die Haut. Sie lagern sich vor allem in fettreichen Geweben ab und werden weltweit in Fischen, Säugetieren und der Muttermilch nachgewiesen.

In vielen (nicht in allen) Bundesländern wurden über die sogenannten PCB-Richtlinien die Bewertung und Sanierung PCB belasteter Gebäude rechtlich verbindlich festgelegt. Grundlage der länderspezifischen Richtlinien ist eine Muster-Richtlinie, die von der Arbeitsgemeinschaft der für Städtebau, Bau- und Wohnungswesen zuständigen Minister und Senatoren der Bundesländer (Bauministerkonferenz, ARGEBAU) vorgelegt wurde (Richtlinie für die Bewertung und Sanierung PCB-belasteter Baustoffe und Bauteile in Gebäuden, „PCB-Richtlinie", ARGEBAU, 1994). Den meisten Richtlinien gemeinsam ist ein Vorsorgewert von $300 ng/m^3$ (Sanierungszielwert) und ein Richtwert von $3000 ng/m^3$ (Interventions-/Eingreifwert) für Raumluft. Einige Bundesländer beziehen zusätzlich noch die Aufenthaltsdauer in den betroffenen Räumen in die Bewertung mit ein. Dadurch werden auch deutlich über dem Eingreifwert der PCP-Richtlinie liegende Konzentrationen als tolerierbar hingenommen. Es existieren zudem weitere Richtwerte, Empfehlungen und juristische Entscheidungen, die die Werte der PCB-Richtlinien z.T. deutlich unterschreiten.

Flammschutzmittel

Viele leicht entflammbare und brennbare Produkte werden mit chemischen Substanzen behandelt, deren spezielle Eigenschaften ein leichtes Entflammen verhindern oder im Falle eines Brandes eine Selbstlöschung fördern. Verwendet werden diese Flammschutzmittel, z. B. in Elektronikprodukten (Kabel, elektrische Geräte und Bauteile), Anstrichen, Deckenverkleidungen, Tapeten, Dämmmaterialien, Dichtungsschäumen, Bodenbelägen, Textilien (z. B. Gardinen, Teppichen) oder Matratzen.

Der Einsatz von chemischen Substanzen als Flammschutzmittel erfolgt auf zwei Arten:

- additiv (den brennbaren Stoffe zugemischt)
- reaktiv (chemisch fest mit den brennbaren Stoffen verbunden)
- Flammschutzmittel können aufgrund ihrer chemischen Zusammensetzung eingeteilt werden:
- organische Halogenverbindungen (chlorierte und bromierte Kohlenwasserstoffe)
- nicht halogenierte organische Phosphorverbindungen
- chlorierte Phosphorsäureester
- Stickstoffbasierte Flammschutzmittel (z. B. Melamin, Harnstoff)
- anorganische Salze (z. B. Aluminium-, Magnesium-, Antimonoxide oder -hydroxide, Borsäuresalze (Borate))

Eine häufig verwendetes chloriertes Flammschutzmittel ist das zu den Phosphorsäuerestern zählende Tris-(2-chlorethyl)-phosphat (TCEP). Verwendet wird diese Substanz in Polyurethan (PU)-Schäumen (Polster, Matratzen, Montageschäume), Versiegelungen, Farben und Lacken. Phosphorsäureester erfüllen neben ihrer flammhemmenden Wirkung auch die Funktion als Weichmacher in Kunststoffen. Ein weiteres Einsatzgebiet für Phosphorsäureester sind Bodenpflegemittel, denen sie als Antirutsch- und Glanzmittel zugesetzt werden.

Zu den bromhaltigen Flammschutzmitteln zählen

- polybromierte Diphenylether (PBDE)
- Bromphenole
- Bromstyrole
- polybromierte Biphenyle (PBB).

Die weltweit meistproduzierten bromierten Flammschutzmittel sind nach Auskunft des deutschen Umweltbundesamtes Decabromdiphenylether (DecaBDE), Tetrabrombisphenol A (TBBPA) und Hexabromcyclododecan (HBCDD bzw. HBCD). Mit Ausnahme des TBBPA werden sie alle als additive Flammschutzmittel eingesetzt. Die PBB sind augrund ihrer schädlichen Stoffeigenschaften inzwischen vom Markt verschwunden.

Polybromierte Diphenylether (PBDE) enthalten herstellungsbedingt Verunreinigungen in Form von polybromierten Dibenzodioxinen (PBDD und Dibenzofuranen (PBDF). Diese können schon beim normalen Betrieb von Elektronikgeräten in die Raumluft freigesetzt werden. PBDD und PBDF reichern sich im Körper an und sind schon in kleinsten Mengen giftig. Sie können den Hormonhaushalt beeinflussen und gelten als krebsfördernd. Penta- und Octabromdiphenylether (PentaBDE, OctaBDE) sind innerhalb der Europäischen Union seit 2004 in allen Anwendungen verboten. Decabromdiphenylether (DecaBDE) wurde im Jahr 2008 aus Elektro- und Elektronikprodukten verbannt. Textilien (z. B. Polstermöbel, Matratzen, Vorhänge, Teppiche), Kunststoffe, Isolationsmaterialien und Montageschäume können diese Substanz weiterhin enthalten. Auch Alt- und Importprodukte sind trotz EU-Verbotes weiterhin mögliche Quellen. Als Ersatz kommen u.a. bromfreie Magnesium- und Aluminiumsalze zum Einsatz.

Tabelle **3**.3.3 Einige Flammschutzmittel und ihre Anwendungen (Quelle: EFRA, 2004)

Flammschutzmittel		**Anwendung**
Bromierte Verbindungen	Polybromierte Diphenylether (PBDE)	Polystyrol, Polyolefine, Polyester, Polyamide, Textilien
	Hexabromcyclodecan	Hart- und Weichpolystyrol, Textilien
	Tetrabrombisphenol A (TBBPA)	Epoxidharze von Leiterplatten, Kunststoffe im Elektronik- und Elektrobereich
	Bromierte Styrole	Polyester, Polyamide
	Bromierte Phenole	Rohstoff für andere Flammschutzmittel (bromierte Polycarbonate, Epoxid-Oligomere)
	Tetrabromphthalsäueranhydrid	Rohstoff für andere Flammschutzmittel, Leiterplatten, Handys
Phosphorhaltige Flammschutzmittel	Phosphorsäueester	Weichmacher in Kunststoffen, Phenolharze, Beschichtungen, Computer- und Monitorgehäuse, PU-Weichschäume für Polster und Automobilbau, PU-Hartschaumdämmstoffe, Bodenpflegemittel
	Organische Phosphate, Phosphinate, Phosphonate	PU-Schäume, technische Kunststoffe, Textilien, Elektronikleiterplatten
	Roter Phosphor	Glasfaserverstärkte Polyamide, Polyethylen (PE), Ethylenvinylacetat (EVA), PU-Schäume, Polyester, Epoxidharze
	Ammoniumpolyphosphate	intumeszierende (= im Brandfall aufschäumende) Kunststoffbeschichtungen, PU-Schäume, Polyolefine, Polyester, Phenol- und Epoxidharze, Textilien

Flammschutzmittel		**Anwendung**
Anorganische Salze	Alumiumtrihydroxid (ATH)	Elektrokabel, Hartkunststoffe im Elektrobereich, Sitze, Verkleidungen, Fahrzeugbau
	Magnesiumdihydroxid (MDH)	
	Borate	Cellulose, Baumwolle (Borsäure, Borax), Kunststoffe (Zinkborat)
	Antimontrioxid	Synergist von halogenhaltigen Flammschutzmitteln oder PVC
	Zinkhydroxystannat	Kunststoffe
	Zinksulfit	Synergist von PVC
Stickstoffbasierte Flammschutzmittel	Melamin	PU-Schaumstoffe
	Melamincyanurat	Polypropylen, intumeszierende (= im Brandfall aufschäumende) Kunststoffbeschichtungen für Holz, Kunststoff und Stahl
	Melaminphosphate	Polyamid

Hexabromcyclododecan (HBCD) findet Verwendung in Polystyrolschäumen zur Gebäudedämmung, Textilbezügen von Möbeln sowie in Elektronikprodukten und Kinderspielzeug aus hochschlagfestem Polystyrolkunststoffen. Nach einem neuen Entwurf der europäischen *„Richtlinie zur Beschränkung der Verwendung bestimmter gefährlicher Stoffe in Elektro- und Elektronikgeräten“* (RL 2002/95/EG, RoHS) soll HBCD zumindest in elektrischen Geräten zukünftig vollständig verboten sein.

Bromierte Flammschutzmittel gelten als sogenannte schwer abbaubare (persistente), sich in Lebewesen anreichernde (bioakkumulierende) und z.T. toxische Substanzen (PBT-Stoffe). Der Hauptaufnahmeweg in dem menschlichen Körper erfolgt über die Nahrungskette. Daneben spielt auch der Hausstaub eine gewisse Rolle.

Aufgrund ihrer gesundheitlichen Risiken wurden Borsäure (Borax, reproduktionstoxisch), Hexabromcyclododecan (HBCD, PBT-Stoff s.o.) und Tris-(2-chlorethyl)phosphat (TCEP, reproduktionstoxisch) von der Europäischen Chemikalienagentur (ECHA) in die sogenannte Kandidatenliste für besonders besorgniserregende Substanzen (SVHC) aufgenommen. Für den Verbraucher ergeben sich daraus vor allem umfangreiche Informationsrechte und für Hersteller und Lieferanten entsprechende Auskunftspflichten. Diese sind in der sogenannten REACH-Verordnung (REACH-VO, Verordnung (EG) Nr. 1907/2006) festgelegt.

Polyzyklische aromatische Kohlenwasserstoffe (PAK)

Wenn organische Stoffe unter mangelhafter Sauerstoffzufuhr verbrennen, entstehen polyzyklische aromatische Kohlenwasserstoffe (PAK). Abgase von PKW, Tabakrauch und Brände sind Quellen hoher PAK-Konzentrationen. Darüber hinaus sind sie ein natürlicher Bestandteil von fossilen Ablagerungen, wie Erdöl, Erdgas, Kohle oder Teer. Die meisten polyzyklischen aromatische Kohlenwasserstoffe (PAK) werden zu den mittel- bis schwerflüchtigen Substanzen (SVOC bzw. POM) gerechnet. Ihr niedriger Dampfdruck führt dazu, dass sie sich auf Materialien niederschlagen und an ihnen weitgehend gebunden bleiben. In der Raumluft werden diese Stoffe deshalb nur zu einem geringen Anteil nachgewiesen. Das Naphthalin stellt durch seinen relativ geringen Siedepunkt von 218°C innerhalb der PAK eine Ausnahme und emittiert leicht in die Raumluft.

Abdichtungs-, Isolier- und Klebstoffe, Dachpappen, Asphaltfußbodenplatten, Asphaltestrich, Korrosionsschutz- oder Holzschutzanstriche (Carbolineum) und Trennstreifen unter Lagerhölzern waren oder sind nur einige der möglichen Primärquellen von PAK. Naphthalin wurde auch als Mottenschutzmittel (Mottenkugeln) eingesetzt. PAK können sich dort durch Abrieb, Luftzirkulation usw. als feste Teilchen ablösen, sich an Hausstaub, Textilien, Polster, Tapeten o.ä. binden und dort anreichern. Diese Gegenstände stellen dann eine Sekundärquelle dar.

In den 90er Jahren wurde bei der Sanierung von ehemaligen Wohnungen der US-amerikanischen Streitkräfte in Frankfurt unter Parkettböden Kleber mit hohen PAK-Gehalten gefunden. Durch diese Funde erkannte man, dass bis in die 70er Jahre hinein solche Parkettkleber nicht nur in den Frankfurter Wohnungen, sondern weit verbreitet eingesetzt worden waren. Während der Entfernung solcher Böden, aber auch bei Schäden in Form von Rissen und Spalten können Kleberbestandteile freigesetzt werden und die Innenräume kontaminieren. Die Fachkommission Bautechnik der Bauministerkonferenz der für Städtebau, Bau- und Wohnungswesen zuständigen Minister und Senatoren der Länder (ARGEBAU) hat speziell für den Umgang mit PAK belasteten Parkettklebern Empfehlungen herausgegeben, die sich an den gesetzlichen Vorschriften orientieren (PAK-Hinweise, ARGEBAU 2000).

In mehreren Bundesländern existieren darüber hinaus Richtlinien und Erlasse, die den Umgang mit PAK-haltigen Parkettklebstoffen regeln.

Bild 3.3.7 Dachpappenstreifen unter den Lagerhölzern des Fußbodens führte zu einer Belastung der Wohnung durch PAK.

Toxikologisch am besten untersucht sind die von der amerikanischen Umweltbehörde (EPA: Environmental Protection Agency) unter hunderten von PAK als Standard ausgewählten 16 sogenannten EPA-PAK. In der gängigen Analysepraxis werden vereinfacht nur diese 16 Substanzen analysiert und daraus die Gesamtbelastung mit PAK hochgerechnet.

Untersuchungen verschiedener Organisationen und Behörden haben gezeigt, dass viele Verbraucherprodukte eine sehr hohe bis extrem hohe Belastung mit PAK aufweisen. Aus diesem Grund haben die zuständigen deutschen Behörden ein Beschränkungsdossier erstellt, das im Juni 2010 mit dem Vorschlag an die Europäische Kommission übermittelt wurde, die Gehalte von 8 PAK (EU-PAK) in Verbraucherprodukten und Spielzeug zu beschränken.

Tabelle 3.3.4 16 Standard-PAK (*) der US-amerikanischen Umweltbehörde (EPA) und die 8 EU-PAK (fettgedruckt).

Substanz	**Siedpunkt [°C]**
Naphthalin*	218
Acenaphthen*	278
Acenaphthylen*	280
Fluoren*	295
Benzo[e]pyren	311
Phenanthren*	332
Anthracen*	340
Fluoranthen*	384
Pyren*	404
Benzo[a]anthrazen*	438
Chrysen*	448
Benzo[j]fluoranthen	480
Benzo[k]fluoranthen*	480
Benzo[b]fluoranthen*	481
Benzo[a]pyren*	496
Dibenzo[a,h]anthracen*	524
Indeno[1,2,3-cd]pyren*	536
Benzo[g,h,i]perylen*	542

In Deutschland ist es gängige Praxis und über die Gefahrstoffverordnung und die zugehörigen TRGS (Technische Regeln für Gefahrstoffe) rechtlich verankert, Benzo[a]pyren (BaP) als Leitkomponente zur Raumluftbewertung zu verwenden. Nur für diesen Stoff gab es bisher einen Luftgrenzwert (TRK-Wert, 2µg/m^3), der zur Zeit gesetzlich zwar nicht mehr gültig ist, in der Praxis aber dennoch weiterhin Verwendung findet. Für das leicht flüchtige Naphthalin wurden vom Umweltbundesamt toxikologisch begründete Raumluftrichtwerte zum Schutz der Verbraucher veröffentlicht.

Die PAK werden vor allem über Hautkontakt, über kontaminierte Nahrungsmittel oder den Hausstaub in den menschlichen Körper aufgenommen. PAK stehen im Verdacht eine Vielzahl von Beschwerden und Krankheiten zu verursachen. Viele dieser Substanzen gelten als krebserzeugend, reproduktionstoxisch, erbgut- und fruchtschädigend. Benzo[a]pyren gilt neben seiner mutagenen, reproduktionstoxischen und kanzerogenen Wirkung darüber hinaus auch als akut toxisch (Hautreaktionen bei Kontakt mit BaP-haltigen Stäuben) sowie stark wassergefährdend.

Beton- und Stahlkonstruktionen wurden bis in die 80er Jahre des letzten Jahrhunderts für den Korrosionsschutz mit PAK-haltigen Beschichtungen versehen. Bei aktuell notwendigen Sanierungs- und Instandhaltungsarbeiten an solchen Oberflächen können PAK freigesetzt werden. Während dieser Tätigkeiten sind gesetzlich verankerte Arbeitsschutzvorschriften einzuhalten. Dabei gilt ein Minimierungsgebot, dass sich aufgrund der physikalisch chemischen Eigenschaften der PAK vor allem auf die Staubfreisetzung und den Hautkontakt bezieht. Nach derzeitiger Kenntnis gelten Staubpartikel als Hauptaufnahmemedium für PAK in den menschlichen Körper. Atem- und Körperschutz ist daher beim Umgang mit diesen Substanzen meist erforderlich. Im

Anschluss an die Arbeiten müssen die Räume und Gegenstände vor einer weiteren Nutzung von PAK-haltigen Stäuben intensiv gereinigt werden.

3.4 Bewertung von Emissionen aus baurechtlicher Sicht – das AgBB-Schema

In der europäischen Bauprodukterichtlinie (BPR) und seiner nationalen Umsetzung, dem deutschen Bauproduktegesetz (BauPG), finden sich allgemeine Forderungen zum Gesundheitsschutz. Auch die Musterbauordnung (MBO) und die daraus abgeleiteten Landesbauordnungen enthalten entsprechende Formulierungen.

§3 Musterbauordnung:

(1) Bauliche Anlagen sind so zu errichten und instand zu halten, dass Leben, Gesundheit und die natürlichen Lebensgrundlagen nicht gefährdet werden.

§13 Musterbauordnung:

Bauliche Anlagen müssen so angeordnet, beschaffen und gebrauchstauglich sein, dass durch ....chemische, physikalische oder biologische Einflüsse Gefahren oder unzumutbare Belästigungen nicht entstehen.

Trotz dieser baurechtlichen Vorgaben spielte die gesundheitliche Bewertung von Emissionen in der Vergangenheit beim Zulassungsverfahren von Bauprodukten kaum eine Rolle, da hierfür weder auf europäischer noch auf nationaler Ebene konkrete Handlungsanweisungen existierten. Die negativen Erfahrungen mit gesundheitsgefährdenden Substanzen, wie Asbest, Holzschutzmitteln (PCP), Polychlorierten Biphenylen (PCB) und Polycyclischen aromatischen Kohlenwasserstoffen (PAK), haben jedoch zu der Erkenntnis geführt, dass eine vorbeugende gesundheitliche Bewertung von Baustoffen erforderlich ist, um die Vorgaben des Baurechts zu erfüllen.

Die Vielzahl der Bauprodukte und der dabei verwendeten Materialien und chemischen Substanzen macht eine allgemeine Bewertung ganzer Produktgruppen bezüglich ihrer gesundheitlichen Auswirkungen kaum möglich. Deshalb hat der 1997 gegründete Ausschuss zur gesundheitlichen Bewertung von Bauprodukten (AgBB), koordiniert durch das Umweltbundesamt, ein Prüf- und Bewertungsverfahren für Emissionen von flüchtigen organischen Verbindungen aus Bauprodukten entwickelt und erstmals im Jahr 2004 offiziell veröffentlicht. Dieses sogenannte AgBB-Schema wird seitdem fortlaufend an neue Erkenntnisse angepasst. Die derzeit aktuelle Fassung wurde im Mai 2010 veröffentlicht.

Der Ausschuss zur gesundheitlichen Bewertung von Bauprodukten (AgBB)

Im AgBB sind die obersten Landesgesundheitsbehörden, das Umweltbundesamt (UBA) mit der Geschäftsstelle des AgBB, das Deutsche Institut für Bautechnik (DIBt), die Bauministerkonferenz – die Konferenz der für Städtebau, Bau- und Wohnungswesen zuständigen Minister und Senatoren der Länder (ARGEBAU), die Bundesanstalt für Materialforschung und – prüfung (BAM), das Bundesinstitut für Risikobewertung (BfR) und der Koordinierungsausschuss 03 für Hygiene, Gesundheit und Umweltschutz des Normenausschusses Bauwesen im DIN (DIN-KOA 03) vertreten.

In Deutschland ist für die bauaufsichtliche Zulassung von Bauprodukten das Deutsche Institut für Bautechnik (DIBt) zuständig. Bauprodukte, die eine allgemeine bauaufsichtliche Zulassung (abZ) benötigen und für Aufenthaltsräume (Definition laut Musterbauordnung §2) bestimmt sind, werden zur gesundheitlichen Bewertung einem zweistufigen Verfahren unterzogen.

Stufe 1: Erfassung und Bewertung der Inhaltsstoffe des Bauprodukts

Stufe 2: Ermittlung und Bewertung der VOC- und SVOC-Emissionen sowie ggf. weiterer Emissionen des Bauprodukts

In der Stufe 1 des Verfahrens erfolgt die Erfassung der Inhaltstoffe über die vom Hersteller offenzulegenden Daten. Zur Abschätzung der potentiellen gesundheitlichen Gefährdung durch die Inhaltsstoffe hat das DIBt entsprechende Kriterien erarbeitet. Bei Erfüllung dieser Kriterien wird die Zulassung des Produktes erteilt. Kann das Produkt anhand der vorliegenden Daten nicht ausreichend bewertet werden, erfolgt in der Stufe 2 eine Emissionsprüfung unter kontrollierten Bedingungen in einer Prüfkammer. Der Ablauf dieser Stufe des Verfahrens ist im eigentlichen AgBB-Schema festgelegt.

Die Bewertung der Emissionen aus einem Bauprodukt erfolgt zum einen über die Summe aller flüchtiger Verbindungen (TVOC). Zusätzlich berücksichtig das Verfahren auch eine Einzelstoff-Bewertung anhand der NIK-Werte (niedrigste interessierende Konzentration), die in der zum AgBB-Schema gehörenden Liste aufgeführt sind. Die aus Arbeitsplatzgrenzwerten (AGW, u.a. aus der TRGS 900) abgeleiteten NIK-Werte sind nicht als hygienisch begründete Innenraumgrenzwerte anzusehen, sondern stellen ausschließlich Hilfsgrößen zur rechnerischen Bewertung von Bauprodukten dar. Sind alle Kriterien des AgBB-Schemas erfüllt, so genügt das Produkt den Mindestanforderungen der Bauordnungen zum Gesundheitsschutz und ist damit aus baurechtlicher Sicht für die Verwendung in Innenräumen geeignet. Da auch Geruchsempfindungen zur gesundheitlichen Beeinträchtigung beitragen können, soll zukünftig die Bewertung von Gerüchen ebenfalls zum Bestandteil des AgBB-Schemas werden. Die entsprechenden Methoden und Kriterien werden zur Zeit in den Normungsgremien abgestimmt.

Die Prüfung und Bewertung nach dem AgBB-Schema wird vom DIBt bisher für textile Beläge, PVC-Böden, Polyolefine, Elastomere, Linoleum, Laminate, PUR-Beläge, Parkette, Estrichbeschichtungen, Bodenbelagskleber, Verlegeunterlagen, Sportböden und einige Brandschutzbeschichtungen durchgeführt. Weitere Produktgruppen sollen folgen. In der Europäischen Union sind ebenfalls Bestrebungen vorhanden, neben den allgemein gehaltenen Vorgaben konkrete Gesundheits- und Umweltschutzaspekte in Prüfnormen für Bauprodukte einzuarbeiten. Dem deutschen AgBB-Schema kommt dabei eine gewisse Vorreiterrolle zu, so dass zukünftig auf europäischer Ebene mit ähnlichen Regelungen zu rechnen ist.

Das AgBB-Verfahren ist aus gesundheitlicher Sicht ein Schritt in Richtung emissionsärmerer Baustoffe. Dennoch treten in der Praxis immer wieder Fälle auf, bei denen es trotz Verwendung AgBB-geprüfter Baustoffe zu einer Belastungen der Innenräume mit Schadstoffen kommt. Es gibt mehrere Gründe, die zu solchen Auffälligkeiten führen. Zum einen handelt es sich bei den Emissionstests um ein Prüfkammerverfahren, dessen normierte Vorgaben nicht grundsätzlich auf die späteren Realbedingungen übertragbar sind. Zum anderen werden in dem Verfahren nur Einzelprodukte bewertet. Auch wenn der einzelne Prüfling die Vorgaben des AgBB-Schemas erfüllt, addieren sich in der späteren Anwendung die Emissionen aus verschiedenen Baustoffen möglicherweise zu erhöhten Werten auf. Die Wechselwirkungen unterschiedlicher Produkte und die dadurch mögliche Freisetzung chemischer Substanzen finden keine ebenfalls keine Berücksichtigung. Die Nichtbeachtung von produktspezifischen Herstellervorgaben (Produktverträglichkeiten, Auftragungsmengen) sind ein weiterer Faktor der bei der Anwendung des Produktes zu auffälligen Emissionen führen kann.

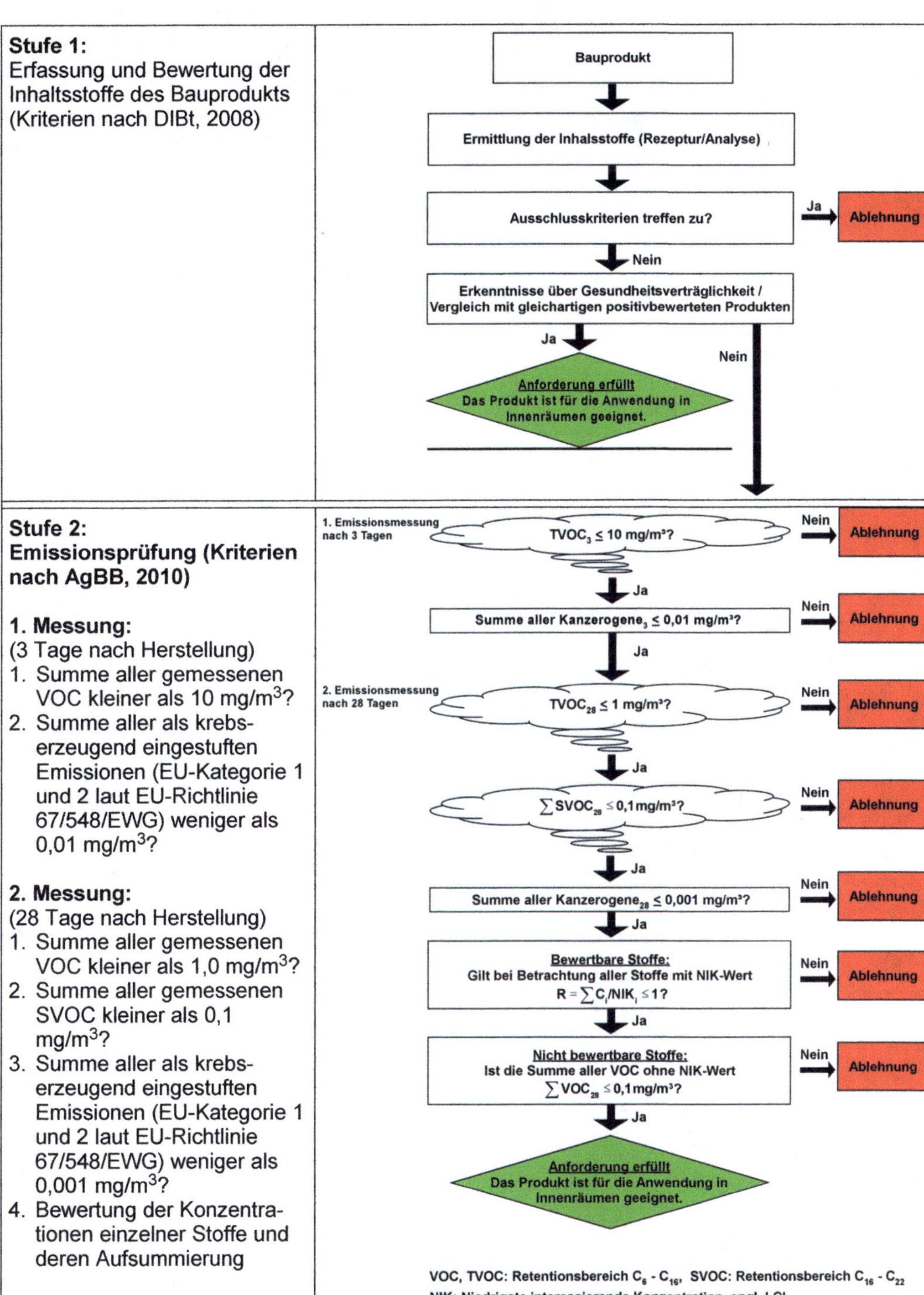

Bild **3.4**.1 Schema zur gesundheitlichen Bewertung von VOC- und SVOC-Emissionen aus Bauprodukten (verändert nach DIBt, 2008, AgBB, 2010)

4 Ressourcen- und Umweltschutz durch pflanzliche Rohstoffe

Der Einsatz von Pflanzenrohstoffen im Baubereich kann einen wesentlichen Beitrag zur Nachhaltigen Entwicklung leisten. Dieses Buch wird nicht die Inhalte nachhaltiger Entwicklung aufarbeiten, was bereits in zahllosen Publikationen geleistet worden ist. In diesem Kapitel werden die Grundlagen einer gesellschaftlich nachhaltigen Entwicklung und die Notwendigkeit für den intensiveren Einsatz von Pflanzenrohstoffen beschrieben.

Rio 1992

Auf der Konferenz der Vereinten Nationen für Umwelt und Entwicklung (UNCED) im Juni 1992 in Rio de Janeiro haben 178 Staaten die Agenda 21 als Aktionsprogramm des „sustainable development" verabschiedet, was als „nachhaltige", „zukunftsbeständige" oder „zukunftsfähige" Entwicklung übersetzt wird. Die Agenda 21 definiert völkerrechtlich verbindliche Ziele, die sich in vier allgemeine Leitziele zusammenfassen lassen:

- Gesundes und produktives Leben für die Menschen
- Intra- und intergenerative Gerechtigkeit
- Verringerung der Ungleichheit der Lebensstandards und Beseitigung von Armut
- Schutz, Erhalt und Wiederherstellung der Gesundheit und Unversehrtheit des Ökosystems Erde [BBR1999]

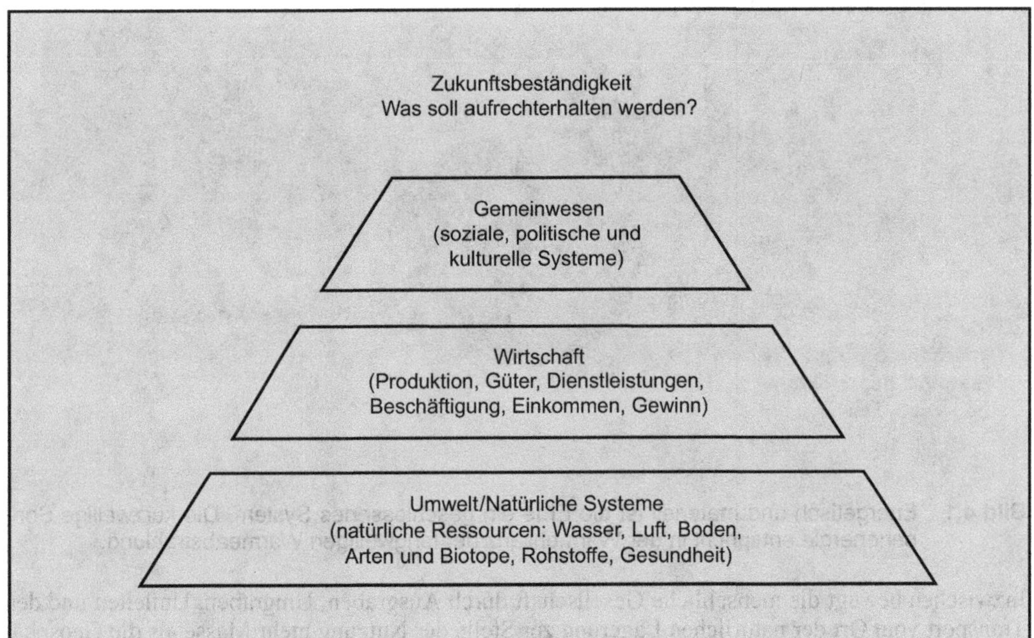

Skizze **4**.1 Handlungsfelder nachhaltiger Entwicklung

Hieraus lassen sich fünf Grundsätze ökologisch nachhaltiger Entwicklung ableiten:

- Die Abbaurate erneuerbarer Ressourcen darf ihre Regenerationsrate nicht überschreiten.
- Nicht-erneuerbare Ressourcen wie Energie, Material und Fläche sind sparsam und schonend zu nutzen.
- Es dürfen nur so viele nicht-erneuerbare Ressourcen verbraucht werden, wie regenerierbare Substitute für den Zeitpunkt der späteren Erschöpfung geschaffen werden.
- Die Produktivität des Ressourceneinsatzes ist durch technischen Fortschritt zu verbessern.
- Die Freisetzung von Schadstoffen darf nicht größer sein als die Aufnahmefähigkeit der Umweltmedien.

Globalmodell

Die Erde kann als geschlossenes System betrachtet werden. Die materiellen Inputs (Asteroiden) und Outputs (Diffusion der obersten Luftschichten in das All) sind unwesentliche Größenordnungen im Vergleich zur Masse der Erde. Auch der Solarenergieeintrag entspricht dem Verlust durch langwellige Wärmestrahlung. Somit ist unser Planet in seiner stofflichen und energetischen Input-Output-Bilanz nahezu neutral.

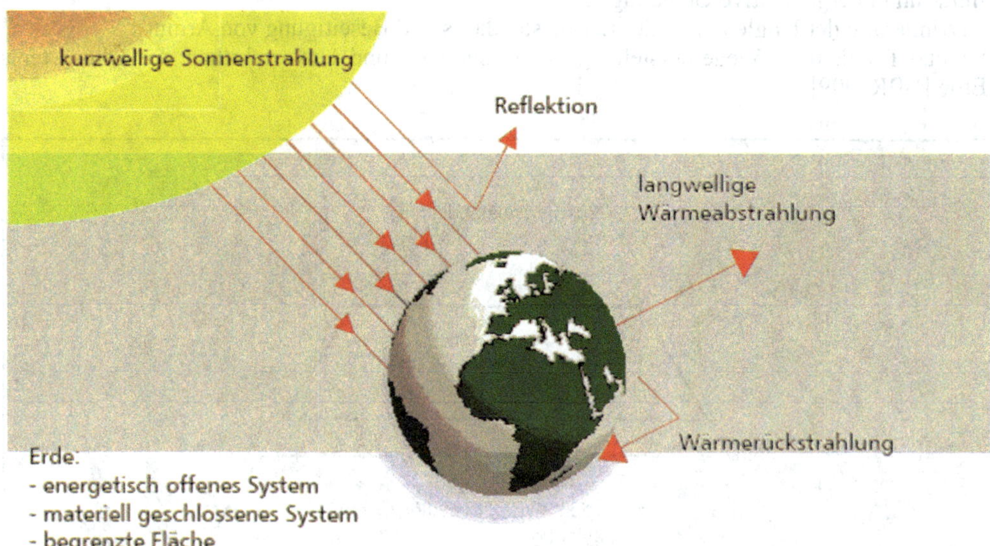

Bild 4.1 Energetisch und materiell ist die Erde ein geschlossenes System. Die kurzwellige Sonnenenergie entspricht in der Wärmebilanz der langwelligen Wärmeabstrahlung.

Inzwischen bewegt die menschliche Gesellschaft durch Ausgraben, Umgraben, Umleiten und den Transport vom Ort der natürlichen Lagerung zur Stelle der Nutzung mehr Masse als die Geosphäre durch Erosion, biotische Kreisläufe oder Vulkanausbrüche [Schles 1991]. Dies findet alles innerhalb einer 20 km dicken planetaren Grenzschicht, der Biospäre, statt.

Dieser vom Menschen bestimmte Energie- und Stoffhaushalt wird Anthroposphäre genannt. Baccini[1] definiert den Begriff wie folgt:

„Die Anthroposphäre bezeichnet den Lebensraum des Menschen, in dem seine von ihm gebauten und betriebenen biologischen und technischen Prozesse ablaufen (zum Beispiel landwirtschaftliche Betriebe, Kraftwerke, private Haushalte, Transportnetze) und in dem seine Aktivitäten stattfinden (zum Beispiel Ernähren, Wohnen, Arbeiten, Kommunizieren). Dieser Lebensraum kann auch als ein komplexes System von Energie-, Materie- und Informationsflüssen verstanden werden. Er ist Teil der Biosphäre des Planeten Erde." [Bacci1996].

Bis zum Zeitalter der Industrialisierung war der Anteil der Anthroposphäre nur gering. Die menschliche Entwicklung war durch „Mangelgesellschaften" geprägt, Energiedienstleistungen und Nahrungsmittel standen nur in begrenztem Maß und überwiegend nur regional zur Verfügung. Umgesetzt und genutzt werden konnten nur die Ressourcen, die durch Muskelkraft und einfache mechanische Werkzeuge erschlossen werden konnten.

Technische Innovationen (Einsatz fossiler Energieträger in Maschinen und neue landwirtschaftliche Anbaumethoden mit Kunstdünger), neue Gesellschafts-, Bildungs- und Wirtschaftspolitiken sprengten den Rahmen regionaler Knappheiten. Durch exponentielles Wachstum nimmt seitdem die Anthroposphäre gegenüber der Biosphäre relevante Größenordnungen an.

Es ist anzunehmen, dass dieser Anstieg zu starken Veränderungen in der Ökosphäre führt. Elementare Grundbedürfnisse wie Luft zum Atmen, die Verfügbarkeit von Ressourcen sowie ein sicherer Lebensraum werden durch Naturveränderung und Naturkatastrophen mit Sicherheit für einige Teile der globalen Gesellschaft, wenn nicht sogar für alle, in der Zukunft immer stärker bedroht werden. Dabei ist der Anteil anthropogener Nutzung höchst ungleich verteilt. Etwa 80 % der bio- und geogenen Dienstleistungen werden von 20 % der Globalgesellschaft genutzt.

Zukunftsfähige Entwicklung

Für eine zukunftsfähige Entwicklung ist es also notwendig, eine Größe zu definieren, innerhalb derer eine ökologisch tragfähige Gesellschaft dauerhaft existieren muss. Es ergeben sich vier Problemfelder, die eng miteinander verknüpft sind:

Welche anthropogenen Bedürfnisse sind zu erfüllen?

1. Welche Mengen an anthropogenen Naturveränderungen sind für die Biosphäre tragbar, wo liegen die **Grenzen**? Die Auswirkungen der Anthroposphäre auf Mensch und Natur müssen mit Hilfe geeigneter Messsysteme quantifiziert werden, um ein besseres **Verständnis** für unsere Umwelt, deren Wirkungen und Rückwirkungen auf den Menschen zu erzeugen (Auswirkungen kommunizieren).
2. Wie sehen die **Handlungsstrategien** und die zur Verfügung stehenden Mittel aus, um das tragfähige Ziel zu erreichen?
3. Es sind **Bewertungsmaßstäbe** zu entwickeln und anzuwenden, um Alternativen mit der Realität vergleichend abzuwägen und sich für die bessere Lösung entscheiden zu können.
4. Die Verwirklichung zukunftsfähiger Leitbilder und Handlungsstrategien ohne einen gesellschaftlichen Wertewandel und Konsens darüber, bis zu welchem Grad Bedürfnisse mit welchem Ressourceneinsatz befriedigt werden können, ist nur schwer möglich. Dies zeigt der schon jahrelange Versuch, globale Klimaschutzziele festzulegen. Trotzdem ist es generell notwendig, bestimmte Elementarbedürfnisse zu definieren, deren Bereitstellung zu gewährleisten ist:

---

[1] Für diese Betrachtungsweise werden auch andere Begriffe verwendet: Humansystem [Bosse1994], Technosphäre [Schmi1997].

Existenzraum: Ein Raum mit einer bestimmten Mindestqualität der Umweltmedien (Luft, Wasser, Boden, Klima, Flora und Fauna), der Schutz vor schädlichen Einflüssen (stofflich/energetisch, Lärm/Erschütterungen, Strahlung/Radioaktivität) bietet und unseren Grundvorstellungen von Ästhetik/Gestaltung entspricht.

Stoffliche Austauschprozesse: Die Sicherung der stofflichen Austauschprozesse in Menge und Mindestqualität wie Nahrung, Wasser, Sauerstoff und eine Entsorgungsmöglichkeit der Abfallprodukte.

Soziale Interaktionen: Die Begegnung von Mitmenschen, als Einzelne oder Gruppe.

Lebensraum: Ausprägungen dieser Grundbedürfnisse im baulich/räumlichen Kontext:

- Wohnraum/Privatraum: Eine qualitative und quantitative Mindestausstattung mit Wohnraum
- Sozialraum, Familie/Freundes-, Bekanntenkreis, soziale Infrastruktur
- Arbeit und finanzielle Absicherung
- Kommunikation und Mobilität

Bossel (1994) formuliert dazu folgendermaßen Leitwerte zur Entfaltungsfähigkeit:

- **physische Existenz und Reproduktion**: Der Leitwert Existenz beruht auf der Tatsache, daß das Überleben eines offenen Systems vom Austausch von Stoffen, Energie und Informationen mit seiner Umwelt abhängt.
- **Handlungsfreiheit**: Der Leitwert Handlungsfreiheit folgt aus der Tatsache, daß einige Umweltzustände eine Bedrohung für das System darstellen können und das System die Möglichkeit haben muss, sie zu vermeiden.
- **Sicherheit**: Der Leitwert Sicherheit leitet sich aus der Tatsache ab, daß das System eine endliche Informationsverarbeitungskapazität und nur eine endliche Menge von Möglichkeiten hat, um seine Umwelt zu bewältigen, d. h. endliche Vielfalt (im Sinne von Ashby 1956). Das System wird nur dann eine endliche Überlebenschance haben, wenn seine Umwelt ebenfalls nur eine endliche Vielfalt in Bezug auf überlebensbedrohende Zustände und eine gewisse Kontinuität, Stabilität, Regelmäßigkeit und damit Vorhersehbarkeit hat.
- **Wirksamkeit:** Der Leitwert Wirksamkeit ist notwendig, um sicherzustellen, daß Bemühungen, der Umweltbeeinflussung (um etwa einen notwendigen Rohstoff zu beschaffen oder eine potentielle Bedrohung abzuwenden) im Durchschnitt zu angemessenen Erträgen führen.
- **Wandlungsfähigkeit:** Der Leitwert Wandlungsfähigkeit ist notwendig, um das System in den Stand zu versetzen, mit grundlegenden Veränderungen seiner Umwelt durch Veränderung seiner Struktur und/oder seiner grundsätzlichen Verhaltensweisen (Selbstorganisation) fertig zu werden.

Wie kann dieses sehr grundsätzliche Leitbild der Nachhaltigkeit mit den kurzfristigen Zielen im hier und jetzt vereinbart werden? Die klassische Form des Umweltschutzes als nachsorgendes Instrument der Wirtschaftsprozesse ist im Wesentlichen mit dem Reparieren und Aufräumen der Umwelt beschäftigt. Ein Produkt wird entwickelt, zum Beispiel ein Kraftwerk zur Stromerzeugung. Für den Umweltschutz wird anschließend ein Filter nachgeschaltet. Diese Form der nachsorgenden Umweltpolitik ist zum Teil sehr erfolgreich. Beispiele hierfür sind die Verringerung von giftigen Stoffen wie Dioxinen und anderen Giften aus der Chlorchemie oder die Luftreinhaltung in den Städten über die Emissionsbeschränkung einzelner Stoffe. Dieses Leitbild der **Nach**sorge ist neben dem langfristigen Leitbild der **Vor**sorge weiter zu entwickeln und auszubauen.

Mit diesen Rahmenbedingungen beginnt der schwierige Schritt der Umsetzung. Welche Handlungsinstrumente sind notwendig bzw. stehen uns als Mittel überhaupt zur Verfügung? Schmidt-Bleek formuliert es folgend:

„Ziel muss es sein, Entwicklungen anzustoßen, die es der Gesellschaft erlauben, Schritt für Schritt das bisher Fremde als positiv zu entdecken und aufzunehmen. Dies ist dann keine Revolution, sondern man kann es als Hilfe zur Selbsthilfe bezeichnen, die dem Neuen die Chance verschafft zu wachsen. Voraussetzung dafür, dass dieses Ziel erreicht wird ist, dass Entwicklungen an der richtigen Stelle angestoßen werden. [...] Der richtige Reiz an den richtigen „Akupunkturpunkten“ mag genügen, langfristige Entwicklungen in Bewegung zu setzen. Aber die Punkte müssen richtig gewählt sein.“ [Schmi1997].

Strategien

Die hier vorgestellten Strategien gliedern sich in zwei Gruppen, die vorsorgenden und die nachsorgenden Strategien. Vorsorgende Strategien versuchen eine aus den Handlungen („Das Wohnen") entsprechende Problematik gar nicht erst aufkommen zu lassen. Nachsorgende Strategien versuchen die aus der Handlung entstehende Problematik zu reduzieren. Die Reihung der Strategien ergibt sich aus dem Entlastungseffekt der betrachteten Handlungen. Die konsequenteste – die Suffizienzstrategie – vermeidet die Problematik, indem die Handlung nicht in Anspruch genommen wird. Die Strategie mit dem geringsten Entlastungseffekt ist die Recyclingstrategie als nachsorgende Maßnahme.

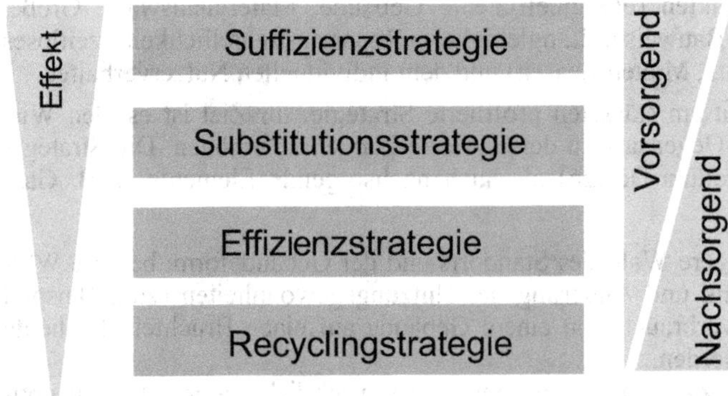

Skizze **4**.2 Suffizienzstrategie

Die Suffizienzstrategie ist die konsequenteste aller Strategien. Die zu erzielende Dienstleistung wird im Einzelfall oder im größeren Maßstab nicht in Anspruch genommen. Der Verzicht der Inanspruchnahme ist die Null-Option.

- Beispiel Gebäude: Das nichtgebaute Haus ist ökologischer als das beste Nullenergiehaus aus Naturbaustoffen. Wer unbedingt bauen möchte, könnte als alternative Suffizienzstrategie auf den Bau von wenig genutzten Räumen (zum Beispiel der Kellerräume) verzichten.
- Beispiel Transport: Der höchste Produktivitätseffekt ist der Verzicht auf Raumüberwindungsleistungen. Als Alternative kann ein nähergelegenes Ziel angesteuert werden. Dies gilt für Produktionsprozesse (Regionalisierung logistischer Prozesse) wie für die Raumplanung (Stadt der kurzen Wege) oder individuelle Bedürfnisse (Urlaub, Haus im Grünen).

Substitutionsstrategien

Bei der Substitutionsstrategie wird die in Anspruch genommene Dienstleistung durch günstigere Güter- oder Produktionsfaktoren durchgeführt. Bei der materiellen Substitution werden knappe oder schädliche Stoffe durch reichlich vorhandene oder unschädlichere Stoffe ersetzt. Bei der dienstleistungsbezogenen Substitution würde ein anderes Produkt die gleiche Dienstleistung erbringen.

- Beispiel Gebäude: Baustoffe mit einem hohen Materialaufwand könnten durch andere substituiert werden. Statt Kunststoff- oder Aluminiumfensterrahmen würden Holzfenster eingesetzt werden, statt einer Aluminiumfassade eine Holzverschalung.
- Beispiel Transport: Der von A nach B zurückgelegte Weg wird mit dem für diesen Zweck günstigsten Verkehrsmittel zurückgelegt. Ein Kurzstreckenflug wird durch eine Bahnfahrt ersetzt. Der kurze Weg wird statt mit dem Kraftfahrzeug zu Fuß oder mit dem Rad zurückgelegt. Eine weitere Form ist die Verlagerung physischer Raumüberwindung auf den Telekommunikationsbereich. Eine E-Mail oder ein Fax könnten in vielen Fällen den materiellen Transport von einem Brief ersetzen, eine Konferenzschaltung mehrere Dienstreisen.

Effizienzstrategie

Bei der Effizienzstrategie wird das Produkt durch besseres Produkt-Design optimiert hergestellt, länger und vielseitiger genutzt. Die pro Dienstleistungseinheit (zum Beispiel m^2 Wohnfläche) benötigte Wirtschaftskraft, Energie-, Material- und Flächenintensität sowie die sozialen und belasteten Auswirkungen (z. B. Luft- und Lärmbelastungen) werden minimiert. Mögliche Optimierungen bestehen bei den Produkten (energieeffiziente Gebäude, Materialauswahl, Größe, Wandlungsmöglichkeit, modulare Bauweise, Langlebigkeit, Reparaturfreundlichkeit, zeitloses Design), den Nutzungsformen (Besitz, Mieten/Leasen) und dem individuellen Nutzerverhalten.

Die Effizienzstrategie ist die derzeit am stärksten profilierte Strategie. Ihr Ziel ist es, den Wirkungsgrad der Dienstleistungen im Gegensatz zu deren Auswirkungen zu erhöhen. Die Strategie beinhaltet sowohl vorsorgende (Produkt-Design) als auch nachsorgende Elemente (z. B. Gas-Brennwerttechnik).

- Beispiel Gebäude: Durch günstigere Wahl des Standorts und der Gebäudeform, bessere Wärmedämmung und Anlagentechnik und Änderung der Nutzungsgewohnheiten (zum Beispiel Lüftung) kann der Heizenergieverbrauch von einem Gebäude auf einen Bruchteil des heute üblichen Verbrauchs reduziert werden.
- Beispiel Transport: Das eingesetzte Transportsystem wird hinsichtlich Naturverbrauch optimiert. Die pro Transporteinheit (Person pro km, Gütertonne pro km) benötigte Energie-, Material- und Flächenintensität wird auf einen möglichst minimalen Wert gebracht. Als Auswahloptionen stehen die Verkehrsmittel (Fuß, Rad, ÖV, MIV), die Nutzungsformen (Besitz, Mieten/Leihen), die unterschiedlichen Fahrzeuge (drei/zwanzig Liter Auto, Materialauswahl, modulare Bauweise, Korrosionsschutz, Reparaturfreundlichkeit, Austauschbarkeit von Teilen, zeitloses Design) und bei der individuellen Nutzung das Fahrverhalten zur Verfügung.

Recyclingstrategie

Bei der Recyclingstrategie werden die in der Anthroposphäre eingesetzten Produkte nach ihrer Erstnutzung nicht als Output (Abfall/Emissionen) in die Ökosphäre entlassen, sondern einer neuen Nutzung zugeführt. Eine hochwertige Recyclingstrategie setzt schon beim Produkt-Design an. Eine Wieder- oder Weiterverwendung ist nur möglich, wenn eine Folgenutzung bei der Gestaltung des Produkts berücksichtigt wurde.

Hochwertige Recyclingstrategien im Baubereich werden durch ein intelligentes Produktdesign (modulare Bauweise, Austauschbarkeit von Baugruppen, flexible Nutzungsmöglichkeiten, zeitloses Design) und intelligente Produktionsprozesse (wenig Abfall) gefördert. Durch die Verwendung recyclingfähiger Materialien und eine gute Demontierbarkeit ist eine Wiederverwendung und -verwertung der restlichen Teile möglich.

Diese Strategie hat im Wesentlichen nachsorgenden Charakter. Nach dem Ende der produktspezifischen Nutzungszeit wird ein Teil der anfallenden Güter dem Wirtschaftskreislauf möglichst hochwertig wieder zugeführt.

- Beispiel Gebäude: Gerade im Bauwesen mit seinem hohen Stoffstromanteil ist die Folgenutzung von Gebäuden dringend notwendig. Flexible und nutzungsneutrale Aufteilungen der Räume erleichtern die Umnutzung, also die Wiederverwendung von Gebäuden, eine Weiterverwendung der Gebäudeteile ist durch eine elementierte Bauweise möglich. Einzelne Bauelemente können zu einem neuen Gebäude geformt werden. Werden natürliche Rohstoffe (zum Beispiel Lehm) eingesetzt, können diese wiederverwertet werden und müssen nicht auf der Deponie landen. Eine Weiterverwertung der Baustoffe wäre zum Beispiel aus Fensterglas Glasflaschen herzustellen.
- Beispiel Transport: Hochwertige Recyclingstrategien bei Fahrzeugen und der Verkehrsinfrastruktur wie Weiterverwendung oder -verwertung werden durch ein intelligentes Produktdesign (modulare Bauweisen, Austauschbarkeit von Baugruppen, flexible Nutzungsmöglichkeiten, zeitloses Design) und intelligente Produktionsprozesse (wenig Energieeinsatz und Abfall) gefördert. Durch die Verwendung recyclingfähiger Materialien und eine gute Demontierbarkeit ist eine Wiederverwendung und -verwertung der restlichen Teile möglich.

Wahrnehmung der Veränderungen

Die physiologischen Funktionen des menschlichen Gehirns nehmen langsame Veränderungen und Systemzusammenhänge der Biosphäre nur ungenügend wahr [Wacke 1997]. Es bestand keine evolutionäre Notwendigkeit, langsame Umweltveränderungen, wie die CO_2-Konzentration der Atmosphäre, wahrzunehmen. Daher ist es notwendig, künstliche Wahrnehmungssysteme zu entwickeln, die Veränderungen der Biospäre aufzeichnen. Beispiel hierfür ist der Indikator CO_2-Konzentration der Luft, der über die Analyse „historischer Luft" über hunderttausende von Jahren verfolgt werden kann.

Messbarkeit

Um die Umweltbelastung von Gütern und Dienstleistungen messen zu können, wäre ein gemeinsamer „Nenner für Ozonlöcher, Fischsterben, Streusalzschäden, Erosion, verseuchtes Wasser, Klimaveränderungen, Waldsterben, Luftverschmutzung, Überschwemmungen, Abfalllawinen, Bodenversalzung, Wüstenausbreitung und Verschmutzung der Meere notwendig" [Schmi 1997]. Idealerweise wäre dies eine Zahl, die neben dem monetären Wert die Wechselwirkungen von Produkten und Dienstleistungen mit der Natur darstellt.

Da ein Wert oftmals nicht ausreicht, um definierte Schutzziele – beispielsweise Klimaschutz – zu erreichen, ist es notwendig, zu erfassen, welche nachteiligen Wirkungszusammenhänge und Kausalitäten über die Nutzung von Baustoffen sich ergeben.

Für vergleichbare Ergebnisse müssen die Bilanzierungsverfahren operationalisiert und nach festgelegten Verfahrensgrundsätzen durchgeführt werden. Dieses Ziel verfolgt die Entwicklung der internationalen Normen DIN EN ISO 14 001 Umweltmanagementsysteme und DIN EN ISO 14 040 Ökobilanz. Sie werden nicht nur zur Bilanzierung von unternehmerischen Tätigkeiten und Produkten herangezogen, sondern haben darüber hinaus den Verfahrensrahmen vieler anderer Bilanzierungs- und Indikatorensysteme beeinflusst.

Neben der Beschreibung der Rahmenbedingungen zur Ökobilanzierung gibt es eine Reihe von Regelwerken zu Indikatorensystemen und deren Anwendung. Bekanntestes Beispiel im Bauwesen ist der Indikator „Primärenergie", wie in der Energieeinsparverordnung zur Begrenzung des Energiebedarfs von Gebäuden während der Nutzung verwendet. Ein weiterer Indikator ist der kumulierte Energieaufwand (KEA), der eine lebenszyklusweite Betrachtung von Prozessen, Produkten und Dienstleistungen erlaubt.

DIN EN ISO 14 001

Die EN ISO 14 001 ist aus der 1993 in Kraft getretenen EG-Öko-Audit-Verordnung entstanden, nach der sich produzierende Gewerbeunternehmen auf freiwilliger Basis einem gemeinschaftlichen Umweltmanagement angliedern und einer Umweltbetriebsprüfung unterziehen können. Nach Erfüllung der festgesetzten Vorgaben ist der Betrieb berechtigt, die Öko-Audit-Zertifikation als Gütesiegel ähnlich dem sog. „Blauen Engel" einzusetzen. 1996 wurde die international gültige EN ISO 14 001 veröffentlicht, die inzwischen auch auf öffentliche Verwaltungen von Kommunen, Dienstleistungsunternehmen etc. angewendet werden kann.
Die EN ISO 14 001 legt die Bedingungen fest, nach denen in Organisationen unterschiedlicher Art ein Umweltmanagementsystem als Teil des Gesamtmanagements einzurichten ist. Ziel dieses Umwelt-Managementes ist es, die aus den Tätigkeiten, Produkten oder Dienstleistungen der Organisation resultierenden Umweltauswirkungen im Rahmen der rechtlichen und politischen Vorgaben zu halten und möglichst zu minimieren.

DIN ISO EN 14 040

Die seit 1993 bestehende DIN EN ISO 14 040 Ökobilanz ist eine Methode zur Abschätzung der mit einem Produkt verbundenen Umweltaspekte und potentiellen Umweltwirkungen. Hierbei wird der Lebensweg des Produktes „von der Wiege bis zur Bahre", d. h. von der Rohstoffgewinnung über Produktion und Anwendung bis zur Beseitigung, bilanziert. Die Ökobilanz kann somit Möglichkeiten zur Verbesserung der Umweltaspekte von Produkten in verschiedenen Phasen ihres Lebensweges und somit Entscheidungshilfen für Industrie, Verwaltung etc. geben.

4.1 Ökobilanzierung von Baustoffen

Eine Ökobilanz besteht aus den vier Teilbereichen **Zieldefinition, Sachbilanz, Wirkungsanalyse** und **Bilanzbewertung/Interpretation**. Die Ermittlung der produktspezifischen Prozesskette und die Bestimmung der In- und Outputs wird als Sachbilanz bezeichnet.
Im Mittelpunkt dieser Bilanzierungsmethodik steht die Abschätzung und Beschreibung der in der Sachbilanzierung erhobenen Größen bezüglich ihrer Auswirkungen auf die Ökosphäre. Für einzelne Umweltprobleme, zum Beispiel den Treibhauseffekt, werden die Daten der Sachbilanz zu einzelnen Wirkungszusammenhängen zusammengefasst. Anschließend erfolgt eine Beurteilung der Ergebnisse.

Tabelle **4**.1.1 Ökobilanzdatensätze, Quelle: IBO 2000

Baustoff	**GWP**	**Sommersmog**	**Versauerungs-potential**	**Überdüngungs-potential**	**Primärenergie, nicht erneu-erbar**	**Primärenergie, erneuerbar**
	Kg CO_2aeq.	Kg C_2H_2	Kg CO_2 aeq.	Kg Po_4 aeq.	MJ	MJ
Baumwolle	0,02	0,00082	*0,1047*	*0,00054*	*18,1*	*13,6*
Flachs mit Polyester-Stützfasern	0,41	0,00031	*0,011*	*0,00076*	*38,8*	*16,2*

Baustoff	GWP	Sommersmog	Versauerungs-potential	Überdüngungs-potential	Primärenergie, nicht erneu-erbar	Primärenergie, erneuerbar
	Kg CO_2aeq.	Kg C_2H_2	Kg CO_2 aeq.	Kg Po_4 aeq.	MJ	MJ
Flachs ohne Polyester-stützfasern	0,22	0,00027	*0,00764*	*0,00071*	*33,2*	*17,3*
Hanf mit Polyester-Stützfasern (Platten)	–0,55	0,00087	*0,00672*	*0,00077*	*14,9*	*18,9*
Holzfaserdämmplatte (WF)	–0,45	0,00044	*0,00478*	*0,00037*	*13,59*	*31,6*
Holzfaserdämmplatte, (WF) bituminiert	–0,21	0,03479	*0,01048*	*0,00035*	*15,16*	*23,3*
Kokosfasermatten	0,56	0,00019	*0,3630*	*0,00094*	*34,9*	*19,2*
Kork,expandiert (ICB)	–1,46	0,0001	*0,0029*	*0,00025*	*7,19*	*23,3*
Korkschrot, natur	–1,81	0	*0*	*0*	*0*	*20,3*
Schafwolle (Matten)	0,24	0,00066	*0,00548*	*0,00034*	*16,4*	*20,6*
Schilfrohrplatten	–1,45	0,00006	*0,00133*	*0,00011*	*3,9*	*0,19*
Strohplatten	–1,45	0,00006	*0,00133*	*0,00011*	*3,9*	*0,19*

Zieldefinitionen

Grundlage für die Bilanzierung ist die Beschreibung und Festlegung der Dienstleistung des Produktes, damit ein Vergleich gewährleistet ist. Zum Beispiel wird bei einem Dämmstoff die Dämmleistung als funktionales Äquivalent (functional unit) herangezogen. Damit ist ein Vergleich der Produkte untereinander über die Dienstleistung „Wärmedämmung" möglich.

Eine weiterer Festlegung ist die Definition des Bilanzraumes (scope). Hierbei wird festgelegt, welche Hilfs- und Nebengüter bei der Produktion und Anwendung mit einbezogen werden.

Sachbilanz

In der Sachbilanz werden sämtliche Prozessschritte und alle Transporte erfasst, die dem in der Zieldefinition beschriebenen Bilanzraum entsprechen. Jeder Prozessschritt wird hinsichtlich der Stoff- und Energieeinsätze auf der Input-Seite und der Abfälle und Reststoffe auf der Output-Seite erfasst. Die Summe der eingesetzten Materialien und Energien wird durch die Reihenfolge der Prozessschritte gebildet.

Für die einzelnen Prozessschritte sind in den vergangenen Jahrzehnten für handelsübliche Materialien, Transportarten und Energieformen eine Reihe von Daten entwickelt und veröffentlicht worden, um den Aufwand einer Ökobilanz im erträglichem Rahmen zu halten.

Wirkungsbilanz

Um die Umweltwirkungen der in der Sachbilanz erfassten Stoff- und Energieströme darstellen zu können, werden die Stoffströme hinsichtlich ihrer Wirkung zu Wirkungskategorien zusammengefasst. Erst über diese Wirkungsindikatoren können Aussagen hinsichtlich der Umweltbelastung getroffen werden. Dies sind u. a.:

- Treibhausgaspotential (global warming potential, GWP)
- Ozonabbauendes Potential (ozone depletion potential, ODP)
- Versauerungspotential (acification potential, AP)
- Eutrophierungspotential (eutriphication potential, EP, Überdüngung)
- Photooxidationspotential (photochemical ozone creation potential, POCP, Sommersmog)
- Ökotoxität in Gewässern (aquatic ecotoxicity, ECA)
- Ökotoxität im Boden (terrestric ecotoxicity, ECT)
- Humantoxität (human toxicological classification, HC)
- Primärenergieaufwand (PEI)

Die für die einzelnen Wirkungsindikatoren relevanten Stroffströme werden im Vergleich zu einer Leitsubstanz gewichtet. Beim Treibhausgaspotential ist beispielsweise die Leitsubstanz Kohlendioxid.

Beispiel Global Warming Potential (GWP)

Die am Tage auf die Erde strahlende Sonnenenergie wird nachts als langwellige Wärmestrahlung wieder in den Weltraum abgegeben. Die Menge der eingestrahlten und abgegebenen Energie sorget in ihrem Gleichgewicht für die jährlichen Durchschnittstemperaturen. Ein Teil der abgestrahlten Wärme wird durch sogenannte klimarelevante Gase absorbiert oder zurück auf die Erdoberfläche reflektiert. Dieser Effekt wird als Treibhauseffekt bezeichnet.

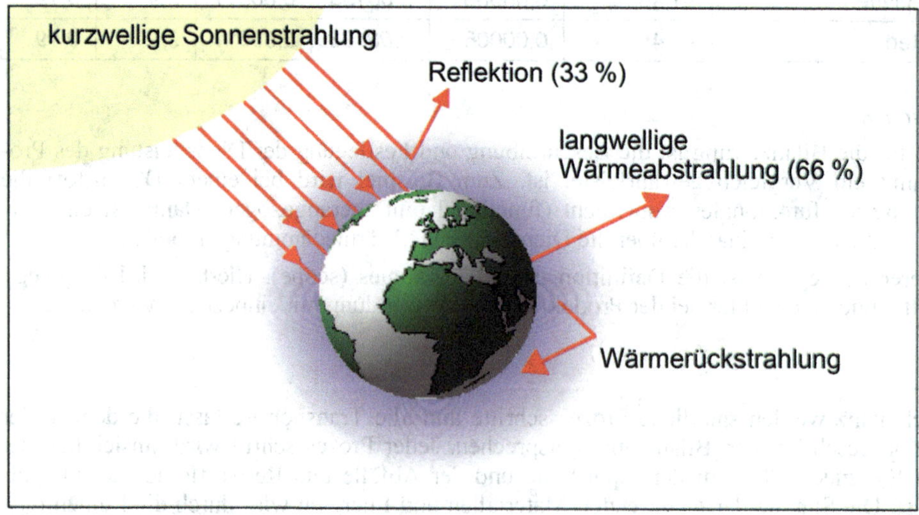

Bild **4**.1.1 Treibhauseffekt

Anthropogene Prozesse verändern das Gleichgewicht durch die Emission treibhausrelevanter Gase in die Atmosphäre. Als Folge wird eine Verstärkung des Treibhauseffekts erwartet, der zu einer globalen Temperaturerhöhung führt.

Die wichtigsten anthropogenen Quellen klimarelevanter Gase sind: Verbrennung fossiler Energieträger, die Verringerung der Biomasse durch die Rodung von Wäldern, intensive Bodenbearbeitung in der Landwirtschaft und Waldschäden in den Industrieregionen. Den größten Beitrag am Treibhauseffekt haben die Emissionen von Kohlendioxid (CO_2) mit 50 %, Methan (CH_4) mit 19 %, FCKW mit 17 %, Ozon mit 8 % und Distickoxid mit 6 %.

CO_2-Emissionen entstehen vorwiegend bei der Verbrennung fossiler Energieträger (ca. 6 Milliarden Tonnen/Jahr) und durch Waldzerstörung (ca. 2 Milliarden Tonnen/Jahr). Abzüglich der Aufnahmefähigkeit terrestrischer Senken beträgt die jährliche Nettozufuhr in die Atmosphäre 3 Milliarden Tonnen/Jahr.

Dabei unterscheiden sich die Pro-Kopf-Emissionen der Länder deutlich voneinander. Bürger der Industrieländer emittieren gut das Zehnfache der Bürger sogenannter Entwicklungsländer.

GWP fasst als Indikator die bisher als Verursacher des Treibhauseffektes identifizierten Spurengase zusammen. Für die Zeiträume von 20, 100, und 500 Jahren wurde die treibhausverstärkende Wirkung nach der Formel

$$\text{Treibhauseffekt} = \sum (\text{Ä}_{\text{Treibhausgaspotential}} \cdot \text{Emissionen})$$

von einem kg Spurengas im Vergleich zu einem kg CO_2 bestimmt und der Äquivalenzfaktor angeknüpft. So kann bei bekannter Masse die treibhausverstärkende Wirkung in kg CO_2 aeq angegeben werden.

KEA nach VDI 4600

Zusätzlich zu der Ökobilanz können die Energieströme über den gesamten Lebenszyklus erfasst werden. Nach VDI 4600 ist der kumulierte Energieaufwand (*KEA*) die Summe aller primärenergetischen Aufwendungen, die lebenszyklusweit für ein Produkt oder eine Dienstleistung benötigt werden. Es wird unterschieden nach Herstellung (KEA_H), Nutzung (KEA_N) und Entsorgung (KEA_E).

$$KEA = KEA_H + KEA_N + KEA_E$$

Die Angabe erfolgt üblicherweise in der Einheit Joule [J].

KEA setzt sich zusammen:

- aus dem kumulierten Prozessenergieaufwand (*KPA*), in dem die für den Prozess benötigten Endenergien (EE) Wärme, Kraft, Licht und sonstige Nutzelektrizitätserzeuger zusammengefasst werden,
- und dem kumulierten nichtenergetischen Aufwand (*KNA*), der alle nichtenergetisch verwendeten Energieträger (*NEV*), zum Beispiel Erdöl zur Kunststoffherstellung sowie alle anderen brennbaren Stoffe wie beispielsweise Biomasse als Werkstoffe (Hanffaserdämmstoffplatten, Flaschenkorken), als deren stoffgebundener Energieinhalt (*SEI*) erfasst.

Eine Verrechenbarkeit der verschiedenen Endenergien und nichtenergetischen Aufwendungen erfolgt durch den Bereitstellungsnutzungsgrad **g**, mit dem alle eingesetzten Energien gewichtet und auf Primärenergieträger umgerechnet werden.

$$\text{KEA} = \text{KPA} + \text{KNA} = \sum_{i=1}^{l} \frac{EE_i}{g_i} + \sum_{j=1}^{m} \frac{NEV_j}{g_j} + \sum_{k=1}^{n} \frac{SEI_k}{g_k}$$

KPA : kumulierter Prozessenergieaufwand [MJ]
KANN : kumulierter nichtenergetischer Energieaufwand [MJ]
EE : Endenergie [MJ]
NEV : nichtenergetischer Verbrauch [MJ]
SEI : stoffgebundener Energieinhalt [MJ]
G : Bereitstellungsnutzungsgrad [MJ_{End}/MJ]

Definiert ist g als der Quotient aus Heizwert und kumuliertem Energieaufwand für die Bereitstellung des Energieträgers.

$$g = \frac{H_u}{KEA_{Be}}$$

H_U : Bereitstellung des Energieträgers [MJ]
KEA_{Be} : kumulierter Energieaufwand für die Bereitstellung des Energieträgers [MJ]

Für eine Berechnung des Energieaufwands müssen die eingesetzten Materialmengen und -arten bekannt sein. Dies kann durch eine Prozesskettenanalyse, Sachbilanz oder eine andere Form einer Materialbilanzanalyse erfolgen. Die spezifischen Energieaufwendungen werden an die einzelnen Materialien angeknüpft. Fertigungs-, Weiterverarbeitungs- und Montageenergien werden durch Zuschlagfaktoren berücksichtigt. Folgende Gleichung zeigt den Sachverhalt für die Herstellung von Gütern:

$$KEA_H = \underset{\text{Materialien}}{} (kea_{Material} \cdot m_{Material} \cdot F_F) \cdot F_M$$

KEA_H : kumulierter Energieaufwand für die Herstellung [MJ]
$kea_{Material}$: spez. kumulierter Energieaufwand für ein bestimmtes Material [MJ/kg]
$m_{Material}$: Masse des Materials [kg]
F_F : Zuschlagfaktor für die Fertigung
F_M : Zuschlagfaktor für die Montage

Grenzen des KEA

Die Berechnung mit Hilfe des kumulierten Energieaufwandes erfasst nur alle brennbaren Stoffe, die entweder als Brennstoff oder als Baustoff in der Prozesskette eingesetzt werden. Bei nicht brennbaren Stoffen wie Wasser, Sand, Kies werden nur die mit dem Abbau und Transport verbunden Energieströme erfasst. Der Stoff selbst erscheint nicht in der Bilanz. Prozesse, die einen hohen Stoffstrom nichtbrennbarer Materialien aufweisen, beispielsweise Erdbewegungen beim Verkehrswege- und Gebäudebau, werden also nicht richtungssicher dargestellt. Auch die Wertigkeit der Energie (vgl. mit Exergie) geht nicht in diese Bilanzierungsform mit ein.

Der Vorteil der Bilanzierungsform über die Energie ist die Verrechenbarkeit. Der Gesamtprozess kann zu einer Zahl summiert werden.

Ökologischer Fußabdruck

Bei dem ökologischen Fußabdruck werden die Stoffströme anthropogener Nutzungen ermittelt und in die dafür benötigten biologisch produktiven Flächen umgerechnet. Das Ergebnis ist eine Flächengröße in Quadratmetern oder Hektar. Dies hat den Vorteil, dass mehrere Indikatoren miteinander verrechnet werden können. Das Ergebnis lässt sich auf eine Zahl reduzieren. Wackernagel/Rees definieren diesen Indikator wie folgt:

„Der ökologische Fußabdruck einer gegebenen Bevölkerung (oder deren Wirtschaft) kann als das Gebiet von biologisch produktivem Land (und Wasser) in verschiedenen Kategorien wie Ackerland, Weiden, Wäldern usw. definiert werden, das erforderlich wäre, um mit der heutigen Technologie für diese Bevölkerung

1. alle konsumierte Energie und alle materiellen Ressourcen bereit zu stellen und
2. allen Abfall zu absorbieren wo auch immer auf der Erde sich diese Flächen befinden."

Sie unterscheiden dabei acht Land- und Landnutzungskategorien und zwei Meereskategorien:

Tabelle **4**.1.2 Kategorien, die Fußabdruckschätzungen dienen

Gruppe	**Art des Landes**
Land für Fossilenergie	a) Land, das zur Energieproduktion oder CO_2-Absorption verwendet, also genutzt wird. Zur Energieproduktion müssten wir zusätzlich Landart c, d oder e nutzen. Bei der CO_2-Absoprtionsnutzung müssen Wälder (Landart f) genutzt werden.
Verbrauchtes Land	b) Land, das von Menschen degradiert oder überbaut wurde. Diese Landart ist oftmals in den fruchtbarsten Ökosystemen der Welt zu finden, da hier die menschliche Ansiedlung primär vollzogen wurde.
Heute beanspruchtes Land	c) Ackerflächen d) Weideland e) Forstwirtschaftlich genutzte Wälder
Begrenzt nutzbares Land	f) Nahezu oder vollständig unberührte Wälder g) Biologisch praktisch unproduktives Land wie beispielsweise Eis- und Sandwüsten
Meeresflächen	h) Hochproduktive Meeresgebiete wie beispielsweise Riffe, Kontinentalsockel und Deltas i) Weniger produktive Meeresgebiete wie beispielsweise die Hochsee

Wie eine Umrechnung der Stoffströme in Flächennutzungen erfolgt, wird beispielsweise an den Energieflüssen dargestellt. Die Flächennutzung fossiler Energiedienstleistungen kann über drei verschiedene Ansätze abgeschätzt werden:

- die agrarwirtschaftliche Erzeugung der Energieträger. Es wird als Vergleichswert errechnet, wie groß das Flächenäquivalent auf der Basis von Äthanol aus Biomasse ist (80 GJ/ha/a).
- die CO_2-Bindungsfähigkeit biologisch aktiver Flächen wie zum Beispiel Wälder (100 GJ/ha/a).
- die Substitution der genutzten Energiemenge durch Schaffung von energetisch äquivalentem Naturkapital, also den Aufbau von Biomasse (80 GJ/ha/a).

Regenerative Energien weisen eine hohe Produktivität auf, von 1000 GJ/ha/a bei Wasserkraft und Photovoltaik bis zu 40.000 GJ/ha/a bei Solarkollektoren.

Tabelle **4**.1.3 Produktivität verschiedener Energiequellen

Energiequelle		**Produktivität [GJ/ha/a]**	**Fußabdruck [ha/100 GJ/a]**
Fossilenergie	Äthanolansatz	80	1,25
	CO2-Ansatz	100	1
	Biomasseansatz	80	1,25

Energiequelle		**Produktivität [GJ/ha/a]**	**Fußabdruck [ha/100 GJ/a]**
Kernenergie	Thermisch	30	3,33
	Elektrisch	10	10
Wasserkraft	Durchschnitt	1.000	0,1
	Flußkraftwerk	150–500	0,2–0,67
	Bergkraftwerk	15.000	0,01
Solares Warmwasser (Therm.)		Bis zu 40.000	0
Photovoltaik (elektr.)		1.000	0,1
Windenergie (elektr.)		12.500	0,01

Die Berechnung

Der ökologische Fußandruck wird über die gesamte Prozesskette ermittelt. Stoffströme wie Fossilenergieverbrauch, Nahrungsmittel oder Erze werden in biologisch produktive Flächen umgerechnet. Die Summe aller Flächennutzungen bildet den Fußabdruck des Produkts/der Dienstleistung.

Der personenbezogene Fußabdruck (in ha pro Person) ist die Summe aller Teilflächen, die von n Konsumgütern oder Dienstleistungen einer Person in Anspruch genommen werden

Grenzen des Ökologischen Fußabdrucks

Das Konzept des ökologischen Fußabdrucks bietet die Möglichkeit, Material- und Energieflüsse in Flächeneinheiten umzurechnen. Fläche ist eine anschauliche Größe. Die errechnete Fläche kann leicht mit der zur Verfügung stehenden Fläche einer Stadt oder Gemeinde verglichen werden. Diese Anschaulichkeit prädestiniert das Konzept dafür, es zur Kommunikation von Informationen an „Bürger“ oder „Konsumenten“ zu nutzen. Für eine wissenschaftliche Betrachtung stellt sich die Frage, ob es sinnvoll ist, Material und Energienutzungen auf Flächen umzurechnen. Wahrscheinlich ist es günstiger, nur die reinen Flächennutzungen, wie zum Beispiel „versiegelte Flächen“, zu betrachten und Material- und Energieströme getrennt zu bilanzieren.

4.2 Allgemeine Regelwerke für Baustoffe und Bauprodukte

Für die Erstellung und Verwendung von Baustoffen und Bauprodukten existieren umfangreiche Regelwerke auf europäischer, nationaler und Länderebene. Um für Hersteller und Anwender den europäischen Baustoffmarkt rechtssicherer und transparenter zu gestalten, ist seit Ende der 1980er Jahre ein Prozess der Harmonisierung in Gang.

Bauproduktenrichtlinie

Start für die Harmonisierung des Baustoffmarktes ist die Veröffentlichung der „Richtlinie des Rates vom 21. Dezember 1988 zur Angleichung der Rechts- und Verwaltungsvorschriften der Mitgliedsstaaten über Bauprodukte (89/106/EWG)“. Grundlage der so genannten Bauproduktenrichtlinie (BPR) ist die Aussage über die Gebrauchstauglichkeit der Bauprodukte, die nach Anhang I BPR in sechs Kernbereiche gegliedert ist:

I. Mechanische Festigkeit und Standsicherheit
II. Brandschutz
III. Hygiene, Gesundheit und Umweltschutz
IV. Nutzungssicherheit
V. Schallschutz
VI. Energieeinsparung und Wärmeschutz.

Bauproduktegesetz

Deutschland hat mit dem **Bauproduktengesetz** (BauPG) die BPR in nationales Recht überführt. Das BauPG regelt das „Inverkehrbringen von Bauprodukten und den freien Warenverkehr mit Bauprodukten von und nach den Mitgliedstaaten der Europäischen Union oder einem anderen Vertragsstaat des Abkommens über den Europäischen Wirtschaftsraum zur Umsetzung der Richtlinie 89/106/EWG" (in §1 BauPG). Dies gilt auch für Bauprodukte aus Pflanzenrohstoffen, die gehandelt werden.

Musterbauordnung

Weiteres relevantes baurechtliches Instrument ist die **Musterbauordnung** (MBO). Die MBO ist von Sachverständigen der Arbeitsgemeinschaft der für Städtebau, Bau- und Wohnungswesen zuständigen Minister und Senatoren der 16 Länder (ARGEBAU) ausgearbeitet worden und ist die Grundlage der Landesbauordnungen. Im dritten Abschnitt der MBO werden Bauprodukte und Bauarten behandelt:

§ 17 Bauprodukte
§ 18 Allgemeine bauaufsichtliche Zulassung (abZ)
§ 19 Allgemeines bauaufsichtliches Prüfzeugnis (abP)
§ 20 Nachweis der Verwendbarkeit von Bauprodukten im Einzelfall (ZiE)

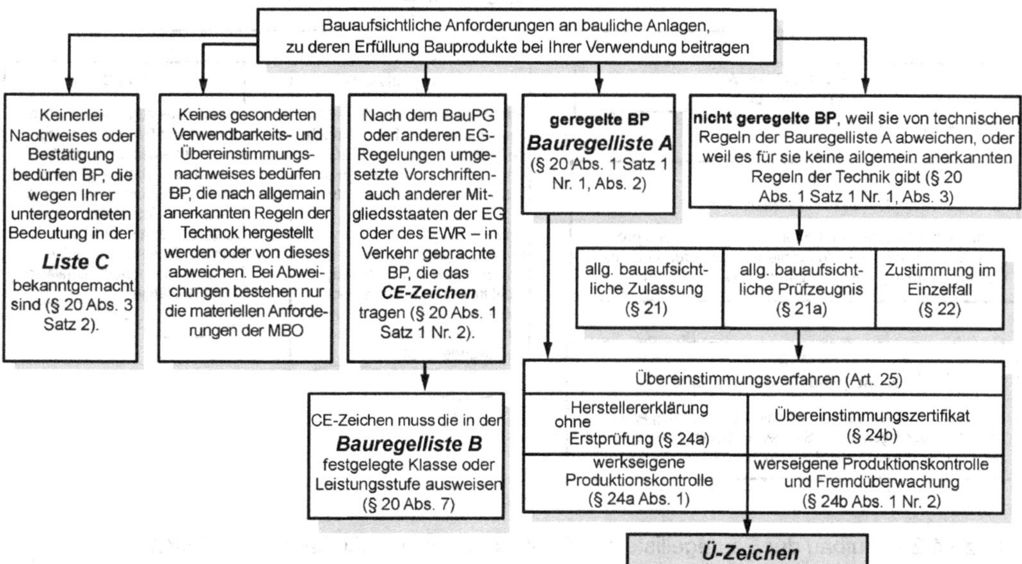

Skizze **4**.2.1 Verfahren zur Verwendung von Bauprodukten nach der Musterbauordnung (MBO)

§ 21 Bauarten
§ 22 Übereinstimmungsnachweis
§ 23 Übereinstimmungserklärung des Herstellers
§ 24 Übereinstimmungszertifikat
§ 25 Prüf-, Zertifizierungs-, Überwachungsstellen

Bauregellisten

Im § 18 der MBO ist das rechtliche Fundament für die Bauregellisten festgelegt. Die **Bauregellisten** werden vom Deutschen Institut für Bautechnik (BIBt) herausgegeben und unterteilen sich in die Liste A, B und C.

In der Bauregelliste **A** werden vom DIBt im Einvernehmen mit der obersten Bauaufsichtsbehörde für Bauprodukte die technischen Regeln aufgenommen, die zur Erfüllung der Landesbauordnungen (Grundlage: MBO) von Bedeutung sind. Diese müssen

- eine allgemeine bauaufsichtliche Zulassung oder
- ein allgemeines bauaufsichtliches Prüfzeugnis oder
- eine Zustimmung im Einzelfall haben.

Die Bauregelliste **A** ergänzt daher die nationale Regelungen für das Inverkehrbringen und Anwenden von Bauprodukten.

Die Bauregelliste **B** ergänzt die technischen Regeln für das Inverkehrbringen von Bauprodukten, die europäisch geregelt sind und für die es keine harmonisierte Spezifikation (z. B. DIN-Normen) gibt.

In der Bauregelliste **C** werden Bauprodukte von untergeordneter Bedeutung aufgeführt.

Für nicht harmonisierte und nach der Bauregelliste geregelte Bauprodukte ist ein Einzelverwendbarkeitsnachweise für das Inverkehrbringen und Anwenden notwendig.

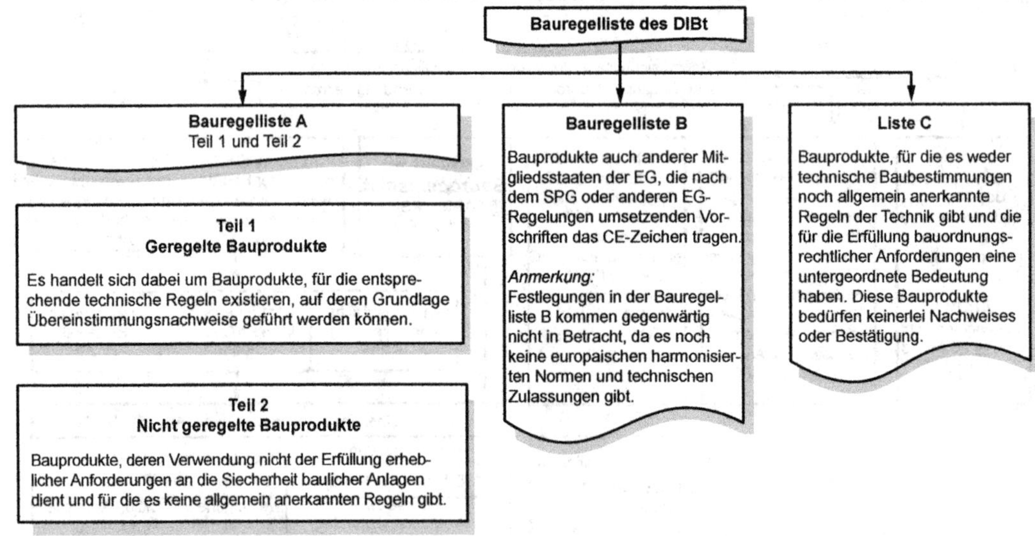

Skizze **4**.2.2 Aufbau der Bauregelliste des Deutschen Instituts für Bautechnik (DIBt)

Europäische Normen und Zulassungen für Wärmedämmstoffe

Mitte der 1990er Jahre beauftragte die EU-Kommision die europäische Normenorganisation CEN mit dem Ziel der Harmonisierung der Dämmstoffnormen. Zweck der Harmonisierung ist der freie Warenverkehr in den EU-Ländern. Für die Normenreihe wurden eine Reihe von bauphysikalischen Eigenschaften festgelegt und die Normierung strukturiert.

Das Technical Committee (TC) des CEN hat auf der Grundlage die ersten Produkt- und Prüfnormen Ende der 1990er Jahre erarbeitet.

Nationale Normen und Zulassungen

Die ersten nationalen Normen auf der Grundlage der harmonisierten CEN-Normen sind 2001 vom Deutschen Institut für Normung (DIN) veröffentlicht worden. Während einer so genannten Koexistenzperiode wurden bis 2003 noch nationale Normen mit dem Ü-Zeichen in den Verkehr gebracht. Seitdem müssen nationale Normen, die den harmonisierten Normen entgegen stehen, zurückgezogen werden.

Für den Bereich Pflanzenrohstoffe sind folgende harmonisierte Normen entwickelt worden:

- DIN EN 13 161: Werkmäßig hergestellte Produkte aus Holzfasern (WF)
- DIN EN 13 168: Werkmäßig hergestellte Produkte aus Holzwolle (WW)
- DIN EN 13 170: Werkmäßig hergestellte Produkte aus expandiertem Kork (ICB)

Die weiteren für den Bau zugelassenen Baustoffe aus Pflanzenrohstoffen werden über die Bauregellisten verwaltet.

Konformität

Nach dem deutschen Bauproduktengesetz (BauPG) müssen Bauprodukte den Nachweis auf Einhaltung der Normen und Zulassungen erfüllen (Konformität). Dies ist in § 8 (BauPG) geregelt. Über entsprechende Prüf- und Überwachungsstellen, wie zum Beispiel das Deutsche Institut für Bautechnik (DIBt), erfolgt die Bestätigung der Konformität.

> Zitat: § 8 BauPG – Konformitätsnachweisverfahren
>
> (1) Ein Bauprodukt, dessen Brauchbarkeit sich nach bekannt gemachten harmonisierten oder anerkannten Normen oder nach europäischen technischen Zulassungen richtet, bedarf einer Bestätigung seiner Übereinstimmung (Konformität) mit diesen Normen oder Zulassungen nach den Absätzen 2 bis 7.

Produktkennzeichnung

CE-Zeichen (Pflicht)

Ist für das Inverkehrbringen von Bauprodukten die Konformität mit den entsprechenden Normen und Zulassungen erfüllt, kann das Produkt mit dem EU-Konformitätszeichen, dem CE-Symbol,

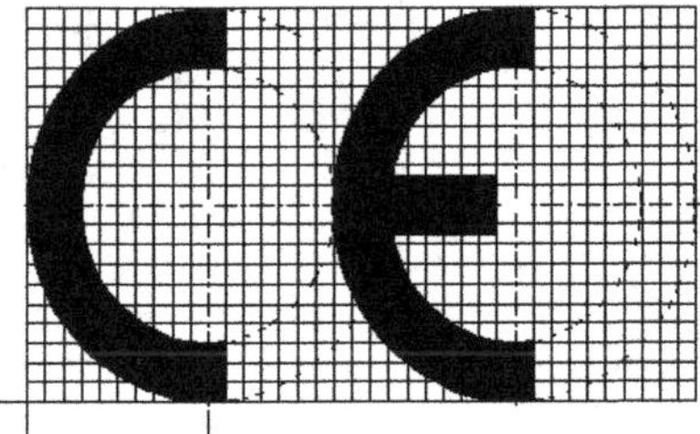

Bild **4**.2.1
Richtlinienkonforme Darstellung der CE-Kennzeichnung

gekennzeichnet werden. Damit ist nach §12 BauPG nachgewiesen, dass das Produkt für den vorgesehenen Verwendungszweck brauchbar ist und dass die Konformität nachgewiesen ist. Diese Bauprodukte werden über die Bauregelliste B ausgewiesen.

Ü-Zeichen

Während das CE-Kennzeichen als einziges das Inverkehrbringen von Bauprodukten über den Konformitätsnachweis absichert, ist das Übereinstimmungszeichen (Ü-Zeichen) eine freiwillige nationale Kennzeichnung, die auch die Anwendung regelt. Das Ü-Zeichen wird über das Verfahren zu Verwendung von Bauprodukten nach der Musterbauordnung (MBO) vergeben. Geregelte Bauprodukte nach der Bauregelliste A werden über das Übereinstimmungsverfahren nach § 25 MBO ausgezeichnet. Für nicht geregelte Bauprodukte ist eine allgemeine bauaufsichtliche Zulassung, ein allgemeines bauaufsichtliches Prüfzeugnis oder eine Zustimmung im Einzelfall erforderlich.

Bild 4.2.2
Das Ü-Zeichen

Gerade Pflanzenrohstoffe, für die es keine Harmonisierung, nationale Normen oder anerkannte Regeln der Technik gibt, werden über eine Zustimmung im Einzelfall zertifiziert.

5 Faserpflanzen im Bauwesen

5.1 Bambus

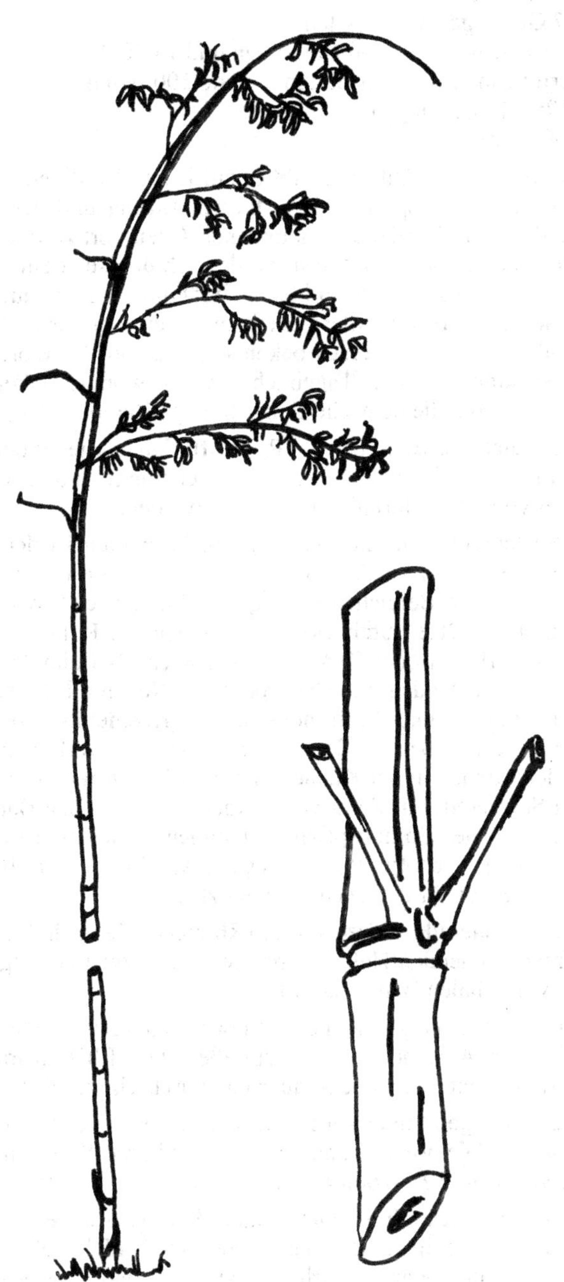

Bambus (Bambuseae) ist ein Tribus von Süßgräsern (Poaceae = Gramineae) aus der Unterfamilie der Bambusgewächse (Bambusoideae). Wie viele Bambusarten und -gattungen es tatsächlich gibt ist schwer zu sagen, denn die vielen Literaturquellen nennen durchaus sehr unterschiedliche Zahlen, wie nachfolgend zu ersehen ist.

- Spörry nennt 1903 45 Gattungen
- France nennt 1912 230 Arten
- Ueda nennt 1931 47 Gattungen/1.250 Arten
- Sineath und Daughtery nennen 1954 60 Gattungen und 1.000 Arten
- Raizada und Chatterji nennen 1956 30 Gattungen und 500 Arten
- Hutchinson nennt 1959 45 Gattungen
- Lübke nennt 1967 500 Arten

Ausgenommen von Europa und der Antarktis gibt es auf jedem Kontinent beheimateten Bambus. Es wird vermutet, dass Bambus ursprünglich in Indien, Burma und dem asiatischen Archipel beheimatet sein könnte, da ca. 65 % aller angenommenen Arten dort zu finden sind. Die Chinesen sprachen vor rund 3.000 Jahren von „Tsao", was zu deutsch übersetzt einfach nur „Gras" bedeutet. Die Betitelung „Bambus" an sich, entstand einer Erzählung zufolge auf den Philippinen. Angeblich soll ein europäischer Weltenbummler bei einem Lagerfeuer der Einheimischen, durch das Knallen des verbrennenden „Grases" so erschrocken sein, dass er die Worte „bam" und „bu" als Beschreibung für das Spektakel in sein Tagebuch schrieb, woraus später das englische Wort „Bamboo" und hieraus wiederum die deutsche Bezeichnung „Bambus" abgeleitet wurde.

Wie so viele Pflanzen ist auch der Bambus eine Rohstoffpflanze, die zu den ältesten dieser Welt gehört. Allerdings kann bei der Vielzahl von Arten und Gattungen nur ein verhältnismäßig kleiner Teil zur Verwendung von Baumaterialien verwendet werden.

Als Baumaterial oder Bestandteil von unterschiedlichen Produkten ist der Bambus (sehr häufig Mosobambus) vor allem in Südamerika, Afrika und im asiatischen Raum stark genutzt. In Europa wird zwar nach wie vor in vielen Bereichen noch geforscht, aber es haben sich mittlerweile fast schon ebenso viele Bambuseinsätze durchgesetzt. So finden die Rohstoffpflanzen Verwendung bei der Produktion von Faserbeton oder Parketten, aber auch als Bauholz und für eine Vielzahl von hölzernen Gebrauchsgegenständen und Bauprodukten. Neben all diesem dient Bambus auch als Rohstoffquelle in der Papier- und Textilindustrie, der Kosmetik- und Lebensmittelindustrie oder der synthetischen Industrie bei der Herstellung von Faserverbundprodukten und vielem Weiteren. Vom Schneidebrettchen in der Küche bis hin zu Haustüren, Möbel und Terrassenbelägen und selbst auf dem Speiseteller in Form von gekochten oder rohen Bambussprossen, überall kann man Produkte, die aus der Bambuspflanze stammen finden und dies aus gutem Grund; Bambus wächst äußerst schnell, benötigt kaum Pflegeaufwand in der Kultivierung und die Pflanze ist leicht und vor allem restlos für den Menschen nutzbar.

Die Bambuspflanze hat ausdauernde Wurzelstöcke (Rhizome). Je nach Art des Rhizoms und der Bildungsweise der aufrecht stehenden Halme wird Bambus in zwei Hauptgruppen aufgeteilt, die monopodialen und die sympodialen Bambusgewächse.

Der monopodiale Bambus bildet lange, dünne und horizontal verlaufende Rhizomausläufer, aus deren Knospen in geregelten Abständen Triebe sprießen. Der Rhizomstrang kann sich hierbei 1 bis 6 m/Jahr verlängern und hat eine Lebensdauer von durchschnittlich 10 Jahren.

Der sympodiale Bambus hingegen bildet kurze, dicke Wurzelstöcke (Rhizomknollen), aus deren Spitzen die Halme sprießen. Die Verbreitung erfolgt über kurze Strecken horizontal, mit einer zirkularen Ausbreitung von 1 bis 3 Rhizomknollen pro Stammrhizomknolle.

Neben diesen beiden Hauptgruppen gibt es auch weitere Bambusgruppen, deren Halme horizontal und vertikal wachsen. Die Halme dieser Bambuse stehen i.a.R. nicht selbsttragend aufrecht, sondern brauchen etwaige Stütz- und/oder Kletterhilfen wie z. B. Bäume oder Felsen. Sind die Möglichkeiten günstig, können Kletterbambuse auch undurchdringliche Dickichte bilden.

Bei Bambusgewächsen können sich mehrere Wurzelgeflechte durchdringen und überlagern. Ueda gibt 1968 an, dass sich hierbei Wurzelstrang-Gesamtlängen von 25.000 bis 187.000 m/ha ergeben können, woraus auch die Eigenschaft als optimal wirkender Erosionsschutz resultiert. Das Wurzelgeflecht wirkt abfluss- und sickerverzögernd auf das Regenwasser ein und dient als Feuchtigkeitsspeicher. Wie auch bei Schilf und anderen Gräsern, wirkt auch hier der Wurzelstock filternd auf Abwässer und Tagwasserverschmutzungen.

Die meisten Bambusarten benötigen Mindesttemperaturen von ca. 8 bis 36 C°, wobei manche Sorten aus Japan und China (vor allem Moso- und Mabambus) auch Temperaturen bis –11 C° vertragen können. Selbst im Himalaja auf Höhen von 3.600 m ü. NN sind Bambuspflanzen zu finden. Bambus gedeiht vor allem auf gut drainierten, sandigen Lehmböden, wobei es auch Arten gibt, die in nassen bis sumpfigen Standorten oder lehmigen Tonböden gut wachsen. Salzhaltige Böden vertragen Bambuspflanzen i. d. R. nicht.

Die Wachstumsverhältnisse beschreibt Dunkelberg 1985 als eine einzigartige Mischung aus Gras, Laubbaum und Palme, womit man es kaum besser beschreiben könnte. Am deutlichsten bei allen Bambusarten ist wohl die grastypische röhrenförmige Gliederung der Halme in Nodien und Internodien. In Bezug auf die Laubbäume haben sie das jährliche Abwerfen der Blätter und die wiederum jährliche Vergrößerung der Pflanzenkrone durch neue Zweigansätze gemein. Was die Palme betrifft, so ist hiermit der Wuchs des Stammes bzw. des Halmes identisch. Auch der „Bambusstamm" (Halm) kommt mit einem definierten Umfang aus dem Boden heraus, ohne sich später weiter zu verdicken.

Bild **5**.1.1
Gliederung der Bambushalme

Bambus gilt als die am schnellsten wachsende Pflanze auf der Welt. Es gibt Arten die ein Tageswachstum von 90 cm und mehr aufweisen können. So wurde zum Beispiel bei dem großen Dornenbambus (Bambus arundinacea) bis zu 91 cm/24 Std. und beim Moso-Bambus (Bambus phyllostachys edulis) bis zu 121 cm/24 Std. festgehalten.

Das durchschnittliche Längenwachstum über alle Arten wird jedoch mit 25 cm pro Tag angegeben. Der zumeist für die Parkettherstellung verwendete Moso-Bambus (Bambus phyllostachys edulis oder auch Phyllostachys heterocycla, pubescens, pubescens Mazel, Bambusa edulis) erreicht eine Wuchshöhe von durchschnittlich 4 bis 12 m, mit einem Halmdurchmesser von 8 bis 18 cm. Wobei es Moso-Bambus in China (Provinzen um Zhejiang) auch mit Wuchshöhen von bis zu 30 m gibt.

So schnell der Bambus wächst, so schnell kann er auch absterben. Nur wenige Wochen nach dem Blühen und Fruchten sterben die Halme ab und die Pflanze geht ein. Je nach Art geschieht dies nach einer Lebensdauer von 5 (kleine Arten) bis 100 Jahren, wobei nur bei den großen Arten die Lebensdauer tatsächlich von der Blütezeit bestimmt ist. Die kleinen Arten können durchaus öfter blühen, ohne dabei abzusterben.

Bild 5.1.2
Bambusblüte

Für eine industrielle Nutzung des Rohstoffes Bambus im Non-Food Bereich ist dessen Zusammensetzung von großem Interesse und hier wiederum insbesondere seine Fasereigenschaften.

Tabelle **5**.1.1 Chemische Zusammensetzung von Bambus in M.-%

Kohlenstoff	50,0
Wasserstoff	6,1
Sauerstoff	43,0
Stickstoff	0,04 – 0,26
Asche	0,2 – 0,6

Tabelle **5**.1.2 Bestandteile von Bambus in M.-%

Kohlehydrate gesamt (Cellulose, Hexosane, Pentosane)	67,8
Lignin	25,2
Acaetyl (Essigsäurebildner)	2,8 SiO_2
Nebenbestandteile (Asche, Protein)	4,2

Beim Einsatz von Bambus in Bauprodukten ist vor allem der Wassergehalt (Feuchtigkeitsgrad) zu berücksichtigen. Man muss beachten, dass es bei den unterschiedlichen Pflanzenarten verschiedene Wassersättigungsgrade gibt, die sich außerdem noch dadurch unterscheiden, dass die Wasseraufnahme am unteren Teil der Bambuspflanze größer ist als oben an der Spitze.

Tabelle **5**.1.3 Wassergehalt von verschiedenen Bambusarten aus einem subtropischen Klima Nordindiens, in Prozent des Darrgewichtes (Trockengewicht)

Bambusart		1. Halm	2. Halm	3. Halm	4. Halm	Mittelwert
Melocanna Bambusoides	Spitze Basis	34,4 62,5	30,2 59,1	33,2 73,3	32,7 69,9	32,6 66,2
Dendrocalamus Strictus	Spitze Basis	52,7 119,2	56,6 118,1	52,7 103,4	55,5 117,4	54,4 114,5
Dendrocalamus Hamiltonii	Spitze Basis	58,0 150,2	61,8 132,4	62,0 155,0	58,3 141,4	60,0 144,8
Oxytenanthera Nigrocilliata	Spitze Basis	84,6 163,1	62,5 110,3	49,6 113,1	53,7 159,7	52,6 136,6
						Quelle: Liese und Grover 1958

Neben diesem variiert der Feuchtegehalt auch im Laufe der Jahreszeiten und durch die Klimabedingungen im Pflanzgebiet. In einem rein tropischen Vegetationsgebiet ohne Trockenperioden schwankt der Wassergehalt der Bambushalme innerhalb eines Jahres um ca. 20 %. Die Wasseraufnahme liegt hier bei 30 bis 60 %. Bei Pflanzen aus den Subtropen liegt die Wasseraufnahme bei bis zu 170 %. Der Quell- und Schwindvorgang von Bambus ist ähnlich dem von gewöhnlichen europäischen Bauhölzern. Die Längen-, Breiten- und Dickenänderungen verhalten sich proportional zur Wasseraufnahme des Bambusmaterials. Bei Wasserabnahme schwindet Bambus und erreicht im lufttrockenen Zustand seine ursprüngliche Form wieder.

Tabelle **5**.1.4 Formänderung von Bambus bei Wasseraufnahme bis zum Fasersättigungspunkt

Längenänderung	0,15 %
Breitenänderung	6,00 %
Dickenänderung	8,00 %

Das durchschnittliche Bambus-Raumgewicht ist mit 0,80 g/cm^3 anzunehmen. Die Festigkeitseigenschaften sind von der Art der Belastung abhängig (senkrecht oder parallel zur Faser). Bei Bambus kommt zusätzlich noch hinzu, dass dieser einen Hohlzylinder beschreibt, dessen Rohrwand unterschiedliche Dichten aufweist und senkrecht dazu stehende Knotenscheiben (Nodien) bildet. Bei einer Druckbelastung parallel zur Faser bewirken die Nodien eine Festigkeitssteigerung von ca. 8 % im Vergleich zu Bambusrohrabschnitten ohne den Knotenscheiben. Bei Druck senkrecht zur Faser ist eine Festigkeitssteigerung von 45 % gegenüber nodienlosen Abschnitten festzustellen.

Tabelle **5**.1.5 Druckfestigkeit von Bambus in N/cm^2

	Rohr ∅ 60 mm	Rohr ∅ 32 mm	Stab
Parallel zur Faser	6360	8630	6210
Senkrecht zur Faser	5250 – 9300		

Die Zugfestigkeit von Bambus ist an der Außenhaut größer als innen, somit ist schlanker Bambus gegenüber Bambus mit großem Querschnitt im Verhältnis zugstabiler. Die Nodien wirken sich bei Zugversuchen festigkeitsmindernd aus.

Tabelle **5**.1.6 Zugfestigkeit von Bambus in N/cm2

	∅ 80 mm	∅ 30 mm
Äußere Faserschicht	Min 30680 Max 32730	Min 35740 Max 38430
Innere Faserschicht	Min 14840 Max 16330	Min 13530 Max 19470
Ganze Wanddicke	Min 16270 Max 21510	Min 23250 Max 27580
Bambusrohrabschnitt	Nodienhaltig: Nodienlos:	22770 29110

5.1.1 Ernte und Aufbereitung für das Bauwesen

Die Bambusverarbeitung ist eine boomende und ständig wachsende Industrie, in der über die gesamte Bambusaufbereitung über 100 Millionen Menschen ihren Unterhalt durch den direkten oder indirekten Anbau, die Produktion oder der Bewirtschaftung von Bambus verdienen. Schon 1988 wurde geschätzt, dass Vermarktung und Verarbeitung Einnahmen von bis zu 450.000 Millionen US $ erzeugten, was in heutiger Zeit sicherlich nur noch ein Bruchteil des Tatsächlichen ist.

Bild **5**.1.1.1 Das Bambusgerüst, eine einfache aber im fernen Asien weit verbreitete Verwertung von Bambus im Baugewerbe.

Für die Produktion von Bambusparketten findet zumeist der schnell wachsende und in Asien weit verbreitete Moso-Bambus (Bambus phyllostachys edulis) Verwendung, welcher auch zur Herstellung von Tischplatten, Türblättern, Arbeitsplatten oder Schreinerhölzer, Hartholzersatz und vielem Anderen dient. Wobei vermutet wird, dass 10 % des in China wachsenden Bambus (lt. „National Forest Inventory" umfasste die Bambusflächen in China 1988 ca. 3.546.300 ha) zur Herstellung von Parketten geeignet ist oder wäre.

Bild **5**.1.1.2 Moso-Bambus Arbeitsplatten

Grundsätzlich wird der Moso-Bambus, bzw. dessen Halme, nach einer Standzeit von 4 bis 5 Jahren geerntet und noch im frischen Zustand mit Hilfe eines Messerkranzes geviertelt oder geachtelt und auf eine vordefinierte Länge zugeschnitten. Hierbei presst i. d. R. eine hydraulisch angetriebene Presse das Bambusrohr der Länge nach durch eine sternförmige Messeranordnung, der Längenzuschnitt erfolgt mittels Kreissäge o. Ä.

Bild **5**.1.1.3 Zuschnitt der zuvor geviertelten/geachtelten und gebündelten Bambusstreifen

Da der Bambus im frisch geernteten Zustand wesentlich einfacher zu verarbeiten aber auch anfälliger gegen pflanzlichen und tierischen Befall ist, wird er schnellstmöglich weiterverarbeitet. Oft werden die durch das Teilen erhaltenen Bambusstreifen umgehend für ca. 6 Std. in einem Gemisch aus Wasser und Boraten gekocht, um insektiziden Befall auszuschließen. Weitere bekannte Methoden um die Bambusstreifen vor pflanzlichen und tierischen Befall zu schützen, wären z. B. das Dampfimprägnieren, das Räuchern oder auch das Erhitzen. Beim Erhitzen (ab ca. 120 °C bis

150 C°) karbonisiert der Zucker im Bambusholz. Die Bambusstreifen erhalten dadurch u.a. eine dunklere, durchgehende Färbung.

Bild **5**.1.1.4 Bambusstreifen fertig zur Weiterverarbeitung

5.1.2 Bauprodukte aus Bambus

Bambusparkett und Mehrschichtplatten verleimt

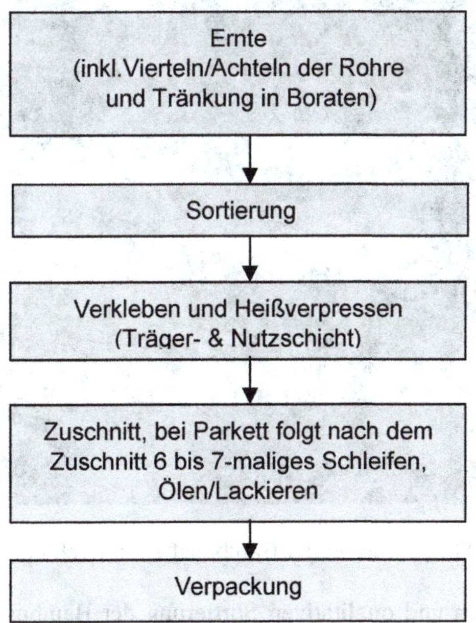

Skizze **5**.1.2.1 Herstellungsdiagramm Bambusparkett/Mehrschichtplatte

Bild **5**.1.2.5 Bambusparkettarten

Nachdem die Bambusstreifen für die Weiterverarbeitung zu Parketten, Mehrschichtplatten u. Ä. , bis zu einem Feuchtegehalt von ca. 10 M-% getrocknet wurden, werden sie manuell farblich und nach Qualität vorsortiert.

Bild **5**.1.2.6 Manuelles Sortieren der Bambusstreifen nach Farbtönen

Nach der farblichen und qualitativen Sortierung der Bambusstreifen erfolgt die Weiterverarbeitung zu Parketten oder auch Mehrschichtplatten und anderem.

Bambusparkette werden nach ihrer Herstellungsart bzw. der Anordnung der verpresst und/oder verklebten Bambusstreifen zueinander unterschieden. Durch das Vierteln oder Achteln der Bambushalme nach der Ernte, ist den Bambusstreifen eine kurze und eine lange Seite mit Blick auf den Querschnitt gegeben. Die Typisierung „horizontal gepresst“ oder „vertikal gepresst“ gibt hierbei an, wie die Bambusstreifen miteinander verklebt und verpresst wurden. Sind die großen Seitenflächen miteinander verklebt (stehen die Bambusstreifen zueinander auf der schmalen Seitenfläche) spricht man von „vertikal verpresst“; wurden die kleinen Seitenflächen (liegend auf der größeren Fläche) verklebt bzw. verpresst, spricht man von „horizontal gepresst“. Technisch identisch unterscheiden sich beide Typen nur optisch durch die Abzeichnung der einzelnen Diaphragmen (verkieselte Scheidewände des Halms) in den Nodienbereichen. Wobei es auch einige Parkette gibt, bei denen beide Techniken zugleich und/oder mit unterschiedlichen Bambusarten verbunden werden, so können auch sehr ausgefallene und individuelle Parkette gefertigt werden.

Bild **5**.1.2.7 Vertikal verpresste Bambusstreifen

Viele der Bambusparkette sind mehrschichtig und bestehen i. d. R. aus zwei bis drei Lagen , einer Träger, ggf. einer Füll- und immer einer Oberflächenschicht. Ihre Herstellung ist im Gros identisch derer der Mehrschichtplatten für den Möbel- oder Ausbaubereich etc.

Bild **5**.1.2.8 Erstellung der Trägerschicht vor der Hochdruck-Heißpresse

Im ersten Pressgang wird die Trägerschicht verleimt. Hierauf erfolgt rechtwinklig zur Verlegerichtung der Trägerschicht eine sogenannte Füllschicht.

Bild **5**.1.2.9 Einlage der Füllschicht auf eingeleimte Trägerschicht

Wiederum rechtwinklig zur Füllschicht erfolgt dann die Auflage der Oberschicht bzw. der Oberflächenlage.

Bild **5**.1.2.10 Frisch verleimte Parkettstreifen

Die somit hergestellten Mehrschichtplatten werden erstmals geschliffen, in Maß geschnitten und mit Hilfe einer Fräse mit Nut und Feder ausgestattet.

Bild **5**.1.2.11 Bambusplatten beim Zuschnitt und erstem Schliff zum Bambusparkett

Bild **5**.1.2.12 Bambusparkettrohlinge mit Nut- und Federfräsung

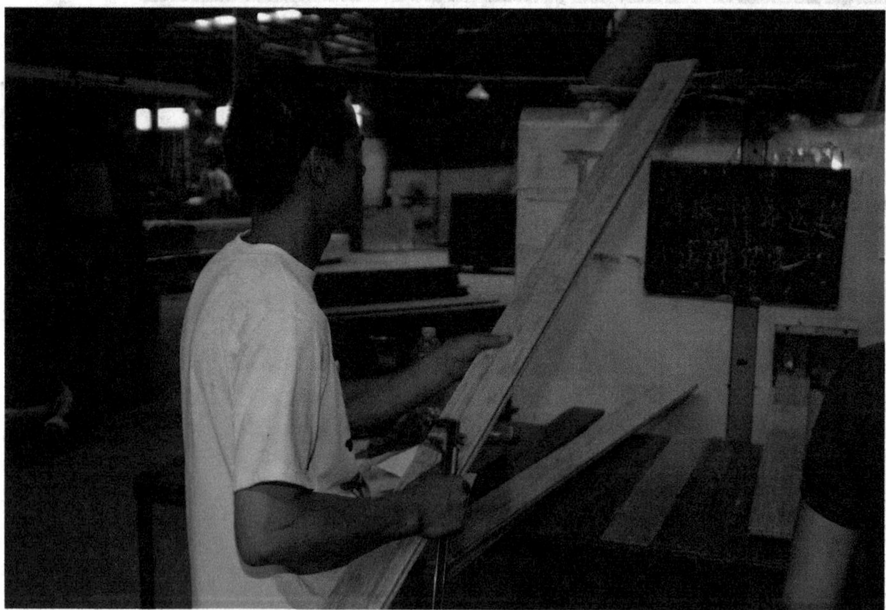

Bild **5**.1.2.13 Qualitätskontrolle auch manuell

Da Bambus als natürlicher Rohstoff auch Schwankungen in der Qualität und somit Beschaffenheit aufweisen kann, erfordert seine Weiterverarbeitung zu einem Bodenbelag einiges an Aufmerksamkeit, welche, gerade mit Blick auf den erhöhten optischen Anspruch an die Parkettoberfläche, noch nicht komplett durch vollautomatisierte Maschinen erfüllt werden kann. So ist die mehrmalige Zwischen- und Nachkontrolle sowie entsprechende Nacharbeiten bei kleineren Unschönheiten durch menschliche Arbeitskraft nicht vollkommen zu entbehren.

Die Parkettpanelen werden in aller Regel in mehreren Schritten geölt oder lackiert. Hierbei wird durchschnittlich 5 bis 6 mal geschliffen, kontrolliert/manuell nachgebessert und lackiert bzw. geölt.

Bild **5**.1.2.14 Schleifen des Bambusparketts

Bild **5**.1.2.15 Manuelle Nachbearbeitung und Korrektur von Fehlstellen in der Parkettpanelenoberfläche

Bild **5**.1.2.16 Automatisiertes Ölen der Parkettpanelenoberfläche

Bild **5**.1.2.17 Automatisiertes Trocknen der Parkettpanelenoberfläche

Bild **5**.1.2.18 Endkontrolle, Sortieren nach Qualität und Farbe sowie Verpackung gängiger Bambusproduktionen

Hartholzersatz mit Faserbambus

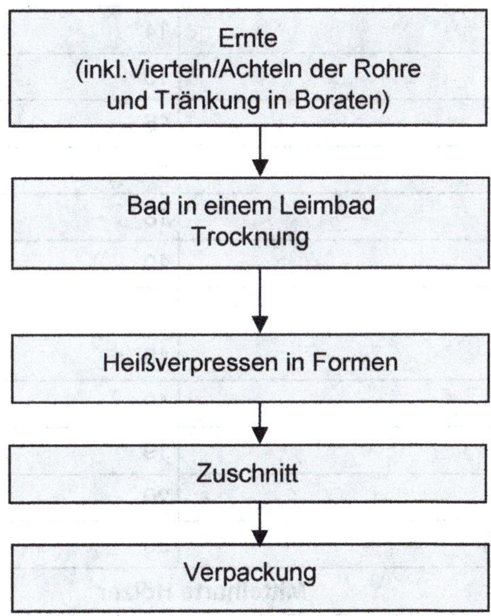

Skizze **5**.1.2.2 Herstellungsdiagramm Hartholzersatz aus Bambusfasern

Schon das verleimte Bambusparkett mit quer zueinander verleimten Bambusstreifen weist eine Härte auf, die höher als z. B. manch Eichenparkett (z. B. aus Weißeiche) ist und somit gegenüber selbigem eine höhere Widerstandsfähigkeit gegenüber mechanischen Belastungen, wie z. B. Stoßen oder Kratzen besitzt. Werden die Fasern des Bambushalms mancher Bambusarten aufgeschlossen und fest miteinander verpresst, so entsteht eine unregelmäßige Anordnung in sich verdichteter Bambusfasern, die zu Platten für Parkettpanelen oder Balken gepresst, außerordentliche Härte verbunden mit einem hohen Gewicht, aufweisen können. So erreichen Parkette aus Faserbambus eine Brinellhärte von ca. 61 N/mm^2 und ein Gewicht von ca. 1.120 kg/m^3. Eine Härte und Gewicht also, die der gängiger Harthölzer aus den Tropenwäldern gleichzieht oder gar besser ist, mit dem positiven Aspekt der wesentlich höheren Verfügbarkeit von Bambus und der damit verbundenen umweltschonenderen Alternative zum Tropenwaldverlust durch Rodung sehr langsam wachsender Bäume.

Tabelle **5**.1.2.1 Brinellhärte unterschiedlicher (Parkett-) Hölzer

Holzart	**Durchschnittliche* Brinellhärte In N/mm^2**
Weichhölzer	
Balsa	2
Western Red Cedar	9
Zeder	10
Fichte	12
Sen	12
Abachi	13
Hemlock	14
Linde	16
Sipo-Mahagoni	16
Tanne	16
Brasilkiefer	18
Amerik. Mahagoni	19
Kiefer	19
Lärche	19
Pitch Pine	19
Red Pine	19
Douglasie	20
Koto	20
Mittelharte Hölzer	
Limba	22
Birke	23
Kosipo Mahagoni	25

Holzart	Durchschnittliche* Brinellhärte In N/mm^2
Sapeli-Mahagoni	25
Dark Red Meranti	25
Ramin	25
Ahorn	27
Zebrano	27
Eibe	30
Iroko/Kambala	30
Ulme/Rüster	30
Harthölzer	
Kirschbaum	31
Teak	31
Birnenbaum	32
Erle	33
Hain-/Weißbuche	34
Rotbuche	34
Trauben-/Weißeiche	34
Afzelia	35
Bubinga (Rosenholz)	38
Hickory	40
Roteiche	41
Esche	41
Wenge	44
Robinie	48
Nussbaum	52
Rio-Palisander	55
Bongossi/Azobe	78
Ebenholz	84
Pockholz	88
Bambus	
Bambusparkett (horizontal oder vertikal gepresst)	ab 38
Faserbambus	ab 61
* Durchschnittswerte von Hölzern unterschiedlicher Herkunft/Kultivation, bei Bambus stärker schwankend und abhängig von der verwendeten Bambusart.	

Bevorzugte Einsatzbereiche von zu Hartholzersatz gepressten Bambusfasern sind vor allem Parkette aber auch Bau- und Schreinerhölzer, wie zum Beispiel Bretter, Tafeln, Bohlen und Kanthölzer.

Bild **5**.1.2.19 Bretter aus gepressten Bambusfasern für Terrassenbeläge u. Ä.

Bild **5**.1.2.20 Bahnschwellengroße Vierkanthölzer aus gepressten Bambusfasern

Bild **5**.1.2.21 Bambusparkett aus aufgeschlossenen und miteinander verpressten Fasern unterschiedlicher Faserbambussorten.

Bild **5**.1.2.22
Kleberbad

Bild **5**.1.2.23
Trocknung der im Kleberbad getränkten Faserbündel in Trockenkammern

Bild **5**.1.2.24 Getrocknete mit Kleber durchtränkte Faserbündel

Die durch ein ca. 10 minütiges Kleberbad aufgeschlossenen und mit Kleber durchtränkten Faserstränge der Bambusstreifen, werden für mehrere Stunden in Trockenkammern getrocknet und hiernach, in Formen verteilt, einem thermischen Pressvorgang unterzogen. Mit einem Druck von ca. 1.800 Tonnen werden die in Formen verteilten Faserstränge bei ca. 125 °C für mind. 1,5 Stunden gepresst. Die Zusammensetzung des Kleberbades kann hierbei deutlich variieren, so werden z. B. auch synthetisch hergestellte flüssige Phenol-Formaldehyd-Harze oder auch andere Stoffe hierfür eingesetzt.

Bild **5**.1.2.25 Fasern beim Pressvorgang

Bild **5**.1.2.26 Presse mit mehreren Lagen von Bambusfasereinlagen

Die nach dem Pressen aus den Formen entstandenen Rohplatten, werden nun auf das gewünschte Standardmaß geschnitten, geschliffen und ggf. gefräst und nochmals für mehrere Stunden in einer Trockenkammer getrocknet. Selbiges natürlich auch, wenn andere Formen verwendet wurden. Im Falle von Parkettpanelen erfolgt nach diesem Produktionsabschnitt auch hier die 5 bis 6-malige Oberflächenbehandlung durch Schleifen, manueller Nacharbeit/Korrektur und Ölen oder Lackieren, identisch mit der, der zuvor beschriebenen Mehrschicht-Bambusparkette.

Bild **5**.1.2.27 Gepresste Bambusfasern in der Pressform

Bild **5**.1.2.28 Aus Bambusfasern gepresste Rohplatten

5.1.3 Einbaubeispiele

Bambusparkett

Grundsätzlich können Parkette aus Bambus auf so gut wie jeden festen, ebenen und dauerhaft trockenen Untergrund verlegt werden. Selbst auf so manch Altbelag aus Linoleum, Fliesen oder altem Parkett oder Dielen ist dies möglich. Einzig Teppichbeläge u. Ä. sind vor dem Verlegen zu entfernen. Bambusparkett kann nicht ohne Schaden in ausgesprochenen Feuchträumen wie Badeanstalten oder Saunen, bei extremen Temperaturschwankungen (z. B. in Wintergärten) oder im Außenbereich (Terrassen) verwendet werden. Hierzu sollten Produkte aus heiß gepressten Bambusfasern (Faserbambus) gewählt werden, deren Einsatzmöglichkeiten jedoch grundsätzlich mit dem Hersteller abzusprechen sind. Wie erwähnt soll der Untergrund in jedem Fall trocken sein – Risse, Unebenheiten und Restfeuchte können in jedem Parkett Schaden herbeirufen. Dehnungsfugen müssen auch hier übernommen werden und dürfen nicht einfach überbaut werden. Risse im Estrich sind zu untersuchen und mit geeigneten Maßnahmen zu verschließen.

Liegt ein frisch eingebauter Estrich als Untergrund vor, so liegt dessen Austrocknungszeit bei ca. 4 bis 6 Wochen. Geprüft wird die Restfeuchte mit einem CM-Messgerät. Unabhängig von der zuvor abgewarteten Trockenphase sollte der Parkettleger grundsätzlich eine CM-Messung vornehmen. Erst wenn der Estrich eine gewisse Maximalrestfeuchte unterschritten hat, kann mit dem Verlegen des Parketts begonnen werden.

Tabelle **5**.1.3.1 Maximale Restfeuchte in Estrichen zum Verlegen von Parkett

Estrichart	**Restfeuchte in % CM***
Zementestrich	max. 0,2
Zementestrich mit Fußbodenheizung	max. 1,8
Anhydritestrich	max. 0,5
Anhydritestrich mit Fußbodenheizung	max. 0,3
* Desto weiter die Höchstwerte unterschritten sind, desto besser	

Neben dem Feuchtegehalt des Estrichs ist auch zu prüfen, ob keine aufsteigende Feuchte aus unteren Stockwerken wie z. B. dem Keller aufsteigt. Zum Schutz hiervor sollte in gefährdeten Räumen eine entsprechend zugelassene Feuchtigkeits- und Dampfsperre eingesetzt werden.

Der Untergrund muss, sofern ein verklebter Parkett angestrebt wird, frei von Staub, losen Teilen, Wachs-, Fett- oder Kleberesten und vor allem saugfähig sein. Es empfiehlt sich in nahezu jedem Fall eine geeignete Grundierung vor der Verlegung auf den Untergrund zu bringen. Dieser Schritt ist bei schwimmend verlegten Parketten selbstverständlich nicht notwendig. Hier kann direkt auf den besenreinen, trockenen und ebenen Untergrund die Trittschalldämmung als erste Lage aufgebracht werden – falls der Estrich nicht schon selbst schwimmend verlegt und mit einer Trittschalldämmung versehen wurde. Bei der Trittschalldämmung auf dem Estrichuntergrund ist zu beachten, dass diese, falls eine Fußbodenheizung vorhanden ist, auch für Böden mit Fußbodenheizung verwendet werden kann. Die meisten Trittschalldämmungen wirken nicht nur schall- sondern auch wärmedämmend und mit einer falschen Auswahl könnte die Effizienz der Fußbodenheizung negativ beeinflusst werden. Der Handel bietet hierzu spezielle Wärme leitende Trittschalldämmungen an.

Die Hersteller der Bambusparkette, aber auch von Naturholz-Parketten allgemein empfehlen, dass man mind. 2 Tage vor den Verlegearbeiten die Parkett-Pakete in verpacktem Zustand im Verlegeraum flach auf den Boden lagert. Hiermit wird gewährleistet, dass sich das Parkett akklimatisiert und sich nicht nachträglich durch Temperaturschwankungen verformt. Das ideale Raumklima zur Bambusparkettverlegung wird mit einer Temperatur von 18 bis 20 °C und einer relativen Raumluftfeuchte von 50 bis 65 % angegeben. Hierbei soll die Temperatur des Untergrundes mindestens 18 °C betragen.

Bambus besitzt von Natur aus ein äußerst geringes Schwund- und Quellverhalten. Aber auch wenn gering, so arbeitet auch dieser Parkett, wie jedes andere Holzprodukt, bei steigender oder fallender Luftfeuchtigkeit. Eine erhöhte Luftfeuchtigkeit führt zum „Quellen", eine geringere zum „Schwinden". Daher müssen auch bei Bambusparketten Bewegungen berücksichtigt und ermöglicht werden. Ob zwischen Wand und verlegtem Parkett oder bei herausragenden Bauteilen, wie Rohre und Zargen; all diese Anschlüsse müssen, um Schäden zu vermeiden, mit einer Dehnungsfuge ausgerüstet sein, die mind. 10 mm breit sein sollte. In aller Regel werden solche Fugen durch die Einlage von Distanzkeilen beim Verlegen gewährleistet oder es wird ein schmaler Randdämmstreifen eingelegt. Was sich nur bedingt und auch nur bei kleinen Fugen eignet ist die Verfüllung mit Spritzkork oder Acrylfugenmassen. Zum einen reißen die Füllmassen mit der Zeit und bei größeren Fugen häufig unschön auf, zum anderen schaffen sie durch eine Dreiflankenhaftung (z. B. Parkett, Boden und Wand) ohne Entkopplung möglicherweise eine Schallbrücke.

Die Verlegearbeiten beginnen allgemein längs zur Fensterfront oder zum Hauptlichteinfall hin. Je nach Wahl des Verlegemusters und der Größe der Parkettteile kann auch ein Parkett zur optischen Vergrößerung oder Verkleinerung des Raums beitragen. Um hierbei nicht die falsche Wahl zu treffen, wäre es empfehlenswert grundsätzlich einen farbigen Verlegeplan mit einem geeigneten Computerprogramm anzufertigen, der den zu verlegenden Raum maßstabsgetreu in dreidimensionaler Ansicht mit dem angestrebten Verlegemuster zeigt.

Allgemein gilt, wird ein Bambusparkett einmal verlegt, kann er nicht wieder unbeschädigt entfernt werden. Daher sollte insbesondere bei Mietwohnraum grundsätzlich eine Absprache mit dem Vermieter getroffen werden, zu welcher die Verlegung genehmigt wird. Beim Verlegen von Parketten allgemein haben sich drei Varianten im Handwerk durchgesetzt; die schwimmende Verlegung, die vollflächige Verklebung und als Alternative das Verschrauben oder Nageln des Parketts mit dem Untergrund. Bei Bambusparkett als Stabparkett können alle drei Varianten problemfrei angewendet werden. Bambusparkette aus mehreren Schichten (z. B. 2-Schicht Parkett) oder auch die Hochkantlamelle, welche von einigen Bambusparkettherstellern angeboten wird, muss in aller Regel vollflächig verklebt verlegt werden.

- Schwimmende Verlegung
  Die schwimmende Verlegung von Bambusparkett ist bei allen Böden ohne Fußbodenheizung und bis zu einer maximalen Raumbreite von 5 m durchführbar. Hierbei werden die Parkettstäbe, die in aller Regel mit Nut und Feder ausgerüstet sind, auf einer Trittschalldämmung verlegt und an der Unterseite der Feder miteinander verklebt.
- Vollflächige Verklebung
  Bei der vollflächigen Verklebung, die auf jedem geeigneten Untergrund (z. B. Spanplatten, Estrich etc.) möglich ist, werden die Parkettstäbe direkt auf den i. d. R. mit einem Voranstrich (Grundierung) versehenen, Untergrund geklebt. Die Parkettstäbe werden fugendicht direkt in ein Leimbett auf den Untergrund gelegt und miteinander verspannt.
- Verschrauben und Nageln
  Auch der Bambusparkett kann bei der Verlegung mit dem Untergrund verschraubt oder vernagelt werden. Je nach Art des Bambusparketts kann ein Vorbohren nötig sein. In jedem Fall aber sollte man, falls man Schrauben verwendet, spezielle Schrauben mit einer Bohrspitze verwenden, da ansonsten die Gefahr besteht, dass die Parkettkanten beschädigt werden.

Ist der Boden verlegt, ist er in den meisten Fällen auch recht schnell begehbar. Die eingesetzten Parkettleime trocknen in aller Regel sehr schnell und machen eine Entfernung von Schmutz, Distanzkeilen oder anderen Montageresten schnell nach der Verlegung möglich. Einige Hersteller empfehlen das Parkett direkt nach dem Verlegen mit einer sogenannten Erstpflege zu behandeln, was im Grunde immer eine Behandlung mit Pflegewachsen anspricht. Das Aufstellen von Möbeln kann in aller Regel nach 1 bis 2 Tagen erfolgen. Parkette aus Bambus gehören zu den robustesten Parkettbelägen die es auf dem Markt gibt. Vor allem Parkette aus der vorgenannten Faserbambusproduktion. Jedoch sollte auch dieser Belag regelmäßig mit geeigneten Pflegemitteln behandelt (gewischt) werden um die Oberfläche entsprechend zu schützen.

5.2 Flachs

Flachs, auch gemeiner Lein genannt (Linum usitatissimum), kommt aus der Familie des Lein (linum), der Familie der Leingewächse (Linaceae). Hier wiederum sind ca. 200 Arten bekannt. Sie zählen zur Familie der Bedecktsamer (Magnoliophyra).

Der gemeine Lein wird besonders zur Gewinnung der Bastfaser (Flachs), aber auch wegen seiner ölhaltigen Samen angebaut und kultiviert.

Er stammt ursprünglich aus Südwestasien und gehört mit Gerste und Weizen zu den ältesten Kulturpflanzen. Lein wurde bereits vor 6.000 bis 10.000 Jahren von den Ägyptern und Sumerern angebaut und kam in der jüngeren Steinzeit (ca. 3. Jahrtausend vor Chr.) in das südliche und östliche Europa.

Als Stammform wird die schmalblütige, ausdauernde Wildart Linum augustifolium angesehen. Die Pflanze wird ca. 1 m hoch und blüht blau, weiß oder rosa. Der Flachs wird in Europa Mitte bis Ende April gesät. Die Ausbringung des Saatgutes kann durch eine Getreide-Drillmaschine erfolgen. Voraussetzung für den Flachsanbau ist eine gute Bodenbeschaffenheit, der Acker muss unkrautfrei sein.

Über hohe Bestandsdichten können viele unverzweigte, schlanke Stängel erzeugt werden. Dazu ist eine Saatstärke von 1800 bis 2000 keimfähigen Körnern pro m^2 erforderlich. Der Lein reift ungefähr 12 bis 14 Wochen nach der Saat. Fast die Hälfte des bundesweiten Anbaus findet in Sachsen statt (ca. 150 von 350 ha), eine weitere nennenswerte Anbaufläche befindet sich in Schleswig-Holstein. Aus europäischer Sicht liegen die größten Anbaugebiete in Westeuropa (Bretagne) und in Österreich.

Leinpflanzen können nur im Fruchtwechsel alle 5 bis 7 Jahre angebaut werden, damit der Boden nicht erschöpft und Krankheiten vermieden werden können. Die Rohstoffpflanze hat mit ca. 1 m Wachstum in 100 Tagen eine hohe Wachstumsrate. Flachs benötigt, neben einer relativ hohen Luftfeuchtigkeit und ausreichend Wasser, einen warmen, feuchten, jedoch gegen Dauernässen geschützten Boden. Der Ertrag eines Leinfeldes ist somit stark witterungsabhängig. Durch Regen und Sturm sind die Pflanzen stark gefährdet und knicken leicht um.

Nach der Reife (Anfang Juli bis Mitte August) wird der Lein geerntet. Die Bodenentnahme erfolgt durch Ausreißen. Dadurch wird die volle Länge der Stängel bewahrt. Die abgerissenen Stängel werden danach in Schwaden niedergelegt.

Der Stängel ist stark basthaltig. Am Ende des Stängels stehen die Trugdolden der Blüten. Die Stängelblätter sind schmal und länglich. Die Blüten sind fünfteilig. Der Öffnungsgrad der Blüte ist abhängig von der Tageszeit und der Intensität der Sonnenstrahlen. Nach der Befruchtung entwickelt sich die Kapsel. In der Kapsel sind die öl- und eiweißhaltigen Samen enthalten.

Der Öllein bleibt im Gegensatz zum Faserlein niedrig, stark verzweigt und vielblütig mit großen Blüten, Früchten und Samen.

Leinsamen

Leinsamen verfügen über einen hohen Ölanteil und sind auf Grund reichhaltiger Proteine ein hochwertiges Nahrungsmittel für Mensch und Tier. Das aus den Leinsamen gewonnene Öl wird zur Herstellung von Farben, Ölen, Seifen, Druckerschwärze u. ä. verwendet.

Faser

Die Fasern der Flachspflanze werden oftmals als der zweitwichtigste aus Pflanzen gewonnene Textilrohstoff betitelt. Feine Garne, wie man sie vor allem für Bekleidungstextilien benötigt, werden von den speziell gezüchteten, weiß blühenden Sorten geliefert. Diese Sorten wachsen mit langen, wenig verzweigten Stängeln und tragen nur kleine Samenkörner.

Die Fasern werden aus den Stängeln der Pflanze gewonnen. Das Faserbündel der Flachsstängel reicht bis in die Wurzeln der Pflanze und besteht aus 25 mm bis 60 mm (in den oberen Stängelteilen auch 80 mm bis 100 mm) langen Elementar- oder Einzelfasern, welche untereinander verklebt sind. Das ganze Faserbündel wird als technische Faser bezeichnet. Der Fasergehalt des Stängels beträgt ca.19 bis 25 %.

Tabelle 5.2.1 Bestandteile der Flachsfaser

Zellulose	65 %
Hemizellulose	16 %
Wasser	8 %
Pektin	3 %
Protein	3 %
Lignin	2,5 %
Fette, Wachse	1,5 %
Mineralstoffe	1 %

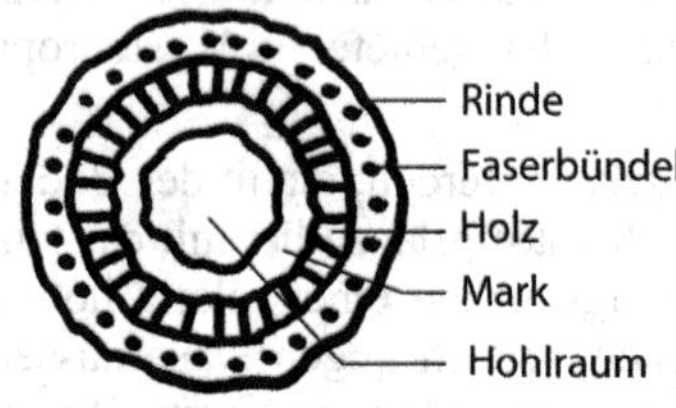

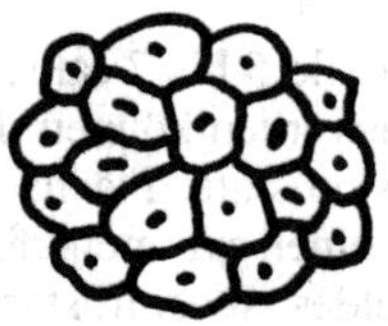

Skizze 5.2.1
Querschnitt durch einen Flachsstängel

Das Reißgewicht ist bei Flachsfasern direkt von deren Lage im Pflanzenstängel abhängig. So sind Fasern aus dem oberen und unteren Stängelteil weniger zugfest als die aus der mittleren Zone.

Tabelle 5.2.2 Reißgewicht und Reißlänge der Flachsfaser

	Reißgewicht in g	Reißlänge in km
Flachsfaser aus dem Stängel-Mittelteil	0,297	26,7
Flachsfaser aus den äußeren Stängelenden	0,268	25,7
Quelle: Wiesner 1927		

Tabelle 5.2.3 Produkte aus der Leinpflanze

Leinöl	Nahrungsmittel (Speiseöl), Firnis, Lacke, Farben, Linoleum etc.
Leinsamen	Nahrungsmittel, Viehfutter
Flachsfasern	Baustoffe für Wärme- und Schalldämmung, Textilien, Bremsbeläge, Papier, Formgußteile
Flachsschäben	Spanplatten, Heizmaterial (Pellets)

5.2.1 Ernte & Rohstoffaufbereitung

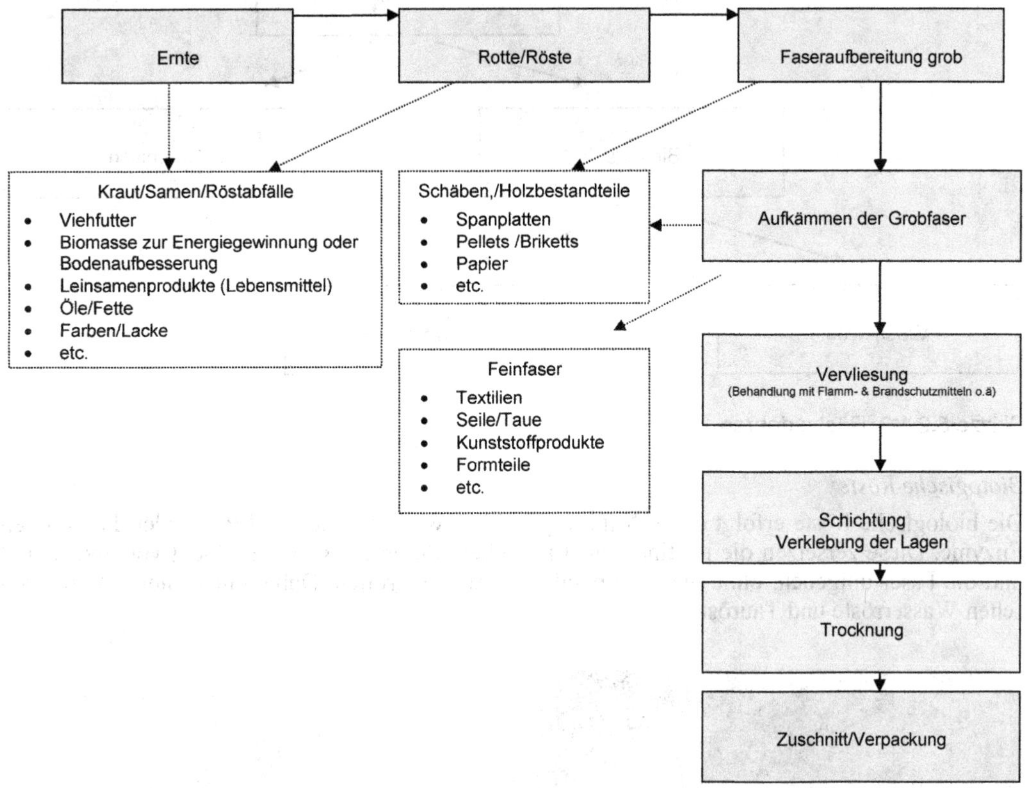

Skizze **5**.2.1.1 Herstellungsdiagramm der Flachs-Weichfaserdämmplatte

Der optimale Erntezeitpunkt ist beim traditionellen Verfahren mit Feldröste dann erreicht, wenn etwa 50 bis 70 % der Blätter von unten her vom Stängel abgefallen sind. Der Ernteschnitt erfolgt durch das Mähen mit einem Doppelmessermähwerk oder einem Schwadmäher (ca. 5 bis 10 cm über dem Boden). Die Pflanzen werden dabei in der sogenannten Wirrlage abgelegt. Als weitere und allgemein bessere Erntemethode gilt das Raufen. Dazu werden die Flachsstängel mit der Wurzel geerntet. Durch die Vermeidung von Stoppel auf dem Feld über das Raufverfahren, kann die Stroh- und Faserausbeute gegenüber dem Mähen um 10 % erhöht werden. Je nach vorgesehenem Aufschlussverfahren werden die Pflanzen in der sogenannten Parallel- oder in Wirrlage abgelegt. Das Riffeln betitelt das Entfernen der Samenkapseln von den Stängeln.

Rotten (*Rösten*)

Durch das Rösten wird die Substanz Pektin zerstört. Pektin ist ein „Pflanzenleim“ und hält die Elementarfasern zusammen – er verbindet den Faserbast mit den Holzbestandteilen. Das Wort „Rösten“ leitet sich von „Rotten, Faulen“ ab. Man versteht darunter das Verfahren, bei dem die Flachsfaser freigelegt wird. Dabei kann man zwischen biologischen und chemischen Aufschlussverfahren wählen.

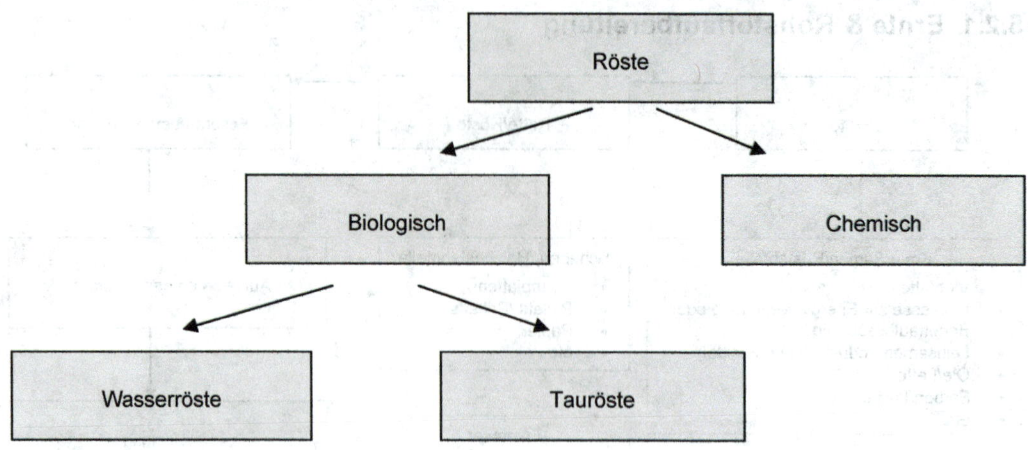

Skizze **5**.2.1.2 Röstverfahren

Biologische Röste

Die biologische Röste erfolgt durch Mikroorganismen wie Bakterien und Pilze oder durch deren Enzyme. Diese zersetzen die pektinhaltigen Lamellen, die in der Gewebeschicht vorhanden sind und die Faser umgeben, ohne die Faserbündel selbst anzugreifen. Dabei unterscheidet man zwischen Wasserröste und Tauröste.

Bild **5**.2.1.1 Flachswolle nach der Röste

Bild **5**.2.1.2 Flachsschäben

Wasserröste

Bei der Wasserröste werden die Leinpflanzen vollständig unter Wasser getaucht. Bakterien bewirken eine Zersetzung des Stängels, wobei die Fasern anschließend entfernt werden können. Diese Röste kann in offenen Gewässern, in Becken, oder in Tanks durchgeführt werden und läuft in drei Phasen ab. Als erstes quellen durch Wasseraufnahme die Stängel auf. Das Wasser verfärbt sich zunächst gelb, später dann braun. In der zweiten biologischen Phase vermehren sich die aeroben Bakterien, die auch schon im Wachstum der Pflanze vorhanden waren und zersetzen die leicht vergärbaren Stoffe. In der letzten Phase, dem Rösten, bilden sich anaerobe Bakterien, lösen das Pektin der Mittellamellen auf und trennen so die Faser von Rinde und Holz. Dieser Prozess dauert circa drei bis fünf Tage. Danach werden die Pflanzen entwässert und gepresst, damit die Halme trocknen können. Dies ist der nachteilige Schritt bei der Wasserröste, da das Röstwasser wegen des geringen Sauerstoffgehalts schädlich ist und nicht direkt wieder in natürliche Ströme eingeleitet werden darf. Das Rösten in öffentlichen Gewässern wurde bereits 1918 gesetzlich verboten.

Tauröste

Die Tauröste ist das am häufigsten angewandte Aufschlussverfahren. Hierbei werden die Pflanzen nach dem Raufen für etwa zwei bis sechs Wochen auf dem Feld parallel ausgelegt. Dieser Prozess ist stark witterungsabhängig. Es ist von Vorteil, wenn das Wetter innerhalb kurzer Zeit abwechselnd feucht und trocken ist und es täglich starken Tau gibt. Die Pflanzen müssen während dieser Zeit je nach Witterung drei- bis viermal gewendet werden. Die Tauröste ist einfach und kostengünstig. Nachteilig ist die lange Röstdauer sowie die extreme Witterungsabhängigkeit.

Chemische Röste (Bassinröste)

Neben der Wasser- und Tauröste als biologisches Aufschlussverfahren wurden Mitte des 20. Jahrhunderts chemische Verfahren entwickelt, bei denen die Röste durch Hitze und Zugabe von Chemikalien, wie Schwefelsäure, Chlorkalk, Natronlauge, Kaliseife und Soda, durchgeführt wird. Der Prozess dieser chemischen Röste dauert nur wenige Stunden oder Minuten, allerdings sind auch hier die Kosten für das Verfahren hoch. Außerdem werden dabei die Faserbündel vollständig zerlegt, wodurch sie häufig aneinander kleben bleiben und qualitative und quantitative Verluste auftreten.

Weitere Verarbeitungsverfahren

Brechen

Die Flachsstängel werden geknickt und gebogen, so dass die Holzbestandteile zerkleinert werden.

Schwingen

Hier werden die bereits zerkleinerten Holzteile von den Fasern getrennt.

Hecheln

Beim Hecheln in der Hechelmaschine wird der Flachs gereinigt und für das Verspinnen vorbereitet.

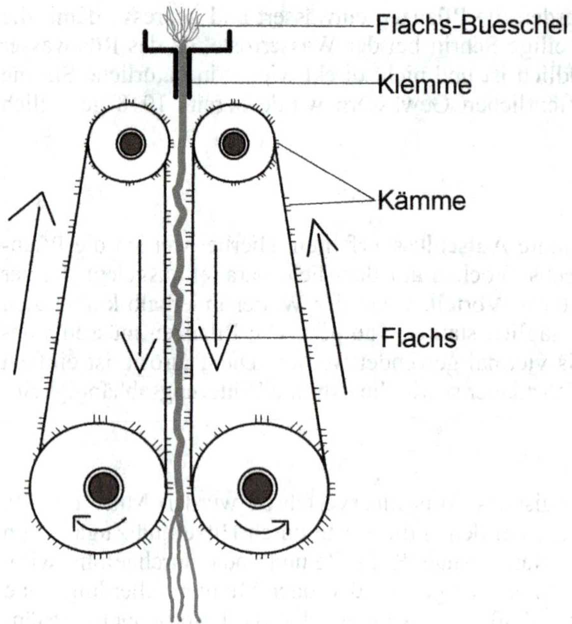

Skizze **5**.2.1.3 Hechelanlage

Die zunehmende Bedeutung der Faserpflanzen hat auch zur Entwicklung neuer Ernte- und Aufbereitungstechniken geführt. So hat jüngst die Universität Kiel ein Verfahren vorgestellt, bei welchem der Flachs durch Abflammen, Standrösten und anschließendes Raufpressen (Langfaserlinie) aufgeschlossen wird. Aber auch die Universität Bonn stellte ein Verfahren vor, bei welchem durch Kombination der drei Prozessphasen, Raufen, Entkapseln und mechanisches Entholzen (Brechen), Zeit und Kosten verringert werden können.

Bild **5**.2.1.3 Flachsfaser vor der Dämmplattenproduktion

5.2.2 Bauprodukte aus Flachs

Bild **5**.2.2.1 Flachsvlies als Trittschallprodukt

Bild **5**.2.2.2 Flachsdämmplatte für die Zwischensparrendämmung

Tabelle **5**.2.2.1 Anwendungstypen der beschriebenen weichen Flachsfaserdämmplatte nach DIN 4108

	DZ Zwischensparrendämmung, zweischaliges Dach und nicht begehbare aber zugängliche oberste Geschossdecke. Beispiele: Dämmung zwischen Sparren. Dämmung zwischen Kehlbalken. Dämmung zwischen Deckenbalken. Dämmung auf Betonuntergrund einer nicht begehbaren obersten Geschossdecke. Dämmung von zweischaligen Dachaufbauten.
	DI-zk Innendämmung der Decke (unterseitig) oder des Daches, Dämmung unter den Sparren/Tragkonstruktion, abgehängte Decke. Beispiele: Dämmung zwischen Deckenabhängung und Decke. Dämmung auf die Unterseite von Sparren (Untersparrendämmung). Raumseitige Dämmung von Tragkonstruktionen.
	WH Dämmung von Wänden in Holzrahmenbauweise und Holztafelbauweise. Beispiele: Gefachedämmung bei Holzständerbauten. Dämmung von Holztafelwänden. Dämmung von Installationsebenen.

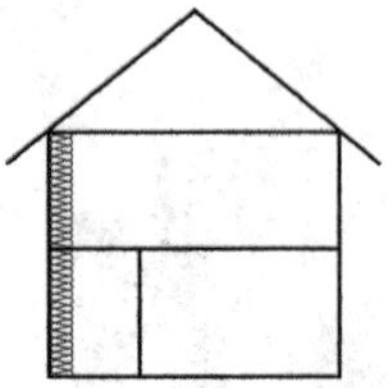	**WI**-zk Innendämmung der Wand. Beispiele: Raumseitige Dämmung von Außenwänden hinter Trockenbauverkleidungen. Dämmung von Installationsebenen. Dämmung hinter Putzträger (z. B. Lehmbau- oder Schilfplatten, Streckmetall etc.) und Putz. Raumseitig, flächige Dämmung von Fachwerkaußenwänden.
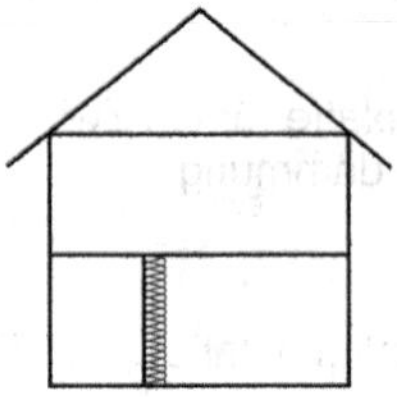	**WTR** Dämmung von Raumtrennwänden. Beispiele: Hohlraumdämmung von tragenden Trennwänden in Holz- oder Metallständerbauweise. Hohlraumdämmung von nicht tragenden Trennwänden in Holz- oder Metallständerbauweise. Dämmung von massiven Trennwänden mit Trockenbauverkleidung. Dämmung von Trennwänden hinter Putzträger (z. B. Lehmbau- oder Schilfplatten, Streckmetall etc.) und Putz. Dämmung von Installationsebenen in Trennwänden.
zk: ohne Zugfestigkeit	

Weitere Beispiele für Einsatzmöglichkeiten des Flachses im Bauwesen allgemein:

- Als Einblasdämmstoff in Ständerkonstruktionen und zur Hohlraumdämmung.
- Als fest gepresste Dämmplatte mit synthetischer Faserzugabe für Flachdach-, Gefälledach- und Steildachdämmung.
- Als Dämmvliesunterlage zur Schallentkopplung im Standbereich von Trockenbaukonstruktionen.
- Als Abdichtung von verschraubten Muffungen und ähnlichen verschraubten Anschlüssen bei Wasserleitungen.
- Als Hohlraumdämmung zwischen Badewanne und Badewannenverkleidung oder vergleichbarem.
- Als Hohlraumdämmung in Innenraumtüren (zwischen den Türblattern).
- Als Flachsseile und Taue allgemein
- Leintextilien für Verpackungsmaterialien (Leinsäcke etc.), Arbeitskleidung und Innenraumdekor.
- Als industriell gefertigter Verbunddämmstoff mit anderen Baustoffen (z. B. Hohlraumdämmung von Mauerziegeln oder Verbundbauplatten etc.).
- Als Stopfdämmung von innenseitigen Gebäudefugen oder Bauteilanschlüssen o. ä.
- Als Trittschalldämmung unter schwimmendem Estrich.
- Als Öllieferant für Farben, Lacke und Schmiermittel.
- Als Energielieferant für elektrischen Strom und Wärmeenergie in Biogasanlagen.
- Als Bodenbelag in Knüpf- oder Webtechnik.

In Bezug auf das thermische Verhalten der weichen Flachsfaserdämmplatte ist bei dessen Anwendung zu beachten, dass bei einer Temperatur von ca. 200 ° eine Volumenänderung von ca. 4 % eintritt. Verfärbungen des Flachsdämmstoffes treten ab ca. 260° C ein. Bei höheren Temperaturen beginnt die Flachsfaser zu verkohlen.

Für die Erzeugung von Bauprodukten aus Flachs werden vorrangig jene Flachsfasern verwendet, die in der Textilindustrie keine Verwendung finden. So wird der Rohstoffmarkt entlastet und die Landwirtschaft gestärkt. Je nach Hersteller wird für den dauerhaften Erhalt des Dämmvolumens eine Polyesterstützfaser oder 10 % thermo-mechanisch aufgeschlossene Kartoffelstärke beigefügt. Bei Flachsdämmplatten wird zu diesem in aller Regel Ammoniumphosphat und/oder Bor (Polybor) als Brandschutzmittel bzw. Fungizid beigegeben.

Bild **5**.2.2.3 Flachsdämmstoff vor dem Zuschnitt

Zunächst wird eine vordefinierte Fasermischung aus verschiedenen Faserchargen (natürliche Unterschiede) hergestellt. Diese Fasermischung wird über eine Krempelanlage im Endlosverfahren zu Faservlies weiterverarbeitet. Das Faservlies wird im nächsten Schritt in mehreren Schichten übereinander gelegt. Parallel hierzu erfolgt eine flächige Benebelung der einzelnen Schichten mit Klebstoff (i. d. R. Kartoffelstärke) oder die Zugabe von künstlichen Stützfasern zur Festigung und Stabilisierung der Plattenstruktur sowie die Kalandrierung auf die gewünschte Dämmstoffstärke. Nach Trocknung des Endlosstranges in der Trockenstraße erfolgt der weitere Zuschnitt zur verpackungsfertigen Flachsdämmplatte.

Bild **5**.2.2.4 Aufschichten der Faservliesbahnen mit zeitgleicher Verklebung

5.2.3 Einbaubeispiele

Bauprodukte aus Flachsfasern eignen sich für zahlreiche Anwendungsmöglichkeiten wie beispielsweise für die Wärme- und Schalldämmung in Wand-, Dach- und Bodenbereichen. Nachfolgend wird der Einsatz als Zwischensparrendämmung im Dach sowie als zusätzliche Dämmebene bei Wandaufbauten innerhalb der Installationsebene beschrieben.

Zwischensparrendämmung

Bauprodukte aus Flachsfasern werden aufgrund der einfachen und hautfreundlichen Verarbeitung besonders beim Innenausbau, und hier insbesondere bei der Zwischensparrendämmung, eingesetzt.

Konstruktionsbeispiel

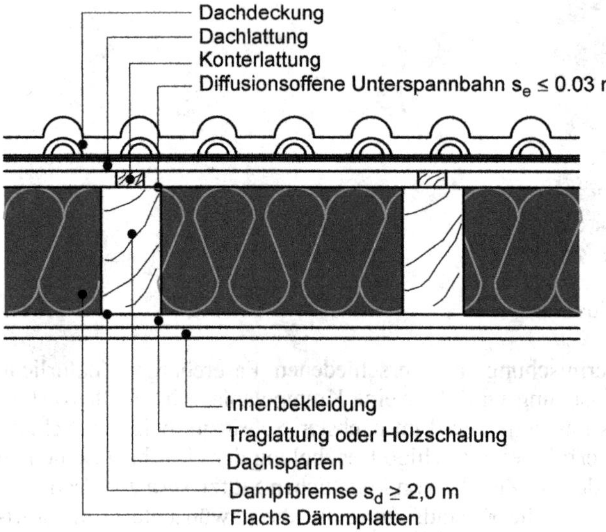

Skizze **5**.2.3.1 Vollsparrendämmung mit diffusionsoffener Unterspannbahn

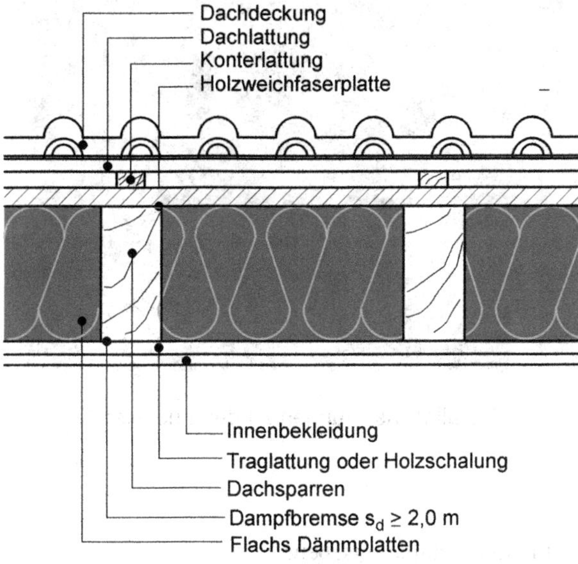

Skizze **5**.2.3.2 Vollsparrendämmung mit Holzweichfaser-Unterdachplatte

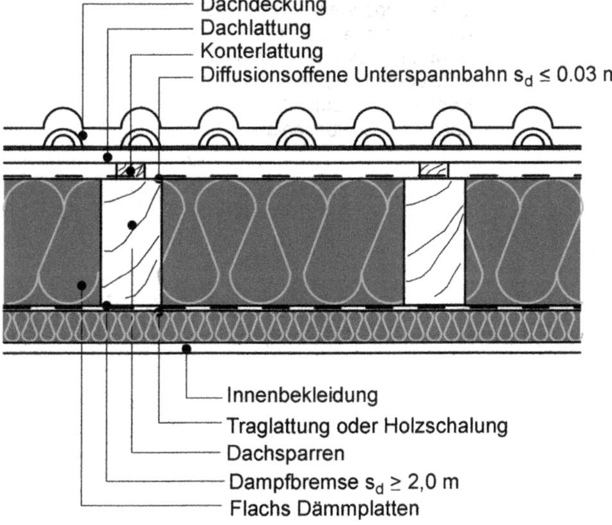

Skizze **5**.2.3.3 Vollsparrendämmung mit diffusionsoffener Unterspannbahn und 2. Dämmebene

Wanddämmung/Installationsebene

Neben dem allgemeinen Einsatz von Flachs in der Wanddämmung wird der Dämmstoff häufig in der Installationsebene eingesetzt – sowohl im Neubau als auch bei nachträglichen, zusätzlichen Dämmmaßnahmen. Die Installationsebene befindet sich auf der Innenseite der Luftdichtigkeitsschicht. In ihr werden die Versorgungsleitungen untergebracht. Durch eine solche Installationsebene wird die Durchdringung der Luftdichtheitsschicht durch Installationsleitungen vermieden.

Bild **5**.2.3.1 und Bild **5**.2.3.2 Flachsdämmung über Installationsleitungen an der Innenwand

Konstruktionsbeispiel

Holzständerwand mit einfacher Dämmschicht in der Installationsebene

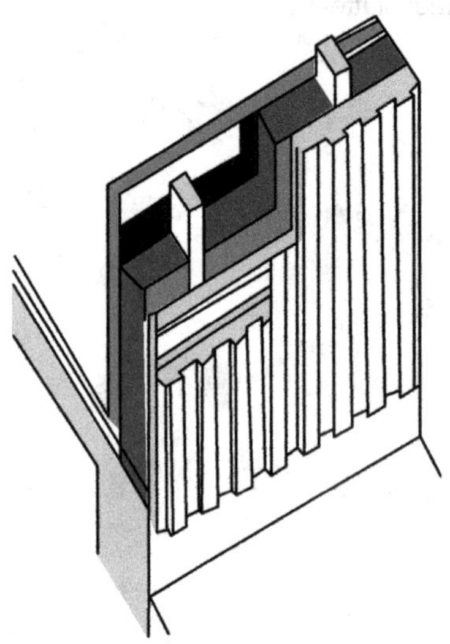

1. Gipskarton
2. OSB (Holzwerkstoffplatte)
3. Installationsebene/Dämmung
4. Dampfbremse (OSB)
5. Dämmung/Ständer (KVH)
6. Diffusionsoffene MDF-Platte
7. Konterlattung/Luftschicht
8. Lärchendeckelbeschlag

Skizze **5**.2.3.4 Holzbau

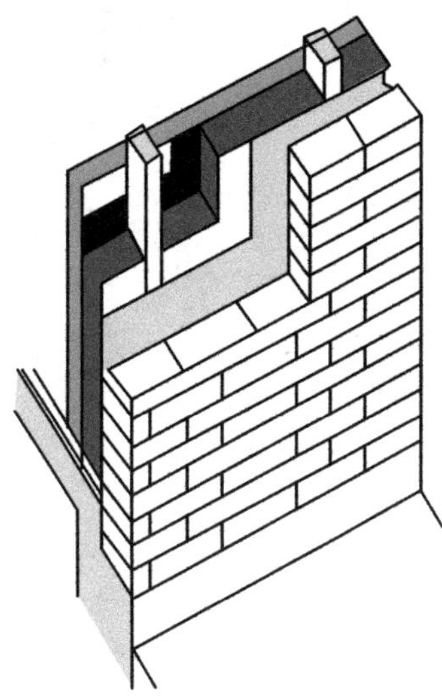

1. Gipskarton
2. OSB (Holzwerkstoffplatte)
3. Installationsebene/Flachsdämmung
4. Dampfbremse (OSB)
5. Flachsdämmung/Ständer (KVH)
6. Diffusionsoffene MDF-Platte
7. Luftschicht
8. Mauerwerk

Skizze **5**.2.3.5 Mauerwerk

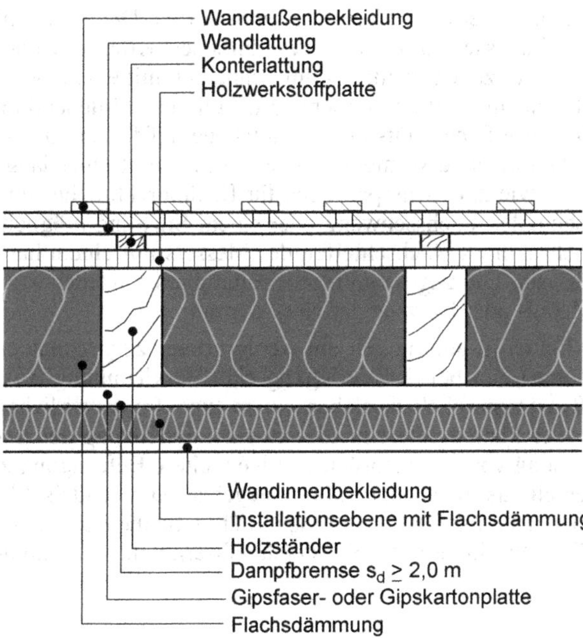

Skizze **5**.2.3.6 Holzständerwand mit 2. Dämmschicht/Installationsebene

Verarbeitung von Flachsdämmplatten

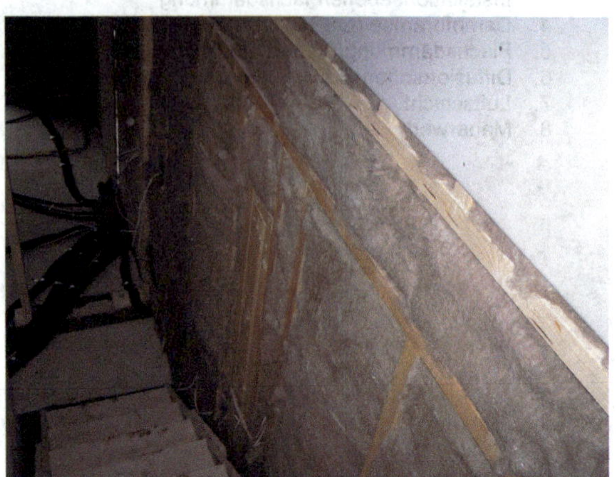

Bild 5.2.3.3 Flachsdämmplatten in der Ständerwand

Die Verarbeitung der Flachsdämmplatte ist auch hier als sehr einfach zu bewerten. Der Zuschnitt der Platten kann mit einem oszillierenden Fuchsschwanz, einer gewöhnlichen Kreissäge oder auch mit einem Dämmstoffmesser passgenau vollzogen werden. Zum Schneiden mit einem Messer wird der Dämmstoff mit einer Latte oder einem Brett zusammengedrückt und anschließend im Sägeschnitt durchtrennt. Dabei soll der Dämmstoff beidseits der Schnittebene auf festem Untergrund aufliegen, um ein Ausweichen des Materials zu vermeiden. Dies ist z. B. mit einer längs geschlitzten Schaltafel möglich. Ausschnitte, wie z. B. Aussparungen für Dachdurchbrüche, sind mit einem frei geführten Messer, einem schmalen Fuchsschwanz oder einem Stichling möglich. Bei größerem Schnittaufwand kann ein mehrmaliges Nachschleifen des Messers mit einem handelsüblichen Schleifstein o. ä. erforderlich sein. Die zugeschnittenen Dämmplatten werden zwischen die Sparren, Konstruktionshölzer, Metall- oder Holzständer eingeklemmt.

Beim Zuschnitt ist darauf zu achten, die Platten grundsätzlich ein wenig größer zuzuschneiden (Dämmplattenübermaß von 5 mm bis 10 mm), um bei der Verlegung eine Verklemmung bzw. eine lückenfreie Verlegung (Stoß an Stoß) zu ermöglichen. Neben einem fugenfreien seitlichen Anschluss führt die leichte Verklemmung der Platten untereinander zu einer Verfilzung der Berührungspunkte und somit zu einer Vermeidung von Wärmebrücken. Eine weitere Befestigung z. B. durch Tackern oder Kleben wird allgemein als nicht notwendig angegeben. Die handelsüblichen, elastischen Flachsdämmplatten bleiben dauerhaft und sicher klemmfähig. Saubere Reste der Flachsdämmplatte sind zu 100 % recycelbar. Produkte mit Polyesterstützfasern sind nicht kompostierfähig.

5.3 Getreide

Getreide bildet in erster Linie weltweit eine der wichtigsten Nahrungsgrundlagen für Mensch und Tier. Da es allgemein strittig ist, Nahrungsmittel als Bau- oder Treibstoff industriell zu nutzen und außerdem die derzeitig einzige deutsche Produktion von Getreideschüttung stark rückgängig ist, wird dieses Kapitel lediglich auf die wichtigsten Punkte in Bezug auf Botanik und Baustoffherstellung bzw. -nutzung begrenzt. Allgemein sind die kultivierten Getreidesorten Zuchtformen der Süßgräser (Poaceae) und unterteilen sich in ca. 10.000 Arten und über 650 Gattungen. Aus botanischer Sicht stellt das Getreidekorn eine Frucht dar. Der Ursprung der Getreidekultivierung ist unbekannt. Aus historischen Schriften kann jedoch entnommen werden, dass der Getreideanbau im nahen Osten schon vor mehr als 10.000 Jahren und in Mittel- und Westeuropa vor ca. 7.000 Jahren statt gefunden hat.

Die Hauptgetreidearten sind:

- Weizen
- Roggen
- Gerste
- Reis
- Mais
- Hirse
- Hafer

Das in der Bauproduktherstellung verwendete Getreide ist in aller Regel Roggen. Daher und weil im Bereich des Strohs bereits zu den Getreidepflanzen berichtet wurde, konzentriert sich nachfolgende Zusammenfassung auf diese Getreideart.

Roggen

Roggen (Secale cereale) wird wie Gerste und Weizen den Triticum Gattungen (Tribus Triticeae) zugeordnet und zählt zu den klassischen, antiken Getreidearten, deren Kultivierungsbeginn vermutlich im Laufe des 18. Jhd. im vorderasiatischen Teil der heutigen Türkei begann. Bevor der Roggen landwirtschaftlich kultiviert wurde, war es als Unkraut in den Weizenfeldern eher wenig beliebt. Im Gegensatz zu Weizen kann sich Roggen besser an kühlere und trockenere Witterungsbedingungen anpassen. Roggen, der in Deutschland umgangssprachlich auch einfach als „Korn“ betitelt wird, ist ein Lichtkeimer und stellt deshalb entsprechende Anforderungen an Saat, Saatbett und Säzeitpunkt, auch wenn er als die robusteste Ackerkulturpflanze Europas angesehen wird und bis zu 2.000 m über dem Meeresspiegel angebaut werden kann. Boden, Klima und Nährstoffansprüche sind zwar gering, jedoch besteht eine Anfälligkeit gegenüber langliegenden Schneedecken und großer Nässe.

Der einjährig wachsende und bis ca. 1,20 m (besondere Züchtungen auch bis 2 m) hoch wachsende Roggen wird allgemein in Sommer- und Winterroggen unterschieden, wobei in Mitteleuropa zumeist der Winterroggen kultiviert wird. Sommer- und Winterroggen unterscheiden sich durch ihren Vernalisationsbedarf, den der Winterroggen zur Überwindung der Schosshemmung benötigt. Um von der vegetativen Wachstumsphase in die generative Phase zu gelangen, ist hier ein Kältereiz notwendig. Der Winterroggen wird Ende September gesät. Saatdichte und Saatmenge sind abhängig von der Art der Kultivierung, der Roggenzüchtung und den Umwelteinflüssen. So wird im ökologischen Anbau der klassischen Populationssorten eine durchschnittliche Saatdichte von 300 bis 350 Körner/m2 und Saatmenge von 1,5 bis 1,8 kg/a (dt/ha) empfohlen. Hybridsorten hingegen können auch dichter gesät werden, wie in nachfolgender Tabelle aufgrund der Pflanzdichte zu sehen ist.

Tabelle 5.3.1 Mittlere Erträge und Ertragsfaktoren von Roggen (Hybridsorten)

	Pflanzen/m²	Körner je Ähre	Tausendkorngewicht (TKG) in g	Ertrag in t/ha
Sommerroggen	500	35	30,0	5,3
Winterroggen	550	35	33,0	6,4

Nach dem Abreifen hat der Roggen eine kurze Keimruhe (Dormanz). Bei nasser Erntezeit (Niederschlag) besteht die Gefahr, dass die Roggenkörner schon in der Ähre mit der Auskeimung beginnen, womit das Erntegut nur noch als Viehfutter verwendet werden kann. Im Unterschied zu anderen Getreidearten wie z. B. Weizen oder Gerste werden beim Roggen männliche Pollen und weibliche Blüten zu unterschiedlichen Zeitpunkten aktiv, womit i. d. R. eine Fremdbefruchtung stattfindet. Roggen, wie auch Weizen unterscheiden sich von anderen Getreidearten u. a. von den nicht mit dem Getreidekorn verwachsenen Spelzen, welche beim Drusch abfallen.

Neben den klassischen Populationssorten werden seit den 80er Jahren des vorigen Jahrhunderts auch Hybridsorten gezüchtet, die zwar höhere Erträge, eine geringe Auswuchsneigung und eine hohe Krankheitsresistenz aufweisen, jedoch aufgrund der geringeren Pollenausschüttung auch anfälliger für den Mutterkorn-Pilz (Claviceps purpurea), der auf den Ähren des Roggens wächst, sind. Mutterkornbefall tritt vor allem während feuchter Witterung in der Blütezeit auf. Vorbeugende Maßnahmen in der Kultivierung können die Beimischung von Populationsroggen in die Hybridsaat oder der Anbau von Sorten mit besonders hoher Pollenausschüttung sein.

Produkte aus Roggen

Die Weltgetreideernte 2005 betrug ca. 2,2 Mrd. t auf einer Gesamtanbaufläche von ca. 674 Millionen ha. Davon wurden in Deutschland ca. 43 Mio. t auf ca. 6 Mio. ha Anbaufläche geerntet. Deutschland liegt damit an neunter Stelle der Getreideproduzenten (an den ersten Stellen liegen China, USA und Indien).

In Mittel- und Osteuropa wird das Roggengetreide hauptsächlich als Brotgetreide verwendet (Roggenbrot), wobei dieses Getreide an der Weltgetreideerzeugung einen Anteil von ca. 1 % hat. In Deutschland wird Roggen, neben der Nutzung als Brotgetreide, vor allem in der Tiernahrung als Futtergetreide eingesetzt.

Sehr bekannt ist die Nutzung des Roggenkorns zur Herstellung von hochprozentigem Trinkalkohol wie z. B. Wodka oder Korn.

Seit dem Jahr 2004 wird Roggen auch als Grundlage für die Herstellung von Bio-Ethanol angebaut. So wurden bereits im Getreidewirtschaftsjahr 2006/07 ca. 500.000 t Roggengetreide zu Ethanol verarbeitet. Auch die Biogassubstraterzeugung hat den Roggen als Rohstoffquelle erkannt und nützt ihn zunehmend.

5.3.1 Ernte & Aufbereitung für das Bauwesen

Die Roggenernte erfolgt in der sogenannten Totreife bei einem Wassergehalt > 14 %. Der Roggenbestand verliert in diesem Stadium seine leuchtende Farbe, das Stroh wird spröde und brüchig. Der Erntevorgang, bei welchem das Korn von der geschnittenen Pflanze getrennt wird, wird maschinell vollzogen. Die mit bis zu 600 PS starken Motoren ausgestatteten Erntemaschinen haben einen Korntank von ca. 12.000 Litern und eine Schnittbreite von bis zu 9 m. Während das Korn nach der Ernte in eine Getreidemühle transportiert wird, bleibt das Stroh auf dem Feld liegen. In der Getreidemühle wird das Roggenkorn zu Roggenschrot, Mehl und Roggenkleie gemahlen. Für die weitere bauprodukttechnische Weiterverarbeitung wird nur grobes Schrot und die Kleie verwendet. Das gewonnene Mehl fließt i. d. R. in die Nahrungsmittelindustrie.

Roggenschrot

Getreideschrot betitelt an sich grob zerkleinertes Getreide, welches durch Schroten auf einem Walzenstuhl oder Quetschen bzw. Mahlen mit der Schrotmühle hergestellt wird. Nach dem ersten Vermahlen wird das Schrot bzw. dessen Mehlanteil abgesiebt und nochmals gemahlen. Dieser Vorgang wird je nach Bestimmungszweck und gewünschter Mehlfreiheit so lange wiederholt, bis schließlich kaum oder kein Mehlanteil mehr in den Schalen ist.

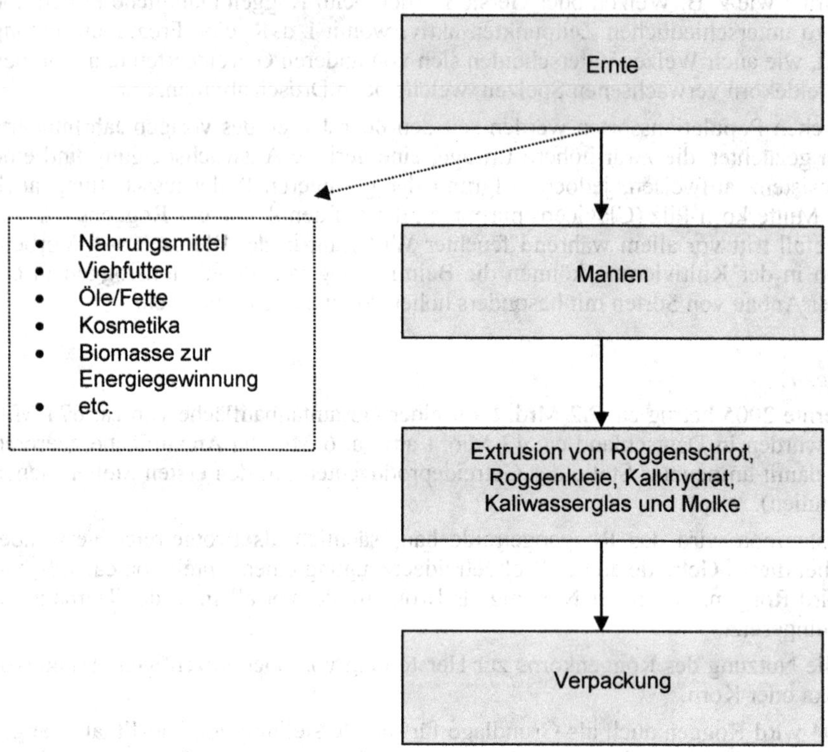

Skizze 5.3.1.1 Herstellungsdiagramm der Getreidedämmung

Roggenkleie

Roggenkleie sind die nach dem Mahlen möglichst mehlfrei übrig gebliebenen Schalenstücke des Getreidekorns. Kleie besteht im Wesentlichen aus Zellulose, Hemizellulose und Lignin und wird neben dem Einsatz als Bestandteil der Getreidedämmung vorwiegend als Futtermittel oder für die menschliche Ernährung als Ballaststofflieferant (z. B. in Müsli oder Knäckebrot) verwendet.

Die gemahlenen Bestandteile des Roggenkorns werden getrennt zur weiteren Aufbereitung in Silos gelagert, von welchen sie über Förderkanäle direkt in den Produktionsablauf eingeführt werden.

Bild **5**.3.1.1
Lagersilos vor der Produktion mit Kalkhydrat, Schrot und Kleie

Bild **5**.3.1.2
Getrennte Zufuhr von Kleie, Schrot und Kalk

Alle Bestandteile, Kalkhydrat, Kleie, Schrot, Kaliwasserglas, Molke und das Prozesswasser, werden in einem Extruder vermengt. Der Extruder ist ein Fördergerät, welcher nach dem Funktionsprinzip der Archimedischen Schraube feste bis dickflüssige Massen unter hohem Druck (bis 300 bar) und hoher Temperatur (zwischen 60 und 300° C) gleichmäßig aus einer formgebenden Öffnung presst. Das Verfahren an sich wird als Extrusion betitelt. Zur Herstellung der Getreideschüttung wird ein sogenannter Aufbereitungsextruder eingesetzt. Dieser dient der chemischen und physikalischen Modifizierung der Bestandteile – im Detail der physikalischen Mischung sowie dem chemischen Zusammenfügen der Stoffe über die durch Druck und Wärme stattfindenden Reaktionsabläufe.

Nach der Extrusion wird das Produkt in die Absackanlage gefördert, in welcher das Granulat in Säcke oder Big Bags für Handel oder Endverbraucher verpackt wird.

Bild **5**.3.1.3 und Bild **5**.3.1.4 Doppelwellenextruder (Aufbereitungsextruder)

Bild **5**.3.1.5
Absackanlage

5.3.2 Bauprodukte aus Getreide

Tabelle **5**.3.2.1 Anwendungstypen der Getreide-Dämmschüttung nach DIN 4108

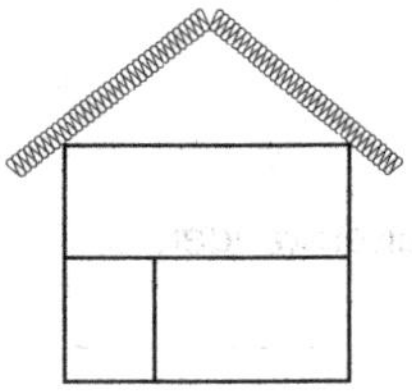	**DZ** Zwischensparrendämmung, zweischaliges Dach und oberste Geschossdecke Beispiele: Einblasdämmung zwischen Sparren und Plattenverkleidung. Einblasdämmung zwischen Deckenbalken und unter nachfolgender, geschlossen ausgeführter Beplankung.
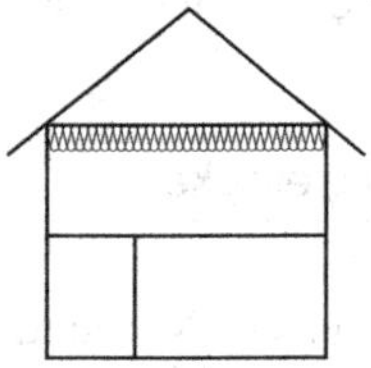	**DI** Innendämmung des Daches oder der Decke, Dämmung unter den Sparren/Tragkonstruktion Beispiele: Einblasdämmung zwischen Trockenausbau. Aufblasdämmung zwischen Estrich-Tragkonstruktion der obersten Geschossdecke. Auf- und Einblasdämmung zwischen Deckenbalken auf Feuchtigkeits- und Dampfsperre. Dämmung unterhalb von Decken mit tragender Unterschale.
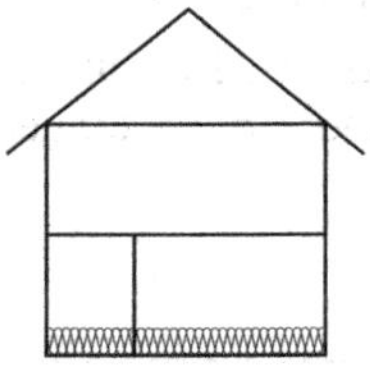	**DEO**-dm Innendämmung der Decke oder Bodenplatte (unterseitig) unter Estrich ohne Schallschutzanforderungen. Beispiele: Aufblasdämmstoff zwischen Estrich-Tragkonstruktion auf Massivdecke. Auf- und Einblasdämmung zwischen Deckenbalken auf Feuchtigkeits- und Dampfsperre.
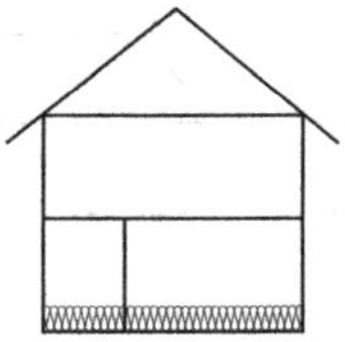	**DES**-sg Innendämmung der Decke oder Bodenplatte (oberseitig) unter Estrich mit Schallschutzanforderungen. Beispiele: Auf- und Einblasdämmung zwischen Deckenbalken auf Feuchtigkeits- und Dampfsperre mit zusätzlicher Auflagerdämmung zwischen Deckenbalken und Estrich (z. B. mit Korkmatten oder Vliesen aus Flachs-, Hanf-, Kokosfasern u. Ä.). Aufblasdämmstoff zwischen Estrich-Tragkonstruktion auf Massivdecke mit zusätzlicher Auflagerdämmung zwischen Deckenbalken und Estrich.

	WH Dämmung von Wänden in Holzrahmenbauweise und Holztafelbauweise. Beispiel: Einblasdämmung zwischen Holzständer.
	WI-zg Innendämmung der Wand. Beispiel: Einblasdämmung für raumseitige Dämmung von Außenwänden.
	WTR Dämmung von Raumtrennwänden. Beispiel: Hohlraumdämmung von tragenden und nicht tragenden Trennwänden in Holz- oder Metallständerbauweise
dm: mittlere Druckfestigkeit; sg: geringe Zusammendrückbarkeit; zk: ohne Zugfestigkeit	

Als weitere Einsatzmöglichkeiten der Getreidenutzung im Bauwesen kann nur der Verbund mit anderen Rohstoffen, wie beispielsweise der Einsatz als Hohlraumdämmung von Mauerziegeln oder Holzsteckmodulen, genannt werden.

In Bezug auf das thermische Verhalten der Getreide-Dämmschüttung ist bei dessen Anwendung vorteilhaft, dass dieser Dämmstoff nicht schmilzt und nur bei direkter Beflammung brennt.

Im bautechnischen Bereich wird bis zum jetzigen Zeitpunkt ausnahmslos Schütt-, Ein- und Aufblasdämmung aus dem Roggengut gewonnen, welches in Dach, Wand und Boden eingebaut werden kann.

Tabelle **5**.3.1.2 Bestandteile der Getreide-Dämmschüttung

Roggenschrot	35 %
Roggenkleie	35 %
Kalkhydrat	25 %
Kaliwasserglas	4 %
Molke	1 %

5.3.3 Einbaubeispiele

Die Verarbeitung des Dämmstoffes ist identisch mit der des Seegrases oder der Wiesengraszellulose als Schütt-, Ein- oder Aufblasdämmung.

5.4 Hanf

Hanf (Cannabis) zählt als Pflanzengattung zur Familie der Hanfgewächse und gilt als die älteste Nutzpflanze weltweit. Der älteste in Europa bekannte Hanffund stammt aus der Zeit um 5500 v. Chr. In China wurden Hanffunde mit einem Alter von mind. 10.000 Jahre verzeichnet. Die Pflanzengattung Cannabis besteht aus einer Art (Cannabis Sativa), zählt zur Ordnung der Roseähnlichen (Rosidae) und wird als diese in drei Unterarten aufgeteilt, welche unter sich weitere künstliche Züchtungen erfahren:

- Cannabis Sativa subsp. Ruderalis (Ruderalhanf, Russischer Hanf, Wilder Hanf)
- Cannabis Sativa subsp. Indica (Indischer Hanf)
- Cannabis Sativa subsp. Sativa (Nutzhanf)

Alle drei Sativa Unterarten verfügen über die typischen fingerähnlich aussehenden Blätter. Das Geschlecht der zweihäusigen Hanfpflanzen ist i. d. R. erst bei Blütenbildung zu erkennen. Der männliche Blütenstand des Hanfhahns zeichnet sich durch kleine kugelförmige Staubbeutel aus, die vor dem Aufplatzen zum Freigeben der Pollen traubenförmig an einer kleinen Rispe sitzen. Die weibliche Blüte der Hanfhenne besteht aus kleinen, säckchenähnlichen offenen Knospen, aus welchen jeweils eine V-förmige Narbe ragt, um den Blütenstaub der männlichen Pflanzen aufzunehmen. Im Allgemeinen wachsen die weiblichen Hanfpflanzen langsamer, mit einem höheren Verastungsgrad und deutlich mehr Laubwerk.

Cannabis Sativa subsp. Ruderalis

Cannabis Sativa subsp. Ruderalis, der umgangssprachlich auch als Ruderalhanf betitelt wird, unterscheidet sich von den beiden anderen Unterarten insbesondere durch seinen Wuchs, sein Blühsystem und den Lebensraum, in welchem er heimisch ist. Man nimmt an, dass Cannabis Sativa Ruderalis ursprünglich aus dem Ural und Südsibirien entstammt, wobei aktuell das Hauptverbreitungsgebiet in den ehemaligen Ostblockstaaten und der ehemaligen UDSSR liegt. Der Ruderalhanf hat eine Wuchshöhe von bis zu 80 cm und ist im Gegensatz zu seinen Artgenossen weniger beästet und wesentlich zierlicher. Die Blattform besteht aus 3 bis 5 Fingern. Besondere Unterschiede zum Nutzhanf und dem Indischen Hanf sind im Blühverhalten des Ruderalis zu erkennen, der genbedingt nach ca. 8 Wochen Wuchs oder mit einer Höhe von 80 cm automotorisch zu Blühen beginnt. Der Ruderalhanf wurde in der Medizin, z. B. als schmerzstillendes Mittel oder bei Übelkeit, in der Textilverarbeitung, zur Herstellung von Nahrungsmitteln (z. B.: Hanfmilch) oder auch als Rauschmittel verwendet. Gelegentlich wurde Indica mit Ruderalis gekreuzt, um dessen Witterungsbeständigkeit verbessern zu können. Mittlerweile konzentriert sich die Nutzung des Hanfes jedoch auf die beiden Artgenossen Indica und Nutzhanf.

Cannabis Sativa subsp. Indica

Der einjährig wachsende Indische Hanf unterscheidet sich deutlich von seinen Verwandten Sativa und Ruderalis. Sein Ursprung liegt in gemäßigten Breiten Marokkos, Afghanistans oder den Hochgebirgen Indiens. Cannabis Sativa subsp. Indica wird von den Botanikern oftmals als der Urhanf bezeichnet, von welchem alle anderen Arten abstammen. Diese Hanfart wächst bis ca. 2 m Höhe erscheint wesentlich buschiger als die anderen beiden Unterarten und ist im Allgemeinen klimarobuster. Ein weiteres Unterscheidungsmerkmal zu Sativa und Ruderalis ist die Blütenbildung entlang der Interodien, den Stielteilen zwischen den Blattständen. Indicablätter haben bis zu 9 Blattfinder. Der Indische Hanf ist vor allem in der Medizin für unterschiedliche Heilverfahren, aber auch als Rauschmittel in Verwendung. Der Umgang mit dieser Hanfsorte ist in vielen Ländern illegal. Die Fasern der Indica gelten im Vergleich zum Nutzhanf durch ihre steife Struktur und den hohen Verholzungsgrad als weniger geeignet zur technischen Aufbereitung.

Cannabis Sativa subsp. Sativa

Dies ist der in der deutschen Landwirtschaft bundesweit industriell angebaute Nutzhanf, welcher der Weiterverarbeitung zu technischen Produkten dient. Im Gegensatz zu den Unterarten Indica und Ruderalis hat dieser Hanf einen sehr geringen Anteil THC (Tetrahydrocannabinol) und ist somit zur Nutzung als Rauschmittel oder als Rohstoff für die Medikamentenherstellung nur bedingt geeignet. Aus diesem Grunde wurde 1996 das seit 1982 im Betäubungsmittelgesetz bestehende pauschale Hanfanbauverbot in Deutschland für den Nutzhanf aufgehoben. Nutzhanf wird auf nahezu allen Kontinenten kultiviert, wobei der Pflanzenursprung dieser Cannabisart in den tropischen Regionen wie Thailand oder Jamaika angenommen wird. Dieser Hanf wächst im Gegensatz zum indischen Hanf weniger verzweigt, schneller und höher (bis zu 7 m), was vorteilig für die industrielle Kultivierung und deren Rohstoffausbeute ist. In der Fasergewinnung können somit ca. 0,4 Hektar Hanf 1,66 Hektar Holzbestand ersetzen.

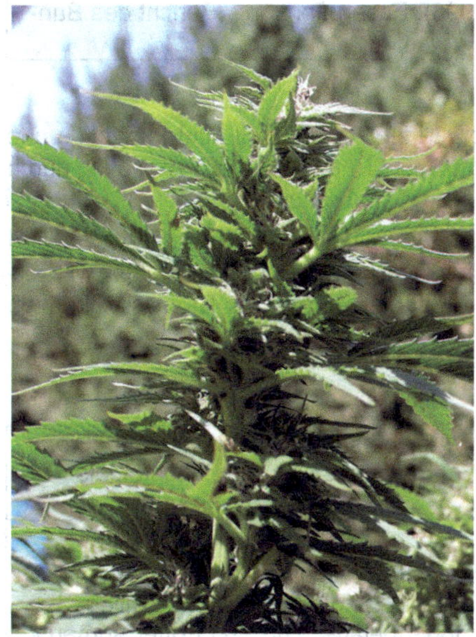

Bild **5**.4.1
Weibliche Blütendolde

Tabelle **5**.4.1 Reißgewicht und Reißlänge der Faser aus Nutzhanf

	Reißgewicht in g	Reißlänge in km
Hanffaser aus dem Stängel-Mittelteil	0,094	28,6
Hanffaser aus den äußeren Stängelenden	0,054	25,2
Quelle: Wiesner 1927		

Weltweit schätzt man das Volumen der Anbauflächen von Nutzhanf mit ca. 200.000 ha ein. In Mitteleuropa hat der Hanfanbau in Frankreich mit derzeit rund 8.000 ha die größte Bedeutung.

Der Nutzhanf bildet nach der Aussaat (Deutschland – Mitte April; Saatstärke ca. 40–60 kg/ha) eine starke, tiefgehende Pfahlwurzel mit zahlreichen Nebentrieben, womit ein gutes Standvermögen gegen alltägliche Witterungseinflüsse gegeben ist. In der Regel wächst der Nutzhanf auf nahezu jedem Boden. Um die Erträge jedoch zu erhöhen, greift man auf tiefgründige, humose, kalkhaltige und stickstoffreiche Böden zurück. Mildes, warmes Klima und eine regelmäßig gute Wasserversorgung dienen zur weiteren Maximierung der Ernteerträge. Ungeeignet sind kalte, saure und an Nässe leidende Böden. Nutzhanf kann aufgrund seines schnellen und dichten Wachstums i. d. R. ohne

Tabelle **5**.4.2 Nutzhanfanbau in Deutschland und Europa

Jahr	1990	1991	1992	1993	1994	1995	1996	1997	1998
Anbaufläche Europa in ha	4.000	5.000	5.000	7.000	8.000	10.000	14.000	23.000	42.000
Anbaufläche Deutschland in ha							1.422	2.812	3.575
Quellen: Europäische Union, GD VI Eurostat, Landesamt für Flurbereinigung und Entwicklung Baden-Württemberg, Bundesanstalt für Landwirtschaft und Ernährung, Frankfurt/Main, Bundesministerium für Ernährung, Landwirtschaft und Forsten (1998). Faserpflanzen – Bericht des Bundes und der Länder.									

Unkrautbekämpfungsmittel angebaut werden. Durch seine geringe Anfälligkeit sind Fungizide und Herbizide i. d. R. nicht nötig. Schäden durch Pilze (Fusarium spec. Botrytis spec. o. Ä.) sowie durch Blattläuse, Erdflöhe oder den Hanfwickler (Grapholita delineana) sind selten.

Der Nutzhanf dient als Rohstoff für eine weitere Aufbereitung einem breiten Einsatzfeld. Es sind grundsätzlich alle Pflanzenteile inkl. der Samen zur Weiterverarbeitung nutzbar. Neben weitreichenden medizinischen Einsatzmöglichkeiten und dem möglichen Einsatz als Biomasse, können folgende Einsatzbeispiele in Deutschland aufgezählt werden:

Tabelle **5**.4.3 Produkte aus der Nutzhanfpflanze

Hanföl	Nahrungsmittel (Speiseöl, Margarine, Fette), Kosmetika, Medikamente, Bio-Kunststoff, technische Öle, Firnis, Lacke, Farben, Linoleum, Leuchtöl, als Tensid-Lieferant etc.
Hanfsamen	Nahrungsmittel, Viehfutter
Hanffasern	Baustoffplatten, Dichtmaterialien, Dämmstoffe, Zuschlagstoff für andere Baustoffe (Hanflehm etc.), Papier, Formgussteile, Bindfäden, Seile, Textilien, Teppich- und Linoleumträgermaterial, Bodenbeläge, Tür- und Kofferraumauskleidungen sowie Armaturenbretter von Kraftwägen
Hanfschäben	Baustoffe wie Spanplatten, Heizmaterial (Briketts, Pellets), Einstreu für Pferdeboxen, Pflanzensubstrat

Bild **5**.4.2 Türverkleidung eines KFZ aus Hanffaser

Bild **5**.4.3 Hanfbriketts

Bild **5**.4.4 Hanfteppich

Bild **5**.4.5 Hanfdämmplatte

5.4.1 Ernte & Rohstoffaufbereitung für das Bauwesen

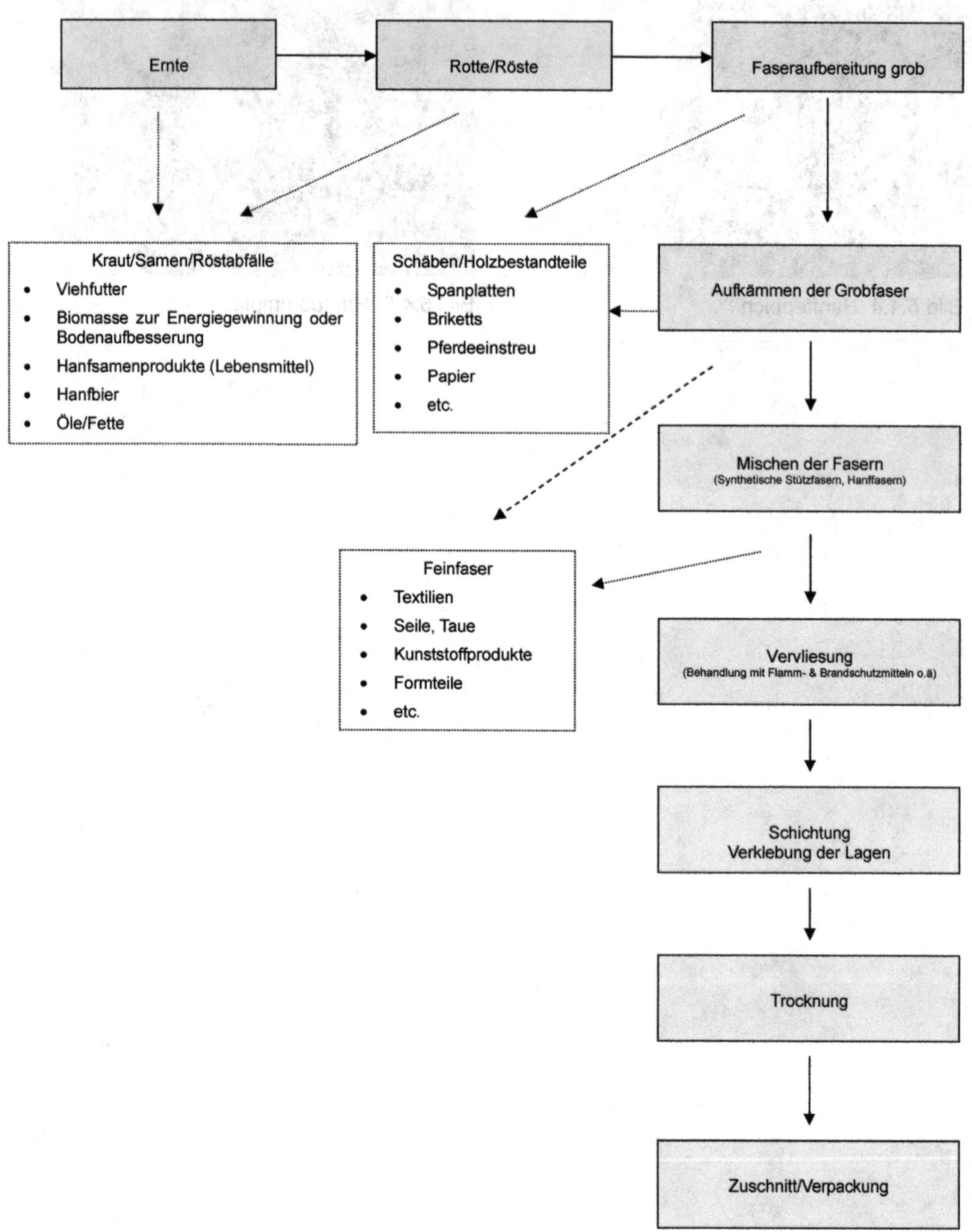

Skizze **5**.4.1.1 Herstellungsdiagramm der Hanf-Weichfaserdämmplatte

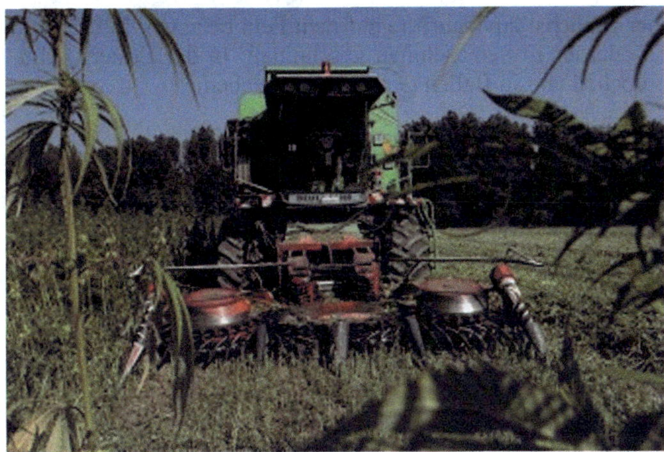

Bild **5.4**.1.1 Erntemaschine (Quelle: Fa. Hock)

Der Hanf wird abhängig von der Witterungslage ab August geerntet. Der Erntezeitpunkt wird unterschieden in Faser- und Samenreife. Pflanzen welche zur Faserherstellung aufbereitet werden, werden vor der Samenreife geerntet.

Tabelle **5.4**.1.1 Hanfreife

Faserreife	90–110 Tage
Samenreife	110–120 Tage

Der Durchmesser des Stammes beträgt während des Erntezustandes bis zu 2 cm. Der Stängel besteht aus einem inneren Holzteil und einer äußeren Bastschicht, in der sich die aus Einzelfasern bestehenden Faserbündel befinden. Der Fasergehalt des Hanfstängels kann bis zu 35 % betragen und ist somit höher als beim Flachs. Wildwachsende männliche Pflanzen haben einen höheren Faseranteil als die weiblichen, was jedoch durch die mittlerweile einhäusigen Züchtungen des für die technische Fasernutzung bestimmten Hanfes ausgeglichen wurde. Der Ölgehalt der Samen liegt zwischen 29 % und 35 %.

Bild **5.4**.1.2 und Bild **5.4**.1.3 Hanfstroh nach der Ernte

Das geerntete Hanfstroh wurde früher zunächst zur Tauröste auf dem Feld belassen. In der heutigen Zeit wird das Hanf mit Hilfe moderner Erntemaschinen geschnitten. In der Erntemaschine wird das geschnittene Hanfkraut gebrochen und in Ballen gepresst ausgegeben.

Hanfbestandteile, die während der Faseraufbereitung getrennt werden:

Bild **5**.4.1.4 Hanfschäben

Bild **5**.4.1.5 Grobfaser

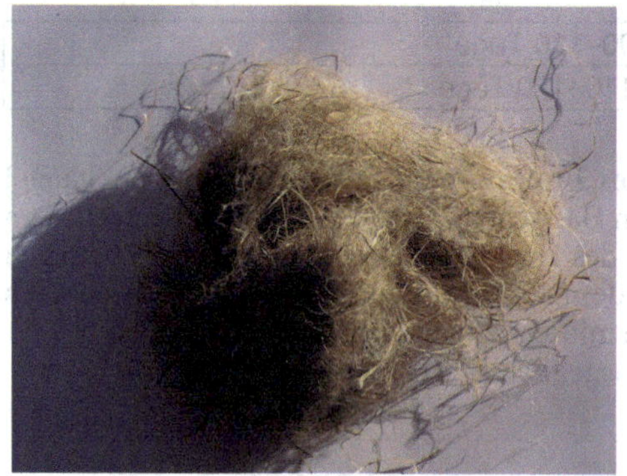

Bild **5**.4.1.6 Technische Faser

Bild **5**.4.1.7 Kleinstfasern

Die traditionelle Aufbereitung der Hanffasern wird wie folgt aufgeteilt:

- Langfaserverarbeitung
- Wergverarbeitung
- Kontonisierung

Die Faseraufbereitung erfolgt bei allen Verfahren zuerst durch ein Knicken (Brechen) und Schwingen des Hanfkrautes. Hierbei werden Holz- und Rindenbestandteile entfernt und die Kurzfasern von den Langfasern getrennt.

Bild **5.4**.1.8 Hanfstroh in der Faseraufbereitung

Mit der sogenannten „Hanfweiche" werden die Fasern weich und geschmeidig gemacht und auf einer Schneidemaschine eingekürzt. Auf der Hechelmaschine werden die Langfasern anschließend parallelisiert sowie weitere Kurzfasern ausgekämmt.

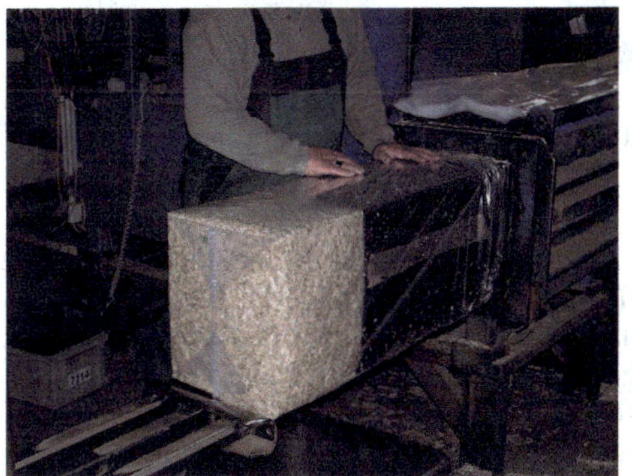

Bild **5.4**.1.9 Verpackung der Hanfschäben für Pferdeboxenstreu

Bild **5.4**.1.10 Technisch nutzbare Hanffasern nach der Faseraufbereitung

Bild **5.4**.1.11 Mischanlage für Hanf- und Polyesterfasern

Bild **5.4**.1.12 Fasermischung auf Hanf- und Polyesterfasern

Bei der Produktion von weichen Hanf-Dämmplatten für beispielsweise eine Zwischensparrendämmung, werden zunächst Hanffasern mit Polyesterfasern, welche als Stützfasern dienen, vermischt.

Je nach Herstellerrezeptur werden hierzu ein oder mehrere Naturfaserchargen mit einer vorbestimmten Menge (ca. 10 %) an Kunstfasern homogen vermengt. Nach diesem Schritt wird das Fasergemisch als Endlosvlies weiterverarbeitet und wie bei der Flachsfaserverarbeitung in mehreren Lagen, dämmstoffstärkebildend, übereinander gelegt.

Bild **5**.4.1.13 Endlosvlies aus Hanf- und Polyesterfasern

Bild **5**.4.1.14 Hanfvlies in mehreren Lagen übereinander

Zwischen die einzelnen Lagen wird hier Soda (ca. 5 % Sodaanteil) als Brand- und Pilzschutz flächig aufgesprüht. Je nach Fabrikat können auch Borsalze o. ä. Zuschläge im Endprodukt enthalten sein. Somit sind in einer Weichfaser-Dämmplatte aus Hanf ca. 85 % Hanffasern enthalten. Im nachfolgenden Produktionsschritt wird die aufgeschichtete und zwischenbeschichtete Fliesmatte nun durch eine Rollenpressung in eine Trockenstraße geführt, worin ihr Feuchtigkeit entzogen und dadurch Festigkeit gegeben wird. Nach der Trocknung erfolgt der Zuschnitt und die Verpackung der Dämmplatten.

5.4.2 Bauprodukte aus Hanf

Tabelle **5**.4.2.1 Anwendungstypen der beschriebenen weichen Hanfdämmplatte nach DIN 4108

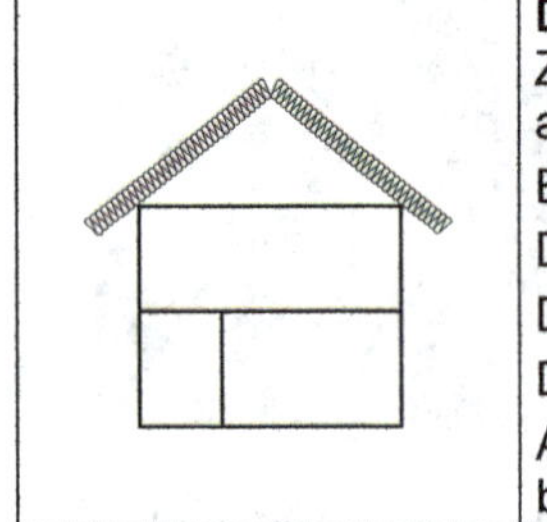	**DZ** Zwischensparrendämmung, zweischaliges Dach und nicht begehbare aber zugängliche oberste Geschossdecke. Beispiele: Dämmung zwischen Sparren. Dämmung zwischen Kehlbalken. Dämmung zwischen Deckenbalken. Aufdeckendämmung mit (bedingt begehbar) und ohne Bekleidung (nicht begehbar).

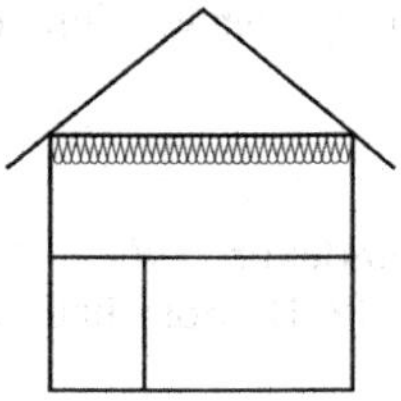	**DI**-zk Innendämmung der Decke (unterseitig) oder des Daches, Dämmung unter den Sparren/Tragkonstruktion, abgehängte Decke. Beispiele: Dämmung zwischen Deckenabhängung und Decke. Dämmung auf die Unterseite von Sparren (Untersparrendämmung). Raumseitige Dämmung von Tragkonstruktionen.
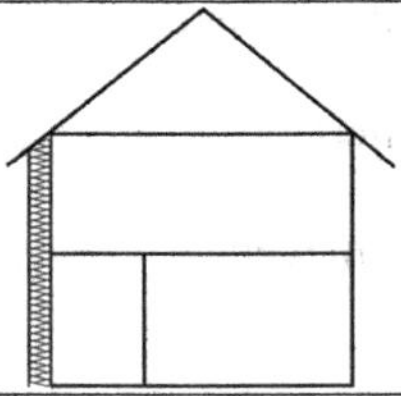	**WH** Dämmung von Wänden in Holzrahmenbauweise und Holztafelbauweise. Beispiele: Gefachedämmung bei Holzständerbauten. Dämmung von Holztafelwänden. Dämmung von Installationsebenen.
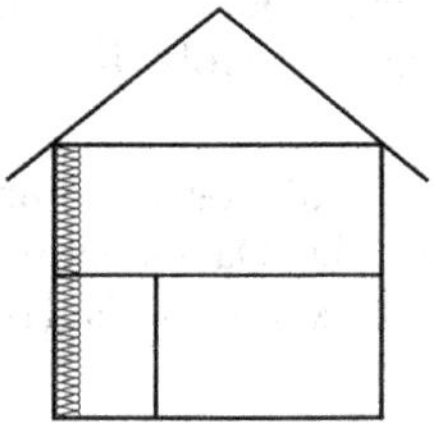	**WI**-zk Innendämmung der Wand. Beispiele: Raumseitige Dämmung von Außenwänden hinter Trockenbauverkleidungen Dämmung von Installationsebenen. Dämmung hinter Putzträger (z. B. Lehmbau- oder Schilfplatten, Streckmetall etc.) und Putz. Raumseitig, flächige Dämmung von Fachwerkaußenwänden.
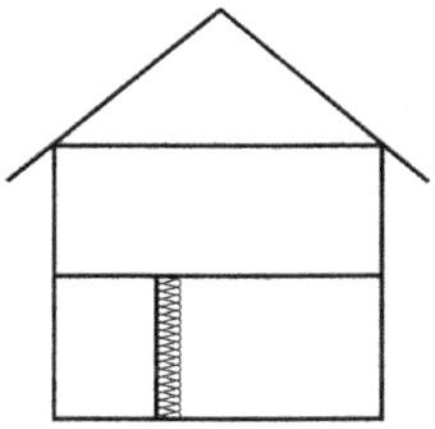	**WTR** Dämmung von Raumtrennwänden. Beispiele: Hohlraumdämmung von tragenden Trennwänden in Holz- oder Metallständerbauweise. Hohlraumdämmung von nicht tragenden Trennwänden in Holz- oder Metallständerbauweise. Dämmung von massiven Trennwänden mit Trockenbauverkleidung. Dämmung von Trennwänden hinter Putzträgern (z. B. Lehmbau- oder Schilfplatten, Streckmetall etc.) und Putz. Dämmung von Installationsebenen in Trennwänden.
zk: ohne Zugfestigkeit	

Weitere Beispiele für Einsatzmöglichkeiten des Hanfes im Bauwesen allgemein:

- Als Ein-, Aufblas- und Stopfdämmstoff in Ständerkonstruktionen und zur Hohlraumdämmung.
- Als fest gepresste Dämmplatte mit synthetischer Faserzugabe für Flachdach-, Gefälledach- und Steildachdämmung.
- Als Dämmvliesunterlage zur Schallentkopplung im Standbereich von Trockenbaukonstruktionen.
- Als Faserbewehrung in Lehmbauplatten und Lehmsteinen.
- Als Faserbewehrung für Beton und Putze.
- Als Faserzuschlag in Kunststoff-Spritzgussteilen.
- Als Bauplatten in Form von Hartfaserplatten, Pressspanplatten und Schalbrettern (auch im Möbelbau).

- Als Hohlraumdämmung zwischen Badewanne und Badewannenverkleidung oder vergleichbarem.
- Als Hohlraumdämmung in Innentüren (zwischen den Türblättern).
- Als Hanfseile, -schnüre und -taue allgemein.
- Hanftextilien für Verpackungsmaterialien, Arbeitskleidung und Innenraumdekor.
- Als industriell gefertigter Verbunddämmstoff mit anderen Baustoffen (z. B. Formbauteile, Verbundbauplatten etc.)
- Als Trittschalldämmung unter schwimmende Estriche und anderen Bodenaufbauten.
- Als Öllieferant für Farben, Lacke und Schmiermittel.
- Als Lieferant von Heizmaterialien in Form von Hanfbriketts und Hanfpellets.
- Als Methanolrohstoff (durch Pyrolyse).
- Als Energielieferant für elektrischen Strom und Wärmeenergie in Biogasanlagen.
- Als Bodenbelag in Knüpf- oder Webtechnik.

In Bezug auf das thermische Verhalten der weichen Hanffaserdämmplatte ist bei dessen Anwendung zu beachten, dass die Dämmplatten nicht dauerhaft einer Temperatur von über 100° C ausgesetzt sein sollten. Im Brandfall entstehen hierbei, wie bei der Verbrennung von Holz, Kohlenmonoxid, Wasser und additivabhängige Stoffe.

Hanf-Dämmstoffe werden als Dämmprodukt in Form von Platten, Matten oder als loser Einblas- oder Stopfdämmstoff eingesetzt. Der Anwendungsbereich erstreckt sich von der Dachdämmung über das Dämmen von Innen- und Außenwände bis hin zur Dämmung in Decken und als Trittschalldämmung im Bodenaufbau.

Bild **5**.4.2.1 Hanfdämmplatte

5.4.3 Einbaubeispiel

Bild **5.4**.3.1 Hanfdämmplatte beim Zwischensparreneinbau
(identisch mit der Zwischensparrendämmung aus Flachs-Weichfaserdämmplatte siehe Kapitel 4.3)

Gedämmte Leichtmetall-Ständerwände

Innenwände in Trockenbautechnik mit einem im Kern fachgerecht eingebauten Dämmstoff dienen neben den raumteilenden Funktionen vor allem dem Schallschutz. Es handelt sich hierbei um eine schnelle und günstige Alternative zur Massivmauer, die zudem ohne nennenswerte Baufeuchte erbaubar ist.

Konstruktionsbeispiel

1 = Gipsfaserplatte
2 = Hanfdämmplatte
3 = Gipsfaserplatte
4 = Leichtmetallprofil

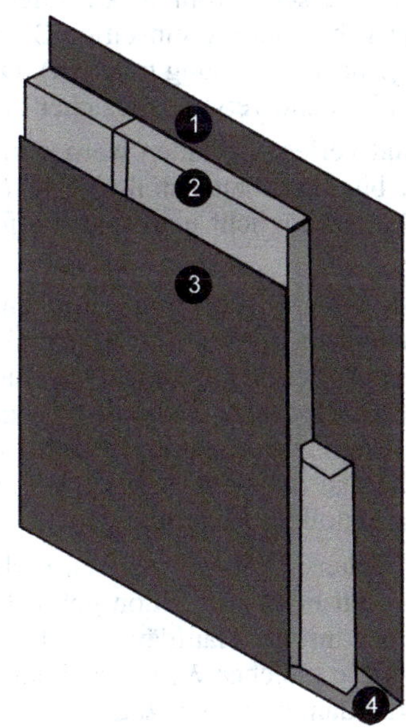

Skizze **5**.4.3.1 Ständerwand mit Leichtmetallständer und Gipsfaserplatte

Gedämmte Leichtmetall-Ständerwände im Trockenbau

Innenwände in Trockenbautechnik mit einem im Kern fachgerecht eingebauten Dämmstoff dienen neben den raumteilenden Funktionen vor allem dem Schallschutz. Es handelt sich hierbei um eine schnelle und günstige Alternative zur Massivmauer, die zudem ohne nennenswerte Baufeuchte erbaubar ist.

Für den Aufbau wird zunächst das Profilskelett der Ständerwand aus Aluminiumprofilteilen an dem dafür vorgesehenen Ort aufgebaut. Hierbei gibt es unterschiedliche herstellerbezogene Systeme, i. d. R. wird mit Aluminium-U-Profilen für Boden, Wand und Deckenanschluss und C-Profilen als Zwischenständer oder falls nötig Riegeln (bei Wandöffnungen) gearbeitet. Zur Eindämmung von Schallübertragungen über die Bauteile muss im Anschlussbereich zwischen Boden-, Wand- und Deckenanschluss und dem daran befestigten Aluminiumprofil ein Randdämmstreifen, wie beispielsweise ein Dämmvlies aus Hanffasern, eingebaut werden.

Bei der Erstellung eines Trockenbauwandteils ist auf Folgendes zu achten:

- Eine fluchtrechte, in der vorgegebenen Bezugsachse montierte Herstellung.
- Winkel- und Ebenheitstoleranzen sind einzuhalten.
- Ständerabstand mind. 5 bis 10 cm kleiner dimensionieren als die vorhandene längste Kantenseite der Hanfdämmplatte.
- Das Skelett ist an spätere Öffnungen oder gegen andere, statisch auf die Wand einwirkende, Umstände auszusteifen (Einbau von waagerechten Riegeln oder schrägen Streben).
- Unterputz Zu-/Abgänge für Versorgungsleitungen von Decke, Wand oder Bodenebene mittig der Aluminium-Rahmenprofile in die Wandscheibe einführen.
- Bewegungsfugen des Bauwerks müssen grundsätzlich auch bei Trockenbauweise an gleicher Stelle und mit gleicher Bewegungsmöglichkeit übernommen werden.
- Dass in Trockenbauweise hergestellte Bauteile evtl. mögliche Auflagen und Anforderungen an den Brand-, Schall-, Wärme- und Strahlenschutz erfüllen müssen.

Nachdem das Skelett der Ständerwand aufgebaut ist, erfolgt zunächst die Verlegung geplanter Versorgungsleitungen wie Gas, Wasser, Strom u. Ä., sofern dies nicht schon vor Beginn der Arbeiten geschehen ist. Hiernach beginnt die einseitige Beplanung des Skelettes mit Gipsfaserplatten (andere Baustoffe sind je nach Zulassung möglich). Die Beplanung wird mit entsprechend zugelassener Verschraubung im Verband verlegt, zugsicher mit dem Skelett verbunden.

Plattenübergänge zu im Verband verlegten Platten werden an den Stoßkanten im 45°-winkel abgeschrägt (gefast), so dass der bündige Plattenstoß eine V-förmige Vertiefung aufweist, die sich zur Wandoberfläche öffnet. Dies ermöglicht eine später erfolgende ordnungsgemäße Verspachtelung.

Plattenstöße zu Altbauteilen wie Wand-, Boden- oder Deckenanschluss werden nicht angefast. Da in diesem Bereich Bauteile unterschiedlicher Eigendynamik aufeinander treffen und somit mit Bewegungen zu rechnen ist, muss hier eine Bewegungsfuge eingebaut werden. Diese Bewegungsfuge kann konstruktiv durch die Anordnung einer Schattenfuge dauerhaft geöffnet oder mit einem dauerelastischen und überstreichbaren Acrylfüllstoff o. ä. gefüllt und entsprechend überarbeitet werden. In beiden Fällen ist die Fuge ausreichend nach Herstellerangaben zu dimensionieren, um Spannungen in den Bauteilen zu verhindern.

Ist die Wandscheibe einseitig beplankt, können möglich verlegbare Versorgungsleitungen in diesen Wandbereich rückseitig verlegt oder in Position gebracht werden. Hiernach erfolgt die Füllung der Ständerzwischenbereiche mit der Hanfdämmplatte. Das Schneiden und Einklemmen der relativ weichen Faserplatten wird in gleicher Weise wie beim Schnitt und Einbau der Flachsfaserdämmplatte als Zwischensparrendämmung vollzogen. Nach der fugenfreien Ausfüllung aller Hohlräume wird die noch offene Wandseite in gleicher Weise wie die bereits geschlossene beplankt und deren Fugen mit entsprechendem Spachtelmaterial verfüllt.

In Bezug auf die Oberflächengüte von Gipskartonwänden oder -decken werden häufig unterschiedliche, subjektive Maßstäbe angesetzt, die sich neben der Ebenheit vor allem an optischen Merkmalen wie der Kartonoberfläche und Fugenabzeichnungen orientieren. Die auffälligsten Punkte bei der Oberflächenbeschaffenheit (Ebenheit) von Gipskartonwänden oder -decken sind wohl die Fugenbereiche. Hinsichtlich der Verspachtelung von Gipskartonplatten werden hier 4 Qualitätsstufen unterschieden.

Tabelle **5**.4.3.1 Qualitätsstufe der Oberflächenbeschaffenheit bei gespachtelten Trockenbauwänden

Qualitätsstufe	Beschreibung
Qualitätsstufe 1 Grundspachtelung	Oberflächen, an die keine optischen bzw. dekorativen Anforderungen gestellt werden. Hierbei umfasst die Verspachtelung das Füllen der Stoßfugen und das Überziehen der sichtbaren Teile der Befestigungsmittel. Das überstehende Spachtelmaterial ist hierbei lediglich abzustoßen und werkzeugbedingte Markierungen, Riefen und Grate sind in der Oberfläche zulässig.
Qualitätsstufe 2 Standardspachtelung	Genügt den üblichen Anforderungen an Wand- und Deckenspachtelungen. Hierbei ist es Ziel der Verspachtelungsfläche, den Fugenbereich durch stufenlose Übergänge der Plattenoberfläche anzupassen. Selbiges gilt für Befestigungsmittel, Innen- und Außenecken sowie Anschlüsse. Bei dieser Verspachtelungsqualität dürfen keine Bearbeitungsabdrücke oder Spachtelgrate sichtbar bleiben. Falls erforderlich, sind hierbei die verspachtelten Bereiche abzuschleifen.
Qualitätsstufe 3 Sonderverspachtelung	Hier werden erhöhte Anforderungen an die fertig gespachtelte Oberfläche gestellt. Neben der Grund- und Standardverspachtelung sind dies hinausreichende Maßnahmen, wie ein breites Ausspachteln der Fugen sowie ein scharfes Abziehen der restlichen Kartonoberfläche zum Porenverschluss mit dem Spachtelmaterial. Auch hier sind im Bedarfsfall die gespachtelten Flächen abzuschleifen. Bei Streiflicht sichtbar werdende Abzeichnungen können nicht völlig ausgeschlossen werden und sind nach VOB/C DIN 18 350 Absatz 3.1.2 zulässig.
Qualitätsstufe 4 Durchgehende Spachtel-/Putzschicht	Dies ist die Spachtelqualität, an welche die höchsten Anforderungen an die Oberfläche gestellt sind. Hierbei wird eine Vollflächenverspachtelung oder ein Abstucken (Verputzen) der gesamten Oberfläche angewandt. Im Unterschied zur Sonderverspachtelung werden hierbei die Fugen, zusätzlich zur vorgearbeiteten Standardverspachtelung, breit ausgespachtelt und die Kartonoberfläche vollflächig mit einem dafür geeigneten Material überzogen und geglättet. Die Oberfläche, die nach dieser Klassifizierung erarbeitet ist, erfüllt die höchsten Anforderungen und minimiert somit die Möglichkeit von Abzeichnungen der Plattenoberfläche und Fugen. Soweit Lichteinwirkungen (z. B. Streiflicht) das Erscheinungsbild der fertigen Oberfläche beeinflussen können, werden unerwünschte Effekte (z. B. wechselnde Schattierungen, minimale örtliche Markierungen etc) weitgehend vermieden. Jedoch lassen diese sich hier auch nicht völlig vermeiden, da Lichteinflüsse in einem weiten Bereich variieren und nicht eindeutig erfasst und bewertet werden können.

Allgemein ist beim Spachteln von Trockenausbauplatten darauf zu achten, dass geforderte Trocknungszeiten der einzelnen Spachtelschichten sowie entsprechende Baustellenbedingungen, wie z. B. die mögliche Verarbeitungstemperatur der Spachtelmasse (i. d. R. zwischen 5° C und 10° C) oder die nötige rel. Luftfeuchte im Raum (i. d. R. 40 % </ = r.F. </ = 80 %) eingehalten werden.

Nach der Spachtelung können die Trockenbauwände mit Farbe, Putz, Tapete, Fliesen o. ä. beschichtet oder belegt werden. In der Regel ist bei Beschichtungen der gespachtelten Gipsfaserplatten eine Grundierung, zumindest jedoch eine Aufbrennsperre als Vorbehandlung, anzuwenden.

5.5 Holz

Holz (germanisch holta) bezeichnet im umgangssprachlichen Gebrauch das feste, harte Gewebe der Sprossachsen (Stamm, Äste, Zweige) von Bäumen und Sträuchern. Aus botanischer Sicht ist das Holz das vom Kambium erzeugte, sekundäre Xylem der Samenpflanzen, womit im engeren Sinne die holzigen Gewebe von Palmengewächsen und anderen höheren Pflanzen nicht inbegriffen sind. Kennzeichnend ist die Einlagerung von Lignin in den Zellwänden. Aufgrund dessen wird Holz auch als lignifiziertes (verholztes) pflanzliches Gewebe definiert.

Wie eingangs angedeutet wird Holz vom Bildungsgewebe (Kambium) zwischen Holz und Rinde gebildet. Bei der Teilung einer Kambiumzelle entstehen zwei Zellen, von denen eine ihre Teilungsfähigkeit behält und zu einer neuen Initialzelle heranwächst. Aus der anderen Zelle wird eine Dauerzelle, die sich noch ein- oder mehrmals teilt.

Aus den später zu Leitungs-, Festigungs- oder Speichergewebe ausdifferenzierenden Zellen entsteht nach innen Holz und nach außen Bast. Die Innenrinde, welche aus Bast besteht, entwickelt sich später zur Borke. Die Produktion von Xylemzellen übersteigt die Produktion von Phloemzellen um ein Vielfaches, so dass der Rindenanteil am gesamten Stamm nur etwa 5 bis 15 % beträgt. In unseren Breiten gibt es klimatisch bedingt vier Wachstumsphasen:

- Ruhephase (November bis Februar)
- Mobilisierungsphase (März, April)
- Wachstumsphase (Mai bis Juli)
- Depositionsphase (August bis Oktober)

Holzzellen, die in der Wachstumsphase entstehen, sind dünnwandig, von heller Farbe und werden als Frühholz betitelt. Holzzellen, die in der Depositionsphase entstehen, sind dickwandig, von dunkler Farbe und bilden das so genannte Spätholz (Herbstholz).

Durch dieses zyklische Wachstumsverhalten entstehen Jahresringe, die deutlich in einem Querschnitt durch einen Stamm erkennbar sind.

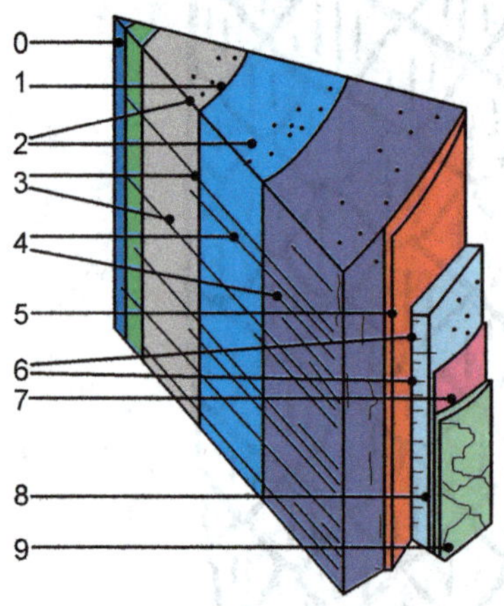

0 Mark
1 Jahresringgrenze
2 Harzkanäle
3 Primäre Holzstrahlen
4 Sekundäre Holzstrahlen
5 Kambium
6 Holzstrahlen des Bastes
7 Korkkambium
8 Bast
9 Borke

Skizze **5**.5.1
Schichtenaufbau eines Baumstammes

Tabelle **5**.5.1 Zusammensetzung der verholzten Zellwände im Vergleich bei mitteleuropäischen Laub- und Nadelhölzern

Substanz	Nadelholz	Laubholz
Zellulose	42–49 %	42–51 %
Hemicellulose	24–30 %	27–40 %
Lignin	25–30 %	18–24 %
Extraktstoffe	2–9 %	1–10 %
Quelle: Holz-Lexikon		

Tabelle 5.5.2 Chemischer Aufbau von Nadel- und Laubholz (in M.- %)

Kohlenstoff	40 bis 50
Wasserstoff	5 bis 6
Sauerstoff	44
Stickstoff	0,01
Mineralsubstanzen (Asche)	0,2–0,8 %

Holz ist ein hygroskopischer Stoff, der somit in der Lage ist, Feuchtigkeit aus der Umgebung aufzunehmen. Diese Eigenschaft bewirkt eine relativ geringe Dimensionsstabilität bei wechselnder Umgebungsfeuchte. So führen Feuchtigkeitsänderungen unterhalb des Fasersättigungspunktes (je nach Holzart 25 %–35 % Holzfeuchte) zu Formschwankungen aufgrund von Quell- und Schindverhalten des Stoffes. Ein technisches Verfahren zur Verminderung der Hygroskopizität ist die Holzmodifikation, welche auch biotischem Abbau (Angriff durch Pilze und Insekten) entgegenwirkt. In diesem Verfahren wird die Struktur der Zellwand derart verändert, dass einerseits die Hygroskopizität des Holzes vermindert wird und andererseits holzabbauende Enzyme das Holz nicht mehr beeinflussen können.

Bäume

Die Holzlieferanten, die Bäume, sind Pflanzen die aus einer Wurzel, einem daraus empor steigenden Stamm und einer belaubten Krone bestehen, wobei sich Stamm, Äste und Zweige durch Austreiben von Knospen verlängern. In der Botanik definiert man Bäume als mehrjährige, holzige Samenpflanzen, welche einen dominierenden Spross aufweisen, der durch sekundäres Dickenwachstum an Umfang zunimmt.

Bild 5.5.1 Nadelförmige Blätter der Fichte

Bild 5.5.2 Mitteleuropäische Fichte

Echte Bäume sind die Laubbäume unter den Bedecktsamern und den baumförmigen Nacktsamern. Hierzu zählen ebenso die zu den Nacktsamern zählenden, mit nadelförmigen Blättern ausgestatteten Nadelbäume, die breitblättrigen Nacktsamer wie der Gingko (Ginkgo Biloba) und fiederblättrigen Nacktsamer (Cycadophytina). Neben diesen gibt es auch baumähnliche Pflanzen, die in höheren Pflanzenfamilien eingruppiert sind, jedoch für die industrielle Aufbereitung zur Holzfaser, wenn überhaupt, eine nebensächliche Rolle spielen.

Für die Herstellung von Holzfaserdämmplatten werden in Europa hauptsächlich Schwarten (Verschnitt aus den Sägewerken) der Fichten verwendet. Die immergrünen und einstämmigen Fichten (Picea) sind eine Gattung von Nadelbäumen in der Familie der Kieferngewächse (Pinaceae). Die einzige in Mitteleuropa heimische Art ist die Gemeine Fichte (Picea Abies), die wegen ihrer schuppigen, rotbraunen Rinde fälschlicherweise oftmals auch als „Rottanne" bezeichnet wird.

Die Fichten werden in Ausnahmefällen bis zu 80 m hoch (z. B. Picea Sitchensis). Die durchschnittliche Wuchshöhe der Gemeinen Fichte liegt im Bereich von 20 bis 60 m. Der Stammumfang der heimischen Fichte beträgt durchschnittlich ca. 1 m, kann bei anderen Fichtenarten in Abhängigkeit vom Standort aber auch bis zu 4 m betragen. Für alle Fichten charakteristisch ist eine monopodiale, geförderte Verzweigung, welche zu einem etagenartigen Kronenaufbau und einer spitzwipfeligen Krone führt, die sich als Walzen- oder Kegelform zeigt.

Bild **5**.5.3 Verzweigung der Fichte

Die Vorteile der in Europas vertretenen Gemeinen Fichte sind vor allem der gerade Wuchs, die geringen Ansprüche an den Standort, ein relativ schnelles Wachstum (Umtriebszeit ca. 80 Jahre) und natürlich die gute Verwendbarkeit des Holzes.

Produkte aus Holz

Das Holz der Fichte wird seit Jahrtausenden für eine Vielzahl von Produkten verwendet. Schon Mitte des 19 Jhd. wird die Holzfaseraufbereitung zur Papierherstellung in großem Stil betrieben. Heute ist Holz für nahezu alle Länder dieser Erde einer der wichtigsten Rohstoffe überhaupt.

Ob als Bau- und Schreinerholz, als Brennholz, für Holzschindel, Musikinstrumente, Schiffe oder einfache Alltagsprodukte, Holz ist in nahezu jedem Wirtschaftsbereich primär oder sekundär im Einsatz. Selbst der Strukturaufbau des Holzes dient als Vorbild für viele künstliche Erzeugnisse.

5.5.1 Ernte & Aufbereitung für das Bauprodukt

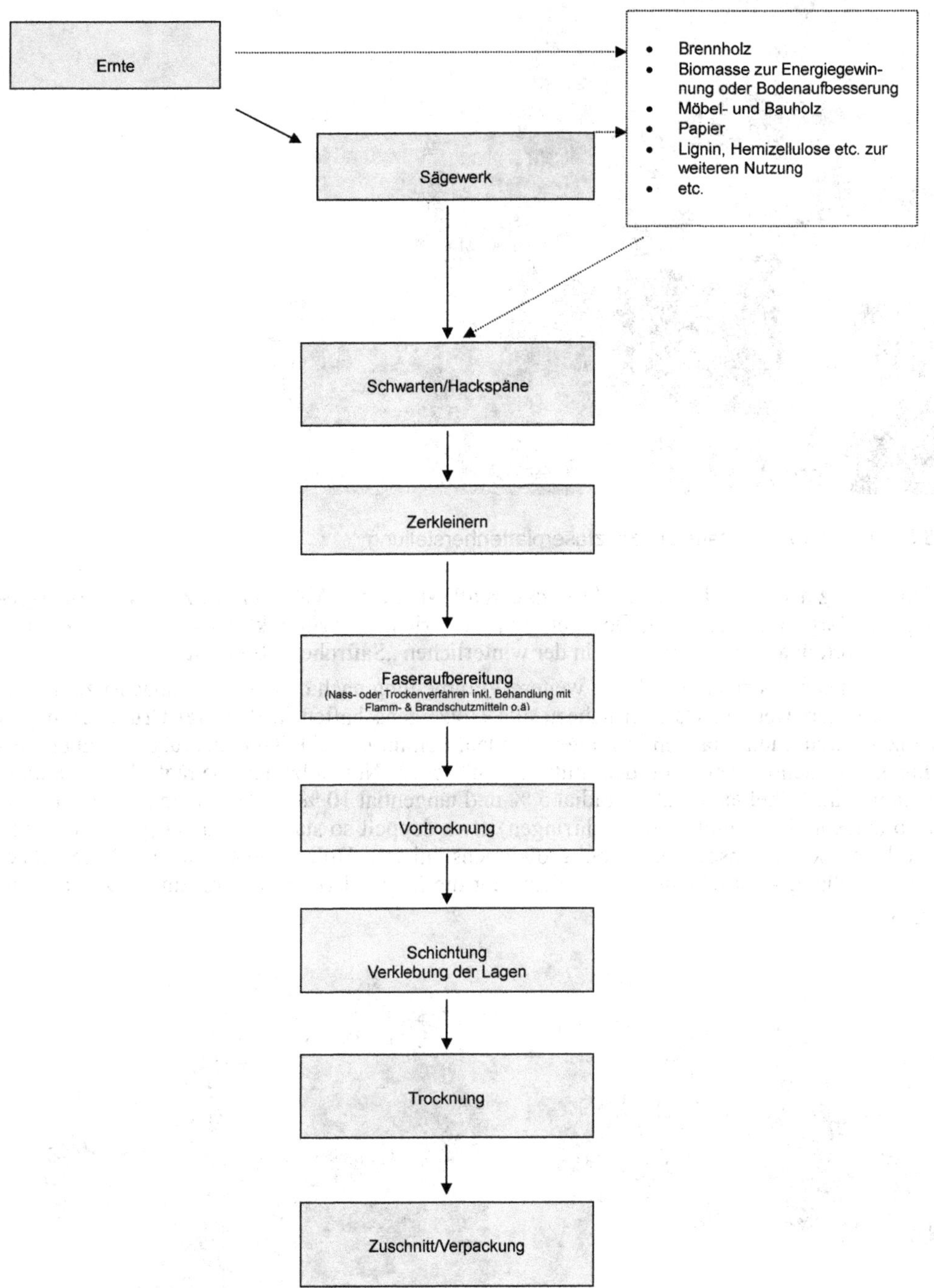

Skizze **5**.5.1.1 Herstellungsdiagramm der Holzfaserdämmplatte

Bild **5**.5.1.1 Produktionsstätte zur Holzfaserplattenherstellung

Für den Einsatz als Bauholz (konstruktiv, dauerhaft) spielt die Wahl der Holzart (Witterungsbeständigkeit, Härte, Langlebigkeit, Optik etc.) und der richtige Zeitpunkt der Ernte eine wesentliche Rolle. Vorteilhaft ist eine Rodung in der winterlichen „Saftruhe“ (Ruhezeit).

Im Allgemeinen muss das Holz für die weitere Verarbeitung nach dem Roden zunächst zum Austrocknen gelagert werden. Da sich nahezu alle Holzeigenschaften in den drei Grundrichtungen des Holzes (axial, radial, tangential) unterscheiden, kommt es beim Trocknen u. a. zu einem ungleichmäßigen Schwinden. Bei den mitteleuropäischen Nutzholzarten beträgt das maximale Schwindmaß im Mittel axial 0,3 %, radial 5 % und tangential 10 %. Holz schwindet beim Trocknen also tangential (parallel zu den Jahrringen) etwa doppelt so stark wie radial (parallel zu den Holzstrahlen), so dass insbesondere bei großdimensionierten Hölzern leicht radiale Risse entstehen. Der Quellungs-/Schwindungskoeffizient gibt die Maßänderung pro Prozent Holzfeuchteänderung an.

Bild **5**.5.1.2 und Bild **5**.5.1.3 Schwarten, Abfallprodukt der Sägewerke

Für das nachfolgende Aufbereitungsbeispiel wird die Produktion von Holzweichfaserplatten als Dämmstoff in der Bauindustrie beschrieben. Zu dieser industriellen Aufbereitung werden i. d. R. Schwarten, Späne und Hackschnitzel vom Fichtenholz aus den Sägewerken der Umgebung verarbeitet. Fichtenholz hat den Vorteil der hohen Verfügbarkeit und einer besonders gut geeigneten Faserqualität, welche den fertigen Dämmplatten im Verhältnis zur Rohdichte eine hohe Festigkeit verleiht.

Bild **5**.5.1.4 und Bild **5**.5.1.5 Hackschnitze aus Fichtenholz

Aufgrund der vorhandenen Porosität ist Holz allgemein ein schlechter Wärmeleiter und eignet sich daher gut als Wärmedämmstoff im Bauwesen. So liegt die Wärmeleitfähigkeit des Fichtenholzes bei ca. 0,22 W/mK, im Vergleich hierzu der des Betons bei ca. 0,69 W/mK. Dieses Wärmedämmvermögen wird durch das Zerfasern des Holzes und der somit erreichten Erhöhung der Porigkeit weiter verbessert, womit ein werksmäßig hergestellter, hoch wärmedämmender Plattenbaustoff produziert werden kann. Die in Europa hergestellten Holzweichfaser-Dämmstoffe sind i. d. R. dermaßen genormt, dass sie, neben den Binde- und Zusatzmitteln, aus mind. 80 % Holzfasern bestehen müssen.

Bild **5**.5.1.6 Holzfasern

Grundsätzlich wird die Faseraufbereitung von Holz in Nassverfahren und Trockenverfahren unterschieden.

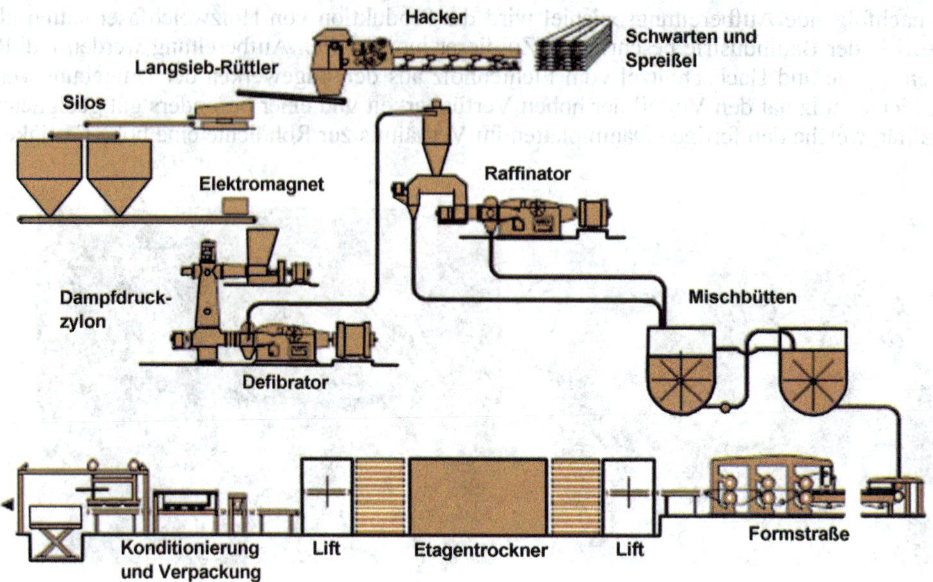

Skizze **5**.5.1.2 Nassverfahren

Bei der Herstellung von Holzfaserdämmplatten im zumeist angewandten Nassverfahren werden i. d. R. holzeigene Bindemittel verwendet. Die „Holzabfälle" der Sägewerke, welche beim Antransport eine Holzfeuchte von ca. 50 % haben, werden zunächst zu Hackschnitzeln verarbeitet und nach Entzug der Fremdpartikel über Rüttelsiebe und Elektromagnete (Metallbestandteile) unter Einwirkung von Wasserdampf im Dampfdruckzylon aufgeweicht.

Bild **5**.5.1.7 Mahlscheibe

Die anschließende thermomechanische Zerfaserung wird über ein Defibrationsverfahren vollzogen. Hierbei werden die eingeweichten Hackschnitzel zwischen profilierten Mahlscheiben aus Metall zerfasert. Je nach später hergestellter Produktvariante können die nach dem ersten Mahlen gewonnenen Fasern nochmals über einen Raffinator nachgemahlen werden. Durch diese Aufschlussprozesse wird die Faseroberfläche so weit aktiviert, dass beim späteren Trocknen der Holzfaserdämmstoffe die holzeigenen Bindekräfte (z. B. Hemizellulosen, Lignin u.s.w.) zusammen mit Wasser zur Abbindung gebracht werden. Eine Beigabe von zusätzlichen Bindemitteln ist in aller Regel nicht notwendig, wird jedoch bei manchen Produkten zur Erhöhung der Festigkeit oder des Wasserabweisungsverhaltens beigemengt. Hier kommen dann vor allem harz- und bitumenhaltige Bindemittel zum Einsatz.

Die Faserschlämme, welche aus bis zu 98 % Wasser besteht, wird im nächsten Schritt in Bütten (Mischbütten) zwischengelagert und in einer Formstraße zu einem Faserkuchen gepresst. In der Formmaschine hat das Holz-/Wassergemisch noch etwa 42 % Wasseranteil. Nach diesem mechanischen Auspressen, bei welchem ein Großteil des Wassergehaltes entnommen wurde, gelangt der Faserkuchen, nach einem Zuschnitt auf das gewünschte Längenmaß, in einen Trockenkanal (Etagentrockner).

Bild **5**.5.1.8 Zuschnitt des Faserkuchens mit einem Wasserstrahl

Der Zuschnitt erfolgt hierbei i. d. R. nicht mit einem Schneidegerät sondern einem Wasserstrahl. Im weiteren Produktionsverlauf werden die Holzfaserplatten bei einer Temperatur zwischen 160 und 220° C getrocknet und anschließend konfektioniert, d. h. auf Format geschnitten, profiliert oder für größere Dämmplattendicken mit einem i. d. R. wasserlöslichen Weißleim schichtverklebt. Nach der Trocknung hat die entstandene Faserplatte noch einen Feuchtegehalt von ca. 7 %.

Bild **5**.5.1.9 und Bild **5**.5.1.10 Schichtverklebung der Holzfaserplatten

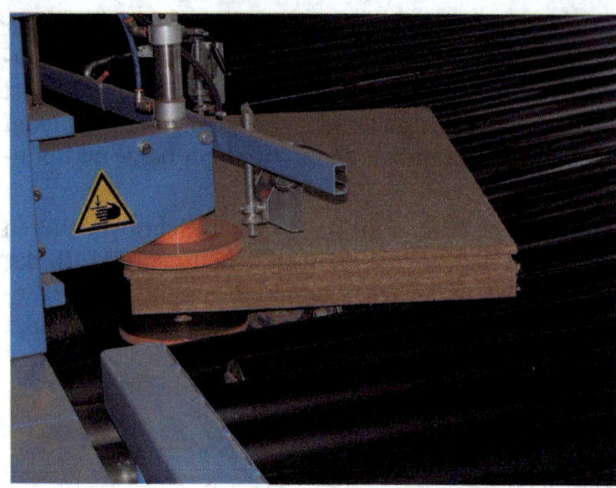

Bild 5.5.1.11 Profilierung der Dämmplatten

Tabelle 5.5.1.1 Durchschnittliche Bestandteile von Holzfaserdämmplatten (Nassverfahren)

Fichtenholzfasern	98–99 %
Paraffin (gesättigte Kohlenwasserstoffe)	0,5–0,8 %
Flocculant (Aufflockungsmittel div. Zusammensetzung)	0,02–0,05 %
Polyvinylacetat aus allen Stoffen	< 1,6 %

Trockenverfahren

Bei der Herstellung im Trockenverfahren werden die Fasern direkt nach dem Aufschlussprozess auf die für den Beleimungsprozess notwendige Restfeuchte getrocknet und anschließend in einem Beleimkanal oder -turm mit dem Bindemittel beleimt. Ähnlich dem MDF-Verfahren werden die beleimten Fasern ausgestreut, auf die gewünschte Plattendicke gepresst und durch Hitzezufuhr ausgehärtet. Bei diesem Verfahren können, je nach gewünschten Dämmstoffeigenschaften (z. B. Flexibilität), auch synthetische oder organische Fasern zugesetzt werden.

Die bei beiden Verfahren produzierten Holzfaserdämmplatten, vor allem jene, deren Rohdichte größer als 100 kg/m^3, lassen sich sehr gut mechanisch profilieren. So können problemlos Holzfaserdämmplatten mit Nut- und Feder- oder auch Stufenfalzausbildung hergestellt werden.

Auch der bauseitige Plattenzuschnitt erfolgt mit üblichen, vorzugsweise hartmetallbestückten Holzbearbeitungswerkzeugen, wie beispielsweise einer Hand- oder Tischkreissäge. Weiche Platten können auch mit einem mit Wellenschliff ausgestatteten Dämmstoffmesser in Form geschnitten werden. Notwendige Befestigungen können anwendungsspezifisch mit Breitkopfstiften, Leichtbauplattenstiften, Dämmstoffbefestigern (WDVS Schraub- oder Schlagdübel), Klammern bzw. Breitrückenklammern etc. vorgenommen werden.

5.5.2 Bauprodukte aus Holzfasern

Tabelle **5**.5.2.1 Anwendungstypen der beschriebenen Holzfaserdämmplatten nach DIN 4108

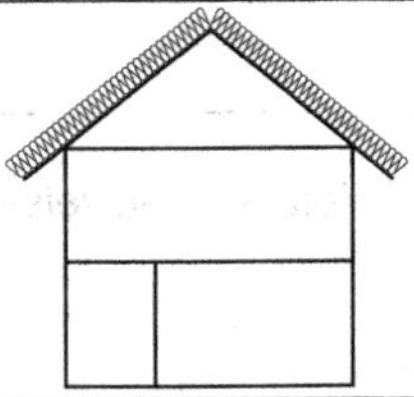	**DAD**-dm/-ds Außendämmung von Dach und Decke, vor Bewitterung geschützt, Dämmung unter Decken. Beispiele: Aufsparrendämmung. Zusatzdämmschicht über Sparren.
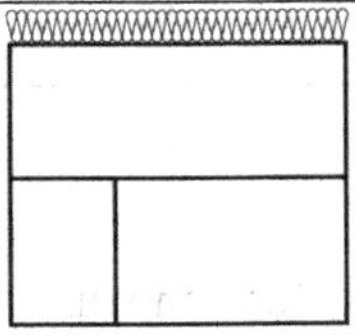	**DAA**-dh Außendämmung von Dach oder Decke. Beispiel: Dämmung von Flachdächern mit Abdichtungsbahnen.
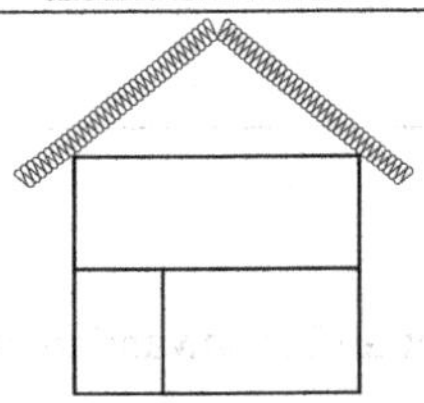	**DZ** Zwischensparrendämmung, zweischaliges Dach und nicht begehbare aber zugängliche oberste Geschossdecke. Beispiele: Dämmung zwischen Sparren. Dämmung zwischen Kehlbalken. Dämmung zwischen Deckenbalken.
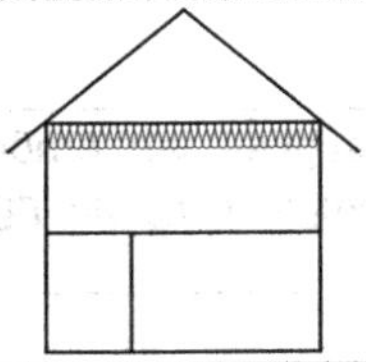	**DI**-zg/-zk Innendämmung der Decke (unterseitig) oder des Daches, Dämmung unter den Sparren/Tragkonstruktion, abgehängte Decke. Beispiele: Untersparrendämmung. Dämmauflage bei abgehängten Decken.
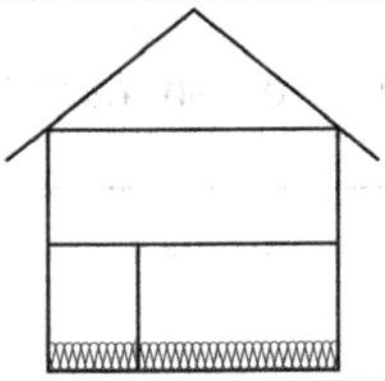	**DEO**-dm/-dg Innendämmung der Decke oder Bodenplatte (oberseitig) unter Estrich ohne Schallschutzanforderungen. Beispiel: Trittschalldämmung zur Verlegung unter Estrich oder Trockenestrich.
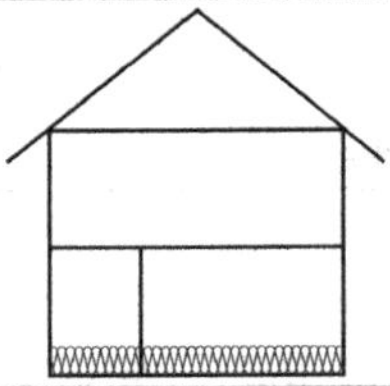	**DES**-sg/-sh Innendämmung der Decke oder Bodenplatte (oberseitig) unter Estrich mit Schallschutzanforderungen. Beispiel: Trittschalldämmung zur Verlegung unter Estrich oder Trockenestrich.
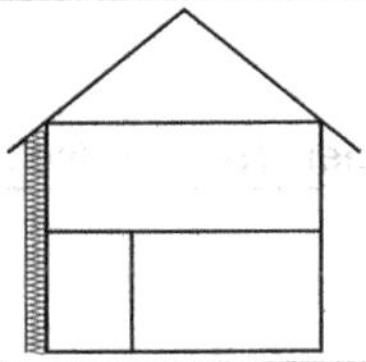	**WAB**-ds/-dm Außendämmung der Wand hinter Bekleidung. Beispiel: Wärmedämmplatten zur Verlegung hinter Vorhangfassaden.

	WAP-zh/-zg Außendämmung der Wand unter Putz. Beispiel: Wärmedämmplatten mit Putzträgerfunktion (WDVS).
	WH Dämmung von Wänden in Holzrahmenbauweise und Holztafelbauweise. Beispiel: Gefachedämmung zwischen Holzständerbauweise.
	WI-zg/zk Innendämmung der Wand. Beispiel: Wärmedämmplatten für raumseitige Dämmung von Außenwänden.
	WTR Dämmung von Raumtrennwänden. Beispiel: Hohlraumdämmung von tragenden und nicht tragenden Trennwänden in Holz- oder Metallständerbauweise.
dm: mittlere Druckfestigkeit; **dh**: hohe Druckfestigkeit; **ds**: sehr hohe Druckfestigkeit; **sh**: erhöhte Zusammendrückbarkeit; **sg**: geringe Zusammendrückbarkeit; **zk**: ohne Zugfestigkeit; **zg**: geringe Zugfestigkeit; **zh**: hohe Zugfestigkeit	

Tabelle **5**.5.2.2 Anwendungstypen und Kurzzeichen für Holzfaserdämmstoffe allgemein (nach DIN 68 755 Teil 1 und 2)

Kurzzeichen	**Verwendung im Bauwerk**
W	Nicht druckbelastbarer Wärmedämmstoff. Beispiele: Dämmung in Trockenbauwänden. Dämmung in belüfteten Dächern. Dämmung auf nicht begehbaren obersten Geschossdecken.
WV	Abreiß- und scherbeanspruchbare Wärmedämmstoffe. Beispiel: Dämmungen für angesetzte Vorsatzschalen.
WD	Druckbelastbare Wärmedämmstoffe. Beispiel: Unter druckverteilenden Böden ohne Anforderungen an den Trittschallschutz.
WDT	Druck- und temperaturbelastbare Wärmedämmstoffe. Beispiel: Dämmung von Flachdächern.

PT	Hoch abreißfeste Wärmedämmstoffe mit erhöhten Anforderungen an die Maßhaltigkeit. Beispiele: Als Putzträgerplatte. Als Wärmedämmplatte für Wärmedämmverbund-Systeme (WDVS).
h	Zusatzzeichen für Holzfaserwärmedämmstoffe, welche über die gesamte Dicke wasserabweisend behandelt sind. Für Holzfaserdämmplatten des Typen PT gilt dies auch ohne Zusatz von dieser Kennung. Diese Platten werden unterteilt in: H05: Wasseraufnahme ≤ 0,5 kg/m^2 H10: Wasseraufnahme ≤ 1,0 kg/m^2 H20: Wasseraufnahme ≤ 2,0 kg/m^2
w	Zusatzzeichen für Wärmedämmstoffe zur Hohlraumdämpfung in zweischaligen Trennwänden, für Vorsatzschalen mit Unterkonstruktionen sowie zu Schallschluckzwecken. Hierbei muss der längenbezogene Strömungswiderstand ≥ 5kN · s/m^4 betragen.
s	Zusatzzeichen für Wärmedämmstoffe (ausgenommen des Typen W), welche für schalldämmende Vorsatzschalen verwendet werden können, wobei die dynamische Steifigkeit anzugeben ist.
T	Trittschalldämmstoffe. Beispiel: Unter schwimmenden Estrichen.
TK	Trittschalldämmstoffe mit einer geringen Zusammendrückbarkeit. Beispiele: Unter Fertigteilestrichen. Unter Industrieböden.

Die weiteren Beispiele für den Einsatz von Holz und Holzfasern im Bauwesen allgemein sind bekanntermaßen sehr vielfältig. Nachfolgend ein paar wichtige Beispiele im Überblick:

- Vollholzprodukte wie Baurundholz (i. d. R. entästete und entrindete Stämme), Bauschnittholz (Latten, Bretter, Bohlen, Kanthölzer), Brettschichtholz, Balkenschichtholz oder Parkettholz.
- Holzpflaster
- Vergütete Hölzer (Kunstharz-Pressholz, Formvollholz, Isoliervollholz).
- Fertigelemente als Nagelplatten-Binder, Holzrahmenbauelement, Brettstapelbauelement.
- Holzwerkstoffe (z. B. Sperrholz-, Massivholz-, Span- und OSB-Platten, Furnierschichtholz etc.).
- Feste Holzfaserplatten (MDF- und HFM-Platten).
- Holzwolleplatten.
- Holzfaserdämmmatten als Dämmunterlage für Trockenbaukonstruktionen u. ä.
- Holzwolle und Holzfasern als Ein-, Aufblas- oder Stopfdämmung.
- Holzfaserlamellenmatten auf einem biegbaren Trägermaterial, für Rundkonstruktionen.
- Holzfaserpressformteile.

In Bezug auf das thermische Verhalten der weichen Holzfaserdämmplatte ist bei dessen Anwendung zu beachten, dass die Anwendungsgrenztemperatur bei ca. 110° C liegt. Im Brandfall entstehen Kohlenmonoxid, Wasser und additivabhängige Stoffe, ähnlich denen bei der Verbrennung von Vollholz.

5.5.3 Einbaubeispiele

Aufsparrendämmung

Bei Aufsparrendämmungen mit Holzfaserdämmplatten wird auf den von innen sichtbar bleibenden Sparren eine tragende, aussteifende Schalung aus Holzwerkplatten oder gespundeten Sparren befestigt. Auf dieser Schalung wird vollflächig eine stoßdichtverklebte Dampfbremse aufgearbeitet, die auch an durchdringenden Bauteilen, Ortgängen und First luftdicht verschlossen sein muss. Je nach verwendetem Material kann mit dieser Schicht auch schon ein befristeter Witterungsschutz hergestellt werden.

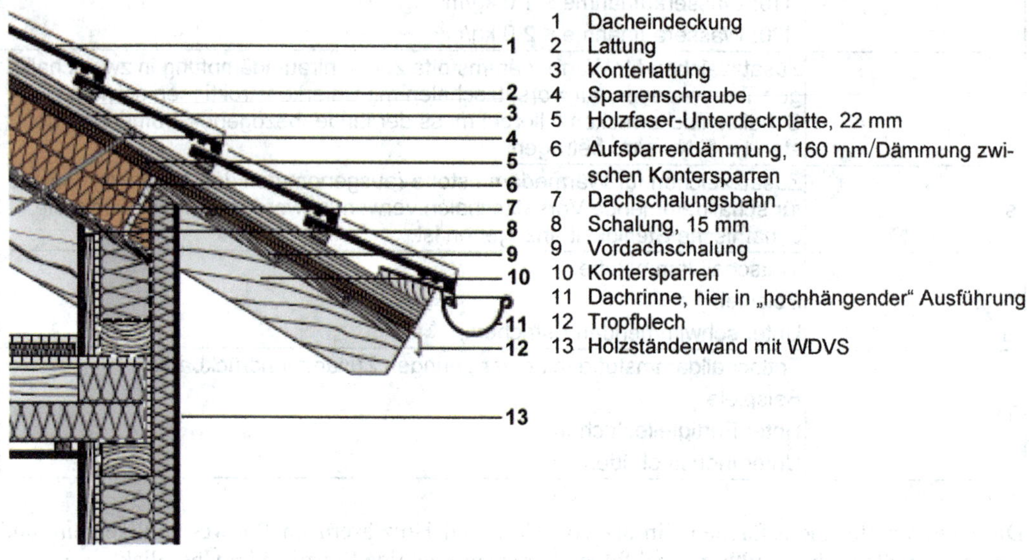

Skizze 5.5.3.1 Aufsparrendämmung Schnitt

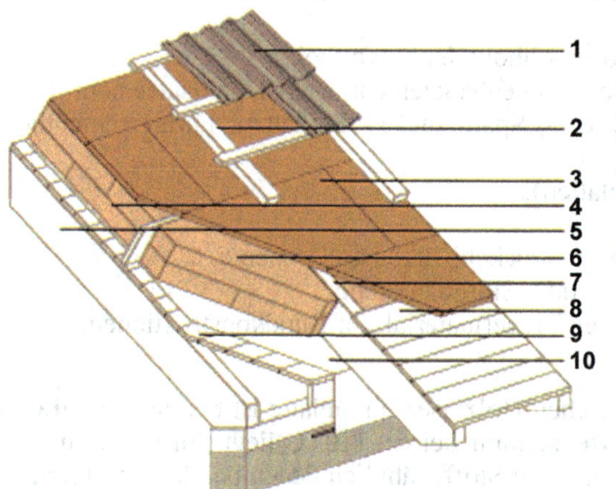

Skizze 5.5.3.2 Aufsparrendämmung Aufbau

Auf die Dampfbremse wird die ein- oder mehrlagige Dämmschicht aufgebracht. Hierbei werden die Holzfaserdämmplatten im Verband, Stoß an Stoß lückenfrei verlegt. Im Traufbereich wird diese Konstruktion mit sogenannten Kontersparren (Aufschieblingen) versehen, womit die zahlreichen und fehlerträchtigen Bahndurchdringungen vermieden werden.

Bei einem mehrlagigen Aufbau muss darauf geachtet werden, dass keine durchgängigen Fugen vorhanden sind und somit die Verbandverlegung auch in der 3. Dimension fachgerecht ausgeführt wird. Hierbei wird der größte Vorteil der Aufsparrendämmung ersichtlich. Die Dämmstärke ist im Gegensatz zur Zwischensparrendämmung nicht aufgrund der Sparrenhöhe vordefiniert, sondern kann frei, gemäß bauphysikalischen Notwendigkeiten, gewählt werden. Sind die Holzfaserdämmplatten verlegt, kann eine sogenannte Unterdeckung, welche zwischen den Dämmplatten und der Konterlattung angebracht wird, verlegt werden. Diese kann aus Holzfaserprodukten (Holzfaserunterdeckplatten) oder auch anderen diffusionsoffenen, für Dacharbeiten zugelassenen Unterdeckbahnen erstellt werden. Bei Dächern mit Dachüberstand ist es vorteilhaft, die Verlegung der Unterdeckenbahn/-platten bis über die Vordachschalung zu verlegen. Neben einer ungestörten Wasserableitung wird durch die Erhöhung der Oberflächentemperatur die nächtliche Auskühlung am Dachüberstand reduziert und die Gefahr der Schimmelpilzbildung an dessen Unterseite gemindert.

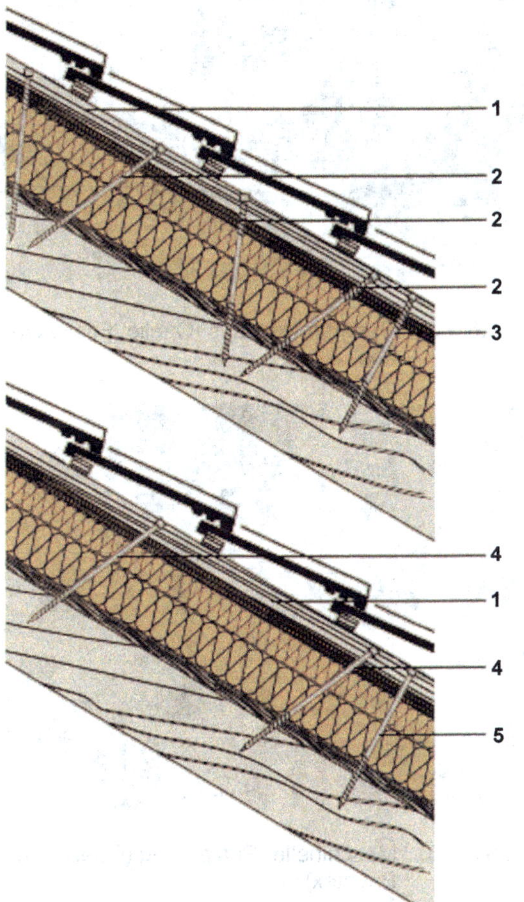

1 Konterlatte
2 Doppelgewindeschraube „Verschraubung“
3 Doppelgewindeschraube zur Sogsicherung
4 Einfachgewindeschraube „kontinuerliche Verschraubung“
5 Einfachgewindeschraube zur Sogsicherung

Skizze **5**.5.3.3 und Skizze **5**.5.3.4 Aufsparrendämmung Befestigung mit Doppelgewindeschrauben (oben) und Einfachgewindeschrauben (unten)

Die die Druckfestigkeit der Dämmplatten berücksichtigende, notwendige schub- und sogsichere Befestigung von Dämmschicht und Konterlattung erfolgt mit entsprechend zugelassenen Sparrenschrauben. Bei Dämmplatten mit weniger als 50 kPa Druckfestigkeit (Druckspannung bei 10 % Stauchung) kommen Doppelgewindeschrauben in V-förmiger Anordnung zum Einsatz, deren Unterkopfgewinde die Konterlattung und damit die Eigen- und Schneelasten des Daches trägt. Einzelne Schrauben zur Windsogsicherung werden senkrecht zu den Sparren eingeschraubt.

Einsatz als WDV-System an der Fassade

Holzfaserdämmplatten können im Wärmedämmverbund-System in gleicher Weise wie beispielsweise Mineralwolledämmplatten verbaut und anschließend verputzt werden.

Bild **5**.5.3.2 Gedämmtes Haus (Quelle: Fa. Pavatex)

Bild **5**.5.3.1 Putzaufbau Wärmedämmverbund-System (Quelle: Fa. Pavatex)

Bild **5**.5.3.3 Maschineller Putzauftrag (Quelle: Fa. Pavatex)

5.6 Kokos

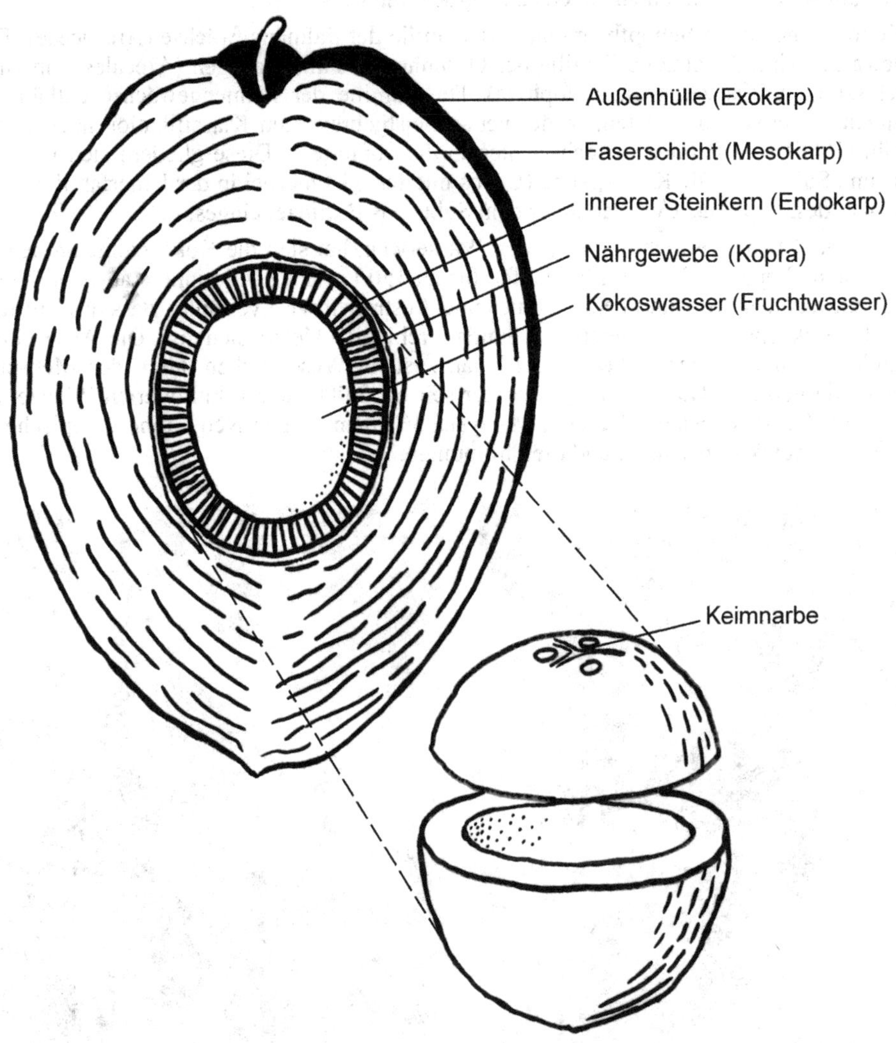

Außenhülle (Exokarp)
Faserschicht (Mesokarp)
innerer Steinkern (Endokarp)
Nährgewebe (Kopra)
Kokoswasser (Fruchtwasser)
Keimnarbe

Kokos als Begrifflichkeit für Produkte aus der Kokospalme (Cocos Nucifera) stammt allgemeinen Literaturangaben zufolge vom spanischen und portugiesischen Wort „Coco“ ab, welches zu Deutsch „in Nuss“ oder „Samen“ übersetzt werden kann.

Die Kokospalme ist ein Schopfbaum aus der Familie der Palmengewächse (Arecaceae). Die Palmengewächse sind die einzige Familie der Ordnung der Palmenartigen (Arecales) innerhalb der Bedecktsamigen Pflanzen (Magnoliophyta). Die Familie der Palmengewächse enthält ca. 200 Gattungen mit etwa 2.600 Arten. In der heute meistgebrauchten Klassifikation nach Dransfield und Uhl (1986) sind Palmen in sechs Unterfamilien unterteilt. Diese gliedern sich wiederum in Tribus und Subtribus. Die Kokospalme (Cocos nucifera) ist hierbei in der Unterfamilie Arecoideae Burnett, dessen Tribus Cocoeae unter dem Subtribus Butiinae, eingestuft.

Durch die natürliche Vermehrung über den Wasserweg, hat sich die Kokospalme an den Küsten der gesamten Tropen und deren Flussläufen bis zu 150 km ins Landesinnere ausgebreitet. Durch Fossilfunde aus dem Miozän in Neu-Guinea und Australien wird vermutet, dass das Entstehungsgebiet der Kokospalme im Bereich des Sunda-Archipels (Melanesien) ist. Die Ausbreitung aus dem indischen und indonesischen Raum hinaus, ist im Wesentlichen durch den Menschen geschehen. Die heutigen Hauptanbaugebiete der seit ca. 3.000 Jahren kultivierten Pflanze sind Indien, Sri Lanka, Indonesien, Thailand, Malaysia, Vietnam, Papua Neu Guinea, tropische Regionen Afrikas, Mexikos, Brasilien und die Philippinen.

Bild **5**.6.1 Kokospalmenstamm

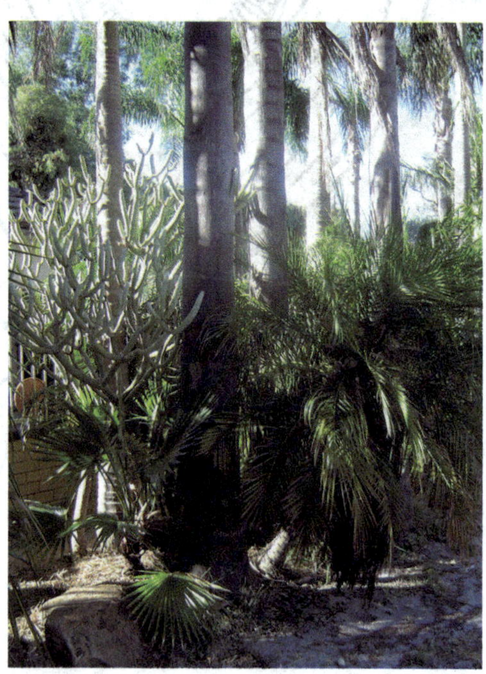

Bild **5**.6.2 Verjüngung des Stammes

Der Baum gedeiht nahezu pH-Wert neutral besonders gut auf sandigen Lehmen an Küsten und Flussmündungen, generell auf allen frischen, lockeren, nährstoffreichen und tiefgründigen Böden. Ungeeignet sind zeitweise überflutete oder verfestigte Böden. Wenig geeignet sind trockene leichte Sande, da es diesen an Nährstoffen und Wasser fehlt. Kalk ist vorteilhaft und die Kaliversorgung während des Wachstums wichtig. Heute sind Palmenplantagen durch Düngung auch auf nährstoffarmen Böden möglich. Für eine erfolgreiche Kultivierung benötigen die frostempfindlichen Kokospalmen mittlere Jahrestemperaturen von ca. 27° C und im Durchschnitt 1.200 bis 2.300 mm jährlichen, gleichmäßig verteilten Niederschlag. Kokospalmen können kürzere Trockenperioden von 5 bis 6 Monaten ertragen, jedoch wird ab dieser Zeit ein Rückgang des Fruchtsatzes beschrieben, dessen Erholung Jahre dauern kann. Neben der Temperaturempfindlichkeit besteht eine Sensibilität gegenüber sehr trockenen warmen Winden und bei Lichtmangel. Als sogenannte Lichtbäume vertragen nur die Jungbäume Halbschatten, welche zur Aufzucht bewusst schattiert und bei Trockenheit gewässert werden.

Stamm

Die Palmenpflanze wird unverzweigt zwischen 20 und 30 m hoch und hat einen Stammdurchmesser von ca. 20 bis 30 cm, wobei die Stammbasis ca. 40 bis 50 cm dick wird. In den äußeren 5 cm des Stammquerschnittes befinden sich braungefärbte dichtfasrige Leitbündel, die den Stamm seilartig stabilisieren. Die Verwurzelung erfolgt über ein dichtes Wurzelgewebe aus 6 bis 7 m langen, bleistiftdicken Adventivwurzeln (sprossbürtige Wurzeln). Somit findet der wasserbedürftige Baum in Küstenregionen auch Anschluss an das Grundwassersystem. Die Kokospalme ist in der Lage, bis zu 0,638 prozentiges Salzwasser zu ertragen. Das Wachstum geht von Scheitelmeristemen aus, die sowohl Blätter als auch Blütenstände bilden.

Blätter

Die immergrüne Kokospalme trägt einen Schopf aus 30 bis 40 bis zu 7 m langen und 1 m breiten, gefiederten Blattwedeln, die in bis zu 250 schmale (2 bis 3 cm) Blattsegmente mit einer Länge von bis zu 90 cm aufgeteilt sind. Diese Blattsegmente sind im schrägen Winkel zur Blattachse angeordnet. Am Ende der Segmente befinden sich Gelenkzellen, die die Position der Segmente zur Mittelrippe verändern und durch Aneinanderlegen der Flächen mit den Spaltöffnungen die Wasserverdunstung vermindern können. Durch diese Blattform weisen die Blätter, die bis zu 15 kg wiegen und bis ca. 3 Jahre am Baum verbleiben, einen geringen Windwiderstand auf, wodurch sie auch permanent starken Winden und Stürmen widerstehen können. Junge Blätter werden am Anfang von einer bis zu 60 cm langen Blattscheide umschlossen, deren Reste als braungetrocknete Überbleibsel längere Zeit am Baum verweilen.

Bild **5**.6.3
Blütenrispe mit Fruchtansatz

Blüte

Die verzweigten Blütenstände, die i. d. R. zwischen dem 6. und 7. Standjahr wachsen, bestehen aus 200 bis 10.000 männlichen und bis zu ca. 40 weiblichen Blüten. Die Blütenstände entstehen in den Blattachseln. Im oberen Teil der Blütenstände sitzen die männlichen Blüten mit verkrümmten Fruchtknoten und im unteren Teil die weiblichen Blüten mit rudimentären Staubblättern. Die häufig fremdbestäubten weiblichen Blüten öffnen sich ca. 2 Wochen nach den männlichen und sind hierbei ca. 2 Tage bestäubungsfähig. Die Bestäubung an sich kann über den Wind oder Insekten und Vögel etc. erfolgen. Die Blütenstände, die später zu stabilen Fruchtständen werden, sind verholzte Hochblätter, die als Spathen bezeichnet werden. Die Fruchtbildung von Bestäubung bis Fruchtreife beträgt 12 bis 15 Monate, wobei die Früchte in Gruppen wachsen, die sich jeweils in unterschiedlichen Reifephasen befinden.

Bild **5**.6.4
Baumkrone

Steinkern

Die Frucht, allgemein als Kokosnuss betitelt, ist eine einsamige Steinfrucht (wie z. B. Kirschen, Pflaumen, Holunder oder Mandeln) und als diese nicht mit einer Nuss (Nussfrucht; z. B. Haselnuss) zu vergleichen. Der Steinkern der Kokosfrucht ist mit seiner harten ca. 5 mm dicken Steinschale (Endokarp) von zwei weiteren Schichten umgeben: Einer Faserschicht (Mesokarp) als Fruchtfleisch und einer grünlichen, ledrigen Außenhülle (Exokarp). Die 3 bis 4 cm dicke Schicht erfüllt in der Natur die Funktion der Schwimmfähigkeit und des Schutzes gegenüber chemischen Angriffen des Salzwassers. Die Kokosfrucht kann aufgrund der Faserschicht mind. 100 Std. keimfähig im Meerwasser (Salzwasser) schwimmen und durch die Meeresströmungen mehrere tausend Kilometer Seeweg überwinden, bevor sie an Land gespült Wurzeln schlägt.

Der innere Steinkern, in welchem Fruchtfleisch und Fruchtwasser untergebracht sind, besteht aus drei miteinander zu einem Fruchtknoten (Synkarp) verwachsenen Karpellen (Fruchtblätter), woraus oftmals die leicht dreieckige, ovale Form der Kokosnuss resultiert. Die auf der Oberseite der Kokosnuss sichtbaren Male sind Keimlöcher. Von den jeweils drei Keimlöchern auf jeder Kokosnuss wird eines für das Auskeimen genutzt während die beiden inaktiven im Verlauf verhärten.

Kopra

Das weiße, aromatisch schmeckende, fasrige, feste Nährgewebe ist ca. 1 bis 2 cm dick und kleidet die Innenseite des inneren Steinkerns (Endokarp) vollflächig aus. Somit hält es das Fruchtwasser in seinem Zentrum. Das Fruchtfleisch bildet gemeinsam mit dem Fruchtwasser (Kokosmilch, Kokoswasser) das sogenannte Endosperm.

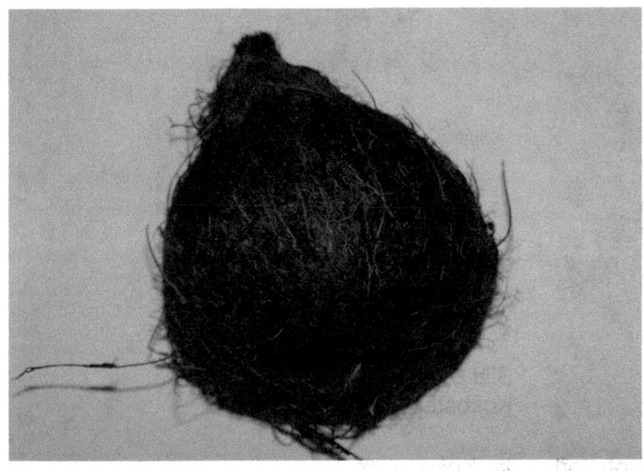

Bild 5.6.5
Kokosnuss, innerer Steinkern

Tabelle 5.6.1 Durchschnittliche Bestandteile des Nährgewebes von Kokosnuss-Fruchtfleisch

Wasser	45 %
Fett	36,5 %
Einweiß	4 %
Zucker	4,8 %
Ballaststoffe	9 %
Mineralien	1,5 %

Ist das Fruchtfleisch getrocknet, dient es unter der Bezeichnung Kopra als Ausgangsstoff für Kokosöle, -fette, -pasten und vieles mehr. Selbst der Abfallstoff bzw. die Pressreste des Kopra bei der Aufbereitung zu Ölen und Fetten sind aufgrund ihrer reichlich beinhalteten Zucker-, Eiweiß- und Mineralstoffbestandteile noch ein wertvolles Viehfutter. Kopra enthält durch den vorgegangenen Trocknungsprozess einen Wassergehalt von ca. 5 M.- % und einen Fettgehalt von 63 bis 70 M.- %. Eine Kokospalme liefert ca. 20 kg Kopra jährlich, welches aus reifen Früchten gewonnen wird.

Produkte aus der Kokospalme

Die in vielen tropischen Ländern „Baum des Himmels" genannte Pflanze dient seit Jahrtausenden als Nahrungs- und Rohstoffquelle mit unzähligen Einsatzbereichen. In der heutigen Zeit werden weltweit ca. 45 Millionen Tonnen Kokosnüsse geerntet. Diese liefern u. a. ca. 8 Prozent des Weltpflanzenölbedarfs. Weltweit werden ca. 4,8 Millionen Tonnen Kopra für die Ölgewinnung weiterverarbeitet.

Die sogenannten Coirfasern, die aus feineren Fasern der unreifen Früchte gewonnen werden, werden zu Kokosschnüren versponnen. Kleinere Kokosmatten entstehen oft durch Handarbeit auf kleinen Webstühlen. In großen Kokoswebereien werden mit Hilfe großer Handwebstühlen, die zumeist von mehreren Männern bedient werden, Auslegwaren und Teppiche hergestellt. Die 20 bis 30 cm langen Coirfasern sind dauerhaft, stark verholzt und elastisch. Coirfasern gelten als strapazierfähig, scheuer- und verrottungsfest. Produkte aus Coirgarn sind pflegeleicht, schalldämmend, antibakteriell und antistatisch.

Bild **5**.6.6
Kokosteppich

Tabelle **5**.6.2 Produktbeispiele aus den Rohstoffen der Kokospalme

Blüte	Palmwein, Palmhonig, Palmessig, Palmschnaps
Mesocarp (unreife Früchte)	Seile, feine Garne, Teppiche, Matten, Läufer, Hüte, Körbe, Bürsten, Besen, Bauprodukte, Fahrzeugbau, Matratzenfüllungen, Pflanzsubstrat
Mesocarp (reife Früchte)	Matratzen-, Polsterfüllungen, Bauprodukte, Taue, Öle, Fette, Nahrungsmittel, Getränke, Kokosmilch, Kosmetika, Seife, Kerzen
Palmwedel	Besen, Dachdeckung, Flechtmaterial für Körbe und raumteilende Elemente
Innerer Steinkern	Trinkgefäße, Schalen, Krüge, Tassen, Löffel, Vasen, Schnitzereien, Spielzeuge, Taschen, Brennmaterial, Aktivkohle, Kohleveredelung, Briketts, Pflanzsubstrat
Scheitelmeristem	Nahrungsmittel (Palmherzen)
Holz	Bauholz für Haus- und Schiffbau, Möbel, Schnitzarbeiten, Brennmaterial

Bild **5**.6.7
Maledivischer Besen aus Kokospalmwedel

5.6.1 Ernte & Aufbereitung für das Bauwesen

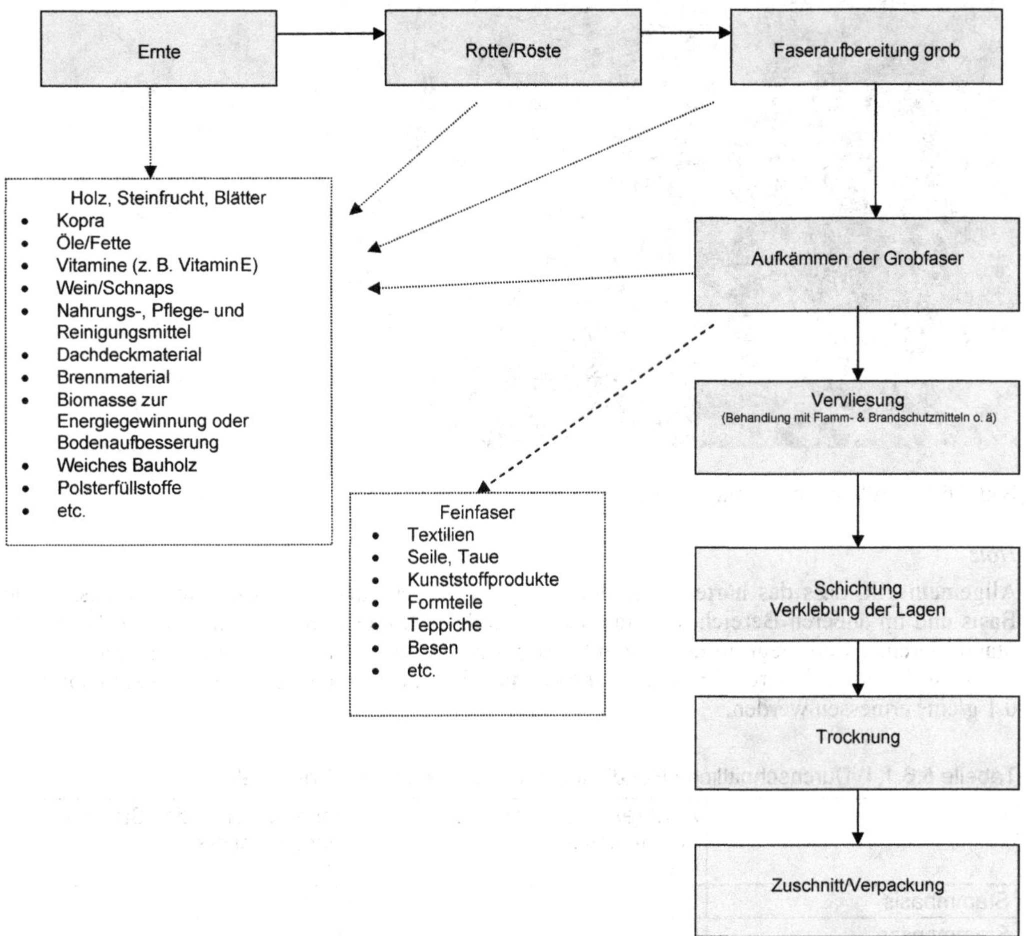

Skizze **5**.6.1.1 Herstellungsdiagramm der Kokosfaserdämmplatte

Die bis zu 120 Jahre alt werdende Palme bringt vom ca. 12. bis längstens 80. Lebensjahr ganzjährig eine Ernte von 50 bis 80 Kokosfrüchten pro Jahr. An optimalen Standorten können auch bis zu 150 Früchte pro Jahr geerntet werden. In gut gepflegten 15-jährigen Beständen erntet man i. d. R. pro Hektar und Jahr etwa 9.500 in 20-jährigen Beständen etwa 12.000 Früchte. Plantagenpflanzen werden nach ca. 30 Standjahren, aufgrund der dann aufwendigeren Ernte (Stammhöhe), gefällt. Geerntet werden, je nach späterer Verarbeitung, die 10 bis 11 Monate alten, grünen, kopfgroßen, gerade reifen Früchte von sogenannten Palmkletterern oder vom Boden mit Hilfsgeräten wie langen Stangen mit messerähnlicher Spitze. Selten, aber noch ausgeübt, ist die Ernte mit Affen (Makaken-Affen), welche auf diesen Vorgang trainiert werden. Da Kokosnüsse nach der Ernte nicht nachreifen, ist der Erntezeitpunkt an die späteren Aufbereitungs- oder Nutzungsziele gebunden.

Bild **5**.6.1.1 Affe bei der Kokosnussernte

Holz

Allgemein gilt, dass das härtere des ohnehin gering druck- und biegezugfesten Holzes, an der Basis und im äußeren Bereich des Stammes zu finden ist. Die Rohdichte im äußeren Drittel des Stammdurchmessers liegt an der Stammbasis bei ca. 0,9 g/cm^3 und an der Stammspitze ca. 0,3 g/cm^3, während im inneren Drittel an der Stammbasis ca. 0,35 g/cm^3 und an der Stammspitze ca. 0,1 g/cm^3 ermessen werden.

Tabelle **5**.6.1.1 Durchschnittliche Rohdichte im Stammverlauf der Kokospalme

	Äußeres Drittel des Stamm-durchmessers in g/cm^3	Inneres Drittel des Stamm-durchmessers in g/cm^3
Stammbasis	0,9	0,35
Stammspitze	0,3	0,1

Bild **5**.6.1.2 Kokosnüsse nach der Wasserröste

Faser

Die Faserschicht (Mesocarp), welche ein dichtes Geflecht aus Gefäßbündelsträngen und den sie begleitenden, stützenden Fasern ist, wird direkt nach der Ernte vom Steinkern getrennt und weiter aufbereitet. Diese zur Fasergewinnung bestimmte Ernte findet i. d. R. bis zu 4 mal im Jahr statt. Je nach späterer Nutzung werden für möglichst feine Fasern (für z. B. Garne) unreife und für grobe Fasern (für z. B. Dämmstoffe) reife Früchte getrennt voneinander verarbeitet.

In aller Regel werden die abgelösten Faserschichten hiernach einer Wasserröste unterzogen und 6 bis 9 Monate lang, von oben beschwert, unter Meerwasser in Brackwässern von Lagunen oder großen Tanks gelagert. Das Faserbündel erfährt somit einen Pektinabbau durch unterschiedliche Mikroorganismen und wird vom umfassenden Gewebe gelöst, die fäulnisanfälligen Stoffanteile werden zersetzt. Nach dieser Unterwasserlagerung wird das Fasergewebe mit klarem Wasser ausgespült und von anhängenden Gewebezellen durch händisches Ausklopfen mit Rundhölzern oder maschinell (Decorticatoren) getrennt. Bei einer maschinellen Aufbereitung werden die Faserhüllen i. d. R. in zwei Durchgängen durch eine mit einem Schlagarm ausgestattete Welle aufgeschlagen. Die Fasern werden in noch feuchtem Zustand nach Feinheit und Farbe sortiert, bevor sie natürlich (Sonne) oder industriell (Trockenstraße) getrocknet werden. Nach der Trocknung erfolgt eine erneute Sortierung in Wirrfasern und kämmbare Fasern. Kokosfasern bestehen aus ca. 45 % Lignin und 44 % Zellulose. Für eine Tonne Kokosfasern werden ca. 13.000 Kokosnüsse benötigt.

Bild **5**.6.1.3 Kokosfasern (Quelle: Fa. Ziro)

Bild **5**.6.1.4 Kokosvlies (Quelle: Fa. Ziro)

Da bei einer maschinellen, röstfreien Faseraufbereitung von Kokosfasern eher gröbere Fasern gewonnen werden, ist die händische Aufbereitung, die allgemein feinere und geschmeidigere Fasern produziert, noch weit verbreitet. Für die Faseraufbereitung werden allgemein noch nicht reife Früchte bevorzugt, da aus diesen qualitativ bessere Fasern erzeugt werden können.

Der Baumbestand wird durch eine Kokosnussernte zur Fasergewinnung nicht beeinträchtigt, jedoch sind viele Kokospalmenbestände überaltert oder durch chemische Düngemittel verseucht. Die heutigen hybriden Plantagenpflanzen können aufgrund ihrer Anfälligkeit nur mit Kunstdünger und Pestiziden angebaut werden. Ein weiteres Problem, neben den ökologisch bedenklichen Monokulturen, stellt die übermäßige Kultivierung dar. Die oftmals rücksichtslosen Anpflanzungen von Kokosplantagen bis ins Landesinnere gelten als zerstörender Faktor für Wälder, Böden und das regionale Landschaftsbild. Auch die Röstung der kokosfaseranteiligen Bestandteile gilt nach heutigem Stand als umweltbelastend, zumindest mit Blick auf die zumeist ausgeführte Wasserröste direkt im Meerwasser der Lagunen. So werden bei der Röste Faulstoffe und toxische Stoffe wie Schwefelwasserstoff-, Methan- und Phenolverbindungen freigesetzt.

Die Faserweiterverarbeitung zur Herstellung von Kokosfaserdämmplatten erfolgt im Allgemeinen identisch mit der Herstellung von Hanf- oder Flachsfaserdämmplatten.

5.6.2 Bauprodukte aus Kokos

Tabelle **5**.6.2.1 Anwendungstypen der Kokosfaserdämmplatten nach DIN 4108

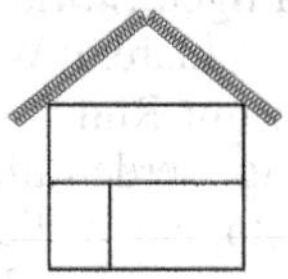	**DZ** Zwischensparrendämmung, zweischaliges Dach und nicht begehbar aber zugängliche oberste Geschossdecke. Beispiele: Dämmung zwischen Sparren. Dämmung zwischen Kehlbalken. Dämmung zwischen Deckenbalken. Dämmung auf nicht begehbarer oberster Geschossdecke.
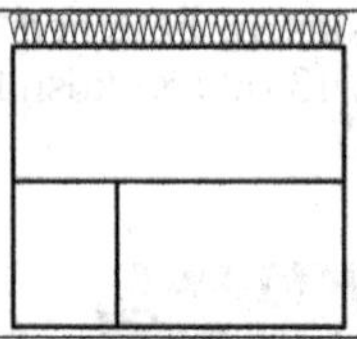	**DAA**-dh Außendämmung von Dach oder Decke. Beispiel: Dämmung von Flachdächern mit Abdichtungsbahnen. Dämmung von Steil- und Gefälledächern mit Abdichtungsbahn.
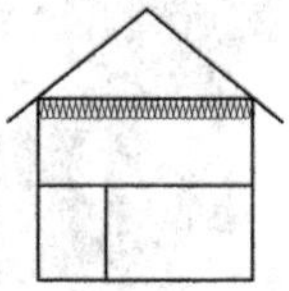	**DI**-zg/-zk Innendämmung der Decke (unterseitig) oder des Daches, Dämmung unter den Sparren/Tragkonstruktion, abgehängte Decke. Beispiele: Untersparrendämmung. Dämmauflage bei abgehängten Decken.
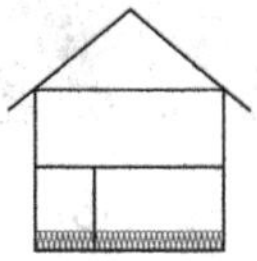	**DEO**-ds/-dm/-dg Innendämmung der Decke oder Bodenplatte (oberseitig) unter Estrich ohne Schallschutzanforderungen. Beispiele: Wärmedämmung unter Estrich (auch Trockenestrich). Wärmedämmung zwischen Deckenbalken.
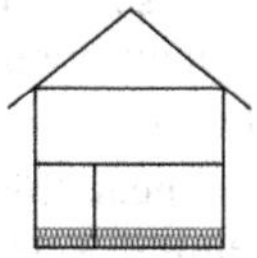	**DES**-sg/-sh Innendämmung der Decke oder Bodenplatte (oberseitig) unter Estrich mit Schallschutzanforderungen. Beispiele: Trittschalldämmung unter Estrich (auch Trockenestrich). Trittschalldämmung auf Deckenbalken mit begehbarer Oberflächenverkleidung.
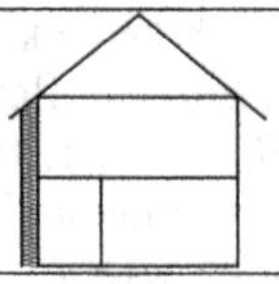	**WAB**-ds/-dk/-dg/-dm Außendämmung der Wand hinter Bekleidung. Beispiel: Wärmedämmplatten zur Verlegung hinter Vorhangfassaden.

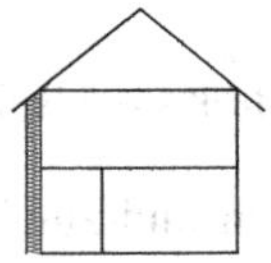	**WZ** Dämmung von zweischaligen Wänden, Kerndämmung. Beispiel: Wärmedämmplatten zur Anwendung hinter belüfteten Mauerwerksvor-satzschalen.
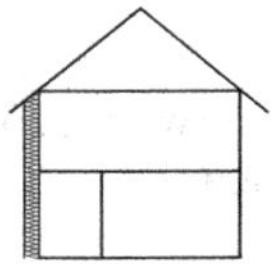	**WH** Dämmung von Wänden in Holzrahmenbauweise und Holztafelbauweise. Beispiel: Wärmedämmplatten und -dämmkeile als Gefachedämmung zwischen Holzständern (Fachwerk).
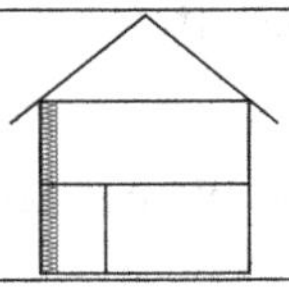	**WI**-zg/zk Innendämmung der Wand. Beispiele: Wärmedämmplatten für raumseitige Dämmung von Außenwänden.
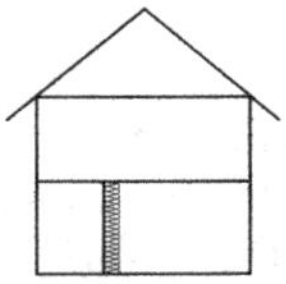	**WTR** Dämmung von Raumtrennwänden. Beispiele: Hohlraumdämmung von tragenden und nicht tragenden Trennwänden in Holz- oder Metallständerbauweise. Flächige Dämmung von massiven Raumtrennwänden mit Trockenbaube-kleidung.
dk: ohne Druckfestigkeit; **dg**: geringe Druckfestigkeit; **dm**: mittlere Druckfestigkeit; **dh**: hohe Druckfestigkeit; **ds**: sehr hohe Druckfestigkeit; **sh**: erhöhte Zusammendrückbarkeit; **sg**: geringe Zusammendrückbarkeit; **zk**: ohne Zugfestigkeit; **zg**: geringe Zugfestigkeit; **zh**: hohe Zugfestigkeit	

In Bezug auf das thermische Verhalten der Kokosdämmplatte ist bei deren Anwendung zu beachten, dass sich die Kokosfasern ab einer Temperatur von ca. 270° C zersetzen. Im Brandfall entstehen hierbei, wie bei der Verbrennung von Holz, Kohlenmonoxid, Wasser und additivabhängige Stoffe. Grundsätzlich sollte darauf geachtet werden, unbituminierte Kokosfaserplatten zu verwenden.

Im Allgemeinen bestehen Kokosfaserdämmplatten und -matten aus Kokosfasern, die mit Brandschutzmitteln (Ammoniumpolyphosphat, Borate oder Wasserglas) und Bindemitteln (Kunststoffdispersion auf Basis von Polyvinylalkohol oder Naturlatex) vernadelt werden. Nach diesem Verfahren werden so gut wie alle Kokosfaserprodukte, wie z. B. Wärmedämmplatten, Rollfilze, Trittschalldämmplatten, Randdämmstreifen o. ä., für das Bauwesen hergestellt. Stopfdämmungen aus Kokosfasern erhalten in der Regel keine Bindemittel. Sie werden nur mit einem Brandschutzmittel behandelt. Durchschnittlich kann man davon ausgehen, dass Kokosplatten für die Wärmedämmung ca. 8 bis 10 M.- % Flammschutzmittel und Trittschallplatten ca. 2 M.- % Dispersion auf Polyvinylacetatbasis beigegeben wird. Bei der Verarbeitung (zuschneiden) kann es zu Staubentwicklung und hierdurch zu Beschwerden in den Atemwegen kommen, daher wird allgemein die Verwendung einer Staubschutzmaske empfohlen.

Weitere Beispiele für Einsatzmöglichkeiten der Rohstoffbestandteile der Kokospalme im Bauwesen allgemein:

- Die Fasern für Trittschallmatten als Konstruktionsunterlagen wie beispielsweise zwischen Parkettunterbau und Deckenbalken.
- Die Fasern für Verbundplatten mit z. B. Kork o. ä. für ein Wärmedämmverbund-System.

- Die Fasern für Putzträgerplatten allgemein.
- Als Faserverstärkung für Kunststoff-Formgussteile.
- Die Fasern für Akustikplatten für Böden, Wände und Trockenestrichelemente im beidseitigen Verbund mit anderen Plattenprodukten (z. B. mit Kork, Gipskarton u. ä.).
- Die Fasern als Ein-, Aufblas- und Stopfdämmstoff in Ständerkonstruktionen und zur Hohlraumdämmung.
- Die Fasern als Baustoffbestandteil für Fertigteilelemente.
- Als Faserzuschlag für Lehmputze u. ä.
- Die Fasern als Abdichtwolle für Anschlüsse zwischen Fenster/Türen und Mauerwerk u. ä.
- Die Fasern als Textilrohstoff für Dekorprodukte, Bodenbeläge und Geotextilien.
- Rohstoffgrundlage für Kokosbesen u. ä.
- Die Kopra als Kokosöllieferant für Öle, Schmiermittel, Klebstoffe und Treibstoff.
- Das Kokosholz als bedingt einsetzbares Schreinerholz im Möbelbau.
- Palmwedel für reetdachähnliche Dachdeckungen von Pavillons u. ä.
- Produktionsabfälle als Biomasse zur Gewinnung von elektrischem Strom und Wärmeenergie.

5.6.3 Einbaubeispiele

Die Dämmplatten aus Kokosfilz werden, wie auch die weichen Hanfdämmplatten, zwischen Konstruktions- oder Polsterhölze eingeklemmt. Bei Einsätzen in Dachhohlräume geneigter Dächer sind zusätzliche Befestigungsmaßnahmen entgegen dem Abrutschen der Dämmfilze vorzunehmen.

Beim Verlegen der Kokosdämmplatten unter den Estrich ist, wie auch bei allen anderen schwimmenden Estrichen, ein Randdämmstreifen, der auch aus einem Kokosfilz bestehen kann, einzulegen. Die Platten sind auch hier Stoß an Stoß im Verband zu verlegen. Werden Nassestriche wie z. B. Anhydritfließestrich auf die Dämmlage aufgebracht, so ist auch hier ein vollflächiger Feuchteschutz (z. B. Schrenzpapier) zwischen dem Dämmstoff und dem Estrich einzulegen.

Für den Zuschnitt der Kokosdämmplatten eignen sich, identisch mit Hanf- und Flachsdämmplatten, herkömmliche Dämmstoffmesser mit Wellenschliff, aber auch eine gewöhnliche Baukreissäge.

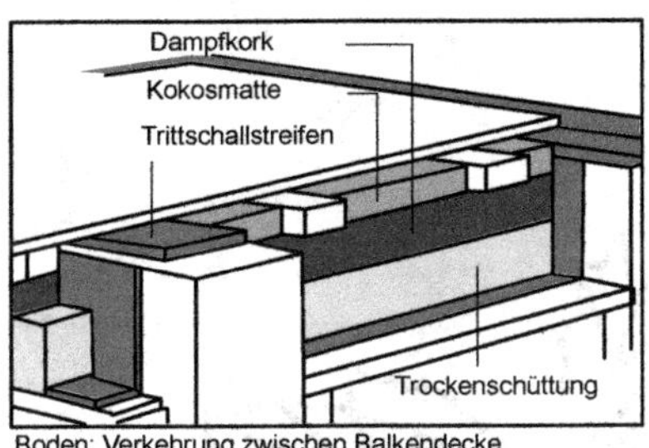

Boden: Verkehrung zwischen Balkendecke

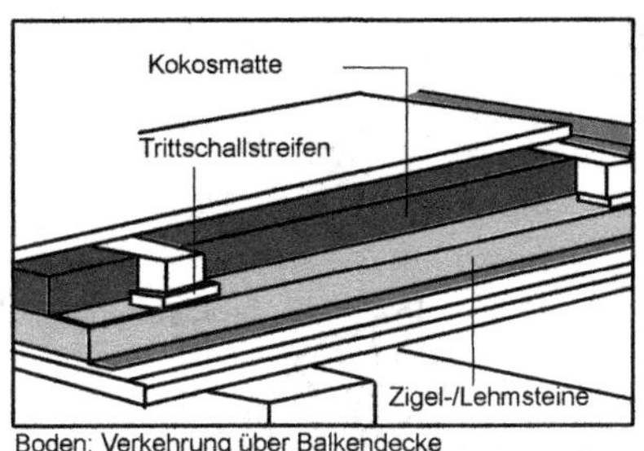

Boden: Verkehrung über Balkendecke

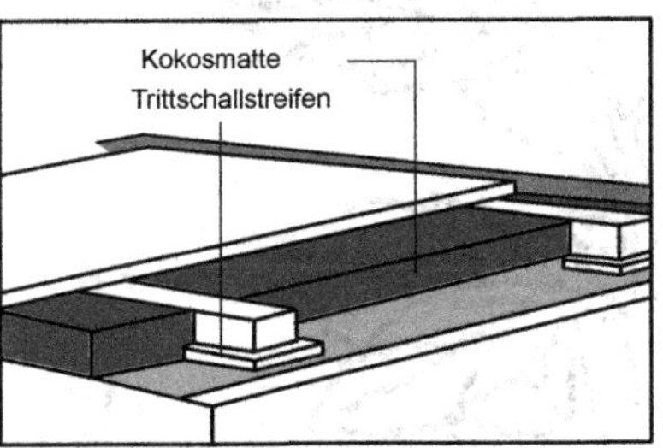

Boden: Vakerung über Balkendecke

Bild **5**.6.3.1, Bild **5**.6.3.2 und Bild **5**.6.3.3 Einbau von Kokosdämmplatten in Bodenkonstruktionen

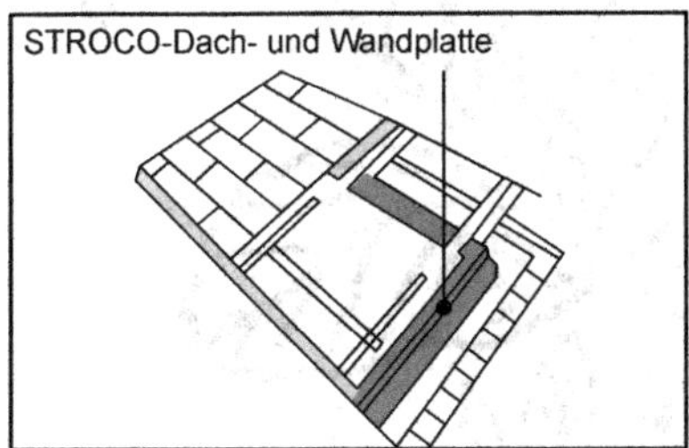

Dach: Zwischensparren Warmdach

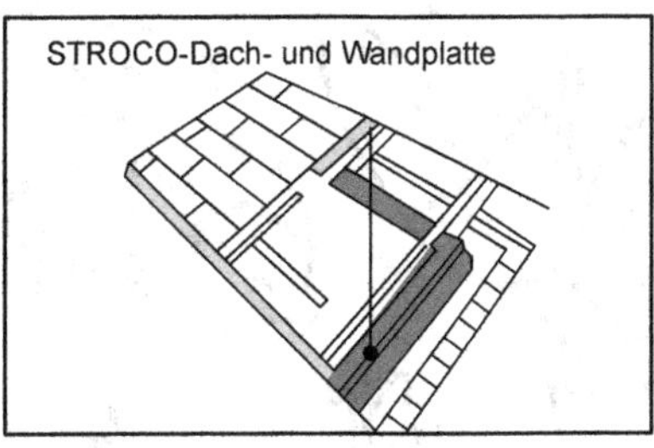

Dach: Zwischensparren Kaltdach

Bild **5**.6.3.4 und Bild **5**.6.3.5 Einbau von Kokosdämmplatten in Warm- und Kaltdach

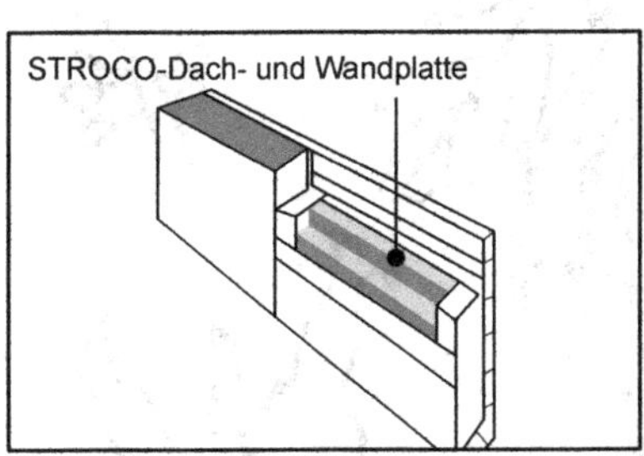

Wand: Dämmung bei Ständerbau

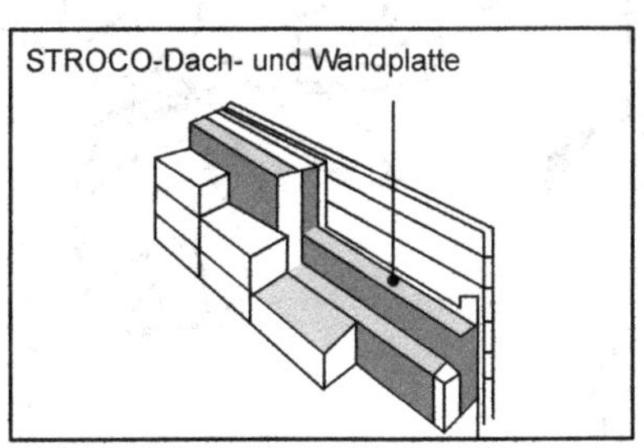

Wand: Aussendämmung Mauerwerk

Bild **5**.6.3.6 und Bild **5**.6.3.7 Einbau der Kokosdämmplatten in Wandkonstruktionen

5.7 Kork

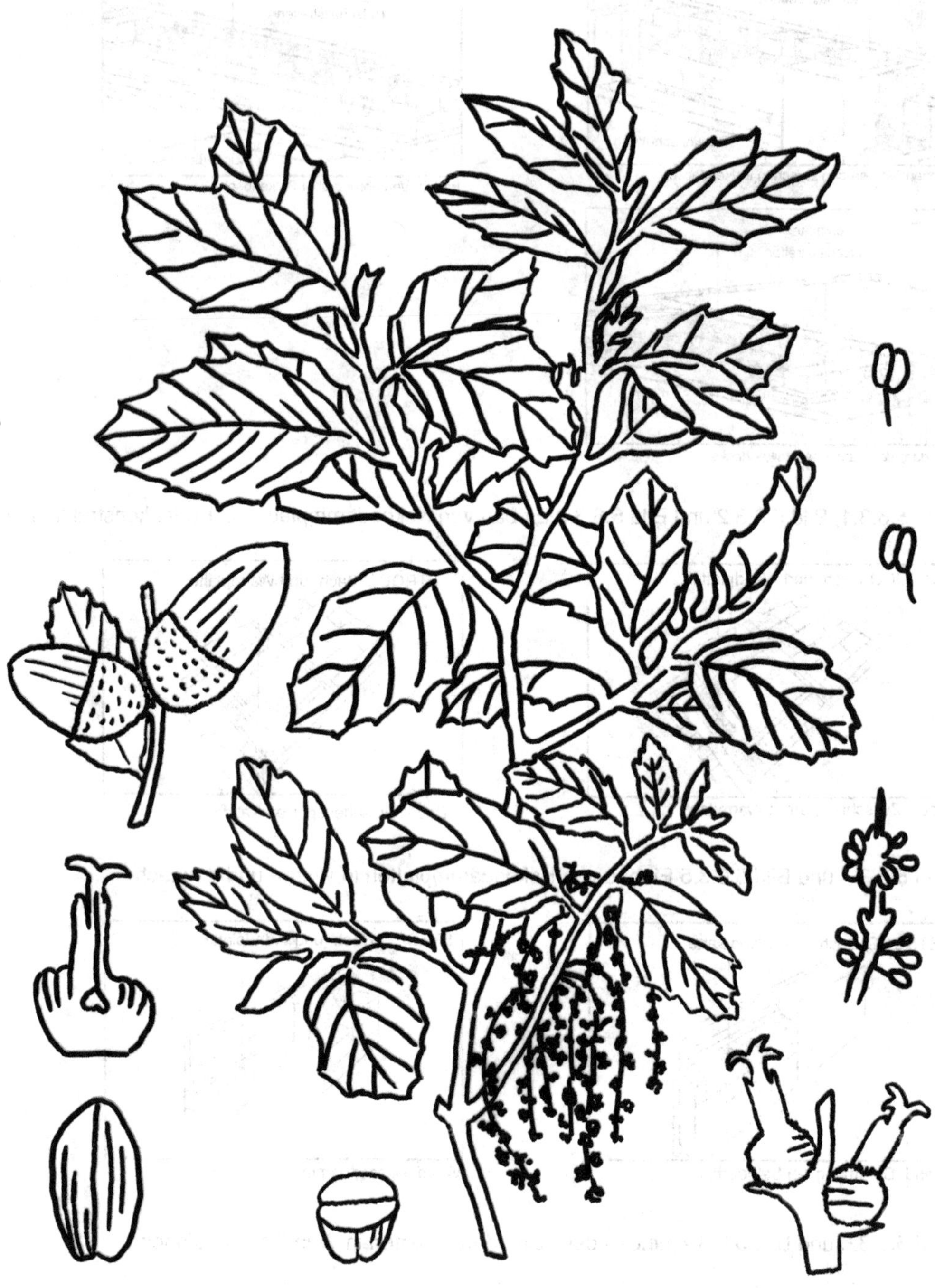

Kork (Phellem) bezeichnet aus botanischer Sicht grundsätzlich die Zellschicht zwischen Epidermis und Rinde einer Pflanze. Umgangssprachlich hat sich Kork als Betitelung für den Rindenrohstoff der Korkeiche (Quercus Suber) bzw. der daraus hergestellten Produkte gefestigt. Auch korkähnliche Rohstoffe und Produkte pflanzlicher oder synthetischer Herkunft, werden oftmals als Kork bezeichnet.

Die Korkeiche, über deren Rohstoff im Nachfolgenden berichtet wird, ist eine immergrüne, aus Nordafrika und Südwesteuropa stammende Eichen-Art. Die Eichen (Quercus) sind mit 400 bekannten Arten eine Gattung der Laubgehölze aus der Familie der Buchengewächse (Fagaceae). Diese Gattung wird in die Untergattungen Quercus und Cyclobalanopsis unterteilt. Die Quercusgruppe wiederum wird in 5 Sektionen untergruppiert, worin die Korkeiche im Bereich der Zerreichen eingeordnet ist. Die Korkeiche hat im ausgewachsenen Zustand einen Stammumfang von ca. 2 bis 5 m und wächst in eine Höhe von max. 30 m. Der Stamm ist kurz gedrungen, braun bis braunrot und trägt krumme, mitunter unbelaubte nach oben strebende Äste. Die Blütezeit ist vom vorhandenen Klima abhängig. So blüht die Korkeiche in Spanien von ca. April bis Juni, während in Algerien die Blüte im Januar beginnt und im Mai endet. Die kleinen, länglichen Blätter sind auf der Oberseite dunkelgrün und auf der Unterseite deutlich heller und feinbehaart. Allgemein gleicht die Blattform der in Deutschland heimischen Eichen.

Die Kultivierung im landwirtschaftlichen Sinne erfolgt in Europa hauptsächlich in Algerien, Frankreich, Italien, Marokko, Portugal, Spanien und Tunesien. Allgemeinen Angaben zufolge produziert die europäische Korkindustrie derzeit ca. 340.000 Tonnen Kork, wobei hiervon ca. 51 % aus Portugal und ca. 28 % aus Spanien stammen.

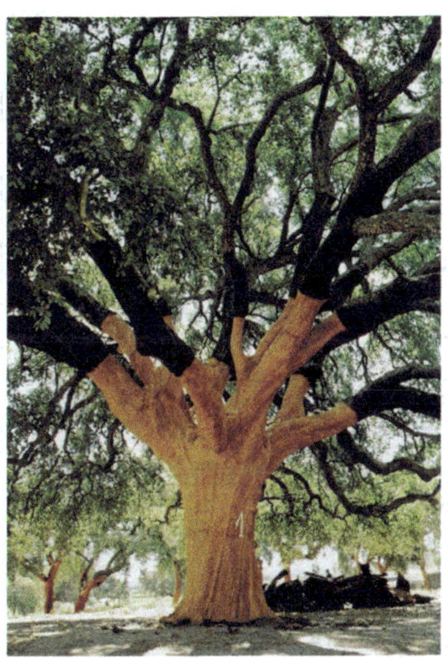

Bild **5**.7.1 Frisch geschälte Korkeiche (Quelle: Korkverband)

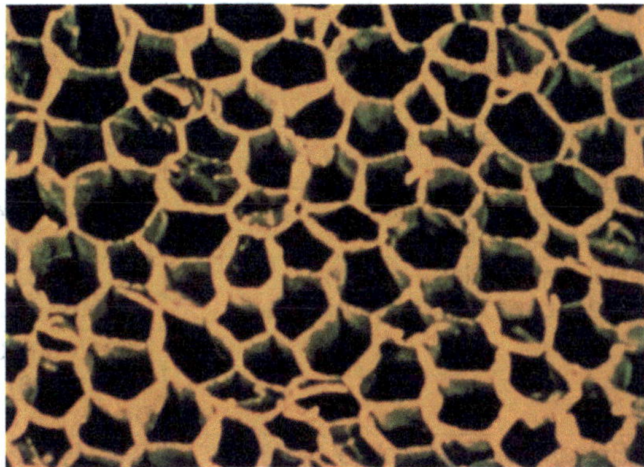

Bild **5**.7.2 Korkzellen (Korkwaben) (Quelle: Korkverband)

Die relativ elastische Korkrinde besteht zu größtem Teil aus Zellulose, welche mit pflanzeneigenem Suberin zusammengehalten wird. Das Korkkambium (Phellogen) der Korkeiche bildet breite Lagen schmaler Korkzellen, die lückenlos aneinander schließen und durch den in der Pflanze vorhandenen, wachsschichtigen Harzstoff (Suberin) imprägniert werden. Die Gerbstoffabkömmlinge des abgestorbenen Inhalts dieser Zellen verleihen dem Kork die bräunliche Farbgebung. Das Holz der Korkeiche wird im Alter tiefbraun bis pechschwarz.

Tabelle **5**.7.1 Bestandteile des Korkes

Suberin	58 %
Zellulose	22 %
Lignin	12 %
Wasser	5 %
Cerin	2 %
Vanillin, Phellonsäure, Gerbsäure etc.	1 %
Quelle: Klaubner 1920	

Korkeichenwälder gelten als widerstandsfähig bei Waldbränden, erosionsmindernd und wasserspeichernd. Das Abrinden (Ernten) der Korkeiche ist für den Baum unschädlich. Der Korkan- und -abbau wird in den Hauptanbaugebieten wie Portugal und Spanien gesetzlich eng geregelt und von staatlicher Seite überwacht.

Korkersatzmittel

Als Korkersatzmittel betitelt man Pflanzenrohstoffe oder künstlich hergestellte Stoffe, aus denen korkähnliche Produkte hergestellt werden können. Es sind zwar zahlreiche Alternativpflanzen bekannt, dennoch gibt es keine eigenschaftsgleiche Alternative zum Kork der echten Korkeiche.

Tabelle **5**.7.2 Beispiele für Pflanzen, aus deren Pflanzenteilen Korkersatzmittel hergestellt werden können

Familie	**Art**
Kieferngewächse (Pinaceae)	Waldkiefer (Pinus Sylvestris) und div. andere Arten
Weidengewächse (Salicaceae)	Div. Weidenarten (Salix) und Pappelarten (Populus)
Maulbeergewächse (Moraceae)	Schirmbaum (Musanga Smithii)
Annonengewächse (Annonaceae)	Teichapfel (Annona glabra)
Hülsenfrüchtler (Fabaceae oder Leguminosae)	Div. Schmetterlingsblütler (z. B. Aeschynomene Elaphroxylon)
	Div. Arten der Korallenbäume (Erythrina)
	Div. Padauk- und Sandelholzgehölzer (z. B. Pterocarpus Suberosus)
	Div. Arten Süßholz (Glycyrrhiza)
Balsambaumgewächse (Burseraceae)	Div. Myrrhearten (z. B. Commiphora Africana)
Malvengewächse (Malvaceae)	Lindenblättriger Eibisch (Hibiscus tiliaceus)
	Linde (Tilia Grandifolia)
	Div. Arten der Wollbaumgewächse (Bombacoideae)
Myrtengewächse (Myrtaceae)	Kajeputbaum (Melaleuca Leucadendron)
Hundsgiftgewächse (Apocynaceae)	Ditabaum (Alstonia scholaris)
Quelle: Wiesner 1928	

Produkte aus Kork

Bild 5.7.3 Produkte aus Kork (Quelle: Korkverband)

Von der Antike bis zu Beginn des 20. Jhd. wurde das Holz der Korkeiche, vor allem im nordafrikanischen Raum, häufig im Wagen- oder Schiffsbau, für Unterwasserarbeiten, allgemeine Tischlerarbeiten, als Gefäßverschluss oder Grundstoff für Schuhwerk o. ä. verwendet. Bereits um 116 bis 27 v. Chr. hatte Terentius Varro den Kork zur Verwendung als Wärmeisolatoren vorgeschlagen. In der heutigen Zeit verarbeitet man praktisch nur noch die Rinde.

Für Platten-, Matten- oder andere Korkprodukte wird die Rinde zunächst granuliert. Dieses Granulat kann direkt eingesetzt (z. B. als Dämmschüttung) oder mit heißem Wasserdampf expandiert und zu Dämmplatten oder anderen Formprodukten wie Korktapeten, Korkmatten oder Schuheinlagen etc. verpresst werden. Grundsätzlich werden bessere Qualitäten i. d. R. zur Herstellung von Flaschenkorken u. ä., die zweite Wahl für Dämmplatten, Fußbodenbeläge, Tapeten o. ä. verwendet. Korkprodukte können, sofern sie nicht verunreinigt sind, recycel werden.

5.7.1 Ernte & Aufbereitung für das Bauwesen

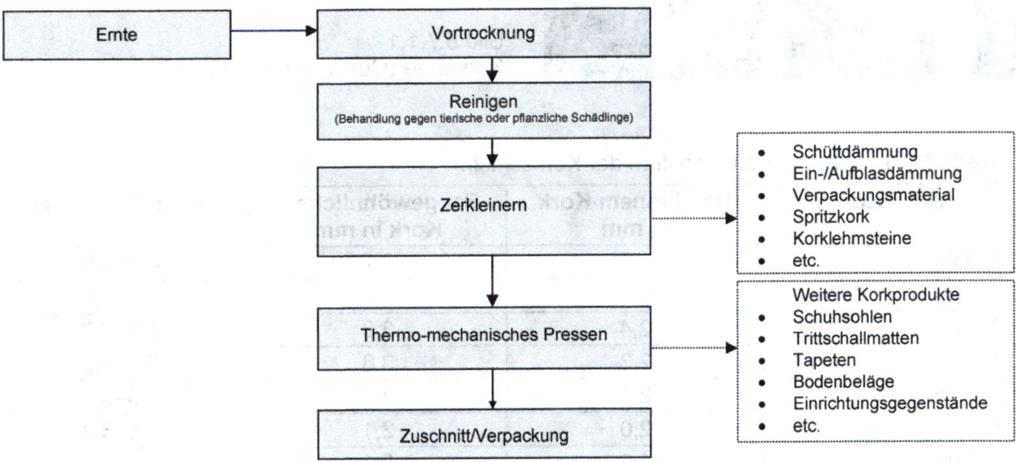

Skizze 5.7.1.1 Herstellungsdiagramm der Korkdämmplatte

Wenn die Korkeiche ca. 5 bis 8 Jahre alt ist, wird der erste, spröde, sogenannte „Männliche Kork“ oder „Jungfernkork“ abgeschält. Diese erste Ernte ist i. d. R. nicht für eine technische Produktion einsatzfähig. Eine Korkernte deren Rohstoff vollwertig technisch nutzbar ist (Weiblicher Kork), kann alle 8 bis 14 Jahre, ab einem Pflanzenalter zwischen 15 bis 20 Jahren, oder wenn der Umfang des Stammes mit Korkschicht 1,20 m bei einer Wuchshöhe von 60 cm nicht unterschreitet, eingebracht werden. In vielen Korkplantagen werden aufgrund dieser altersbedingten Rhythmen die einzelnen Pflanzenstämme mit dem Jahr der letzten Ernte beschriftet. Die beste Korkqualität liefern 50- bis 100-jährige Exemplare.

Bild **5**.7.1.1
Korkernte (Quelle: Korkverband)

Tabelle **5**.7.1.1 Jährliches Wachstum der Korkschicht

Wachstum	Bei dünnem Kork in mm	Bei gewöhnlichem Kork in mm	Bei dickem Kork in mm
1. Jahr	1,7	2,7	4,0–5,0
2. Jahr	2,5	3,9	5,5–7,5
3. Jahr	2,4	3,8	5,3–7,0
4. Jahr	2,3	3,6	5,0–6,5
5. Jahr	2,1	3,4	4,6–5,8
6. Jahr	2,0	2,1	4,1–5,3
7. Jahr	1,9	2,1	3,6–4,8
8. Jahr	1,7	2,5	3,2–3,9
9. Jahr	1,5	2,2	2,8–3,9

Wachstum	Bei dünnem Kork in mm	Bei gewöhnlichem Kork in mm	Bei dickem Kork in mm
10. Jahr	1,3	2,0	2,5–3,7
11. Jahr	1,2	1,8	2,3–3,6
12. Jahr	1,1	1,7	2,1–3,5
13. Jahr	1,1	1,7	2,0–3,5
14. Jahr	1,0	1,6	1,9–3,4
15. Jahr	1,0	1,6	1,9–3,4
Quelle: Lamey 1993			

Die Ernteerträge einer Korkeiche sind, wie auch das Wachstum an sich, stark von den Lebensbedingungen bzw. dem Standort des Baumes abhängig. Nachfolgende Tabelle zeigt durchschnittliche Ernteerträge während der Lebensdauer einer Korkeiche auf. Hierbei ist zu beachten, dass es auch Korkeichen an besonders günstigen Standorten mit besten Lebensbedingungen gibt, von welchen im Zuge einer Ernte mehr als das doppelte des nachstehenden Beispiels geerntet wurde.

Tabelle **5**.7.1.2 Ernteerträge einer Korkeiche

Mittleres Alter des Baumes	Ernteperiode	Umfang des Baumes mit der Rinde in m	Gewicht des geernteten Korkes in kg
35–40	1. Ernte	0,65	3,372
40–50	2. Ernte	0,81	6,489
50–60	3. Ernte	0,96	10,464
60–70	4. Ernte	1,12	15,480
70–80	5. Ernte	1,28	21,456
80–90	6. Ernte	1,44	28,392
90–100	7. Ernte	1,60	36,288
100–110	8. Ernte	1,75	44,784
110–120	9. Ernte	1,91	54,660
Quelle: Lamey 1993			

Industriell nutzbarer Kork kann bis zum 200. Standjahr des jeweiligen Baumes geerntet werden. Beim Schälen der dicken Stämme und Astansätze bleiben ca. 20 % der Rinde und eine dünne rötliche Mutterschicht erhalten, unter welcher der neue Kork heranwachsen kann und die den Baum vor dem Austrocknen schützt. Das Schälen von Ästen darf nur dann durchgeführt werden, wenn ihr Durchmesser über dem Phellogen (der zellentwickelnden Schicht) nicht weniger als 15 cm oder ihr Umfang nicht weniger als 47 cm beträgt.

Die vom Stamm abgelösten Korkplatten werden i. d. R. vor der Weiterverarbeitung sortiert und auf Sammelplätzen im Freien bis zu 6 Monate zur Trocknung und Stabilisierung gelagert.

Zum Abtöten oder Entfernen des Ungeziefers wird die Korkrinde längere Zeit gewässert oder für ca. 1 Std. in kochendem Wasser behandelt. Bei beiden Varianten können Insekten- und/oder Pilzbekämpfungsmittel beigefügt sein. Nach dem Trocknen wird die Rinde in einer Korkmühle auf die jeweils nötige Korngröße (ca. 2 mm bis 30 mm) zur späteren Weiterverarbeitung granuliert und über ein Rüttelsieb die enthaltenen Holzanteile (ca. 15 %) herausselektiert.

Bild 5.7.1.2 Geschälte Rinde der Korkeiche (Quelle: Korkverband)

Niedrig expandiertes Backkork

Für die Herstellung von Korkdämmplatten aus niedrig expandierten Backkork wird das Korkgranulat in Stahlformen bei Temperaturen zwischen 350 und 380° C ohne Zusätze im überhitzten Wasserdampf expandiert. Die hierbei entstehenden Korkblöcke werden auf diese Weise mit dem korkeigenen Suberin gebunden. Gesundheitlich bedenkliche Emissionen aus dem Suberin sind nicht bekannt. Eine weiter durchgeführte Produktionsmethode ist der Zusatz von künstlichem Harz bei selbigem Verfahren. Aus Kunstharz gebundene Korkplatten werden als Presskorkplatten betitelt und dienen i. d. R. zur Herstellung von Korkfliesen o. ä. Werden die Temperaturen beim Expandieren überschritten, können auch bei mit korkeigenen Harzen gebundenen Platten Stoffe wie Phenole oder polycyclische aromatische Kohlenwasserstoffe (PAK) auftreten und entsprechend der Temperaturhöhe steigende Furfurale abgegeben werden. Verantwortlich für die Bildung des Furfurals ist die thermische Zersetzung der im Korkholzbestandteil enthaltenen Hemizellulose bei Temperaturen > 150° C.

Hoch expandiertes Backkork

Korkprodukte aus sogenanntem hoch expandierten Backkork werden identisch aufbereitet wie die aus niedrig expandierten Backkork, nur wird hier mit höheren Temperaturen verfahren (mind. 400° C). Produkte aus diesem Verfahren werden allgemein nicht für Wärmedämmprodukte in der Bautechnik, sondern vielmehr für Antivibrationsblöcke im Maschinenbaubereich o. ä. produziert.

Nach den jeweiligen Prozessen werden die Korkblöcke in Platten entsprechend der gewünschten Enddimensionen geschnitten, verpackt und in den Handel oder die Weiterverarbeitung geliefert.

Expandiertes Korkschrot

Mit dem Begriff „Expandiertes Korkschrot“ ist der gehäckselte „Abfall“ bei der Dämmkorkherstellung, gehäckseltes Korkrecyclinggut oder eine Mischung von beidem zu verstehen. Dieses Korkschrot wird u. a. als Dämmschüttung eingesetzt.

5.7.2 Bauprodukte aus Kork

Tabelle 5.7.2.1 Anwendungstypen der Korkdämmplatten nach DIN 4108

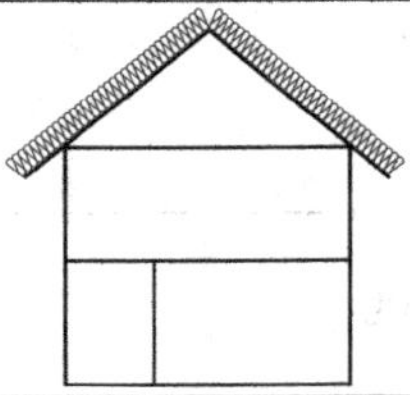	**DAD**-dk/-dm/-dg/-ds Außendämmung von Dach und Decke, vor Bewitterung geschützt, Dämmung unter Decken. Beispiele: Aufsparrendämmung. Zusatzdämmschicht über Sparren.
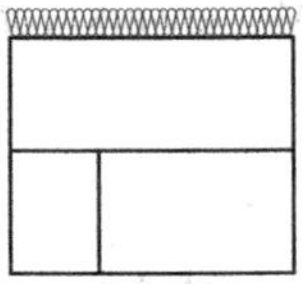	**DAA**-dh/-ds Außendämmung von Dach oder Decke. Beispiel: Dämmung von Flachdächern mit Abdichtungsbahnen.
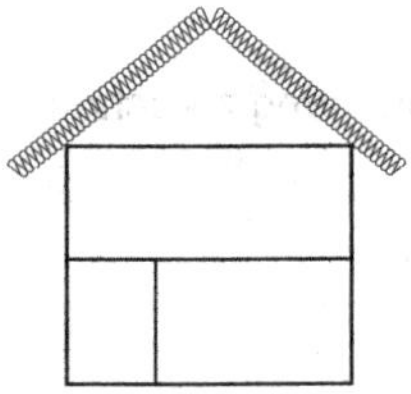	**DZ** Zwischensparrendämmung, zweischaliges Dach und nicht begehbare aber zugängliche oberste Geschossdecke. Beispiele: Dämmung zwischen Sparren. Dämmung zwischen Kehlbalken. Dämmung zwischen Deckenbalken.
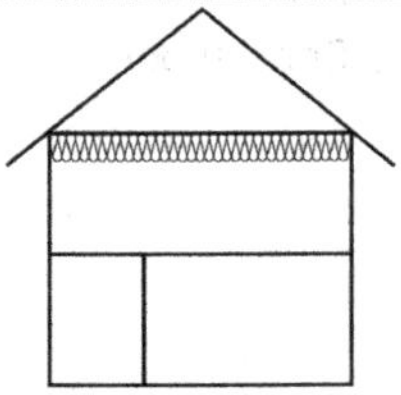	**DI**-zg/-zk Innendämmung der Decke (unterseitig) oder des Daches, Dämmung unter den Sparren/Tragkonstruktion, abgehängte Decke. Beispiele: Untersparrendämmung. Dämmauflage bei abgehängten Decken.
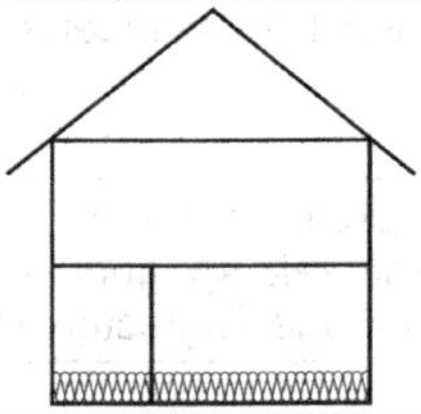	**DEO**-ds/-dm/-dg Innendämmung der Decke oder Bodenplatte (oberseitig) unter Estrich ohne Schallschutzanforderungen. Beispiele: Trittschalldämmung zur Verlegung unter Estrich oder Trockenestrich. Dämmung zwischen Deckenbalken.
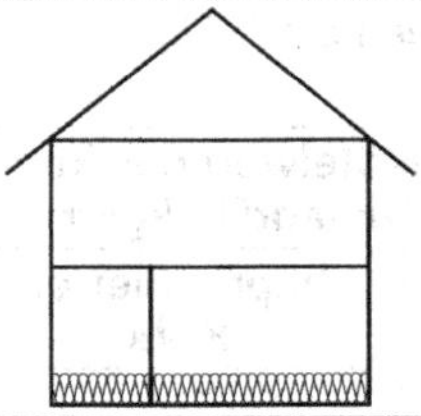	**DES**-sg/-sh Innendämmung der Decke oder Bodenplatte (oberseitig) unter Estrich mit Schallschutzanforderungen. Beispiel: Trittschalldämmung zur Verlegung unter Estrich oder Trockenestrich.
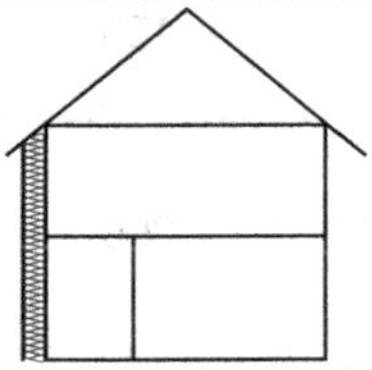	**WAB**-ds/-dk/-dg/-dm Außendämmung der Wand hinter Bekleidung. Beispiel: Wärmedämmplatten zur Verlegung hinter Vorhangfassaden.

	WAP-zh/-zg Außendämmung der Wand unter Putz. Beispiel: Wärmedämmplatten mit Putzträgerfunktion (WDVS).
	WZ Dämmung von zweischaligen Wänden, Kerndämmung. Beispiel: Wärmedämmplatten zur Anwendung hinter belüfteten Mauerwerksvorsatzschalen.
	WH Dämmung von Wänden in Holzrahmenbauweise und Holztafelbauweise. Beispiel: Wärmedämmplatten und -dämmkeile als Gefachedämmung zwischen Holzständern.
	WI-zg/zk Innendämmung der Wand. Beispiel: Wärmedämmplatten für raumseitige Dämmung von Außenwänden.
	WTR Dämmung von Raumtrennwänden. Beispiel: Hohlraumdämmung von tragenden und nicht tragenden Trennwänden in Holz- oder Metallständerbauweise.
dk: ohne Druckfestigkeit; **dg**: geringe Druckfestigkeit; **dm**: mittlere Druckfestigkeit; **dh**: hohe Druckfestigkeit; **ds**: sehr hohe Druckfestigkeit; **sh**: erhöhte Zusammendrückbarkeit; **sg**: geringe Zusammendrückbarkeit; **zk**: ohne Zugfestigkeit; **zg**: geringe Zugfestigkeit; **zh**: hohe Zugfestigkeit	

Tabelle **5**.7.2.2 Anwendungstypen und Kurzzeichen für Korkdämmungen allgemein (nach DIN 18161 Teil 2)

Kurzzeichen	**Verwendungsbeispiel im Bauwerk**	**Mindestwert für den Mittelwert der Rohdichte im trockenen Zustand in kg/m³**	
		Backkork	**Imprägnierter Kork**
WD	Druckbelastbarer Wärmedämmstoff für Wände und Dächer	80	120
WDS	Sehr druckbelastbarer Wärmedämmstoff für Sondereinsatzgebiete wie beispielsweise Industrieböden	120	200

Aufgrund ihrer porösen, strukturellen Zusammensetzung, der hohen Raumdichte und der ebenso hohen Feuchtigkeitsresistenz werden Korkprodukte im Bauwesen vielfältig eingesetzt. *Nachfolgend einige allgemeine Einsatzmöglichkeiten des Korkes im Bauwesen.*

- Korkmatten/-streifen als Schalldämmung zwischen Bodenbelagsaufbauten (z. B. Parkettunterbau) und Deckenbalken.
- Baustoffbestandteil von Bauverbundplatten.
- Korktrittschallmatten im Verbund mit Laminaten.
- Korkmatten als Bodenbelag (Korkböden).
- Als Dekorelement im Schreinerhandwerk (Furniere für Türen, Möbel u. ä.).
- Korkmatten und -platten als Schall- und Bewegungsfänger unter Maschinen und Anlagen.
- Verschlussstöpsel für Behältnisse.
- Schwimmermodule für Flüssigkeitshöhenanzeigen in Behältnissen.
- Dämmeinsatz für Rollladenkästen, Badewannenverkleidungen, Toilettenspülkästen, Innen- und Außentüren u. ä.
- Stanzdichtungen für Ver- und Entsorgungsleitungen und andere Verschlussabdichtungen.
- Pressformteile für unterschiedliche industrielle Anwendungen.
- Korkgranulate für Dämmschüttungen und Hohlraumverfüllungen.
- Leichtzuschlag für Betonprodukte.
- Als zementgebundener, dämmender Füllstoff für Mauerziegel u. ä.

Bild **5**.7.2.1 Bauprodukte aus Kork (Quelle: Korkverband)

Korkdämmprodukte sind unter Normalbedingungen beständig gegen Ungeziefer, Fäulnis- und Schimmelbildung und im Temperaturbereich zwischen –100° C bis +120° C dauerbelastbar und alterungsbeständig. Die auf dem deutschen Markt befindlichen Korkdämmplatten enthalten i. d. R. keine Fungizide, Herbizide oder Flammschutzmittel.

5.7.3 Einbaubeispiel

Allgemeiner Systemaufbau:

Oberputz

Armierungsputz mit Gewebeeinlage

Korkdämmplatte verklebt und gedübelt

Bild **5**.7.3.1
Wärmedämm-Verbundsystem mit Korkdämmplatten (WDVS; geklebt und gedübelt)

Korkdämmplatten können in aller Regel an der Außenfassade von Alt- und Neubau bis zur Hochhausgrenze (22 m) im Zusammenhang mit einem verputzten Wärmedämm-Verbundsystem verbaut werden.

Wie bei den meisten Wärmedämm-Verbundsystemen muss auch bei der Dämmung mit Korkdämmplatten der Untergrund frei von losen Teilen, Verunreinigungen und Unebenheiten sein.

Ist der Putz nicht mehr tragfähig für ein geklebtes Wärmedämm-Verbundsystem, so muss er entfernt werden. Hiernach folgt ein Auskratzen der Mauerwerksfugen bis ca. 2 cm und ein Trocken- oder Nassentfernen von Staub, losem Putz oder Altbeschichtungen an der Fassade bzw. auszubessernden Teilflächen. Es empfiehlt sich, auf das gereinigte Mauerwerk einen Grundputz vor dem Verkleben der Korkdämmplatten lot- und fluchtgerecht aufzutragen. Art und Zusammensetzung des Grundputzes sowie dessen Verarbeitung sind vom Zustand des vorhandenen Mauerwerks abhängig.

Bild **5**.7.3.2 Untergrundvorbereitung Mauerwerk

Versorgungsleitungen müssen grundsätzlich unterhalb der Dämmzone und somit bündig mit dem zu dämmenden Untergrund angeordnet sein.

Bild **5**.7.3.3
Untergrundvorbereitung Versorgungsleitung

Die Bearbeitung der Kork-Dämmplatten erfolgt mit handelsüblichen Holzbearbeitungsmaschinen (Hand- oder Tischkreissäge) bzw. mit einer Stichsäge.

Der Schichtenaufbau auf der Außenfassade verläuft nach folgendem Schema:

- Untergrund
- Dämmplattenkleber
- Korkdämmplatte mit Dübelung
- Armierungsputz mit Gewebe
- Deckputz
- Schutzanstrich

Eine Verlegung der Dämmplatten erfolgt grundsätzlich im Verband. Hierbei ist darauf zu achten, dass keinerlei Kreuzfugen zustande kommen und die Platten dicht bzw. pressgestoßen, lot- und fluchtgerecht angeordnet werden. Bei Eckausbildungen sind die Platten in verzahnender Art einzubauen, wobei hier das kleinste Endstück mindestens 40 cm breit sein sollte. Bei Gebäudeöffnungen sind die Platten in der Regel ebenso auszuklinken.

Die Verklebung der Dämmplatten auf dem Untergrund kann im Wulst-Punkt-Verfahren oder Kammbettverfahren erfolgen.

- Wulst-Punkt-Verfahren:

Hier wird um den Korkplattenrand ein ca. 4 cm breiter Klebemörtelwulst aufgetragen und auf die Plattenfläche werden ca. 5 Mörtelpunkte aufgebracht (jeweils in die Ecken und in die Mitte). Es muss eine mind. 40 %-ige Verklebung gewährleistet sein. Der Untergrund muss eben (≤ 10 mm Unebenheiten) sein.

- Kammbett-Verfahren:

Hier wird der Klebemörtel mit einem Zahnspachtel vollflächig auf die Platte aufgekämmt. Durch diese vollflächige Benetzung wird eine nahezu 100 % Klebefläche zum Untergrund gesichert. Der Untergrund muss beim Kammbettverfahren planeben (≤ 3 mm Unebenheiten) sein.

Der Sockelbereich (Spritzwasserbereich bis 30 cm oberhalb Geländeoberfläche) sowie der erdberührte Bereich sind mit einer dafür zulässigen Perimeterdämmung zu erarbeiten. Hier ist eine Korkdämmplatte nicht zulässig.

Falsche Ausführung, minderwertige Materialzusammenstellung oder planerische Missachtung der physikalischen Grundregeln können im Schadensfall eine große Gefahr für Passanten darstellen.

Bild **5**.7.3.4 Schäden an einem WDVS

Sollten Fehlstellen in der zu dämmenden Fläche vorhanden sein, so sind diese mit zugeschnittenen Korkplattenstücken vollständig zu füllen. Falls dies, z. B. bei schmalen Fugen o. ä., nicht möglich ist, muss die Fehlstelle mit einem PU-Spritzschaum der Baustoffklasse B1 vollständig ausgeschäumt werden.

Speziell bei Sanierungen im Altbaubestand ist in Leibungsbereichen von Öffnungen (z. B. Fenster und Türen) oftmals nicht ausreichend Platz, um diese bauphysikalisch unbedenklich, mit gleichbleibendem Dämmstoff und dessen flächiger Dammstoffstärke, wärmebrückenfrei zu dämmen. Ist eine zu schmale Leibung vorhanden, empfiehlt es sich, die Fassadendämmplatten möglichst weit über die Leibungskante zu verlegen und den Leibungsbereich an sich mit einer mind. 20 mm dicken Dämmung auszufüllen, notfalls mit vorherigem Abtragen des eventuell vorhandenen Putzes, um damit mehr Dämmstoffdicke zu ermöglichen. Projekt- und substanzbezogen kann daher die Erwägung in Betracht gezogen werden, die schmalen Leibungsbereiche mit einem kompatiblen, andersartigen Dämmprodukt zu dämmen, welches bei dünnerer Dämmstoffstärke gleiche Eigenschaften erfüllt wie die des Flächendämmstoffes, was jedoch im Einzelfall zu überprüfen wäre.

Eine zusätzliche mechanische Befestigung der Dämmplatten ist i. d. R. grundsätzlich anzuraten, wird jedoch zur Pflicht wenn:

- der Untergrund nicht ausreichend tragfähig ist
- bei bestehenden Putzuntergründen (Altbausanierungen)
- bei größeren Dämmstärken (siehe Herstellerangaben)
- ab 8 m Gebäudehöhe
- bei Dämmungen über 2 Vollgeschosse

Die zusätzlichen mechanischen Befestigungen werden bei allen gängigen Systemanbietern mit Schraubdübeln mit einem Tellerdurchmesser von 60 mm angegeben. Die notwendige Anzahl der Verdübelungen der jeweiligen zugelassenen Systeme differieren, man kann jedoch von ca. 4–5 Dübel/m^2 in der Fläche und 8–9 Dübel/m^2 in Randbereich ausgehen.

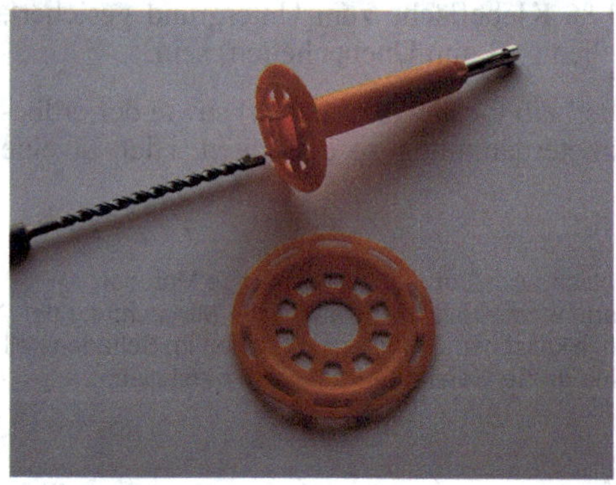

Bild **5**.7.3.5 Dübel, Dübelteller und Bohraufsatz für Wärmedämmungen

Die Armierungsschicht wird mit einem systemzugehörigen Armierungsputz und einem Armierungsgewebe (Mindestfestigkeit: 2,8 kN/5 cm) ausgeführt. Bei der Einbettung des Armierungsgewebes ist darauf zu achten, dass dieses sich im oberen Drittel der Armierungsputzstärke (ca. 5–8 mm) befindet, da hier die größten Risse verursachenden Spannungen vorhanden sind (Oberflächenspannungen). In Bereichen wie Öffnungsecken oder Kantenbereichen ist eine zusätzliche Einlage von Armierungsgewebe (Diagonalarmierung) nötig.

Bild **5**.7.3.6 Gewebespachtelung auf Wärmedämm-Verbundsystem

In Anschlussbereichen zwischen den Dämmplatten und Bereichen wie Dach-, Fensterrahmen-, Fensterbankanschlüssen o. ä. ist ein vorkomprimiertes, witterungs- und alterungsbeständiges Dichtband einzulegen. Zwischen Putzschicht und anschließendem Bauteil wird ein Füllstreifen (Schaumstoffband) eingelegt.

Bei nachträglichen Befestigungen von z. B. Außenbeleuchtungen, Vordach-Auflagerpfetten oder anderen leichten bis schweren Gegenständen muss, zum Ausgleich der Hebelkräfte, ein sogenannter Monatezylinder in die Dämmstoffebene eingesetzt werden. Hier handelt es sich i. d. R. um PU-Hartschaum-Zylinder mit einer Druckfestigkeit von ca. 2,3 N/mm^2. In verschiedenen Wärmeleitgruppen und Dicken bezugsfähig, sind diese Zylinder passgenau in das Wärmedämmsystem einzuarbeiten und können somit Wärmebrücken und Folgeschäden durch ungleiche Lastabtragung auf dem Dämmsystem verhindern.

Bild **5**.7.3.7 Füllstreifen zwischen Putz und anschließendem Bauteil

Bild **5**.7.3.8 Ausführung der Oberflächengestaltung durch unterschiedliche Putzflächen

Nach dem Aufbringen der Armierungslage und dessen vollständiger Austrocknung erfolgt der Oberputzauftrag (Edelputz/Dekorputz etc.) sowie ein i. d. R. einmaliger Egalisationsanstrich.

5.8 Schilf

Schilf als solches ist die allgemeine Bezeichnung des Schilfrohrs (Phragmites Australis), eine Art der Süßgräser (Poaceae), welche mit drei Unterarten weltweit und somit auch in Europa vorkommt. Die Begriffherkunft lässt sich auf das lateinische „scirpus“ für „Binse“ zurückleiten, welches später zum Althochdeutschen „Sciluf“ wurde und sich zum heute verwendeten Begriff „Schilf“ entwickelte.

Unterarten des Schilfrohrs:

- Phragmites australis ssp. australis (Wuchshöhe bis 4 m)
- Phragmites australis ssp. altissimus (Wuchshöhe bis 10 m)
- Phragmites australis ssp. humilis (Wuchshöhe bis 1,2 m)

Das Schilfrohr an sich ist ein so genannter Rhizom-Geophyt und eine Sumpfpflanze. Als diese wird die in Europa häufig verbreitete Art (Phragmites Australis) ca. 4 m, in Ausnahmefällen bis 5 m, hoch. In der Hauptwachstumsphase kann bei optimalen Bedingungen ein Tageswachstum (Rhizomverlängerung) von bis zu 3 cm erreicht werden. Aufgrund des Wurzelkriech- und Verlandungspionierverhaltens der Pflanze kann es bei lang anhaltendem hohen Wasserstand zu extremen Verlandungen der Seerandgebiete führen. Dieses Verhalten kann durch eine regelmäßige Pflege, einem zyklisch abgestimmten Schnitt des Schilfrohrs unterhalb der Erdoberfläche, reguliert werden.

Tabelle **5**.8.1 Bestandteile des Schilfrohrs

Zellulose	42,51 % bis 45,04 %
Lignin	22,09 % bis 23,88 %
Pentosane	23,88 % bis 27,27 %
Mineralsubstanzen	4,72 % bis 5,63 %
Wachse, Fette und Harze	1,15 % bis 1,17 %
Quelle: Simionescu 1966	

Tabelle **5**.8.2 Bestandteile der Trockensubstanz oberirdischer Pflanzenteile des Schilfrohrs

Calzium	1,7 g/kg
Magnesium	0,82 g/kg
Phosphor	1,4 g/kg
Kalium	8,1 g/kg
Natrium	1,1 g/kg
Eisen	0,92 g/kg
Silicium	21,7 g/kg
Kupfer	4,2 mg/kg
Cobalt	0,62 mg/kg
Zink	37 mg/kg
Nickel	1,53 mg/kg
Molybdän	0,26 mg/kg
Mangan	166 mg/kg
Bor	8,2 mg/kg
Quelle: *Seidel 1966*	

Tabelle **5**.8.3 Einflussfaktoren

Natürliche Einflussfaktoren	Nicht natürliche Einflussfaktoren
• Temperatur, Menge und Zeitpunkt von Niederschlägen in der Wachstumssaison sowie während der Ernte • Frostperioden im späten Frühjahr • Bodenart und Nährstoffgehalt des Wassers • Verlandungmaß des Schilffeldes • Wasserhöhe während des gesamten Jahres	• Art und Weise der Pflege des Schilfwaldes • Art der zusätzlichen Bewässerung des Schilffeldes • Wetterbedingungen beim Mähen (Nebel, Tau, Niederschlag) • Zeitpunkt des Mähens (Mitte Dezember oder Ende April) • Art der Erntemaschinen • Bedingungen und Dauer der Feldlagerung • Feuchtigkeitsgehalt des Schilfrohrs während des Aufbindens und Bündelns in Rollen

Schilf kann von Parzelle zu Parzelle und von Jahr zu Jahr große Qualitätsunterschiede aufweisen. Eine visuelle Beurteilung ist die gängigste Art, um den Qualitätszustand des Schilfrohrs zu beurteilen. Ergänzt wird dies durch die Prüfung von subjektiven Kriterien, wie Zähigkeit/Sprödigkeit, Geruch, Farbe, Klang usw.

Die Qualitäten werden allgemein von natürlichen und nicht natürlichen Faktoren bestimmt.

Bild **5**.8.1
Blütenrispe mit den Fruchtähren

Als Rispengras hat das Schilfrohr eine bis zu 50 cm lange Rispenblüte, die sich im Zeitraum von ca. Juli bis September bildet. Die so genannten Fruchtähren sind dann ca. im Dezember reif und verbreiten sich als Schirmchenflieger, wobei auch eine Schwimm- und Wasserhaftausbreitung möglich ist. Die Blätter des Schilfrohrs haben anstelle von Blatthäutchen (Ligula) einen Haarkranz und die Abflachung der erst röhrigen Spreite erfolgt durch ein Gelenk. Als Rohstoff für das Bauwesen nutzbar ist das Schilfrohr allerdings erst nach dem Absterben und Austrocknen des Rohrs, was i. d. R. nach dem ersten Frost mit dem Herabfallen der Blätter und der Braunfärbung sichtbar wird.

Produkte aus der Schilfpflanze

Süßgräser allgemein bieten eine Vielzahl von Einsatzmöglichkeiten als pflanzliche Rohstoffe und sind als solche großteils schon viele Jahrhunderte im Einsatz. Schon Ende des 19. Jahrhunderts war Schilf als Rohstoff zur Herstellung von Schnaps, Kaffee, Mehl, Viehfutter, Papier, Korbgeflechten, Garnen, Besen, Bürsten und sogar für die Veredelung von Weinen herangezogen worden. Im Bauwesen wird Schilf schon seit der Frühsteinzeit für einfache zeltartige Behausungen, später Dachdeckungen, und mit Haselnuss- oder Weidenruten verflochten als stabilisierendes Traggerüst (Putzträger) für Lehm- oder Kalkputze eingesetzt.

Neben heutigen Baustoffen und Bauelementen aus Schilf wird dieses Süßgras bei der Energieerzeugung im Schilfkraftwerk, als Festbrennstoff für den häuslichen Gebrauch (Pellets, Briketts) oder in der Medizin, in der durch den hohen Siliciumgehalt der Pflanze venen- und knochenstärkende Süßgrasextrakte hergestellt werden, eingesetzt. Als Nahrungsmittel sind bestimmte Süßgrassorten bzw. deren junge Sprossen in Teilen Asiens ein gewöhnliches und viel gegessenes Gemüse.

5.8.1 Ernte & Rohstoffaufbereitung für das Bauwesen

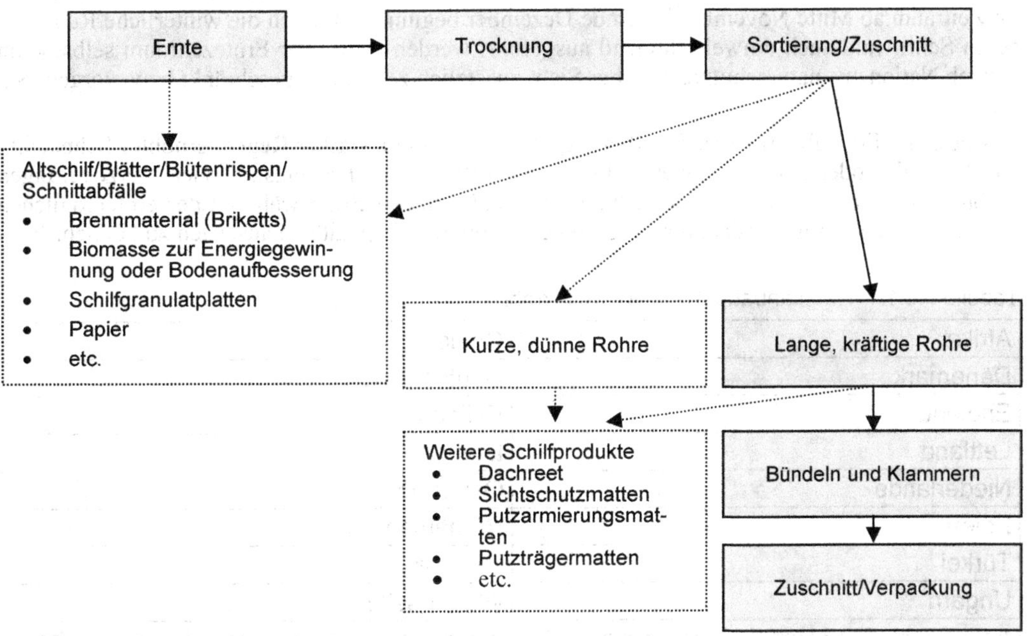

Skizze 5.8.1.1 Herstellungsdiagramm der Schilfrohrdämmplatten

Bild 5.8.1.1 und Bild 5.8.1.2 Schilfernte; Erntemaschine um 1995

Wie zuvor angedeutet, wird Schilfrohr erst nach dem Absterben und Austrocknen geerntet, was im Zeitraum ab Mitte November bis Ende Dezember beginnt und durch die winterliche Ruhephase im Schilfwald auch umweltschonend ausgeführt werden kann. Der Erntezeitraum selbst kann je nach Nation aus naturschutzrechtlicher Sicht zusätzlich zeitlich eingeschränkt bzw. vorgegeben sein.

Der gesamte Ernteablauf ist stark witterungsabhängig. Wind, starker Regen, erhöhter Schneefall, ausbleibender oder stark verzögerter Frost sind oftmals mit Ernteausfall oder -verzögerungen verbunden. Es muss also für eine reibungslose und schnelle Ernte während der erntemöglichen Wintermonate gesorgt werden, um im Sommer Produktionskapazitäten auslasten zu können.

Tabelle 5.8.1.1 Hauptanbaugebiete von Schilfrohr

Afrika	China
Dänemark	Deutschland
England	Estland
Lettland	Litauen
Niederlande	Österreich
Polen	Rumänien
Türkei	Ukraine
Ungarn	Weißrussland
Anbaugebiet und Händlerzeichen sind i. d. R. auf den Verpackungseinheiten angegeben	

Die heutige maschinelle Ernte ist seit Mitte der zweiten Hälfte des 20. Jhd. bekannt und in den letzten Jahren so weit entwickelt worden, dass man größere Bodenschäden bei der Ernte verhindern kann. Mit der heutigen Maschinentechnik kann im Zeitraum von 8 Arbeitsstunden mit optimalen Schneidebedingungen eine Fläche von ca. 2 ha schadensfrei abgeerntet werden.

Bild 5.8.1.3
Schilferntemaschine 2004 mit Rollballenauswurf zur Altschilfernte

Beim Erntevorgang wird das Schilfrohr ca. 15 bis 20 cm über der Erd- oder Eisoberfläche abgeschnitten. Wird das Rohr zu tief geschnitten, besteht das Risiko, dass bei höherem Wasserstand die herausstehenden Spitzen überflutet werden und verfaulen, was das Weiterwachsen einschränkt oder gar völlig verhindert.

Grundsätzlich ist das Schilfrohr unterhalb der Erdoberfläche wesentlich empfindlicher. Will man einer allzu großen Verlandung vorbeugen, so muss man das Schilf lediglich unterhalb der Erdoberfläche schneiden.

Wird das Schilf nach dem Mähen auf dem freien Feld zwischengelagert, muss darauf geachtet werden, dass das Erntegut nicht im Dauernassbereich liegt und eine gute Austrocknung (Durchlüftung) ermöglicht wird. Ansonsten kann es schnell zur Verfaulung und Pilzbildung kommen, was den Rohstoff unbrauchbar zur Weiterverarbeitung macht.

Bild 5.8.1.4 und Bild 5.8.1.5 Zwischenlagerung als Zylinderballen am Schilffeld

Bild **5**.8.1.6 Traditionelle Art der Vorsortierung und Bündelung

Die händische Vorsortierung und gleichmäßige Bündelung wird nur noch in wenigen Fällen durchgeführt. In der heutigen Zeit ist dieser Arbeitsschritt industrialisiert und somit schneller, exakter und vor allem kostengünstiger zu bewerkstelligen.

Bild **5**.8.1.7 Zylinderballen vor der Weiterverarbeitung am Industriestandort

5.8.2 Bauprodukte aus Schilf

Tabelle 5.8.2.1 Anwendungstypen der Schilfrohr-Dämmplatten nach DIN 4108

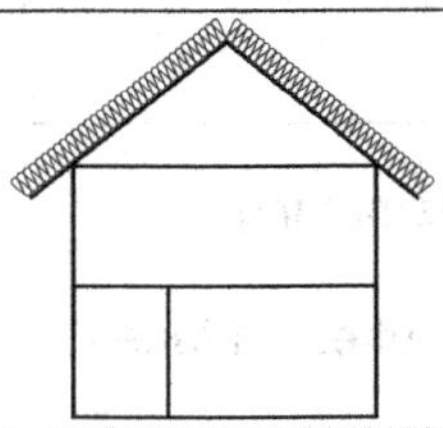	**DAD** Außendämmung von Dach und Decke, vor Bewitterung geschützt, Dämmung unter Decken. Beispiele: • Aufsparrendämmung. • Zusatzdämmschicht über Sparren.
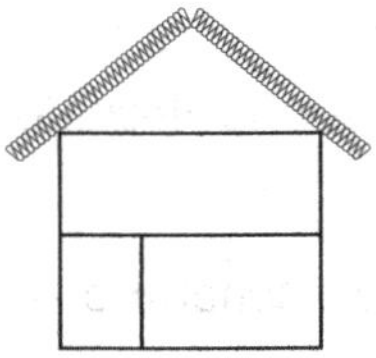	**DZ** Zwischensparrendämmung, zweischaliges Dach und nicht begehbare, aber zugängliche oberste Geschossdecke. Beispiel: • Dämmung zwischen Sparren. • Dämmung zwischen Kehlbalken. • Dämmung zwischen Deckenbalken.
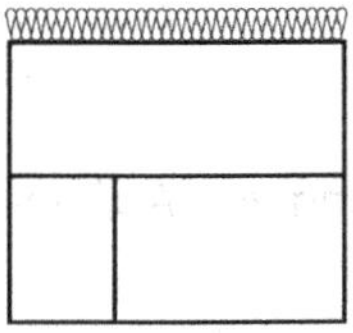	DAA-dh Außendämmung von Dach oder Decke. Beispiel: • Dämmung von Flachdächern mit Abdichtungsbahnen. • Dämmung von Steil- und Gefälledächern mit Abdichtungsbahn.
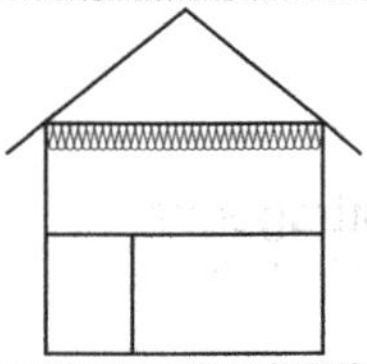	**DI**-zg/-zk Innendämmung der Decke (unterseitig) oder des Daches, Dämmung unter den Sparren/Tragkonstruktion, abgehängte Decke. Beispiele: • Untersparrendämmung. • Dämmauflage bei abgehängten Decken.
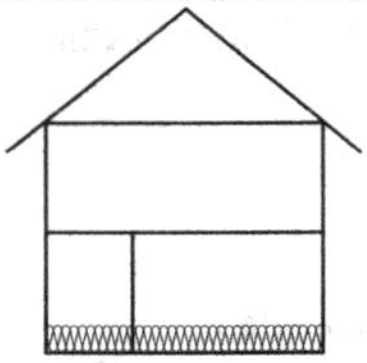	**DEO**-ds Innendämmung der Decke oder Bodenplatte (oberseitig) unter Estrich ohne Schallschutzanforderungen. Beispiele: • Wärmedämmung zur Verlegung unter Estrich oder Trockenestrich. • Wärmedämmung zwischen Deckenbalken.
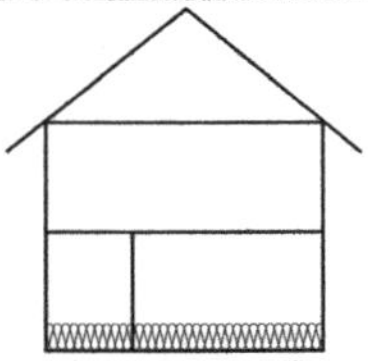	**DES**-sg Innendämmung der Decke oder Bodenplatte (oberseitig) unter Estrich mit Schallschutzanforderungen. Beispiel: • Trittschalldämmung zur Verlegung unter Estrich oder Trockenestrich.
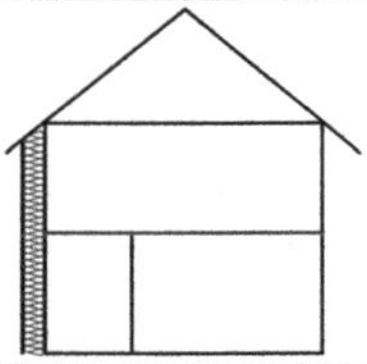	**WAB**-ds Außendämmung der Wand hinter Bekleidung. Beispiel: • Wärmedämmplatten zur Verlegung hinter Vorhangfassaden.

	WAP-zh Außendämmung der Wand unter Putz. Beispiel: • Wärmedämmplatten mit Putzträgerfunktion.
	WZ Dämmung von zweischaligen Wänden, Kerndämmung. Beispiel: Wärmedämmplatten zur Anwendung hinter belüfteten Mauerwerksvorsatzschalen.
	WH Dämmung von Wänden in Holzrahmenbauweise- und Holztafelbauweise. Beispiel: • Wärmedämmplatten als Gefachedämmung zwischen Holzständern.
	WI-zk Innendämmung der Wand. Beispiel: • Wärmedämmplatten für raumseitige Dämmung von Außenwänden.
	WTR Dämmung von Raumtrennwänden. Beispiel: • Hohlraumdämmung von tragenden und nichttragenden Trennwänden in Holz- oder Metallständerbauweise.
dh: hohe Druckfestigkeit; **ds**: sehr hohe Druckfestigkeit; **sg**: geringe Zusammendrückbarkeit; **zk**: ohne Zugfestigkeit; **zg**: geringe Zugfestigkeit; **zh**: hohe Zugfestigkeit	

Weitere Beispiele für Einsatzmöglichkeiten des Schilfs im Bauwesen:

- Als wärmedämmende und putztragende Innenausbauplatte (Schilfgranulatplatte).
- Schilfrohrmatte und -platte als Putzträger (auch als Begrenzung von Schüttdämmstoffen).
- Schilfrohr zur Reetdachdeckung.
- Als Sichtschutzmatte für den Gartenbau.
- Als Häckelgut zur Bodenauflockerung und -mineralisierung im Gartenbau.
- Dekorelement für das Schreinerhandwerk.
- Zur Herstellung von Wandfertigbauteilen.
- Als Faserzuschlag für Leicht- und Faserbeton.
- Als Biomasse zur Gewinnung von elektrischem Strom und Wärmeenergie.

Bild **5**.8.2.1 Schilf-Fertigwandbauteile

Bild **5**.8.2.2 Schilfrohrdämmplatte

Bild **5**.8.2.3 Schilfrohrputzträgermatte

Bild **5**.8.2.4 Schilfgranulatplatte

Bild **5**.8.2.5 Schilfbriketts

Bild **5**.8.2.6 Sichtschutzmatten

Nach verarbeitungsfertiger Trocknung werden die Schilfhalme nach Größe bzw. späterem Einsatzzweck sortiert. Lange, kräftige Schilfrohre werden oftmals für Schilfrohrdämmplatten verwendet. Die etwas dünneren für die Dachdeckung (Reetdächer) und alles andere, inkl. dem „Reinigungsabfall" (Blätterreste, geknickte Rohre etc.), wird zur Herstellung von Schilfgranulat

Bild **5**.8.2.7 Schilfrohr als Reetbunde für Dachdeckungen

herangezogen, mit welchem wiederum heiß gepresste Schilffaserplatten oder Briketts hergestellt werden können.

Schilfrohre, die für die Dachdeckung aussortiert wurden, werden ausgeputzt und zu gleichmäßig dicken, so genannten Meterbündeln zusammengebunden. Diese werden dann in selbigem Zustand an den Händler oder Endverbraucher ausgeliefert.

Da bei der Dämmplatte eine möglichst günstige Verarbeitungsgröße und damit auch zusätzliche Stabilität nötig ist und vor allem, weil für besonders gute Dämmeigenschaften möglichst große Luftkammern im Rohr vorteilig sind, werden die kräftigeren und längeren Schilfrohre für die Produktion von Schilfrohrdämmplatten herangezogen. Einsatzgebiete sind neben dem nachfolgend beschriebenen WDV-System auch unterschiedlichste Trittschall- und Wärmedämmungen im Boden-, Wand- und Dachbereich. Eine einfache Fabrikationsstraße ermöglicht während eines 8 Std. Arbeitstages die Produktion von ca. 300 m^2 einbaufertiger Schilfrohrdämmplatten.

Bild **5**.8.2.8, Bild **5**.8.2.9 und Bild **5**.8.2.10 Produktion von Schilfrohrdämmplatten im Endlosverfahren

Zum Zusammenfügen der losen Schilfrohre zu einer Platte werden selbige quer der Produktionslinie in einen Füllschacht gefüllt, von welchem aus sie auf die gewünschte Plattendicke zusammengefasst und über oben und unten angeordnete, i. d. R. verzinkte Läuferdrähte (Drahtdicke ca. 2,00 mm) mit Drahtklammern (Drahtdicke 1,6 bis 1,8 mm) zusammengehalten werden.

Bild 5.8.2.11 Schilfrohrdämmplatte mit oben und unten angeordneten Laufdrähten, die durch Drahtklammern fixiert sind

Die fertige Dämmplatte kommt als Endlosplatte am Ende der Maschine heraus und wird dort auf das gewünschte Längenmaß zugeschnitten.

Die Standardmaße für Schilfdämmplatten liegen allgemein bei einer Dicke von 2 cm und 5 cm. Manche Hersteller bieten auf Anfrage auch dickere Platten an. Plattengrößen werden von 1,25 m × 1,0 m und 1,25 m × 2 m im Standardmaß angeboten. Da im Endlossystem produziert wird, kann die Länge variabel eingestellt werden. Die Schilfdämmplatten sind nach dem Zuschneiden versandbereit für Handel und Endverbraucher und werden ohne weitere Behandlung auf der Baustelle oder in der Fertigteilproduktion verarbeitet.

Für die Herstellung von Schilfgranulatplatten wird das Schilfrohr zu Granulat gehäckselt und mit Hilfe eines Trommelmischers mit wasserlöslichem Leim vermischt. Dieses Gemisch aus Schilfhäckseln und Leim wird in eine Form gefüllt, die nach dem Vorpressen und dem heißen Nachpressen das gewünschte Negativbild auf der Plattenoberfläche hinterlässt. Hierbei werden glatte und gerillte Oberflächen (Wandheizungsplatten) hergestellt. Die Trockenausbauplatten aus Schilfgranulat haben eine durchschnittliche Dicke von 3 cm und eine Größe von ca. 110 cm × 60 cm. Die Schilfgranulatplatten sind nach dem Heißpressen und dem nachfolgenden selbstständigen Abkühlen ohne weitere zusätzliche Behandlung verarbeitungsfertig für den Endverbraucher.

5.8.3 Einbaubeispiele

Schilf kann im Bauwesen vielseitig eingesetzt werden. Nachfolgend wird der Einsatz als Dämmplatte für ein Wärmedämm-Verbundsystem und das Dachreet als Dachdeckung für das Reetdach beschrieben.

Wärmedämm-Verbundsystem aus Schilfrohrplatten (WDVS; gedübelt)

Im Fassadenbereich bzw. im Systemaufbau mit einem Wärmedämm-Verbundsystem werden Schilfrohrdämmplatten verwendet, die aus naturbelassenem Schilfrohr hergestellt werden. Diese Platten sind für alle tragfähigen Untergründe bis zu einer maximalen Höhe von 2 Vollgeschossen geeignet und können natürlich auch zwei- und dreilagig verbaut werden.

Bild 5.8.3.1
Schilfrohrdämmplatten im Fachhandel

Untergrundvorbereitung

Untergründe sollten frei von losen Teilen und einigermaßen eben egalisiert sein (mit der Dickputzschale können durchaus 1 bis 2 cm Unebenheit später ausgeglichen werden). Verschmutzungen in Form von Staub, Ölen oder sonstiges spielen hierbei keine große Rolle, da die Matten nicht verklebt werden. Bei manchen Gebäuden, bei welchen zugleich Fenster und Rollladenkästen erneuert werden, kann es sein, dass die Rollladenkästen nicht in der gewünschten Mauerwerkstärke erhältlich sind. Hier empfiehlt es sich, mit einer 2 cm Schilfdämmplatte den Ausgleich zu schaffen. Allgemein ist zur Untergrundvorbereitung auch die Dokumentation von an oder nahe der Putzoberfläche verlaufenden Installationen zu empfehlen. Es empfiehlt sich des weiteren, schon vor der Dämmmaßnahme mit entsprechenden Ortungsgeräten metallische Gegenstände in der Wand zu lokalisieren und deren Verlauf und Standort dokumentativ festzuhalten. Im Zweifel über die Art der möglichen Leitung, ist eine Öffnung des Mauerwerks anzuraten.

Zuschnitt

Der Zuschnitt der Schilfdämmplatten erfolgt mit einer Tisch- oder Handkreissäge. Vor dem eigentlichen Zuschnitt wird zuerst die Bindung geöffnet und an der Sollschnittstelle dann wieder zusammengebunden. Allgemein wird mit einem Verschnitt von ca. 5 % (Profi) bis 10 % (Anfänger) kalkuliert. Elektrische Leitungen, beispielsweise für Außenbeleuchtungen oder Außensteckdosen, können zwischen die Schilfrohre geschoben werden. Bei Leerrohren für elektrische Leitungen empfiehlt es sich, mit einem schmalen Fuchsschwanz ein kleines Loch in die Matte zu schneiden. Vorhandene Oberputzleitungen können in der Regel einfach überarbeitet werden. Vorteilhaft ist es hierbei, die Dämmmatten richtungsgleich mit der Oberputzleitung, deren Lage und Verlauf dokumentiert werden sollte, aufzubringen.

Befestigung

Die Platten können aufgrund der Abrutschsicherung des Putzes (beim Aufbringen) mit waagerechter Schilfhalmanordnung verlegt werden. Dies erleichtert den Putzauftrag. Eine senkrechte Anordnung beeinträchtigt das Dämmverhalten in keinster Weise, wenn die Ausführung zum Dach- und Sockelanschluss luftdicht ist. Bei der Dübelung von ein-, zwei- oder dreilagigen Verbänden zu je 5 cm Dämmplattenstärke müssen Schraubdübel der Dübellastklassen 0,15 KN [hierbei ist in jedem Fall der Untergrund zu beachten (Beton = 0,5 KN; Vollstein = 0,25 KN; Lochstein = 0,20 KN; Porenbeton = 0,15 KN)] mit einem Tellerdurchmesser von 60 mm verwendet

Bild **5**.8.3.2
Schilfgedämmtes Haus

werden. Bei Gebäuden bis zu einer Höhe von 8 m werden in der Fläche 6 Dübel pro m^2 verwendet und im Randbereich 10. Werden mehrere Lagen Dämmplatten im Verband verlegt, so gilt, dass jede Lage für sich so gedübelt sein muss, als ob sie für sich alleine steht. Die Verbandverlegung in allen drei Dimensionen muss gewährleistet sein. Durchgehende Fugen können später zu Schadensbildern führen.

Bild **5**.8.3.3
Schilfdämmung um Panoramafenster

Wie bei allen anderen WDVS-Maßnahmen müssen die Platten im Verband verlegt werden (vgl. DIN 18 351, Abs. 3.5), mit der üblichen Verzahnung an Gebäudeecken. Plattenstöße dürfen auch hierbei nicht auf Öffnungsecken treffen. Bei einer zweilagigen Dämmung (10 cm) müssen in jedem Fall beide Lagen so gedübelt werden, als ob jede Lage für sich stehen bleiben müsste. Durchgehende Plattenfugen sind auch hier selbstredend zu vermeiden. Bei herkömmlichen Schraubdübeln ist es einfacher, den Dübel nicht nach dem Bohren einfach nur einzudrücken, sondern händisch mit einer Drehbewegung einzuschieben, da es nach dem Herausziehen des Bohrers sein kann, dass sich die Schilfrohre wieder zusammendrücken.

Bei eventuell vorkommenden Dämmlücken, in welche man keine Schilfstücke bündig einbauen kann, ist eine Ausschäumung mit PU-Dämm-Schaum (B1-WDVS-Pistolenschaum, FCKW-frei) unumgänglich, um Wärmebrücken auszuschließen. Die Gefahren von Wärmebrücken sind nicht behoben, wenn in solche Fehlstellen eine Schließung mit einem Unterputz vorgenommen wird.

Bild **5**.8.3.4
Gedübelte Schilffassade

Endaufbau/-beschichtung

Das Putzsystem besteht aus 3 Lagen. Nachdem die Dämmplatten aufgebracht sind, wird mit einem faserarmierten, mineralischen Unterputz der Mörtelgruppe P II (DIN 18 550) bzw. CS II (EN 998-1) eine Egalisationsschicht auf die Schilfmatten aufgetragen. Das heißt die Dämmung wird deckend (ca. 8–10 mm) mit dem Putz überarbeitet und danach mit geeignetem Werkzeug (Gitterrabot, gezahnte Glättkelle o. ä.) aufgeraut. Werden Panzerwinkel (gewinkeltes Panzergewebe) als Eckbewehrung geplant, so werden diese in vorgenannte Putzschicht eingebaut. Nach einer Standzeit von ca. 5 Tagen (abhängig von der Witterung) wird ein Zement-Kalk-Maschinenleichtputz der Mörtelgruppe P II (DIN 18 550) bzw. CS II (EN 998-1) mit mineralischem Leichtzuschlag in einer Schichtdicke von ca. 10–15 mm aufgetragen. Der angetrocknete Putz (i. d. R. am nächsten Tag) sollte mit einem Gitterrabot aufgeraut werden. Hierbei ist es wichtig, eine den Ebenheitstoleranzen (vgl. DIN 18 202 und DIN 18201) entsprechende Oberfläche zu erarbeiten, da größere Unebenheiten nachfolgend nur schwer ausgleichbar sind. Die Standzeit beträgt nun (witterungsabhängig) ca. 12 Tage. Als letzte Putzschicht vor dem eigentlichen Oberputz wird nun die Spachtellage, wiederum mit einem faserarmierten, mineralischen Unterputz der Mörtelgruppe P II (DIN 18 550) bzw. CS II (EN 998-1) mit einer Gewebeeinlage (alkalibeständiges Glasfasergewebe; Maschenweite 6 × 6,5; Reißfestigkeit mind. 2,8–3,2 kN/5 cm) sowie den Gewebeeckwinkeln, Putzanschlussleisten und den Diagonalbewehrungen bei Mauerwerksöffnungen, aufgebracht. Wie bei allen Armierungsspachtelungen ist darauf zu achten, dass das Gewebe im oberen Drittel der Spachtellage liegt. Auch diese Schicht wird mit einem Gitterrabot für den nachfolgenden Oberputzauftrag (Edelputz), welcher i. d. R. am nächsten Tag stattfindet (witterungsabhängig), aufgeraut.

Bild **5**.8.3.5 3-lagiger Putzaufbau

Bild **5**.8.3.6 Gewebespachtelung auf doppellagiger Schilfdämmung

Der Anstrichfarbton muss bei mineralischen Untergründen in allen Fällen einen Hellbezugswert > 20 besitzen. Ein Hellbezugswert < 40 wird hier oftmals schon als kritisch bewertet. Um Risiken auszuschließen, wäre es daher besser, nahe 40 oder besser darüber zu liegen.

Wie bei allen anderen geklebten oder gedübelten Dämmsystemen ist in den Anschlussbereichen unterhalb der Fensterbänke und zu eventuellen Sparren oder Sichtpfetten-Anschlüssen etc. ein vorkomprimiertes Butylband (Kompriband; aus imprägniertem Weichschaum, diffusionsfähig, schlagregendicht 600 Pas nach DIN 18 055) als Abdichtung zwischen Dämmplatten und Anschlussbauteil und ein Füllstreifen zur Trennung von Putz bzw. Armierungsschicht und angren-

Bild **5**.8.3.7 Eingefärbter, mineralischer Oberputz auf Schilfdämmplatten

zendem Bauteil einzubringen. Die Gewebeeinlage der Armierungsspachtelung muss selbstverständlich auch, wie bei anderen WDV-Systemen, mind. 10 cm überlappen und eine Diagonalarmierung bei Gebäudeöffnungsecken aufweisen. Bei den Eckarmierungen wird wie oben beschrieben zumeist ein gewinkeltes Panzergewebe mit einer zusätzlichen Verstärkung durch einen Drahtgewebewinkel empfohlen. Es werden vereinzelt auch Eckverstärkungen mit Gewebe- und Drahteckwinkeln durchgeführt.

Reetdach

Das Reetdach ist eine u. a. im Norden Deutschlands, in Holland, Ungarn, Rumänien und England oft noch zu findende traditionelle Dachdeckung, die auch bei Neubauten wieder mehr Anklang findet.

Die Betitelungen vom Dach aus Schilfrohr sind ebenso vielfältig, wie die hieraus machbaren Dachformen.

Das Schilfrohr im Dachdeckerhandwerk wird je nach Region unterschiedlich bezeichnet.

Bild **5**.8.3.8 Neubau mit Reetdach in Malsch/Baden-Württemberg

Tabelle **5**.8.3.1 Bezeichnungen für Reet

Bezeichnung für Schilfrohr	Region
Chaume, Roseau	Frankreich
Nàd	Ungarn
Räjde	Friesland
Reith	Südl. Nordseeküste
Reithgras, Rohrgras, Mielitz, Werft, Werst	Oderbruch, Brandenburg
Ried, Riet, Reet	Mecklenburg, Schleswig-Holstein, Niedersachsen, Holland
Rohr	Vorpommern, Rügen, Usedom, Brandenburg, Lausitz
Thatch	England
Reed	Australien, USA
Ziti	Slawische Länder

Im aktuellen deutschen Duden wird die Schreibweise Reet vorgegeben. Der oft in den Anbaugebieten vorgefundene Begriff Röhricht betitelt allgemein nicht das Schilfrohr sondern den Schilfwald an sich. Alte Reetdächer sind gleichbetitelt auch aus Rogos (Rohrkolbenschilf und Kolbenschilfrohr, Typha Latifolia bzw. Typha Angustifolia) oder Stroh aus Roggen (Secale Cereale) und Weizen (Triticum Trugidum) hergestellt.

Bild 5.8.3.9 Dachreet beim Großhandel

Konstruktion

Das typische und traditionelle norddeutsche Reetdach ist ein steiles, ganzeinheitlich, tief herabragendes und mit großem Dachüberstand aufgebautes Walmdach, wobei auch Satteldächer mit steilen Giebeln (Giebelflächenneigung ca. 80°) und Krüppelwalmdächer sowie Zelt-, Pult-, Säge- und Mansarddächer gebaut wurden und werden. Die Regeldachneigung für Reetdeckungen beträgt 45° und darf auch mit regensichernden Zusatzmaßnahmen nicht unterschritten werden. Im Rahmen der gewünschten Dachneigung spielt auch die Halmneigung eine wichtige Rolle. Bei einer Eindeckstärke von 35 bis 40 cm und einer nötigen Dachneigung von 45° beträgt die Halmneigung zwischen 30 und 35°.

Folgende Faustregel sind für die Reetdachdeckung zu berücksichtigen:

– Je steiler das Dach desto höher die Haltbarkeit

Entgegen vieler Meinungen ist es aus technischer Sicht vorteilhafter eine weniger dicke Reetdachhaut zu erbauen. Ausgenommen man erarbeitet eine ausreichende Streuschicht (Reet welches unter die eigentliche Dachdeckung vorgelegt wird), dann kann man auch bei einer dicken Reetschicht eine ausreichende Halmneigung (Dachneigung) erreichen. Wichtig ist jedoch auch hierbei, dass eine ausreichende Hinterlüftung zustande kommt und der Aufbau an sich, den Vorgaben der Energieeinsparverordnung (EnEV) entspricht, ergo unter der Hinterlüftung eine wärmedämmende Maßnahme mit oder ohne regendichtem Unterdach vorgesehen wird. Eine Reetdachdeckung alleine ist keine wärmedämmende Maßnahme. Jedoch sind bei Einhaltung der Dachneigungsgrenzen, auch bei ausgebauten Dachgeschossen, keine regensicheren Zusatzmaßnahmen, wie beispielsweise ein regensicheres Unterdach, zwingend erforderlich.

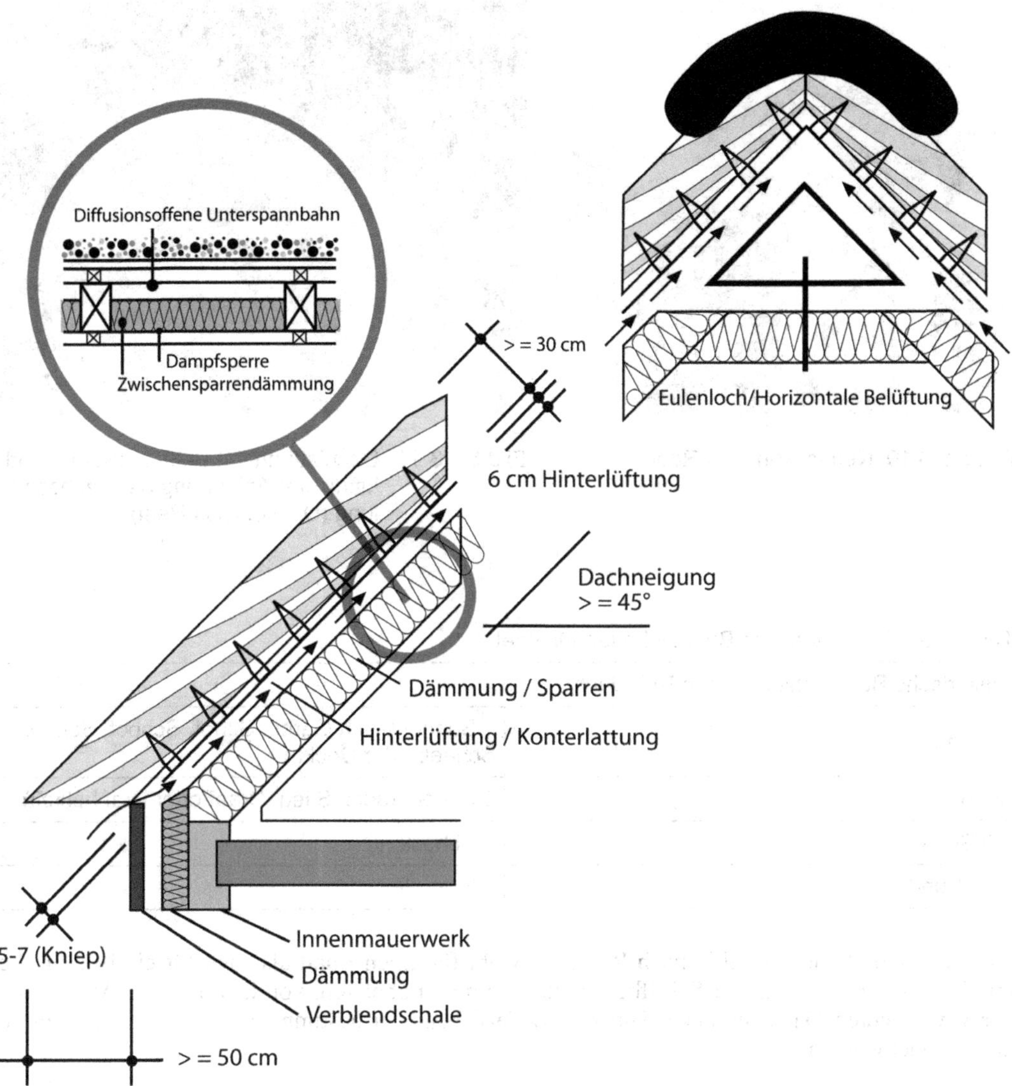

Skizze **5**.8.3.1: Skizze zum Reetdach

Die Dachneigung von Dachflächen, die in Kehlen zusammenstoßen, muss so gewählt werden, dass die Kehlsparrenneigung mindestens 40° beträgt. Zur Deckung wird das i. d. R. einjährig getrocknete, von Blättern gereinigte (gehechelte) und gebündelte Rohr verwendet. Diese Rohrbündel werden je nach Region Bund, Garben, Bündel oder Docken genannt und haben als Eurobund einen Bundumfang von 60 cm (20 cm vom Schnittstoppel entfernt). Oftmals werden auch noch traditionelle „Bundeinheiten" unter den Rohrbauern verwendet, wobei diese einen Bundumfang zwischen 20 und 50 cm hatten und selbiger auch ca. 10 bis 60 cm höher vom Schnittstoppel gemessen wurde.

Bild **5**.8.3.10 Neudeckung mit Reet

Bild **5**.8.3.11 Dachlattung mit Belüftungszone und luftdichter Abklebung der Dachschalung (Quelle: Hiss-Reet)

Tabelle **5**.8.3.2 Historische Bundeinheiten für Reet

Historische Bundeinheiten beim Rohrdach	
1 Bund	1 Bündel (auch Garbe, Schof, Schoof, Schob, Scheeb oder Docke)
20 Bund	1 Schoof (auch Stieg, Draaf oder Draf betitelt)
60 Bund	1 Schock
100 Bund	1 Finn

Die Betitelung Schoof wird je nach Region sowohl für einen Bund als auch für ein Bundpacket mit 20 Bund verwendet. Der Schilfbedarf auf den m² ist abhängig von dem nötigen Aufbau und der gewünschten Dachhautdicke. Um den Bedarf exakt zu bestimmen, kann folgende Formel angewendet werden.

$$(d \times B) / F = Bd.$$

Rechenbeispiel:

Bundumfang = 60 cm

$$F = ((60:Pi) : 2)^2 \times Pi = 286{,}62$$

$$(40 \times 100) : 286{,}62 = 14 \text{ Bund pro qm}$$

Die Deckung eines m^2 Daches mit einer Breite (B) von 1 m und einer Dicke (d) von 40 cm benötigt, im Beispiel 14 Bunde mit jeweils einer Bundquerschnittsfläche (F) von 286,62 cm^2. Die Querschnittsfläche des Bundes wird hierbei in Höhe der Bindung (20 cm vom Wurzelende entfernt) berechnet.

Tabelle 5.8.3.3 Schilfbedarf auf dem Dach

Übersichtstabelle zum Schilfbedarf auf dem Dach			
Bundumfang	**Querschnittsfläche (F)**	**Anzahl der Bunde**	
		Deckungsdicke 30 cm	**Deckungsdicke 35 cm**
45	162	18-19	21-22
50	200	15	17-18
55	243	12-13	14-15
60	288	10-11	12-13
65	340	9	10-11
70	395	8	9
75	450	7	8
80	512	6	7
85	580	5-6	6

Die Sortierung der Bundpakete wird nach Länge und Durchmesser der Halme eingeteilt, wie aus nachfolgender Tabelle entnommen werden kann:

Tabelle 5.8.3.4 Reeteinteilung

Einteilung der Reetbunde			
Typ	**Kurzes Reet**	**Mittellanges Reet**	**Langes Reet**
Länge bis	ca. 1,50 m	ca. 1,80 m	ca. 2,30 m
Max. 5% der Halme kürzer als	0,80 m	1,10 m	1,40 m
2/3 der Halme	1,00 bis 1,50 m	1,60 bis 1,80 m	1,90 bis 2,30 m
Durchmesser	≤ 6 mm	3 bis 9 mm	6 bis 12 mm

Die auch heute noch waagerecht eingesetzten Kehl- und Hahnenbalken sowie die schräg angebrachten Stützen wirken bei den Sparrenkonstruktionen dem Durchbiegen der oft 15 m langen Sparren entgegen. Der Sparrenfuß ist zumeist auf dem Deckenbalken eingezapft. Um den beim Reetdach erforderlichen Dachüberstand zu erreichen, wurden früher auf die Sparren Aufschieblinge gesetzt. In der heutigen Zeit werden die Sparren i. d. R. so aufgesetzt, dass der erforderliche Kniepbereich immer erreicht wird.

Beim Bau von Dachgauben muss darauf geachtet werden, dass deren Dachneigung mind. 40° beträgt. Dies kann durch niedrige Fenster und hoch angeordnete Wechsel i. d. R. leicht erreicht werden, wobei die Dachfläche der Gaube deutlich unterhalb des Firstbereiches in die Dachfläche einlaufen soll. Die untere Kante der Gaubenfensterzarge sollte ca. 20 bis 25 cm höher als die Dachlattenoberkante (Lattenflucht) angeordnet werden, um beim Decken das Rohr unter die Fensterzarge schieben zu können (siehe Bild 5.8.3.26). Auf dem oberen Wechsel und der Fensterzarge werden die Gaubensparren nach oben verjüngt, zusammenlaufend befestigt. Durch die Verjüngung der Gaubensparren fügt sich nach der Deckung die Gaubendachfläche optisch besser in die gesamte Dachfläche ein.

Auch bei der Dachlattung gibt es für das Rohrdach spezielle und bewährte Methodika. Im Punkt Ausfluchten muss mit erhöhter Genauigkeit gearbeitet werden, andererseits kann es zu Spannungsunterschieden in der Deckschicht kommen, was mit der Zeit zum Nachgeben der Festigkeit führen kann. Sollte bei einem historischen Dach der Sparrenabstand zu weit sein (die Sparrenabstände können hier 3 m und weiter sein), so empfiehlt es sich, Hilfssparren (auch Lügensparren genannt) einzusetzen, die das Durchbiegen einzelner Dachlatten beim Dachdecken verhindern. Das Durchbiegen infolge solcher Missstände kann dazu führen, dass nach dem Festbinden der Schilfrohre und des Bandstockes (Schachtdraht) auf die durchgebogenen Dachlatten, selbige auch nach der Entlastung in dieser Zwangslage verbleiben, was nachträglich auch nicht mehr durch eine innenseitige Absteifung korrigiert werden kann.

I. d. R. finden wir bei Reetdächern einen Sparrenabstand von bis zu 1,20 m, wobei anstelle der ursprünglich verwendeten geschälten und beidseitig behauenen Schleete in der heutigen Zeit, bei einem Sparrenabstand von bis zu 1 m, normale Dachlatten (4 × 6 cm) verwendet werden. Ist der Sparrenabstand größer als 1 m, wird ein Einzelnachweis nötig. Die Dachlatten wurden früher mit den abgerundeten Kanten zum Dachinneren auf den Sparren befestigt. Somit konnte der Bindedraht optimal nachrutschen. Da heute vielfach mit nichtrostendem Bindedraht gebunden wird, finden mittlerweile auch scharkantige Latten (4 × 6 cm, 5 × 7 cm oder 6 × 8 cm) Anwendung. Der Dachlattenabstand beträgt ca. 30 bis 35 cm, richtet sich letztendlich jedoch nach der Länge der verwendeten Halme, welche in der Deckschicht mindestens drei Bindungen erfahren sollten. Die Lattenabstände im First- und Traufbereich weichen von der regelmäßigen Verteilung ab. Genaueres hierzu finden Sie unter dem Punkt Dachdetails.

Bei der Gaubenbelattung sind einige Besonderheiten zu beachten. So werden bei trapezförmigen Gauben normale Dachlatten und für Rundgauben ab und an noch Haselnussruten (Durchmesser ca. 3 bis 5 cm) verwendet. Die Anordnung und Höhe der ersten und zweiten Lattung unterscheidet sich nicht von der im Traufbereich. Bei den nachfolgenden Latten sollte sich der Abstand keilförmig von Gaubenseite zu Gaubenseite verkleinern. Somit steht die Lattung ungefähr im rechten Winkel zur Rohrrichtung und das Schilf kann gut auf der Lattung befestigt werden. Für die Haltbarkeit einer Dachgaube mit Reetdeckung spielt der Neigungswinkel eine entscheidende Rolle. Auch hier gilt je steiler desto besser. Allgemein soll der Neigungswinkel bei Dachgauben 38° in keinem Fall unterschreiten.

Bei ausgebauten Dachgeschossen muss eine Wärmedämmung unter der Reetdeckung eingebaut werden. Hier muss darauf geachtet werden, dass zwischen der Unterseite der Lattung und der Wärmedämmung oder Regen sichernden Zusatzmaßnahme ein Luftraum vorhanden ist. Dieser Abstand muss mind. 6 cm betragen, um somit ein Abtrocknen des Reets nach einem Niederschlag auch barrierefrei von der Unterseite der Deckung sicher zu stellen. Neben diesem bauphysikalisch wichtigen Aspekt ermöglicht dieser Luftraum aber auch das Binden und spätere Pflegen bzw. Reparieren der Deckung. Be- und Entlüftungsöffnungen (Zuluftöffnung an der Traufe und Abluftöffnung am First) gelten als zwingend erforderlich und sind einzuhalten. Die in DIN 4108 Teil 3 geforderten Lüftungsquerschnitte gelten allgemein als bewährt und werden grundsätzlich empfohlen obwohl deren Gültigkeit nicht explizit das Reetdach ansprechen.

Beim Aufbau des Reetdaches findet in der Regel kein oder nur ein geringer Zuschnitt statt, es sei denn aus gestalterischen Gründen (z. B. dekorative, englische Reetdächer, oder zur Gaubengestaltung etc.). Das Reet wird bei einfacher Deckung nicht geschnitten sondern in Form geklopft.

Bild **5**.8.3.12 In Form geklopfte Dachgaube

Bild **5**.8.3.13 Einklopfen des Reets

Befestigung

In Bezug auf die Rohrbefestigung wird allgemein zwischen dem gebundenen, dem genähten und dem geschraubten Dach unterschieden, was jedoch auch in Kombination miteinander angewendet wird.

Das gebundene oder geschächtete Dach, dessen Technik auch als Weentechnik bezeichnet wird, wird allgemein als die ursprüngliche Art der Rohrdeckung betitelt und ist als dieses oftmals in Regionen wie Schleswig-Holstein, Mecklenburg, entlang der Oder oder der Spree und auf der Insel Usedom zu finden. Das Bündel wird hierbei über einen sogenannten Bandstock oder Schacht (ein mind. 4,5 mm dicker, verzinkter Draht der auf die Rohrlage, parallel zur Traufe/Lattung, gespannt wird) mit einem mind. 1,0 mm dicken Chrom-Nickel-Draht (Werkstoff-Nr. 4571; DIN 17440) oder einem mind. 2 mm dicken kunststoffummantelten Draht (Draht an sich mind. 1,4 mm dick), festgebunden. Der Bandstock selbst wird ca. alle 20 bis 25 cm mit selbigem Draht an den Dachlatten angebunden. Somit klemmt das Rohr letztendlich zwischen dem Bandstock und der Dachlattung. Die Vorteile gegenüber dem genähten Dach liegen in der nicht benötigten Gegennaht und den Einsparungen beim Gerüstaufbau.

Beim genähten Dach wird das Rohrbündel umgehend an die Dachlatten mit einem mind. 1,0 mm dicken Chrom-Nickel-Draht (Werkstoff-Nr. 4571; DIN 17440) oder einem mind. 2 mm dicken kunststoffummantelten Draht (Draht ansich mind. 1,4 mm dick) oder einem mind. 1,5 mm dicken Kupferdraht fest vernäht. Diese Bindung ist in jeder Decklage versetzt anzubringen. Die Stichweite beträgt max. 0,25 m.

Bild **5**.8.3.14
Vernähen des Dachreets

Das geschraubte Dach wird unter Verwendung von nicht rostendem Draht, der an eine Schraube (Mindestgröße von 4,5 × 35 mm) gedrillt ist, erstellt. Der Draht ist auch hier ein nicht rostender Stahldraht (Werkstoff-Nr. 4571; DIN 17440 bzw. DIN EN 10088), der eine Mindestdicke von 1 mm hat. Alternativ kann auch ein kunststoffummantelter Draht mit einer Mindestgesamtdicke von 2 mm (Mindestdicke des Drahtes nicht unter 1,4 mm) oder ein Kupferdraht mit einer Mindestdicke von 1,5 mm verwendet werden. Die Decklage wird mit dem angesprochenen Draht und den Schrauben an die Latten angeschraubt. Der Abstand der Schraubung darf 20 cm nicht überschreiten. Die Dauerhaftigkeit des geschraubten Daches ist abhängig von der Befestigung der Schrauben in den Latten und der Festigkeit der Rödelung des Drahtes. Es gilt hierbei zu beachten, dass die Schraubung nicht im Lattenrandbereich eingedreht und die Latte durch die Schraubung nicht gespalten werden darf.

Bild **5**.8.3.15
Reetdachschrauben mit angedrilltem Draht

Bild **5**.8.3.16
Verschrauben des Dachreets

Bei allen Verfahren ist in einer glatten Fläche von der Traufe zum First zu decken, wobei die einzelnen Lagen waagerecht durchgehend aufzubringen sind. Auf der Lattung wird eine ca. 30 mm dicke Reetschicht als Vorlage (Streuschicht) gelegt, welche verhindern soll, dass die Spitzen der Deckbunde unter die Latten getrieben werden. Die exakte Dicke der Streuschicht richtet sich nach den Längen des verwendeten Reets. Einzig bei der mit Schiffchen genähten Reetdeckung wird auf die Vorlage verzichtet, da die Bundspitzen beim Treiben über die Latten gehoben werden. Die Bindung, welche fest an der Lattung liegen muss, muss je nach gewählter Befestigung und Deckungsart möglichst in der Mitte der Halmlänge in Abständen bis max. 25 cm erfolgen, wobei bei steileren Dächern mit geringeren Abständen gebunden werden muss. Die Dachdeckerregeln des Deutschen Dachdeckerhandwerks geben hier als Beispiel bei einer 60° Dachneigung einen max. Abstand von 20 cm vor. Die Neigung der Gebinde unterhalb der Bindung darf um ca. 15° geringer als die Dachneigung an sich sein. Die Dicke der Reetdeckung muss in der Fläche rechtwinklig zur Dachoberfläche mind. 30 cm betragen. Das Reet wird in Längsrichtung von der Traufe zum First mit den Schnittstoppeln zur Traufe verlegt. Die rechts und links an den Anschlüssen befindliche Decklage muss so angelegt werden, dass deren Stoppel den Überstand bilden.

Bild **5**.8.3.17
Reetlage und Dachlattung
(Quelle: Hiss-Reet)

Dacheinbauteile und Durchdringungen

Allgemein stellen Dacheinbauteile eine funktionale Ergänzung der Dachdeckung dar. Anschlüsse an Dachdurchdringungen können handwerklich hergestellt oder mit industriell vorgefertigten Bauteilen erstellt werden. Diese Dachdurchdringungen oder Dacheinbauteile können allgemein mit Kupfer, Blei, nicht rostendem Stahl, Kunststoff, Holz, Beton oder Tonwerkstoffen ö.Ä. hergestellt sein. Teile, die statische Lasten zu tragen haben oder auch sicherheitsrelevante Funktionen erfüllen, sind entsprechend den baurechtlichen, den Unfallverhütungs- und den Herstellervorschriften einzubauen und zu befestigen.

Anschlüsse von solchen Einbauten sind immer so auszuführen, dass Regenwasser sicher abgeleitet wird. Anschlüsse von Durchdringungen bis zu einem Durchmesser von 15 cm werden zwischen Mitte und oberem Drittel der Deckschicht eingebunden und allseitig mind. 25 cm überdeckt. Größere Durchdringungen oder auch Dachsystemteile wie z. B. Dachflächenfenster, werden ebenfalls zwischen Mitte und oberem Drittel der Deckschicht eingebunden, wobei bei firstseitigem Anschluss mit einer Überdeckung des Reets auf den Anschluss von mind. 25 cm gearbeitet werden muss. Die seitlichen Anschlüsse werden mind. 15 cm überdeckt. Durchdringungen sollten allgemein mind. 1 m von Kehlen, Gauben oder Graten entfernt sein. Bei der Planung der Kamine müssen die jeweiligen bauaufsichtlichen Bestimmungen (Bauordnungen) berücksichtigt werden. Der Anschluss am Kamin sollte mittels Unterschneidung des Kaminmauerwerks hergestellt werden. Ist dies nicht möglich, erfolgt der Anschluss als seitlicher Wandanschluss und für trauf- und firstseitigem Anschluss gemäß der „Fachregel für Metallarbeiten im Dachdeckerhandwerk“.

Dachdetails

First

Besondere Detaillösungen verlangt beim Rohrdach vor allem die Firstausbildung ab. Was ursprünglich die regionale Besonderheit war, ist heute stark an gesetzliche Vorschriften gebunden, die regional sehr unterschiedlich und der jeweiligen Bauordnung zu entnehmen sind. Die häufigsten Firstausbildungen sind:

Rohr- oder Reetfirst

Hier richtet sich die Verlegeart nach der Wetterseite Luv und der gegenüberliegenden Seite Lee. Auf der Luv-Seite steht die Firstschicht des Rohrs, die nach der Lee-Schicht aufgebracht wurde, ca. 10 cm über dem Mittelpunkt. Der Lattenabstand von der Firstlatte zur zweiten und von dieser zur dritten Dachlatte muss jeweils auf ca. 25 cm verringert werden. An den unteren Latten wird sowohl die Firstdeckung als auch die Flächendeckung befestigt. Bei diesem First zeigen die Stoppelenden der Firstgebinde zur Firstlinie und die Blütenenden zur Traufrichtung. Das Firstgebinde muss beidseitig an den obersten zwei oder drei Latten versetzt gebunden oder genäht werden, wobei die untere Firstbindung beiderseits in gleicher Höhe sein muss. Auf der vorletzten Dachlatte unter dem First soll die Dicke der Deckung, in Bezug auf die Dachlattenebene, nicht weniger als 25 cm betragen. Dieser First muss als Kehrband gedeckt werden, wobei die Blütenenden der letzten Decklage über die Firstscheitellinie auf die gegenüberliegende Dachfläche geführt und dort gebunden oder genäht werden. Die Haltbarkeit eines solchen Firstes wird mit ca. 15 bis 20 Jahren angegeben.

Heidefirst

Der Heidefirst ist der in Deutschland wohl am häufigsten auffindbare Reetdachabschluss. Auf die übliche Rohrdeckung im Firstbereich werden hierbei Ballen aus geschnittenem, erdfeuchten Heidekraut im Verband mit einer beidseitigen Schenkellänge von ca. 1 m aufgebracht. Die Neigung der Schenkel darf hierbei keinesfalls die Dachneigung unterschreiten. Von der Firstspitze verjüngt sich der Heidefirst zur unteren Kante auf etwa 10 cm. Die beiden Firstlatten an der Sparrenspitze stoßen bei dieser Firstausbildung zusammen. Als Schutzmaßnahme wird unter dem Heidefirst oftmals eine Bitumen oder PE-Lage überlappend eingelegt und über dem Heidefirst zusätzlich ein feinmaschiges Kunststoff- oder Drahtgeflecht gespannt und je nach Region durch Anordnung von z. B. Weichholzpflöcken (Sticken) weiter gesichert. Diese Holzpflöcke sollen ca. 30 bis 60 cm lang sein und ihr Querschnitt beträgt ca. 1,5 bis 2 cm. Je m Heidefirst sind allgemein mind. 100 Holzpflöcke zu verwenden.

Bild **5**.8.3.18 und Bild **5**.8.3.19 Heidefirstausbildungen

Strohwulstfirst

Das besondere Merkmal dieser Firstart ist die mit kräftigen Bandstöcken befestigte oberste Schilflage, die die einzelnen Schilfrollen mit einem Durchmesser von 12 bis 15 cm optisch klar erkennen lässt. Der oberste Firstabschluss wird hierbei ebenso wie beim Heidefirst mit Gras, Heidekraut oder Stroh gedeckt.

Rollfirst

Das auffällige Erscheinungsbild des Rollfirstes erinnert stark an ein aufgerolltes Strohseil. Jedoch handelt es sich um ein aus einzelnen vorgefertigten Strohpuppen gedrehtes Knoten- und Knopfgebilde, welches in sich befestigt, auf dem First den oberen Abschluss bildet. Durch einen eingeschobenen Bandstock werden mehrere Knoten miteinander verbunden. Bandstöcke in Höhe der letzten Lattung festigen die gesamte Konstruktion.

Sodenfirst

Dieser First besteht aus gewachsenen Kleisoden (Suaeda maritima). Die Grassode ist ca. 5 cm dick, zwischen 30 und 40 cm breit und hat eine Länge von ca. 1,30 bis 1,50 m. Diese Firstausbildung muss entgegen der Hauptwetterrichtung verlegt werden, wobei an der wetterabgewandten Seite mit dem Verlegen begonnen wird. Für einen Meter First müssen in etwa 7 bis 9 Soden verlegt werden. Der Anlegewinkel beträgt hier zwischen 60° und 70°. Die Befestigung untereinander erfolgt mit Hartholzpflöcken, die zwischen 20 und 30 cm lang sind. Mit einer zusätzlichen Netzabdeckung reicht eine Pflockung jeder zweiten Sode. Wird auf das Netz verzichtet, muss jede Sode gepflockt werden. Die Unterlage für einen Sodenfirst besteht aus einer Abrundung. Hierauf folgt i. d. R. eine Abdeckung aus einer besandeten Bitumenbahn oder einer Kunststoffbahn.

Bild **5.**8.3.20 und Bild **5.**8.3.21 Auch möglich, Reetdachfirst aus Kupferblech (Quelle: Hiss-Reet)

Traufe

Bei Reetdeckungen sollte die sichtbare Traufdicke allgemein mind. 30 cm betragen. An der ersten Dachlatte muss die Dicke der Dachfläche, im 90° Winkel gemessen, mind. 35 bis 40 cm betragen. Der Traufüberstand gemessen vom Mauerwerk oder Gesims muss mind. 15, besser 30 cm betragen. Es wird empfohlen, die Traufe aus zwei Lagen zu erarbeiten, wobei der Abstand vom Auflagerpunkt zur ersten Lattung ca. 20 cm betragen sollte. Der Abstand von der ersten zur zweiten Lattung sollte ebenso 20 cm betragen. Die Traufe kann waagerecht oder im Winkel bis 85° zur Dachfläche hergestellt werden. Die Auflagerkante der Reetdeckung an der Traufe sollte gegenüber der Dachlattenebene 4 bis 7 cm, rechtwinklig gemessen, herausgehoben sein (Kniep, siehe

Skizze 5.8.3.1). Hierdurch ergibt sich Lage für Lage die erforderliche Spannung und Durchbiegung der Reethalme.

Bild **5**.8.3.22
Traufanschluss im Detail
(Quelle: Hiss-Reet)

Ortgang

Bild **5**.8.3.23
Reetlage am Ortgang

In vielen Küstenregionen ist es nicht nur üblich sondern auch notwendig, ein Ortgangbrett (Windbrett) anzubringen. Dieses wird i. d. R. noch vor der Dachlattung angebracht. In traditioneller Bauweise wird jede dritte oder vierte Dachlatte durch das Ortgangbrett geführt und außenseitig mit Hölzern verkeilt. Bei einer Ausführung ohne Kniep sollen die Halme etwa 5° zum Ortgang geneigt eingebaut werden. Lässt es die regionale Witterung zu, wird der Ortgang auch oft mit Schilfschoben als Kniep, welche schräg (45°) in die Enden der Bandstöcke gesteckt und mit doppelter Drahtbindung befestigt werden, aufgebaut. Bei einem Dach mit Krüppelwalm sollen die Halme am Ortgang parallel zum Gradsparren liegen. Der Überstand der Reetdeckung am Ortgang beträgt allgemein ca. 15 bis 25 cm.

Bild **5**.8.3.24
Schnitteinblick in den Ortgang mit Streuschicht und Belüftungszone (Quelle: Hiss-Reet)

Grat, Pult und Kehle

Laut den Dachdeckerregeln des Zentralverbandes des Deutschen Dachdeckerhandwerkes sind die Halme an den Graten in Richtung des Gratsparrens zu decken und allmählich in normale Richtung zu bringen. Die Gratkante wird leicht gerundet, wobei die Mindestdicke der Reetdeckung gewährleistet sein muss.

Die Deckung des Pultabschlusses erfolgt analog der Firstausbildung. Der senkrechte Abschluss des Pultes muss abgedeckt werden, wobei als Abdeckung je nach regionalem Vorkommen Heidekraut, Tonhauben, Metall, Grassoden oder anderes verwendet wird.

Bild **5**.8.3.25
Dachkehle als Anschluss vom Reetdach zum Ziegeldach

Die Kehle liegt immer horizontaler als die Dachflächen die sie verbinden und leiten daher immer ein Übermaß an Niederschlagswasser ab, was sie zu einer Schwachstelle des Daches degradiert. Die durchschnittliche Haltbarkeit beträgt aus diesem Grunde nur ca. 7 Jahre. Kehlen sind beim Reetdach grundsätzlich so auszuführen, dass die Decklagen in diesem Bereich immer durchgehend gedeckt sind. Die Dicke der Deckung muss hier in etwa das 1,5-fache der Dachflächendeckung betragen. Eine Kehlsparrenneigung von 40° sollte hierbei nicht unterschritten werden. Kehlen sind grundsätzlich ausgerundet zu decken und können durch Einbringung einer zusätzlichen Querlattung auch breiter gestaltet werden. Die sogenannte untergelegte Kehle wird ausgeführt, wenn die Reetdeckung im Kehlbereich an eine andersartig gedeckte Dachfläche anschließt (siehe Bild 5.8.3.25). Hier schließt die Reetdeckung an der Kehle analog der Ortgangdeckung an und muss mind. 15 cm, rechtwinklig zur Kehllinie gemessen, überdeckt werden. Die untergelegte Kehle muss bis auf die Auflagekante (Kniep) heraufgeführt werden. Es gilt bei dieser Kehlausbildung die jeweils gültigen Fachregeln, wie z. B. die „Fachregel für Metallarbeiten im Dachdeckerhandwerk" zu beachten.

Gauben

Anschlüsse der Reetdachdeckung an Dachgauben sind i. d. R. auszurunden. Es gilt die Gaubensparren unter dem Firstscheitelpunkt in die Dachfläche einzubinden, so dass die letzten drei Dachlatten nicht unterbrochen werden. Die Gaubenkonstruktionen müssen von Kehlen, Graten, Ortgängen oder anderen Dachgauben so weit entfernt sein, dass die Gaubendeckung mit einem Abstand von mind. 1,0 m in die Dachflächendeckung einbindet. Vor den Dachgauben, am traufseitigen Anschluss, ist die letzte, kürzere Decklage mit offener Bindung zu befestigen. Dabei soll der Zwischenraum zwischen den Dachlatten und der unteren Kante des Gaubenrahmens der um ca. 10 cm verringerten Dicke der Reetdeckung entsprechen. Die Ausführung der Abdeckung des Anschlusses ist unterschiedlich mit z. B. einem Tropfbrett, einer Heidefirstabdeckung oder einem Rohrfirst etc. möglich. Dachgaubentraufen sind so auszubilden, dass das Niederschlagswasser möglichst weit auf die Hauptdachfläche abgeführt wird.

Bild **5**.8.3.26
Unterer Anschluss an eine Dachgaube

Dachfenster

Dachfenster werden in aller Regel in Dachgauben verbaut (stehende Fenster), wobei aus technischer Sicht auch der Einbau von liegenden Fenstern möglich wäre. Allgemein wird jedoch dem liegenden Fenster bei Reetdächern ablehnend begegnet, was aus Sicht der Dachharmonie und der weit anspruchsvolleren Ausführungsmethodik durchaus nachvollziehbar ist.

Reetdächer haben allgemein eine Lebensdauer von ca. 25 bis 45 Jahren. Durch eine regelmäßige Pflege der Dachhaut (Inspektions- und Wartungsverträge mit dem Reetdachdecker) kann dies jedoch erheblich gesteigert werden. So gibt es durchaus Dächer, die älter als 100 Jahre sind. Einwirkungen auf die Lebensdauer und Beanspruchungen ergeben sich aus den klimatischen Verhältnissen, den Umwelteinflüssen, der Nutzung des Gebäudes, mechanischer und thermischer Einflüsse und den konstruktiven Gegebenheiten. Bei Dachdeckungen, die ca. 3 bis 4 Jahre alt sind, kann es allgemein zu einer Volumenverringerung kommen, die ein Nachklopfen der Schilfrohre nötig macht. Muss das Dach ausgebessert werden aufgrund faulender oder geknickter Halme, so werden diese gründlich entfernt und durch frische Halme ersetzt. Hierbei werden die freigelegten Bindedrähte nach unten gebunden und die neuen Rohrbunde (auch Stöpsel, Pfropfen oder Proppen genannt) passgenau mit entsprechender Länge hineingetrieben und auf gleiche Art befestigt wie beim Rest des Daches.

Bild **5**.8.3.27
Stehende Fenster im Reetdach
(Quelle: Hiss-Reet)

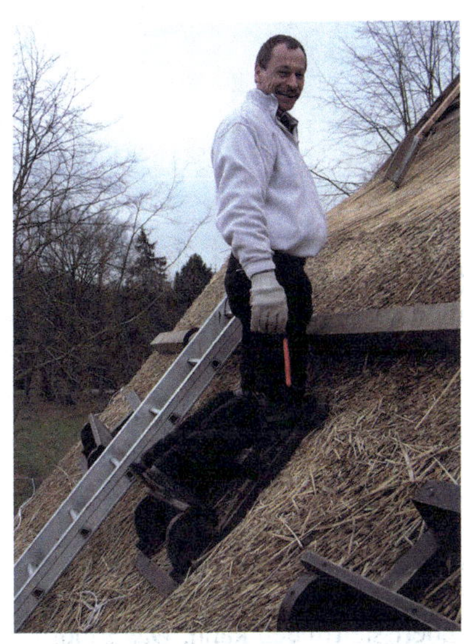

Bild **5**.8.3.28
Reetdachdecker bei der Arbeit

Es gilt allgemein, dass immer soviel gesundes Rohr auf dem Dach bleibt wie möglich, um die Festigkeit des alten Daches nicht unnötig beanspruchen zu müssen. Ist die Reetdeckung dermaßen abgewittert, dass die Bindung (Binde- und Schachtdraht) zum Vorschein kommt, ist die Deckung nicht mehr regensicher und macht eine Neudeckung erforderlich. Oftmals wird auch die Überdeckung der schadhaften und dünn gewordenen Dachdeckung mit einer neuen Reetlage angeboten, was zwar möglich ist, jedoch nicht empfehlenswert. Die überdeckte neue Lage muss dann mind. 30 cm dick sein und den Kriterien einer Neudeckung entsprechen.

Je trockener ein Reetdach gehalten wird, desto länger ist auch dessen Haltbarkeit. Daher sollten Verunreinigungen wie z. B. Laub, Algen und Moose regelmäßig mechanisch entfernt werden, denn diese an sich zwar unschädlichen Beläge fördern das Stauwasser und tragen dazu bei, dass die Dachhaut am Austrocknen gehindert wird.

Bild 5.8.3.29 und Bild 5.8.3.30 Ein durch ständige anhaltende Feuchte verursachter Pilzbefall (Quelle: Hiss-Reet)

Bild 5.8.3.31
Stark bemoostes, vernachlässigtes Reetdach (Quelle: Hiss-Reet)

Auch der Bewuchs von Bäumen und großen Sträuchern um das Haus herum sollte eingeschränkt oder besser vermieden werden, denn deren Schatten kann und wird das Trocknen nach einem Niederschlag verhindern.

Eine den technischen Vorgaben entsprechende Dampfsperre ist bei Reetdächern mit zusätzlicher Dämmung unumgänglich, jedoch muss zwischen der Dämmung und dem Reet immer eine Luftschicht von mind. 6 cm erbaut werden, damit ein Luftwechsel und somit eine Austrocknung von Diffusionsfeuchtigkeit und Niederschlagsfeuchtigkeit ungehindert stattfinden kann. Das Eindringen der sogenannten Wohnfeuchte muss in jedem Fall verhindert werden (innenliegende, dicht verklebte Dampfsperre). Aufgrund der grundsätzlich nötigen Belüftungszone ist der allgemeine Glaube, dass eine Reetdachdeckung alleine hohe wärmedämmende Eigenschaften hat, bauphysikalisch nicht haltbar.

Traditionell gebundene Reetdächer haben immer ein größeres Brandrisiko als die heutzutage geschraubten Dächer. Das Brandrisiko ist am besten einzuschränken durch die Anwendung einer geschlossenen Konstruktion. Diese kann z. B. durch die Verschraubung über eine Steinwolle-Dämmplatte in Kombination mit einer dampfhemmenden Folie erreicht werden. Jedoch darf auch hier die 6 cm Luftschicht zwischen dem Reet und der Mineralwolle nicht fehlen. Die Nähte zwischen den Dämmplatten sind innenseitig sorgfältig abzudichten, so dass auch bei dieser Konstruktion Wohnfeuchte nicht in die Dachhaut dringen kann.

5.9 Seegras

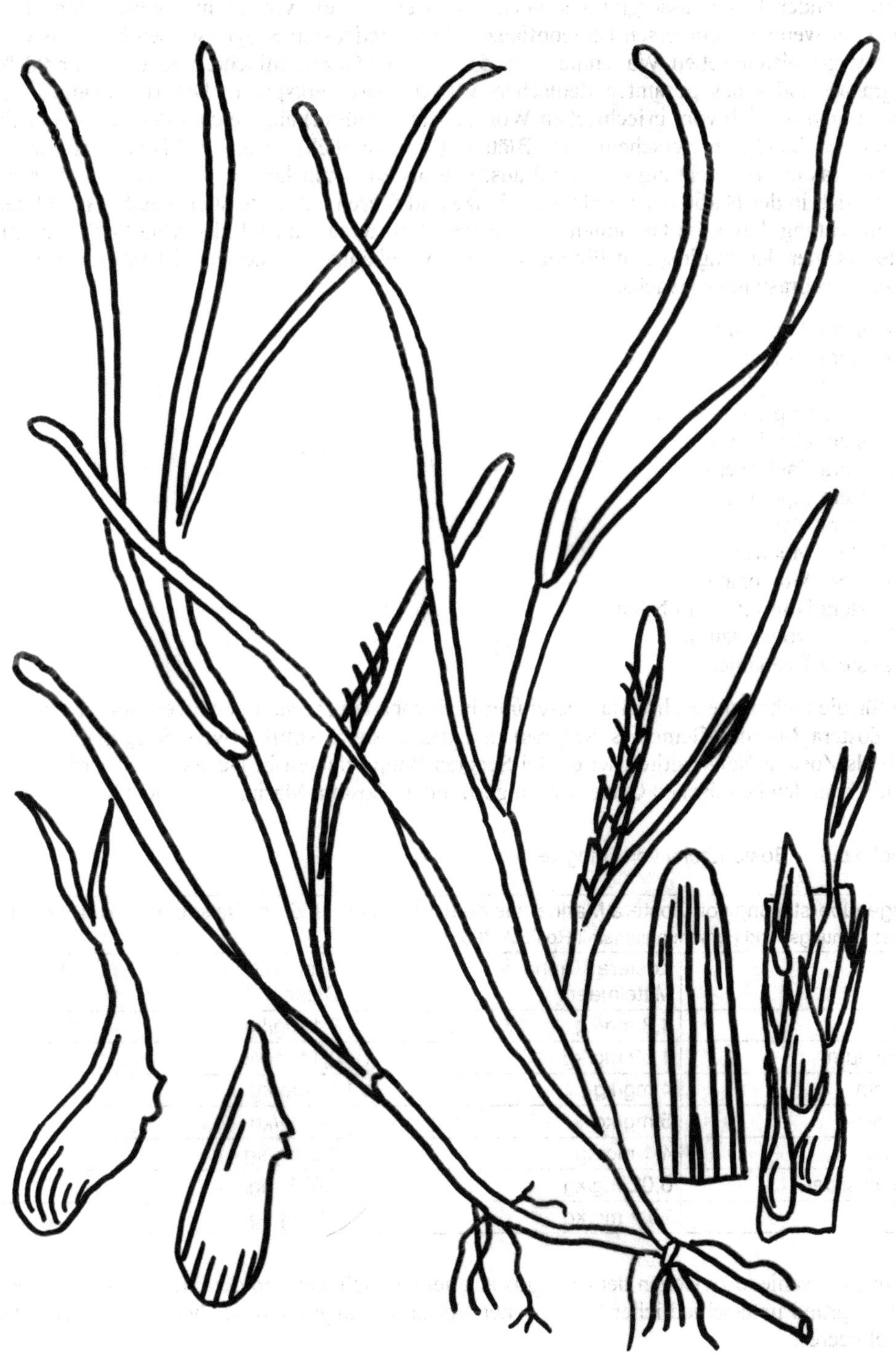

Seegras ist ein deutscher Oberbegriff für verschiedene grasähnliche Samenpflanzen, die in den Meeren gedeihen und zur Familie der Seegrasgewächse (Zosteraceae) gehören. Diese weltweit vorkommenden Unterwassergräser können bis zu einer Tiefe von 15 m wachsen und umfassen einige der wenigen submersen Blütenpflanzen. 2003 bedeckten Seegraswiesen beispielsweise im Schleswig-Holsteinischen Wattenmeer ca. 51 km^2 der Gezeitenfläche, was ungefähr 90 % des Seegrasbestandes des gesamten deutschen Wattenmeeres entsprach. Die Betitelung „Zostera" stammt ursprünglich vom griechischen Wort „zoster" (Gürtel) ab, welches das Seegras nach dessen flachen, bandförmig erscheinenden Blättern (gürtelähnlich) benannte. Als Samenpflanze führt das Seegras die Befruchtung hydrophil aus. Die bis zu 2 mm langen, fädigen Pollenkörner verfangen sich in der Narbe der Empfängerpflanze und führen auf diese Weise eine echte Unterwasserbefruchtung durch. Im Gesamten sind bisher 12 Zosteraarten nach der APG II (Systematik der Bedecktsamer der Angiosperm Phylogeny Group) bekannt, welche zumeist in großen Gruppierungen (Seegraswiesen) wachsen.

- Zostera Angustifolia
- Zostera Asiatica
- Zostera Caespitosa
- Zostera Capensis
- Zostera Capricorni
- Zostera Caulescens
- Zostera Japonica
- Zostera Marina
- Zostera Muelleri
- Zostera Mucronata
- Zostera Noltii/Zostera Nana
- Zostera Novazelandica
- Zostera Tasmanica

Die für die technische Rohstoffaufbereitung in Europa am meisten genutzten Sorten sind hierbei das Zostera Marina (Gemeines Seegras) und das Zostera Noltii (Zwerg-Seegras), das oftmals auch als Zostera Nana betitelt wird. Bei Seegras-Bauprodukten in Deutschland wird i. d. R. das reichlich an den heimischen Ostseeküsten gestrandete Zostera Marina verwendet.

Tabelle **5**.9.1 Bestandteile von Seegras

Gegenüberstellung von Zostera Marina aus dem Mittelmeer und der Ostsee (Landwirtschaftliche Untersuchungs- und Forschungsanstalt Rostock 2005)		
	Zostera Marina Mittelmeer	Zostera Marina Ostsee
Blei	4,3 mg/kg	8,1 mg/kg
Cadmium	1,59 mg/kg	0,14 mg/kg
Chrom	4 mg/kg	13 mg/kg
Kupfer	5 mg/kg	14 mg/kg
Nickel	4,1 mg/kg	7,5 mg/kg
Quecksilber	0,02 mg/kg	0,033 mg/kg
Zink	26,4 mg/kg	91 mg/kg

Inhaltsunterschiede zwischen dem Seegras aus dem Mittelmeer und dem der Ostseeküste ergeben sich aufgrund unterschiedlicher klimatischer Voraussetzungen und des höheren Salzgehaltes des Mittelmeeres.

Bild 5.9.1 Gestrandetes Seegrasbüschel (Zostera Marina) (Quelle: Sirko Scharf)

Tabelle 5.9.2 Unterscheidungsmerkmale zwischen Zostera Marina und Zostera Noltii

	Zostera Marina	Zostera Noltii
Blätter, Breite	2–9 mm	1–2 mm
Nerven	3–7	1–3
Länge	15–30 (max. 100) cm	10–60 cm
Wachstum Tiefe	10 m	1 m
Blütensprosse	verzweigt	unverzweigt

Zostera Noltii

Zostera Noltii hat ca. 1 bis 2 mm schmale, dunkelgrüne Blätter und wächst bis zu einer Wassertiefe von bis zu einem Meter. Ein besonders gutes Wachstum ist bei einer Wassertiefe von 3 bis 8 cm in lagebeständigen Watten erkennbar. Hier bildet das Zwerggras stellenweise dichte Seegrasmatten, die selbst einer 2 bis 3 stündigen Trockenphase während der Ebbe widerstehen. Aufgrund der schmalen Blätter, die durch ihre Form und Oberflächenbeschaffenheit auch einem schnellen Austrocknen entgegenwirken, und einer Wurzeltiefe von ca. 8 cm kann das Zostera Noltii auch den mechanischen Belastungen des Wellenschlages sehr gut standhalten.

Zostera Marina

Zostera Marina hat ca. 2 mm bis 9 mm breite, gelblich bis grüne Blätter. In der Regel wächst das Gemeine Seegras in Tiefen von 40 cm bis 3 m, wobei eine Tiefe von 3 m unter Mittelniedrigwasser aufgrund des Lichtmangels eine natürliche Vegetationsgrenze darstellt. Ausnahmen gibt es bei besonders klarem Wasser, hier kann diese Seegrasart auch bis zu 10 m unter dem Meeresspiegel noch gedeihen. Am häufigsten ist dieses große Seegras auf stromgeschützten Mischwattflächen, die ca. 20 bis 80 cm unter der Flutlinie liegen, anzutreffen. Oft findet man das Zostera Marina auch in Mischbeständen mit dem Zostera Noltii zusammen. Die Wuchshöhe wird i. d. R. über die natürlichen Faktoren, wie der mechanischen Einwirkung des Wellenschlages (lange Blätter reißen ab) oder dem Abfrieren bei Niedrigwasserständen, automotorisch geregelt. Die Blüten, die aus einem Staubblatt und einem Fruchtblatt bestehen, sind zweizeilig in Ähren angeordnet. Die verzweigten Sprossenachsen wachsen im Boden, wobei die Blätter einzeln heraussprießen. In trockenfallenden Watten und deren Wasserpfützen gedeihen hauptsächlich einjährige Pflanzen, die durch im Frühjahr verbreitete Pflanzensamen gesprossen sind: eine Eigenschaft, die auch viele andere Seegräser teilen.

Aufgrund dieser Möglichkeiten können die meisten Seegräser nicht nur unter der Niedrigwasserlinie, sondern auch auf trockenfallenden Flächen bis dicht ans Ufer vorkommen. Allgemein haben Seegraswiesen einen hohen Stellenwert für die Qualität des Küstenökosystems und beeinflussen hierin wichtige, lebensnotwendige Funktionen. Zu den Einflussfaktoren zählen die Erhöhung der Artenvielfalt und deren Produktivität sowie die Beeinflussung des Nahrungsnetzes. Die komplexe Struktur der Seegraswiesen bietet Lebensraum, Schutz und Laichmöglichkeiten für die Meeresbewohner. Zudem stabilisiert das dichte Wurzelgeflecht das Sediment und hemmt Erosionsprozesse.

Bild **5**.9.2 und Bild **5**.9.3 Seegrasanschwemmungen Ostseeküste (Quelle: Sirko Scharf)

Nach allgemeinen Angaben werden an die deutschen Küsten, je nach Region, zwischen 600 und 1200 m^3 Seegras angespült. Da angeschwemmtes Seegras nur mit entsprechender Vorbehandlung entsorgt werden darf und das Aufbringen der angeschwemmten, unbehandelte Pflanzenteile auf die Felder in Teilen Deutschlands verboten ist, wird dieses Strandgut oft zu einem regionalen Entsorgungsproblem. Man kann jedoch erwarten, dass sich dies mit der Neuentdeckung des pflanzlichen Rohstoffes Seegras und der bekannten allgemeinen Umweltlage noch ändern wird.

Produkte aus Seegras

Das im alten Venedig als Alga Vitrariorum (Verpackungsmaterial der venezianischen Glaskünstler) genutzte und heute als biogener Rohstoff eingruppierte Seegras wurde bereits Ende des 19. Jahrhunderts als Ersatz für Holzwolle und wesentlich länger als Füllstoff für unterschiedliche Alltagsprodukte (z. B. Kissen, Polster, Sessel, Matratzen etc.) genutzt. Selbst in der Medizin wurde das Seegras bereits 2700 v. Chr. von den Chinesen zur Behandlung eines Kropfes (Jodmangelerkrankung) empfohlen.

Aktuell mögliche Einsatzbereiche:

- Baustoffe/-elemente
- Pellets als Katzenstreu
- Formteile
- Küstensicherung
- Ölsperren
- Polster-, Kissenfüllmaterial
- Papier
- Verpackungsmaterialien
- Erosionsschutzmatten

Bild **5**.9.4 Seegras-Schüttdämmung, Polsterfüllstoff etc.

Bild **5**.9.5 Verkleidungsbestandteil KFZ-Innenraum (Quelle: Sirko Scharf)

Bild **5**.9.6
Seegraspellets als Katzenstreu (Quelle: Sirko Scharf)

Bild 11.7 Schaumkunststoffe (Quelle: Sirko Scharf)

Bild 11.8 Kunststoffformteile (Quelle: Sirko Scharf)

5.9.1 Ernte & Rohstoffaufbereitung für das Bauwesen

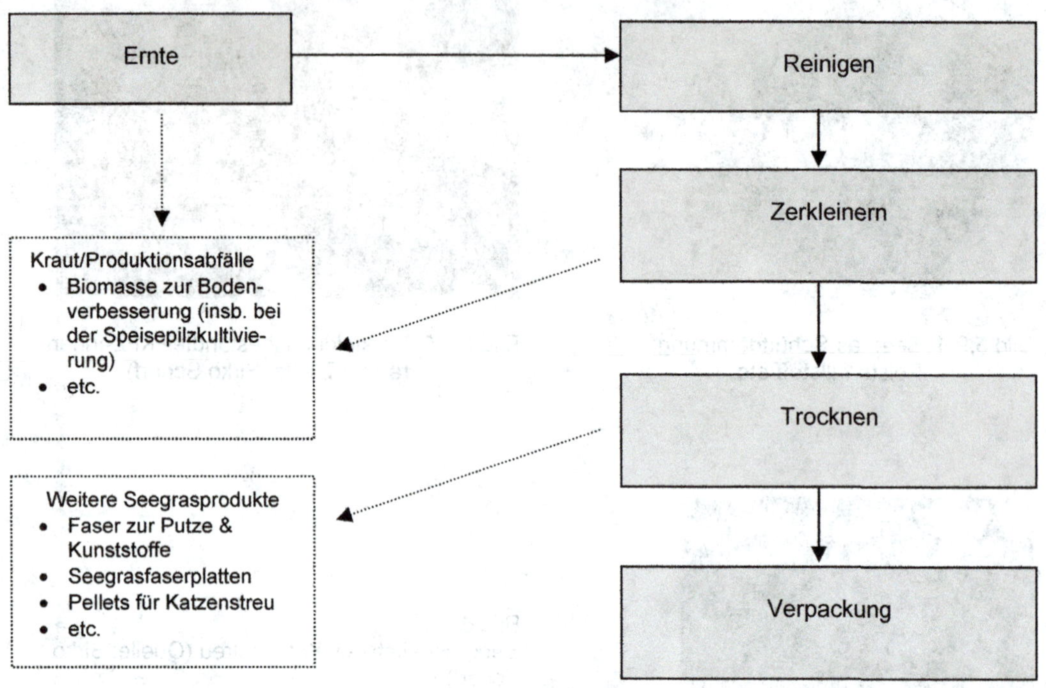

Skizze **5**.9.1.1 Herstellungsdiagramm der Seegrasdämmung

Bild **5**.9.1.1 Kurzer Seegrasdämmstoff (Quelle: Sirko Scharf)

Bild **5**.9.1.2 Mittellanger Seegrasdämmstoff (Quelle: Sirko Scharf)

Die „Ernte" des Seegrases erfolgt durch die Aufnahme von an den Ufern gestrandetem Seegras, also dem i. d. R. durch natürliche Umstände angelandete, nicht mehr lebensfähigen Pflanzenteilen. Aktuell werden Überlegungen angestellt, die die Möglichkeiten einer Unterwasserernte betrachten, um hiermit eine positivere Qualität mit weniger intensiven Reinigungsprozessen erreichen zu können.

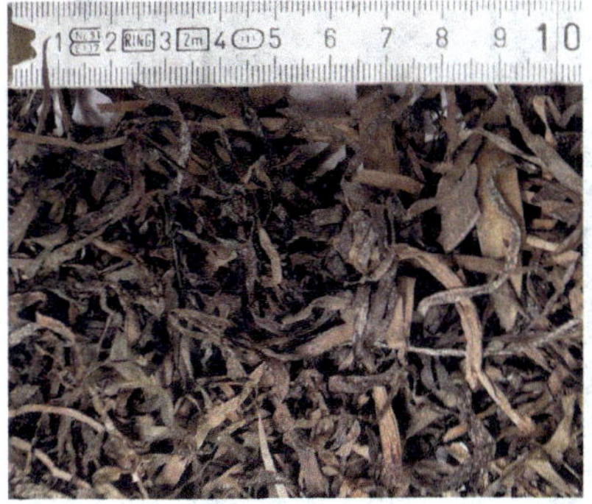

Bild 5.9.1.3 Langer Seegrasdämmstoff (Quelle: Sirko Scharf)

Bild 5.9.1.4 Siebanlage für angestrandetes Seegras (Quelle: Sirko Scharf)

Nachdem das angeschwemmte Seegras vom Meeresufer eingesammelt wurde, wird es vor der weiteren Aufbereitung gesiebt und gereinigt, um Unreinheiten wie Sand und Steine in der späteren Weiterverarbeitung zu minimieren.

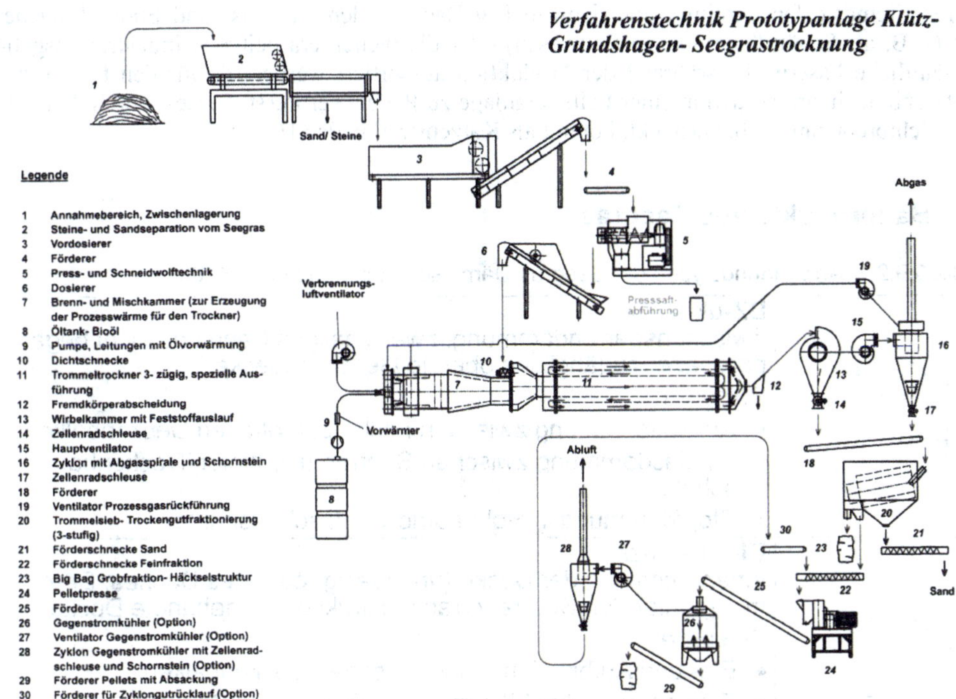

Bild 5.9.1.5 Projektskizze und Produktionsanlage zur Seegrasaufbereitung (Quelle: Sirko Scharf)

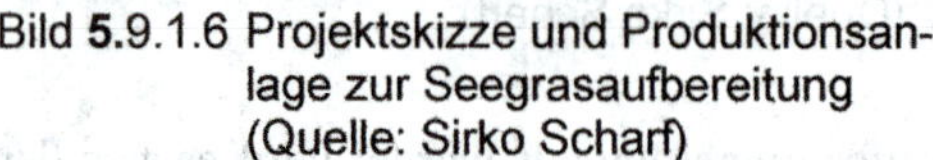

Bild **5**.9.1.6 Projektskizze und Produktionsanlage zur Seegrasaufbereitung (Quelle: Sirko Scharf)

Bild **5**.9.1.7 Pelletieranlage für Seegraspellets als Katzenstreu (Quelle: Sirko Scharf)

Das nun saubere Rohmaterial wird hiernach zunächst vordosiert, bevor es über eine Fördereinrichtung in den Press- und Schneidewolf gelangt. Wiederum über einen Dosierer geleitet, gelangt der nun geschnittene Rohstoff in den Trommeltrockner. Das trockene Material wird in mehreren Schritten über eine Fremdkörperabscheidung, eine Wirbelkammer und ein Trommelsieb von weiteren Fremdstoffen gereinigt und dann in Big Bags an den Handels- und Endverbrauchermarkt (z. B. als Schüttdämmung im Bauwesen) oder die weiterverarbeitende Industrie ausgeliefert. Sämtliche Fasern, die während der Produktion aussortiert werden, da für den technischen Einsatz unbrauchbar, werden in einer Pelletieranlage zu Pellets verpresst. Dieses, durch den Salzgehalt nichtbrennbare Nebenprodukt, kommt als Katzenstreu in den Handel.

5.9.2 Bauprodukte aus Seegras

Tabelle **5**.9.2.1 Anwendungstypen der Seegras-Dämmschüttung nach DIN 4108

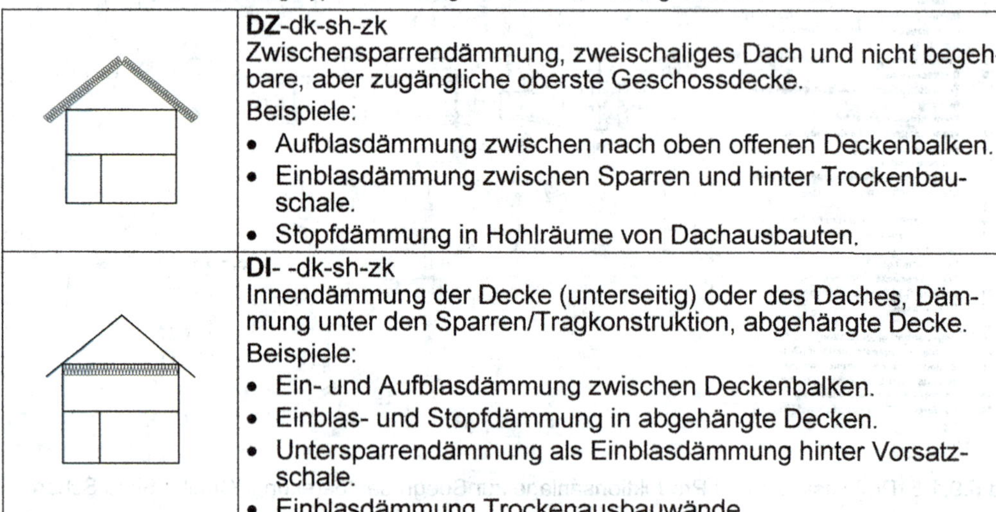

	DZ-dk-sh-zk Zwischensparrendämmung, zweischaliges Dach und nicht begehbare, aber zugängliche oberste Geschossdecke. Beispiele: • Aufblasdämmung zwischen nach oben offenen Deckenbalken. • Einblasdämmung zwischen Sparren und hinter Trockenbauschale. • Stopfdämmung in Hohlräume von Dachausbauten.
	DI- -dk-sh-zk Innendämmung der Decke (unterseitig) oder des Daches, Dämmung unter den Sparren/Tragkonstruktion, abgehängte Decke. Beispiele: • Ein- und Aufblasdämmung zwischen Deckenbalken. • Einblas- und Stopfdämmung in abgehängte Decken. • Untersparrendämmung als Einblasdämmung hinter Vorsatzschale. • Einblasdämmung Trockenausbauwände.

	DEO-dk-sh-zk Innendämmung der Decke oder Bodenplatte (oberseitig) unter Estrich ohne Schallschutzanforderungen. Beispiel: • Ein- und Aufblasdämmung zwischen Tragkonstruktion von Fertigestrichplatten, in Hohlraumestriche oder unter Dielenbelägen.
	WH Dämmung von Wänden in Holzrahmenbauweise und Holztafelbauweise. Beispiel: • Einblasdämmung als Gefachedämmung zwischen Holzständern.
	WI-zk Innendämmung der Wand. Beispiel: • Einblasdämmung mit Vorsatzschale
	WTR Dämmung von Raumtrennwänden. Beispiel: • Hohlraumdämmung (Einblasdämmung) von tragenden und nichttragenden Trennwänden in Holz- oder Metallständerbauweise.
dk: ohne Druckfestigkeit; **sh**: erhöhte Zusammendrückbarkeit; **zk**: ohne Zugfestigkeit	

Weitere Beispiele für Einsatzmöglichkeiten des Seegrases im Bauwesen allgemein:

- Als Dämmplatten mit Bindemitteln gepresst.
- Als Trockenausbauplatten mit Bindemittel gepresst.
- Als Faserbewehrung von Lehm- und Kalkputzen.
- Als Faserbewehrung für Kunststoff-Spritzgussteile.
- Faserbewehrte Schaumstoffformteile für die Bauelementeherstellung.
- Loses Seegras als Verpackungsmaterial.

Seegras ist ein 100 % reiner Baustoff, der Dank seines hohen Salzgehaltes keinen weiteren chemischen Brandschutz benötigt. Er wird als loser Baustoff (Einblas-/Schüttdämmstoff) oder in Form von Matten und Faserplatten (Mischfaser aus Flachs/Seegras) geliefert.

Bild **5**.9.2.1
Schütt-, Stopf- und Ein- bzw. Aufblasdämmstoff aus Seegras (Quelle: Sirko Scharf)

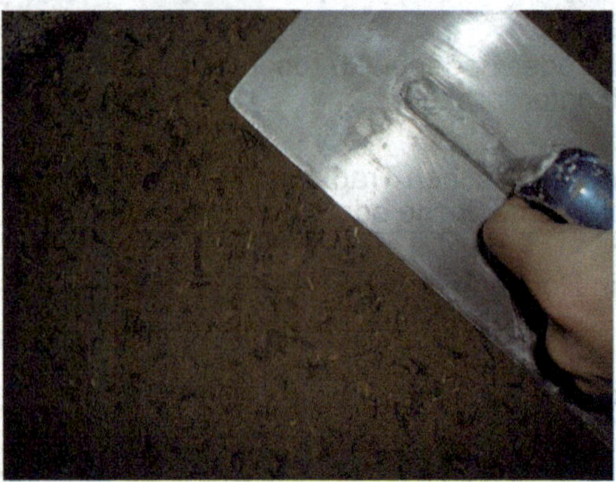

Bild **5**.9.2.2 und Bild **5**.9.2.3 Lehmputz mit Seegras (Quelle: Sirko Scharf)

5.9.3 Einbaubeispiel

Der in Deutschland erhältliche, unbehandelte Seegrasdämmstoff wird als lose Schütt- und Einblasware in Big Bags zu je 1 m^3 (70–80 kg) geliefert. Wie erläutert, wird der Seegrasdämmstoff i. d. R. ohne weitere Zusätze im Bauwesen zu Dämmmaßnahmen eingesetzt. Gesundheitliche Beeinträchtigungen bei der Arbeit mit Seegras sind nicht bekannt.

Im Seegrasdämmstoff können geringe Mengen (bis ca. 2 %) Sand oder Muschelreste enthalten sein, diese beeinflussen die Materialeigenschaften jedoch nicht. Seegras ist ein hygroskopischer Stoff, das heißt, er nimmt Feuchtigkeit auf. Diese Feuchteaufnahme ist, sofern das Produkt wieder vollständig austrocknen kann, unproblematisch. Nach einer vollständigen Austrocknung ist das Seegras wieder im Besitz der angedachten Materialeigenschaften.

Schüttdämmung Holzbalkendecke

Bild **5**.9.3.1
Seegrasschüttung Holzbalkendecken im Altbau (Quelle: Sirko Scharf)

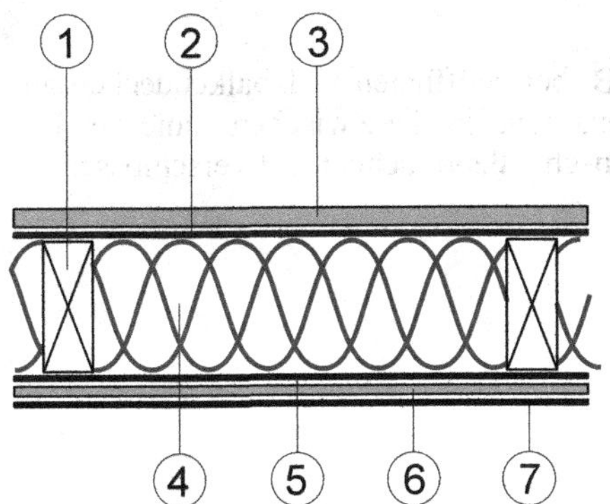

1 – Deckenträger
2 – Dampfbremse
3 – Fußbodenaufbau
4 – Seegras-Schüttdämmung
5 – diffusionsoffener Rieselschutz
6 – Traglattung
7 – Deckenverkleidung

Skizze **5**.9.3.1 Deckenkonstruktion ohne Estrich

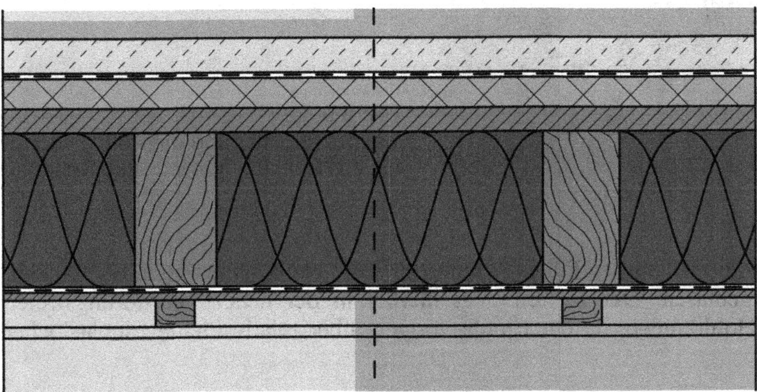

Estrich
Trittschalldämmung
Holzschalung
Seegras-Schüttdämmung zwischen Deckenbalken
Rieselschutz (ggf. diffusionsdicht)
Schalung
Lattung
Gipskartonplatte

Skizze **5**.9.3.2 Holzbalkendecke mit Unterdecke

Verarbeitung von Seegras

Vor dem Einbau des Seegrases ist die Funktion der bauphysikalischen Eigenschaften des Bauteils (z. B.: Standsicherheit, Materialbeschaffenheit etc.) zu prüfen und nötigenfalls zu korrigieren. Tauwasserbildungen durch Wärmebrücken, Wassereintritt allgemein oder Korrosionsmöglichkeiten von konstruktiven Bauteilen sind auszuschließen.

Das lose Seegras wird für die Schütt-, Stopf- oder Ein- bzw. Aufblasdämmung eingesetzt.

Das Schütt- und Stopfverfahren wird manuell ausgeführt, die Verfüllung und Verdichtung des Dämmstoffes wird durch ein händisches Einstopfen bzw. Einfüllen und Andrücken in die jeweiligen Hohlräume vollzogen. Das Schüttverfahren wird vorrangig auf nicht genutzten oder abgehängten Decken angewendet. Ein Nachverdichten ist hierbei nicht nötig. Beim Einsatz in geneigte Decken ist ggf. eine konstruktiv angeordnete Rutschbremse einzubauen. Eine obere diffusionsoffene Abdeckung schützt das Material vor Staub oder Verunreinigungen.

Beim Ein- oder Aufblasverfahren wird das Seegras maschinell mit Hilfe einer Einblasmaschine von einem Befüllungsstandort aus, über eine Fördereinrichtung in den zu dämmenden Hohl- oder Zwischenraum ein- oder aufgeblasen.

Aufblastechnik

Die Aufblastechnik wird bei offenen Bauteilen, wie z. B. bei geöffneten Holzbalkendecken angewendet. Das Material wird hierbei vor dem Fußbodenaufbau in die Zwischenräume der Deckenbalken auf die gewünschte Stärke aufgeblasen und anschließend fachgerecht verschlossen.

Bild **5**.9.3.2
Seegraseinbringung mit Aufblastechnik im Neubau (Quelle: Sirko Scharf)

Einblastechnik

Bei der Einblastechnik wird der Dämmstoff über Öffnungen in die Hohlräume von z. B. Wänden, Decken und Dächern eingeblasen. Der Vorteil liegt hierbei in der nahezu zerstörungsfreien Dämmung von flächigen Hohlräumen, da der Einblasvorgang über relativ kleine Einblaslöcher vollzogen wird.

Fördertechnik

Für die maschinelle Förderung können, je nach Ausrüstung, neben losem Seegras als Big Bag, Sack- oder Siloware auch vorgepresste Seegrasballen verwendet werden. Aufgrund der natürlich entstandenen, chemischen und physikalischen Schwankungen in den Pflanzenrohstoffen und deren empfindlichen Zellstrukturen, wird an die Fördertechnik erhöhte Anforderungen gestellt. So muss grundsätzlich ein Entmischen von Dämmstoffen oder deren Zusätzen sowie die Zerstörung der Zellstruktur verhindert werden. Allgemein sind moderne Einblasmaschinen mit einem Vorratsbehälter ausgestattet, in welchem das einzublasende Material zugeladen wird. Der in diesem Vorratsbehälter langsam drehende Verteiler führt dann der am Boden angeordneten Förderschnecke das Seegrasprodukt zu. In der folgenden Förderung wird das Seegras verdichtet und in eine Mischkammer gepresst, in welcher es mit Hilfe eines Kämmrades aufbereitet und mit Pressluft vermischt wird. Aufgrund des Einblasdruckes wird das Seegras/Luft-Gemisch nun durch einen Förderschlauch gedrückt. Somit entsteht ein kontinuierlicher Förderstrom. Der angewendete Einblasdruck sorgt zudem dafür, dass das Material lückenfrei in den zu dämmenden Hohlraum gepresst wird. Durch eine Drosselmöglichkeit der Förderschneckendrehzahl und der zugeführten Pressluft ist eine Regulierung des Materialflusses (Menge/Geschwindigkeit) möglich. Um bei sehr luftdichten Wandkonstruktionen die Gefahr der Verformung von Wandbeplankungen durch den Einblasdruck zu vermeiden, werden auf dem Markt spezielle Düsensysteme angeboten. Diese Einblasdüsen sind zur Regulierung des Hohlraumdruckes mit Entlüftungsvorrichtungen versehen (Drehdüsen).

Da das Seegras bei der fabrikmäßigen Aufbereitung bereits gründlich gereinigt wurde, können deren Überreste problemlos kompostiert werden.

5.10 Stroh

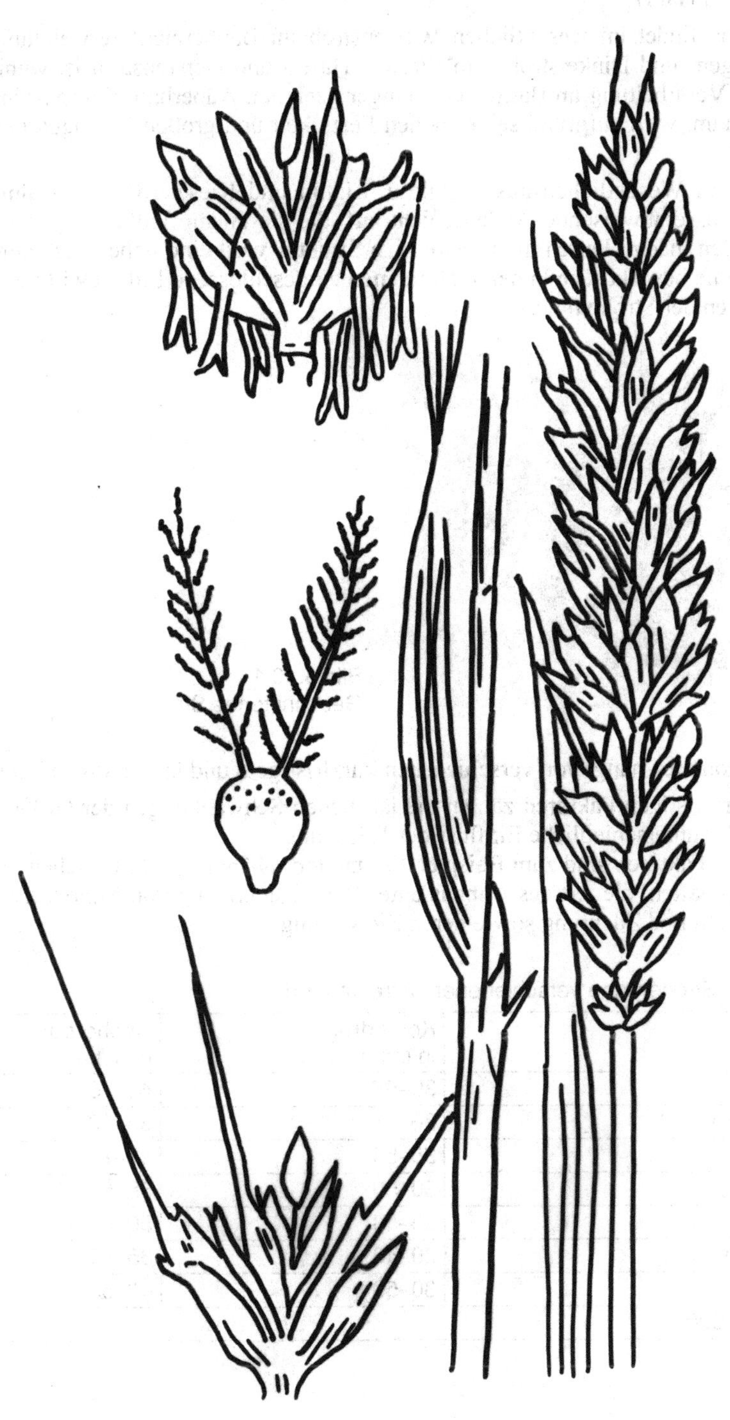

Stroh ist die Betitelung für gedroschene und trockene Halme und Stängel von fasrigen Feldfrüchten wie Getreide (z. B. Weizen, Gerste, Hirse, Roggen, Hafer, Dinkel) und Faserpflanzen (z. B. Reis, Flachs und Hanf).

In Mitteleuropa findet im wesentlichen Weizenstroh im Baubereich Verwendung, gelegentlich kommen Roggen- und Dinkelstroh zum Einsatz. Hafer- und Gerstenstroh ist weniger stabil und deswegen zur Verarbeitung im Bauwesen weniger geeignet. Außerhalb Europas, insbesondere im asiatischen Raum, wird aufgrund seiner hohen Festigkeit und großen Verfügbarkeit häufig Reisstroh verwendet.

Stroh besteht im Wesentlichen aus Zellulose, Lignin und Kieselerde. Die Halme weisen eine wachsartige, wasserabweisende Außenschicht auf, die sie unempfindlich gegen schädliche Einflüsse von außen macht. Durch die rohrförmige Struktur wird eine hohe Elastizität und Reißfestigkeit der Halme bewirkt. Die in den Hohlräumen eingeschlossene Luft bewirkt zudem ein hohes Dämmvermögen der Strohhalme.

Bild **5**.10.1
Geschnittenes Stroh

Das Strohaufkommen hängt von verschiedenen kurzfristige n und langfristigen Faktoren ab.

- Zu den kurzfristigen Faktoren zählen die jährlichen Schwankungen der Größe der Anbauflächen und der unterschiedliche Einfluss der Witterung.
- Langfristige Faktoren sind zum Beispiel die standortabhängigen klimatischen und bodenbürtigen Eigenschaften, die Art des Anbaus unter Berücksichtigung von Nährstoffversorgung, Bestockungszahl und Züchtung sowie deren Zielsetzung.

Tabelle **5**.10.1 Stroherträge verschiedener Getreidearten

Getreideart	Kornertrag in dt/ha	Strohertrag in dt/ha
Winterweizen	30–55	45–75
Sommerweizen	30–45	35–60
Wintergerste	35–55	40–70
Sommergerste	30–50	35–50
Winterroggen	25–50	50–80
Sommerroggen	20–40	35–50
Hafer	30–50	40–55
Quelle: Löhr 1990		

Weizen

Weizen (Tritikum) ist der Oberbegriff für einige Süßgräserarten (Poaceae), die in der Untergruppe Pooideae als Triticum Gattungen (Tribus Triticeae) eingeordnet sind. Zur Tribus Triticeae Gattung zählen neben dem Weizen auch Quecken (Elymus), Gerste (Hordeum), Standroggen (Leymus) und Roggen (Secale). Der dunkelgrün gedeihende Weizen besitzt eine Wuchshöhe von ca. 0,5 bis 1 m. Die Ähre des Weizens wirkt gedrungen und wird als Frucht den einsamigen Schließfrüchten (Karyopsen) zugeordnet. Im Gegensatz zur Gerste besitzt der ebenso einjährig wachsende Weizen kurze, bewimperte, gezahnte, mittelgroße Blattöhrchen, welche den Halm nicht umschließen. Der Kultivierungsursprung wird im Orient zwischen 7.800 bis 5.200 v. Chr. angenommen.

Roggen

Eine nähere Beschreibung zum Roggen finden Sie im Kapitel „Getreide".

Dinkel

Dinkel (Triticum spelta oder Triticum aestivum ssp. spelta) oder „Spelz" (auch: Spelt, Fesen, Vesen oder „Schwabenkorn") gilt als die Urform des heutigen Weizens. Wildformen von Dinkel, sowie auch von Weichweizen, sind nicht bekannt. Man nimmt an, dass Dinkel durch Mutation aus älteren Weizenarten wie dem Hartweizen (Triticum durum) dem Emmer (Triticum dicoccum) oder dem Einkorn (Triticum monococcum), entstanden ist. Die Ursprungsdaten des Dinkels als Kulturpflanze sind im Bereich um 15.000 v. Chr. im Orient anzunehmen, allgemeine Literaturangaben hierzu sind jedoch voneinander stark differenziert. Archäologischen Ausgrabungen zufolge wurde Dinkel bereits im Neolithikum (Jungsteinzeit) in Mittel- und Nordeuropa kultiviert. Dinkel gilt als sehr krankheitsresistent und witterungsfest. Deutsche Anbaugebiete sind vor allem in Schwaben und Franken zu finden. In Europa wird Dinkel vor allem in der Schweiz, in Belgien und Finnland angebaut.

Hafer

Hafer (Avena) ist, wie auch die vorgenannten Getreidearten, eine Pflanzengattung der Familie der Süßgräser (Poaceae) und hier wiederum in der Untergruppe der Pooideae zu finden. Hafer ist, im Gegensatz zu Gerste, Weizen und Roggen, mit bis dato 25 bekannten Arten dem Tribus Aveneae zugeordnet. Nachweise zur frühzeitlichen Kultivierung von Hafer wurden in bronzezeitlichen Pfahlbauten gefunden. Exakte Daten können jedoch aufgrund der deutlichen Unterschiede in der Literatur nicht angegeben werden. Der einjährig wachsende Hafer unterscheidet sich von den vorgenannten Getreidearten vor allem im Fruchtstand, der als Rispe und nicht als Ähre ausgebildet ist. In Mitteleuropa wird zur Verwendung als Nutzpflanze i. d. R. Saat-Hafer (Avena sativa), auch als „Echter Hafer" betitelt, kultiviert. Die Wuchshöhe des selbstbestäubenden Saat-Hafers beträgt ca. 0,6 bis 1,5 m. Die Rispe, welche zum Teil wiederum verzweigte Rispen trägt, wird zwischen 15 und 30 cm lang und zeigt sich nach unten geneigt. An den Spitzen der Rispen befinden sich kleine Ährchen mit zwei bis drei Blüten, wovon i. d. R. zwei fruchtbar sind. Die spindelförmigen Körnerfrüchte des Hafers sind bei der Reife mit der Deck- und Vorspelze, die das eigentliche Korn umgeben, fest verwachsen.

Gerste

Gerste (Hordeum) wird, wie der Weizen und Roggen, den Triticum Gattungen (Tribus Triticeae) zugeordnet und zu Nahrungszwecken seit ca. 10.500 v. Chr. im Orient und ca. 5.000 v. Chr. in Europa als Getreidelieferant kultiviert. Weltweit (Europa, Asien, Nord-/Südamerika und Südafrika) werden 32 Arten der Gerste unterschieden, wobei die Gerste an sich aus dem Vorderen Orient und der östlichen Balkanregion stammt. Die weltweit am häufigsten kultivierte Gerste ist die Kulturgerste (Hordeum vulgare), die von der in Südwestasien vorkommenden Wildgerste (Hordeum vulgare subsp. spontaneum) abstammt. Die einjährig wachsende Gerste besitzt eine Wuchshöhe von ca. 0,7 bis 1,2 m. Die im reifen Zustand geneigt bis hängenden Ähren besitzen lange Grannen (Aristas). Gerste hat schmale, leicht gezahnte Blatthäutchen. Die langen, unbewimperten Blattöhrchen umschließen den Halm vollständig. Auch die Gerstenfrucht wird den einsamigen Schließfrüchten (Karyopsen) zugeordnet. Aufgrund ihrer unterschiedlichen Ährenarten wird Gerste in zwei- und mehrzeilige Formen unterteilt. Zweizeilige Formen (i. d. R. Sommergerste) entwickeln pro Ansatzstelle nur ein Korn, während mehrzeilige Formen (i. d. R. Wintergerste) drei Körner pro Ansatzstelle bilden.

Produkte aus Stroh

In aller Regel wird das Stroh aufgrund seiner langsamen Verrottung (Silicatgehalt) erst gar nicht vom Feld entfernt, sondern verbleibt dort, untergepflügt zur Bodenauflockerung. Traditionell ist die Verwendung als Einstreu in Ställen. Die hierin erfolgende Mischung aus Stroh und tierischen Ausscheidungen ergibt einen mineralstoffreichen Dünger für die Felder. Gelegentlich wird Stroh auch als streckender Zusatz zum oder direkt als Viehfutter eingesetzt.

Die technische Nutzung von Stroh begann wohl mit der Herstellung von Buntpapier aus Reisstroh in China und der in Europa im 18. und 19. Jhd. vollzogenen intensiven Erforschung von Stroh aus unterschiedlichen Rohstoffpflanzen für die Papierherstellung. So wurden in dieser Zeit Papiere aus Mais-, Weizen-, Gerste-, Hafer- und Roggenstroh o. ä. produziert.

Die heutige technische Nutzung von Stroh erfolgt, neben dem Einsatz als oder in einem Baustoff und in der Zelluloseweiterverarbeitung, auch in der Energiegewinnung. Stroh in großformatigen Strohballen werden in Biomasseheizwerken oder als gepresste Pellets in Kleinheizanlagen des häuslichen Gebrauchs zur Wärmeerzeugung genutzt. Ein weiteres Verfahren zur Energiegewinnung ist die Verarbeitung von Stroh in Biogasanlagen, womit Wärme und Strom erzeugt werden können.

Strohbasierende Produkte in der Zusammenfassung:

- Einstreu für Ställe
- Substrat zur Bodenauflockerung
- Naturdünger als Mist aus dem Stall
- Futtermittel und Futterzusatz
- Papier
- Flechtprodukte (z. B. Strohhüte)
- Garne
- Formguss
- Strohkernmatratzen
- Biomasse
- Bauprodukte

Bild **5**.10.2
Strohballen für wärmedämmende Strohballenwände, -decken und -dächer

5.10.1 Ernte & Aufbereitung für das Bauwesen

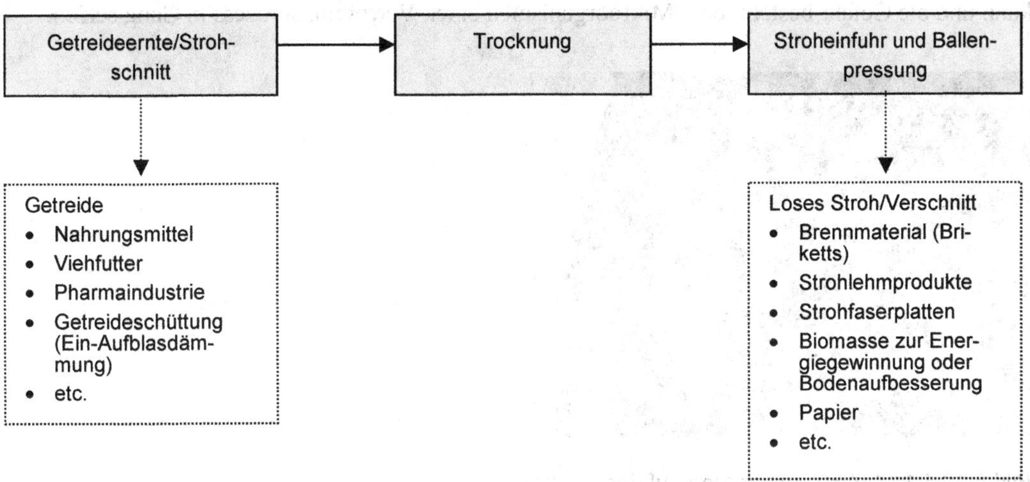

Skizze **5**.10.1.1 Herstellungsdiagramm der Strohballendämmung

Bei der Strohernte, die nach der Kornernte im Grunde die Aufnahme des auf dem Feld verbliebenen Strohs und die Ballenpressung durch eine Kolbenpresse (Niederdruckpresse, Hochdruckpresse) in einem beinhaltet, muss vor allem auf die Feuchtigkeit des Ernteguts und der daraus gepressten Ballen geachtet werden. So sind neben den herrschenden Witterungsbedingungen auch der Tageszeitpunkt (z. B. Morgentau) des Erntevorgangs zu beachten. Das Stroh bzw. der daraus gepresste Strohballen darf zu einer später folgenden bautechnischen Nutzung einen Feuchtegehalt von max. 15 M.- % nicht übersteigen.

Ist der Verkrautungsgrad des Ackers zu hoch, so können aus dessen Stroh keine Baustrohballen hergestellt werden. Die (Un-)Kräuter sind aufgrund ihrer Zellstruktur und Bestandteileigenschaften oftmals sehr verrottungs- und schädlingsanfällig und unterscheiden sich in bauphysikalischen Eigenschaften wie Festigkeit, Dichte, Wärmeleitfähigkeit und vielen anderen Bereichen erheblich von denen des trockenen Strohs aus Weizenpflanzen. Der Unkrautbesatz muss kleiner als 0,5 M.-% und der Restkornanteil kleiner als 0,4 M.- % sein.

Beim Verpressen der Strohballen ergeben sich Breite und Höhe der Ballen durch die Querschnittsabmessungen des Förderkanals in der Ballenpresse. Die Länge der Ballen kann je nach technischer Ausstattung an der Ballenpresse eingestellt werden. Grundsätzlich können auch Rundballen, die i. d. R. mit kolbenlosen Pressen verdichtet wurden, entrollt und in bautechnisch einsatzfähige Baustrohballen gepresst werden, jedoch dürfen bei älterem Stroh keine Anzeichen von Verrottung oder Schimmelpilzbildung vorhanden sein. Die Bindung der Baustrohballen wird i. d. R. mit Bändern aus Polypropylen o. ä. vollzogen, kann aber auch aus Kokos-, Hanf-, Flachs-, Sisalfasern oder anderen Faserstoffen hergestellt werden.

Tabelle **5**.10.1.1 Durchschnittliche Abmessungen von Baustrohballen

	Kleinballen	Mittelballen	Großballen
Höhe in cm	32 bis 35	50	70
Breite in cm	45 bis 50	80	120
Länge in cm	50 bis 120	70 bis 240	100 bis 300
Pressdichte in kg/m^3	80 bis 120	180 bis 200	180 bis 200

Stroh sowie dessen Ballen sollte ausreichend belüftetet und trocken gelagert werden. Noch feuchte Ballen dürfen nicht zu dicht gelagert werden, da die Restfeuchte sonst nicht zügig abtrocknen kann und die Gefahr besteht, dass Mikroorganismen einen Verrottungsprozess in Gang setzen.

Bild 5.10.1.1 Strohballenlagerung auf der Baustelle

5.10.2 Bauprodukte aus Stroh

Tabelle 5.10.2.1 Anwendungstypen der Strohballendämmung nach DIN 4108

	DAD Außendämmung von Dach und Decke, vor Bewitterung geschützt, Dämmung unter Decken. Beispiele: • Aufsparrendämmung. • Zusatzdämmschicht über Sparren.
	DZ Zwischensparrendämmung, zweischaliges Dach und nicht begehbare, aber zugängliche oberste Geschossdecke. Beispiel: • Dämmung zwischen Sparren, Kehlbalken und Deckenbalken.
	DEO Innendämmung der Decke oder Bodenplatte (oberseitig) unter Estrich ohne Schallschutzanforderungen. Beispiele: • Dämmung unter Estrich oder Trockenestrich. • Dämmung zwischen Deckenbalken.

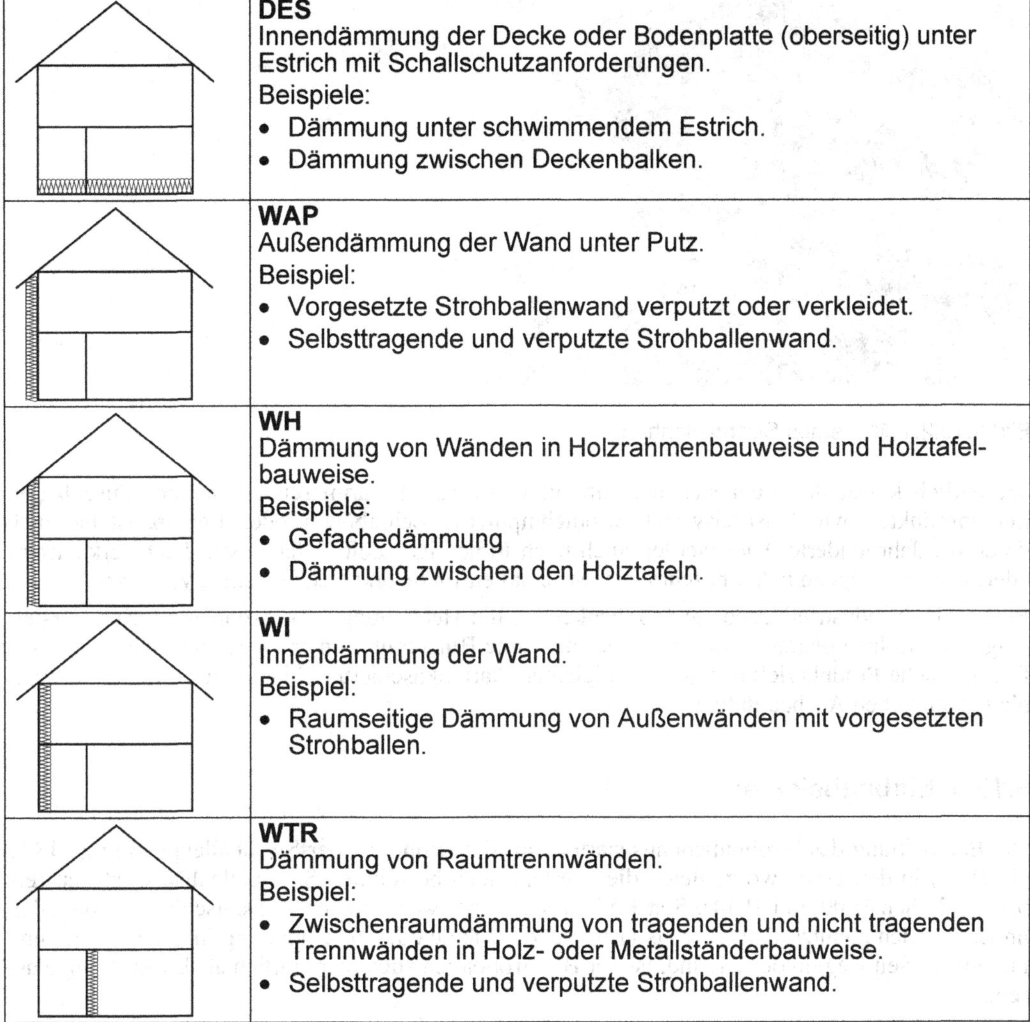

	DES Innendämmung der Decke oder Bodenplatte (oberseitig) unter Estrich mit Schallschutzanforderungen. Beispiele: • Dämmung unter schwimmendem Estrich. • Dämmung zwischen Deckenbalken.
	WAP Außendämmung der Wand unter Putz. Beispiel: • Vorgesetzte Strohballenwand verputzt oder verkleidet. • Selbsttragende und verputzte Strohballenwand.
	WH Dämmung von Wänden in Holzrahmenbauweise und Holztafelbauweise. Beispiele: • Gefachedämmung • Dämmung zwischen den Holztafeln.
	WI Innendämmung der Wand. Beispiel: • Raumseitige Dämmung von Außenwänden mit vorgesetzten Strohballen.
	WTR Dämmung von Raumtrennwänden. Beispiel: • Zwischenraumdämmung von tragenden und nicht tragenden Trennwänden in Holz- oder Metallständerbauweise. • Selbsttragende und verputzte Strohballenwand.

Weitere Beispiele für den Einsatz des Strohs im Bauwesen allgemein:

- Als Faserzuschlag für Lehmputze, Stampflehm und Lehmziegel.
- Als mit Bindemitteln gepresste Strohausbauplatten.
- Als Stopfdämmung mit losem Stroh.
- Ungeschnittenes Stroh für reetdachähnliche Dachdeckungen.
- Strohballen als lasttragende Wandbausteine.

Die ersten bautechnischen Einsätze von ungebrochenem Stroh als mehrlagig übereinanderliegende Strohhalmbündel waren die Eindeckung von Dächern (Strohdächer) und die kurzfristige Nutzung als Witterungsschutz von Wänden. Mit der Verbreitung des langlebigeren Reetdaches aus Schilf ist der Einsatz als Dachdeckung jedoch bald nur noch von der untersten sozialen Schicht genutzt worden, bis strohgedeckte Dächer schließlich gar nicht mehr gebaut wurden.

Bild 5.10.2.1 Modernes Strohballenhaus

Wesentlich konstanter zieht sich der Einsatz von Stroh als armierender, fasriger Zuschlag in Lehmprodukten wie beispielsweise Strohlehmputzen, Lehmböden oder Lehmbausteine u. ä. durch die Jahrhunderte. Hier werden auch noch in heutiger Zeit Gefache von Fachwerkhäusern oder, wie nachfolgend näher beschrieben, Strohballenwände und Neubauwände verputzt.

Eine weitere industriell genutzte Möglichkeit ist die Herstellung von Strohplatten. Zur Herstellung von Strohbauplatten wird Stroh mit oder ohne Bindemittel unter Hitzeeinwirkung gepresst. Die mögliche Produktvielfalt reicht von leichten, kartonkaschierten, bis hin zu festen, Holzspanplatten ähnlichen Ausbauplatten.

5.10.3 Einbaubeispiel

Die Entwicklung des Strohballenbaus startete mit der Erfindung der Strohballenpresse (ca. 1872 bis 1884) in den USA, wo zugleich die ältesten, noch bewohnten Strohballenhäuser stehen (erbaut zwischen 1900 und 1914). Seit Ende des 20. Jhd. werden auch in Deutschland Strohballen im Baubereich genutzt, entweder als lasttragende Wände oder als Dämmung in Dach, Wand und Fußboden. Seit Beginn des 21. Jhd. ist der Baustrohballen auch hier amtlich als Baustoff zugelassen.

Stroh besteht, wie bereits angedeutet, im Wesentlichen aus Zellulose, Kieselerde und Lignin. Die Halme an sich weisen eine wachsartige, wasserabweisende Außenschicht auf, welche sie nahezu unempfindlich gegen viele schädliche Einflüsse von Außen macht. Trotz dieser Schutzschicht auf den Halmen ist es empfehlenswert, bei Wandaufbauten aus Strohballen einen diffusionsoffenen oder zumindest konstruktiven Schlagregenschutz zu erbauen. Durch die in den Halmen vorhandene rohrförmige Struktur wird eine hohe Elastizität und Reißfestigkeit im Strohballen erreicht und die in den abgeschlossenen Hohlräumen des Halmes eingeschlossene Luft bewirkt zudem ein hohes Wärmedämmvermögen. Die vorhandene Dichte eines Strohballens sorgt für gute Schalldämmung, welche im Wandaufbau mit einem Dickschichtputzsystem aus Strohlehm noch verbessert werden kann. Die Baustrohballen dürfen eine Einbaufeuchte von 15 M- % nicht überschreiten.

Wände aus Stroh

Allgemein kann und wird der Baustoff Strohballen für den Wandaufbau oberhalb der Sockelzone, für die Dämmung der Dachflächen und im Bereich des Fußbodens verwendet.

Bild **5.**10.3.1
2-stöckiges Wohnhaus, Holzständerkonstruktion mit begonnener Strohballenausfachung

Wie aus dem Fachwerksbau bekannt, wird auf die Fundamentierung zunächst ein feuchteresistentes Schwellenholz aus Eiche, Esche, Douglasie o. ä. verbaut, auf welchem dann der eigentliche Wandaufbau vollzogen wird. Nach dem Aufbau des Skelettbauwerkes kann inneneinseitig eine diagonal angeordnete Lattung erstellt werden – sofern nicht mit einer klassischen Fachwerkkonstruktion und somit kleineren Gefachen oder vollflächiger Beplanung mit Plattenwerkstoffen gearbeitet wurde. Diese Lattung dient zum einen zur statischen Aussteifung, zum anderen kann diese dann auch für spätere Befestigungen von Wandschmuck oder kleineren Wandmöbeln dienen.

Bild **5.**10.3.2
Diagonallattung

Ist diese Lattung auf Geschosshöhe angeordnet, werden die Strohballen in den Wandquerschnitt mit Hilfe von Spanngurten, -bändern oder hydraulischen Pressen o. ä. stark verdichtet eingebaut und mit großen Holzhämmern o. ä. in Position geklopft, um die Wand zu begradigen. Dieser verdichtete Einbau ist wichtig, um wirklich den gesamten Querschnitt der Wand lückenlos ausstopfen zu können, spätere Sackungen auszuschließen, Wärmebrücken zu vermeiden und um eine standsichere Wandscheibe erbauen zu können.

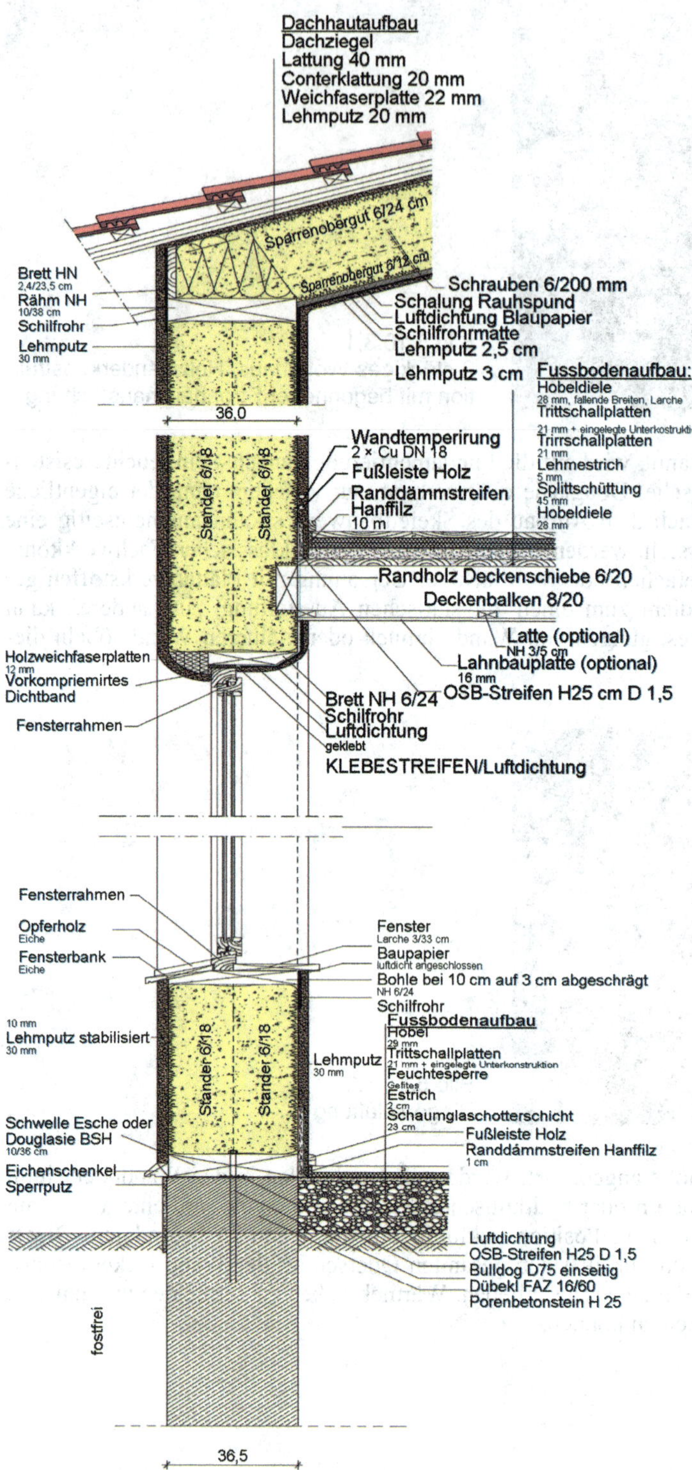

Skizze **5.**10.3.1 Vertikalschnitt einer Strohballenfassade (Quelle: Fachverband Strohballenbau)

Bild **5.**10.3.3
Verdichtung der Strohballenwand durch Spanngurte (Quelle: Fachverband Strohballenbau)

Bild **5.**10.3.4 Werkzeuge zum Begradigen und Stopfen der Strohballenwände beim Einbau

Bild **5.**10.3.5 Strohballenausgefachte Wand von innen

Bild **5.**10.3.6 Baustrohballenwand im Aufbau (Quelle: Fachverband Strohballenbau)

Bild **5.**10.3.7 Strohballenausgefachte Wand von außen

Nach dem Einbau der Strohballen kann die Wand verputzt werden. Ökologisch und auch baustoffphysikalisch wohl am sinnvollsten wird dies mit einem Strohlehm vollzogen. Das gleichmäßige Mischen von Lehm, Stroh und Wasser erfolgt i. d. R. mittels eines Zwangsmischers der, mit einem Fördersystem kombiniert, zum direkten Anspritzen der Wände oder der Förderung in einen Behälter dient.

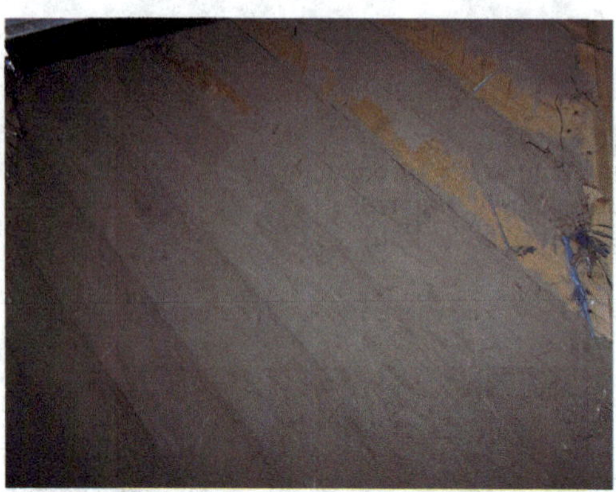

Bild **5.**10.3.8 Erste Strohlehmputzschicht im Innenbereich

Die erste Strohlehmputzschicht wird direkt händisch oder unter Zuhilfenahme von Traufel und Kelle auf die Strohballenwand aufgerieben, wobei zweiteres eher dem geübten Stuckateur gelingen wird. Auch ein maschinelles Aufspritzen mit einer Putzmaschine ist sehr gut möglich. Hierbei empfiehlt es sich, vor der ersten Putzlage eine dünnen Lehmschlämme vorzuspritzen. Erst nach Austrocknung dieser ersten Lage ist ein nachfolgender maschineller oder händischer Auftrag der weiteren Putzlagen möglich.

Bild **5.**10.3.9 Strohlehm Grundputz auf Strohballenaußenwand

Bei Lehmputzsystemen, ob mit oder ohne Strohanteil, wird grundsätzlich in mehreren Putzlagen gearbeitet und über Problemzonen (z. B. Materialübergänge) sowie im oberen Drittel des Putzschichtenquerschnitts ein grobmaschiges Armierungsgewebe aus Glasfaser oder Jute eingearbeitet.

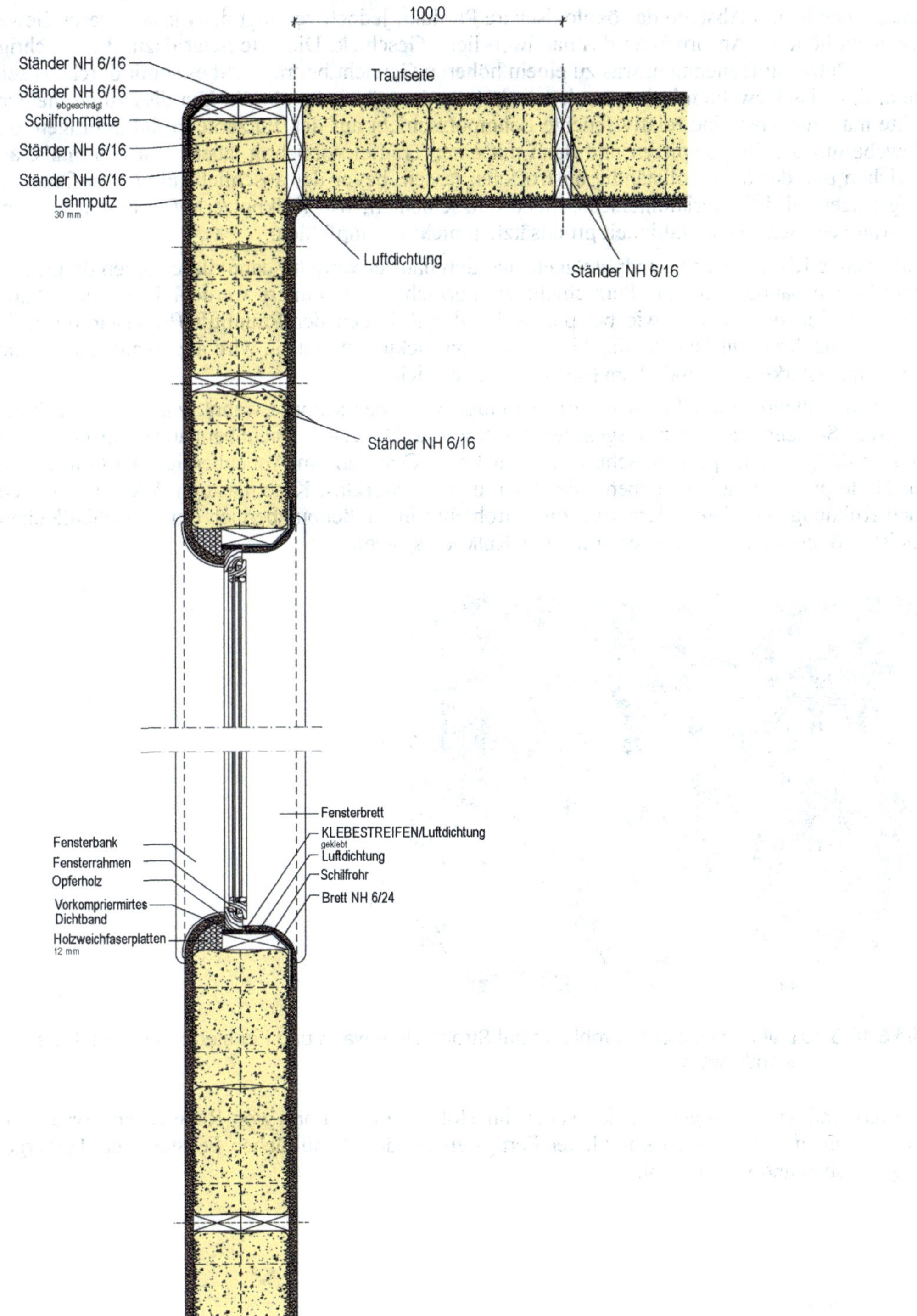

Skizze **5.**10.3.2 Horizontalschnitt einer Strohballenfassade (Quelle: Fachverband Strohballenbau)

Jutegewebe ist mit Abstand das ökologischere Produkt, jedoch verlangt der Einsatz dieses Gewebes einen höheren Anspruch an das handwerkliche Geschick. Die Jute neigt dazu, die Feuchtigkeit des Putzes aufzunehmen, was zu einem höheren Gewicht beiträgt und es somit durchaus sein kann, dass das Gewebe mit dem noch nassen Putz darauf wieder abfällt. Um dies zu vermeiden, sollte man zunächst eine relativ feuchte Lehmputzschicht auf den Putzuntergrund auftragen, das Gewebe mit den Fingerspitzen und dann mit einer Traufel vorsichtig, aber nicht mehrmals, anstreichen und das alles vollständig austrocknen lassen, bevor der abschließende Lehm-Oberputz aufgetragen wird. Materialunterschiedliche Putzschichten, wie Kalkputze auf Lehmputzen, sind aufgrund der Schadensanfälligkeit grundsätzlich nicht zu empfehlen.

Auftretende Risse in den Grundputzlagen sind durchaus erwünscht, denn diese sorgen dafür, dass Oberflächenspannungen von Putzschicht zu Putzschicht minimiert werden. Die wunderbaren Eigenschaften des Lehms, wie beispielsweise das Reinigen der Raumluft (Filterwirkung), die Regulierung der Raumfeuchte, die Absorbtion von Elektrosmog u. a., wird allgemein erst ab einer Gesamtputzstärke von mind. 2 cm (besser mehr) erreicht.

Was den Außenputz mit Lehm betrifft, so muss, wie oben schon erwähnt, zumindest ein konstruktiver Schlagregenschutz ausgearbeitet werden (z. B. weiter Dachüberstand), um den witterungsanfälligen Lehmputz zu schützen. Dem Lehm-Oberputz im Außenbereich wird ein Zusatz zur Hydrophobierung beigegeben. Dies kann u. a. Wasserglas, Kaseinlasuren, Weizenkleie oder auch Kuhdung sein. Die Alternative zum Strohlehm im Außenputzbereich eines Strohballenhauses ist z. B. ein faser- und gewebearmiertes Kalkputzsystem.

Bild **5**.10.3.10 Laibungsansicht; Strohlehm auf Strohballen- wand und Fensterrahmung im Holzständerwerk

Fenster- und Türöffnungen werden schon im Holzskelett in Form von Rahmen angeordnet. In diese Rahmen werden nach kompletter Fertigstellung der Wandflächen Fenster- und Türzargen eingeschoben und verschraubt.

Bild **5.**10.3.11 Strohlehm und Fliesenbelag auf Strohballenwand

Bild **5.**10.3.12 Fensterleibung in einer Strohballenwand

Bild **5.**10.3.13 Strohlehm

Bild **5.**10.3.14 Strohballenwand mit Sichtfenster auf den Wandkern

Fußböden mit Strohballen

Werden Strohballen im Fußboden verbaut, muss dem Feuchteschutz des Dämmmaterials besondere Aufmerksamkeit zugeordnet werden, insbesondere der aus dem Boden aufsteigenden Feuchtigkeit. Ferner müssen die trocken eingebauten Strohballen zum raumseitigen Anschluss durch eine geschlossene Dampfsperre vor Tauwasser geschützt werden. Zwischen Strohballen und Erdreich wird neben dem Schutz vor aufsteigender Feuchte allgemein eine zusätzliche dünne Dämmschicht aus Kork, EPS, Schaumglasschotter oder ähnlichem angeraten. Bei zahlreichen Strohballenhäusern wurden daher die Fußböden dermaßen aufgeständert, dass unter dem Erdgeschossboden bzw. den Strohballen im Fußboden, ausreichend Belüftungszone vorhanden ist.

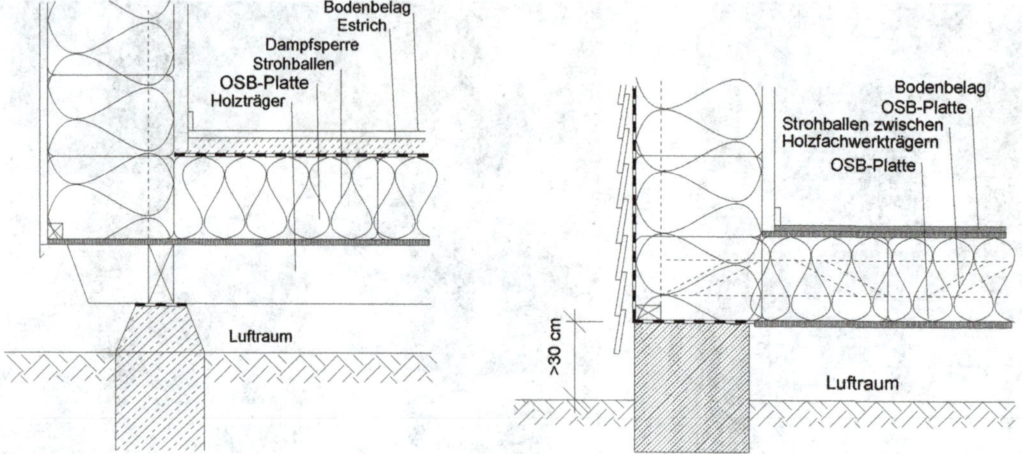

Skizze **5**.10.3.3 und Skizze **5**.10.3.4 Belüfteter Fußboden

Bild **5**.10.3.15 Strohballen in Wand, Dach, Decke und Fußboden

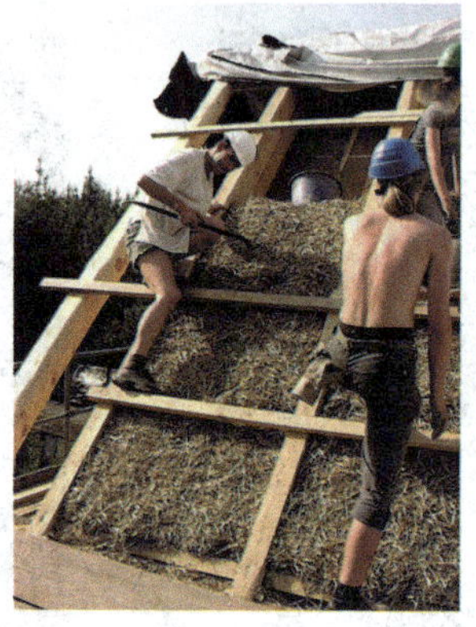

Bild **5**.10.3.16 Zwischensparrendämmung mit Baustrohballen (Quelle: Fachverband Strohballenbau)

Dächer mit Strohballen

Grundsätzlich gilt der Einsatz von Baustrohballen in Dachaufbauten nur dann als wirtschaftlich, wenn schon in der Planung auf die Dimensionen (Maße der eingesetzten Strohballen und Sparren) und Materialeigenschaften (rel. weiche Oberflächenbeschaffenheit) des Dämmbaustoffes Rücksicht genommen wird.

Der bauliche Einsatz der Strohballen im Dachaufbau kann in Form einer Zwischensparren- oder Aufsparrendämmung liegen. Bei einer Zwischensparrendämmung muss auf die Höhe der Baustrohballen (ca. 35 cm) geachtet werden. Im Prinzip wird die Zwischensparrendämmung ähnlich dem Wandaufbau erstellt, auch hier müssen die Strohballen gepresst eingebaut und sämtliche Lücken dicht verstopft werden. Aufgrund der nötigen Sparrenhöhe kann es wirtschaftlicher sein, eine Aufsparrendämmung auszuführen. Durch die weiche Oberflächenbeschaffenheit der Strohballen müssen bei der Aufsparrendämmung zusätzliche Maßnahmen zur Befestigung der Dachhaut getroffen werden, um ein Abheben der wetterabweisenden Schicht durch den Windsog zu vermeiden.

Bei geneigten Dächern mit einer Aufsparrendämmung aus Strohballen müssen selbige gegen ein Abrutschen konstruktiv abgesichert sein, um aus dem Rutschen resultierende Dämmlücken (z. B. am Firstbereich) zu vermeiden. Es gilt weiterhin als vorteilhaft, wenn die eingebauten Strohballen ent- bzw. belüftet werden, um möglicher Restfeuchte in den Ballen oder eventuell vorhandener anderer Feuchtigkeit (z. B. Kondensat) das Austrocknen bzw. Abdunsten zu ermöglichen.

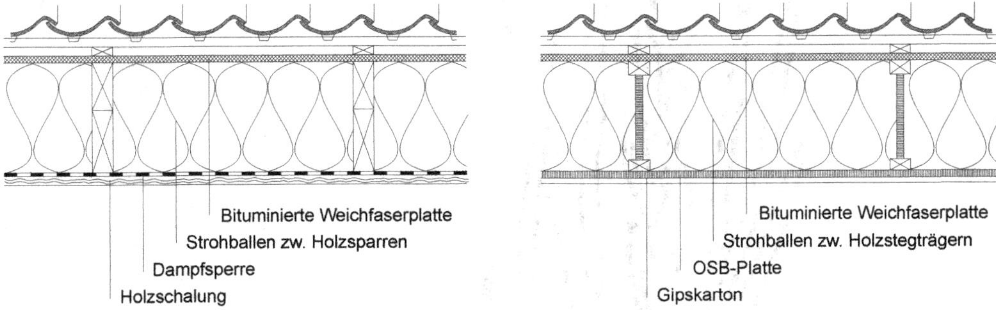

Skizze **5.**10.3.5 und Skizze **5.**10.3.6 Zwischensparrendämmung mit Baustrohballen

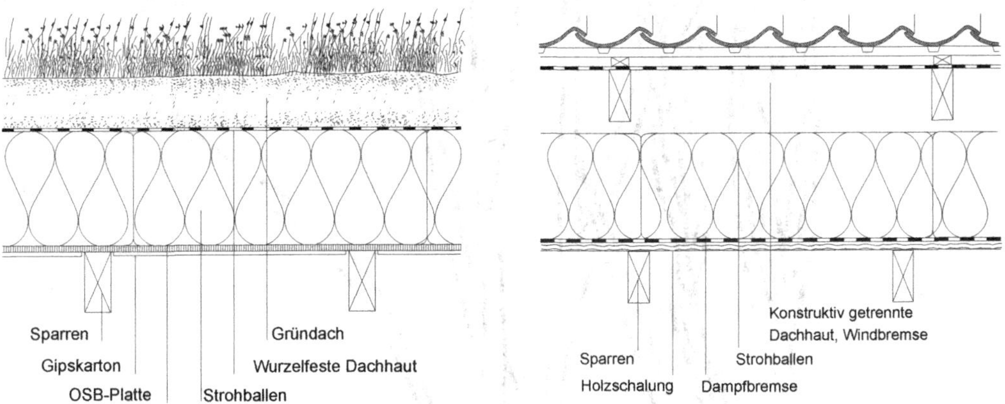

Skizze **5.**10.3.7 und Skizze **5.**10.3.8 Aufsparrendämmung mit Baustrohballen

5.11 Wiesengras

Wiesengras ist im Allgemeinen eine einkeimblättrige, krautige Pflanze mit unscheinbaren Blüten und langen, schmalen Blättern. Kurz auch als Gras betitelt, wird es zur Ordnung der Süßgrasartigen (Poales) eingruppiert. In dieser Ordnung gibt es 17 Familien (z. B. die Süßgräser (Poaceae)) mit fast 1.000 Gattungen und etwa 18.325 Arten. Insgesamt sind 300 verschiedene Grasarten bekannt, wobei nicht alle als Gras betitelten Pflanzen tatsächlich Süßgräser sind. So werden oft Sauergräser bzw. Riedgräser (Cyperaceae), Binsengewächse (Juncaceae) und auf der südlichen Erdhalbkugel auch Restionaceae als Gras bezeichnet. In Südafrika und Australien nehmen die Restionaceae in der natürlichen Vegetation die ökologischen Nischen der Süßgräser (Poaceae), Binsengewächse (Juncaceae) und Riedgrasgewächse (Cyperaceae) ein. Die Kurzbetitelung Gras stammt allgemeinen Literaturangaben zufolge von der indogermanischen Silbe „ghr" (wachsen) ab, welche sich heute noch im Englischen „grow" (wachsen) wiederfindet.

Skizze **5**.11.1 Grashalm

Das für Schütt- und Einblasdämmstoffe im Baugewerbe hauptsächlich aufbereitete Gras ist das grüne bis dunkelgrüne Englische Ryegras (Lolium Perenne), welches auch als Ausdauerndes Weidelgras, Deutsches Weidelgras, Englisches Weidelgras, Ausdauernder Lolch oder Dauer-Lolch betitelt wird. Diese weitgehend unempfindliche Grasart zählt zur Familie der Süßgräser und wird häufig als Weiden- und Wiesenpflanze kultiviert.

Das bis zu 90 cm hochwachsende Englische Ryegras wächst in lockeren bis dichten Horsten mit zahlreichen sterilen Blatttrieben. Aus den Wurzelstöcken des Grases treiben über kurze Ausläufer neue Tochterpflanzen aus und führen somit zu einer geschlossenflächigen Rasenbildung.

Das schnell regenerierende Weidelgras ist sehr trittresistent. Es ist damit gut geeignet für strapazierfähige Rasen in Sportanlagen, Parks und Ziergärten. Aus diesem Grund ist es ein typischer Bestandteil zahlreicher Rasenmischungen. Das Gras gedeiht vorzüglich auf einem stickstoff- und phosphatreichen Boden, was auch mit entsprechender Düngung zugegeben werden kann. Der Stickstoffbedarf liegt, abhängig vom Standort, bei ca. 20–35 g N/m^2 und Jahr. Nach Aussaat und Aufgang des Saatgutes geht es ohne Vernalisation, der natürlichen Induktion des Schossens und Blühens bei Pflanzen durch eine längere Kälteperiode im Winter, von der vegetativen in die generative Phase über und bildet nach jeder Nutzung erneut Halmtriebe.

Die dunkelgrünen, glänzenden Blätter sind 2 bis 4 Millimeter breit und bis zu 20 Zentimeter lang. Sie sind auf der Oberseite durch zahlreiche Längsriefen rau, auf der Unterseite glatt und mit einem deutlichen Kiel in der Mitte gekennzeichnet. Die Blätter sind in der Knospenlage gefaltet. Die glatten Halme dieser Grasart steigen in Bogenform auf und können eine Wuchshöhe von bis zu 70 cm erreichen. Der Ährenbereich des Grashalmes, der bis zu 30 cm lang werden kann, zeigt sich in einer s-förmigen geschlängelten Form. Die Ähren selbst wachsen, mit der Schmalseite zum Halm zeigend, wechselseitig mit deutlichem Abstand am Grashalm. Die 6 bis 20 mm langen Ährchen bestehen aus 2 bis 14 Blüten, die von Mai bis August blühen. Die Spelzen, die Hüllblätter um die Fortpflanzungsorgane der Blüten, sind bei diesen Pflanzen ohne Grannen (Aristas), den borsten- oder fadenförmigen Fortsätzen an dem Ende der Ähren (z. B. bei div. Getreidearten). Diese Grasart ist windblütig, gilt als Fremdbefruchter und weist als dieser einen hohen Grad an Selbstinkompatibilität auf.

Das Englische Ryegras stammt vermutlich ursprünglich aus den obersten Salzwiesenzonen Europas und verbreitete sich von dort aus auf natürlichem Wege bis in Teile Westasiens und Nordafrikas. Mittlerweile wird diese Grassorte weltweit, hauptsächlich als Futterpflanze, kultiviert.

Produkte aus Wiesengras

Aufgrund ihrer langen, von zahlreichen parallelen Gefäßbündeln der Länge nach durchzogenen und faserreichen, festen Blätter ist die Futterpflanze schon zu Beginn des 20. Jhd. als Faserpflanze und Rohstoff für die Papierherstellung und für Flechtwerke beschrieben.

Tabelle **5**.11.1 Wiesengrasprodukte

Gras	– Viehfutter
Zellulose	– Baustoffe – Spitzgussteile – Papier
Nebenprodukte aus dem Aufbereitungsverfahren	– Div. Aminosäuren – Stickstoff – Phosphor – Kalium

Bei der Wiesengrasaufbereitung wird das Erntegut in zahlreiche Einzelbausteine zerlegt und restlos weiterverarbeitet. Hierbei entstehen zum einen die für Bauprodukte interessante Graszellulose, zum anderen Nebenprodukte wie diverse Aminosäuren (Proteine) für die Lebensmittel-, Kosmetik, Viehfutterindustrie sowie Stickstoffe u. a. zur Düngemittelherstellung. Mit einer Tonne Gras lassen sich ca. 500 kg Zellulosefasern, 90 kg Proteine, 615 kWh elektrischer Strom, 900 kWh Wärmeenergie und 269 kWh Biogase gewinnen.

Bild **5**.11.1 Pellets aus Graszellulose für die Kunststoffindustrie

Bild **5**.11.2 Kunststofflöffel mit Wiesengraszellulose

Die Einsatzbereiche der Zellulose sind jedoch nicht nur auf das Bauwesen beschränkt. So werden aus ihr, aufgrund ihrer guten Temperaturbeständigkeit (bis 200° C), Färbbarkeit und der geringen Geruchsemission auch naturfaserverstärkte PP-Compounds in thermoplastischen Verfahren (Spritzgusstechnik) produziert. Solche Kunststoffe bestehen i. d. R. aus ca. 40–45 % Graszellulose und ca. 55–60 % Polyethylen bzw. Polypropylen, welche in handelsüblichen Compoundier-Maschinen (Extruder) zu faserverstärkten PP-Granulaten verarbeiten werden, bevor sie in die eigentliche Spritzgussfabrikation übergehen. Diese Granulate haben eine grüne bis braune Farbe.

Die Zellulosefasern können auch zu Nassvliesen verwoben als Fasermatrix für naturfaserverstärkte Kunststoffe in unterschiedlichen Industriebereichen oder als Schallabsorber dienen.

Bereits jetzt gibt es zahlreiche Prototypen aus der Wiesengraszellulose, ob Grasfaservliese, Schallschutzplatten, grasfaserverstärkte Wasserrohre oder auch andere Verbundwerkstoffe. Da das umweltschonende Produktionsverfahren der Wiesengrasaufbereitung im Verhältnis zu anderen Pflanzen aufbereitenden Verfahren noch sehr jung ist, kann davon ausgegangen werden, dass sich die Produktmöglichkeiten noch vervielfältigen werden und in Zukunft Güter aus Graszellulose oder anderen Bestandteilen der Pflanze verstärkt am Markt zu finden sind.

5.11.1 Ernte und Rohstoffaufbereitung für das Bauwesen

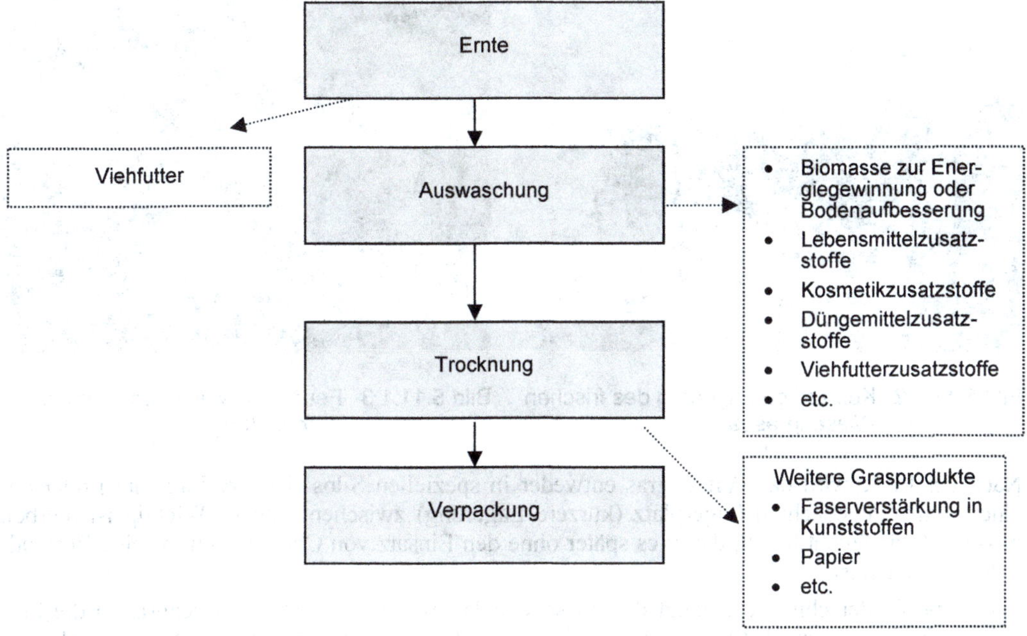

Skizze **5**.11.1.1 Herstellungsdiagramm der Wiesengrasdämmung

Bild **5**.11.1.1
Aufbereitungsanlage für Wiesengras

Das schnell wachsende Englische Ryegras ist, je nach Witterungsbedingung, 6 bis 8 Wochen nach der Saat schnittreif und bietet i. d. R. jedes Jahr 3 Ernten. Pro Hektar und Jahr können ca. 28 t frisches Gras geschnitten werden, was ca. 8,5 t Trockensubstrat (Silagegut) erbringt, womit dann ca. 4,25 t Graszellulose produzierbar sind.

Neben der zielgerichteten Rohstoffeinbringung bewirkt das Mähen, dass das Gras zu dichterem Wuchs angeregt wird. Die Mahd (das Mähen und die Aufnahme des Mähgutes) an sich wird mit gewöhnlichen landwirtschaftlichen Maschinen vollzogen. Besondere zusätzliche technische Ausstattungen sind nicht erforderlich. Ökologisch vorteilhaft ist vor allem der kurze Abstand zwischen Rohstoffanbau und der Produktionsstätte. So wird das aufzubereitende Gras i. d. R. aus einem Umkreis von ca. 20 km um die Produktionsstätte eingefahren.

Bild **5**.11.1.2 Kurzzeitige Lagerung des frischen Wiesengrases

Bild **5**.11.1.3 Feuchtes Wiesengras vor der Aufbereitung

Nach der Ernte wird das Wiesengras entweder in speziellen Silos (längere Lagerung) oder auf einem dafür angedachten Lagerplatz (kürzere Lagerung) zwischengelagert. Wichtig ist hierbei, dass das Gras feucht bleibt, damit es später ohne den Einsatz von Chemikalien in seine Bestandteile zu trennen ist.

Über eine Förderschnecke gelangt das zwischengelagerte, noch feuchte Wiesengras in die Produktionshalle, wo zunächst kleine Steine oder andere Fremdsubstanzen herausgetrennt werden.

Bild **5**.11.1.4
Förderung und Reinigung von Fremdsubstanzen

Bild **5**.11.1.5 und Bild **5**.11.1.6 Aufbereitung des Wiesengrases durch klares, warmes Wasser

Bild **5**.11.1.7
Wiesengras nach dem ersten „Waschgang"

Im Laufe der weiteren Aufbereitungsabschnitte wird das Wiesengras mit warmen Wasser in seine Bestandteile aufgebrochen.

Die hierbei separierten, reinen Zellulosefasern werden in einem zweistufigen Prozess getrocknet und mit einer flüssigen Borsalzlösung getränkt, um den erforderlichen Brandschutz sicherzustellen.
Der Trocknungsprozess ist hierbei dahingehend entwickelt, dass die Zellulosefaser des Wiesengrases nicht an ihrer Elastizität einbüßt, womit eine hohe Setzungssicherheit beim später möglichen Einsatz als Ein- oder Aufblasdämmung im Bauwesen erreicht wird. Da die hierbei gewonnene reine Zellulose keine attraktiven Nährstoffe mehr enthält, ist der mögliche Dämmstoff sicher vor Schimmelbefall, Mäusefraß und widersteht auch der Verrottung. Nachdem die Graszellulose getrocknet wurde, erfolgt die Verpackung und der Versand an Verarbeiter und Handel.

Das bei der Produktion benötigte Prozesswasser kann nach Nutzung entweder zur Trinkwasseraufbereitung einer Kläranlage zugeführt oder geklärt wieder in den Produktionsablauf eingebunden werden. Da über die gesamte industrielle Aufbereitung keine Chemikalien zugesetzt wurden, sind keine weiteren besonderen Maßnahmen erforderlich.

Der im Raffinerieprozess abgetrennte Saft des Grases kann nach der Proteinabtrennung energetisch in einer Biogasanlage verwertet werden. Hierbei werden die im Saft enthaltenen organischen Substanzen zu Methan umgesetzt. Das gewonnene Biogas wird in einem Blockheizkraftwerk verbrannt, womit die enthaltene Energie zu ca. 50 % in Wärme und ca. 40 % in Elektroenergie umgewandelt wird. In der Regel wird diese Wärmeenergie vollständig zur Prozesswassererhitzung und Trocknung der Fasern und Proteine im Raffinerieprozess genutzt. Das aus dem Gras gewonnene Biogas hat einen Methangehalt von ca. 60 % und einen Energieinhalt von ca. 22 kWh/m^3.

5.11.2 Bauprodukte aus Wiesengras

Tabelle **5**.11.2.1 Anwendungstypen der Wiesengras-Dämmschüttung nach DIN 4108

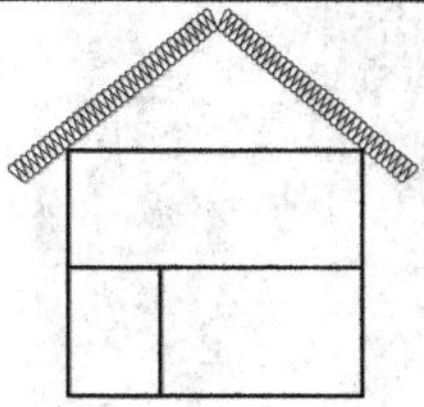	**DZ**-dk-sh-zk Zwischensparrendämmung, zweischaliges Dach und nicht begehbare, aber zugängliche oberste Geschossdecke. Beispiele: • Stopf- und Einblasdämmung zwischen Sparren und Plattenverkleidung. • Stopf-, Ein- und Aufblasdämmung zwischen Deckenbalken unter geschlossener Beplankung oder nach oben offen liegend (nicht begehbar).
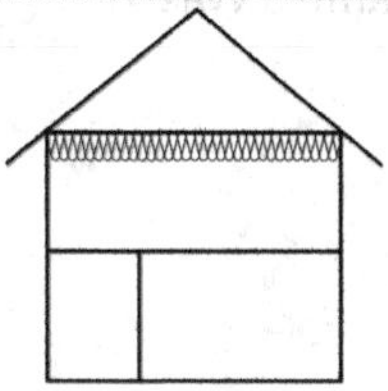	**DI** -dk-sh-zk Innendämmung der Decke (unterseitig) oder des Daches, Dämmung unter den Sparren/Tragkonstruktion, abgehängte Decke. Beispiel: • Stopf-, Ein- und Aufblasblasdämmung zwischen Deckenbalken. • Stopf- und Einblasdämmung in die Vorsatzschale vor den Sparren. • Stopf- und Einblasdämmung in abgehängte Decke.
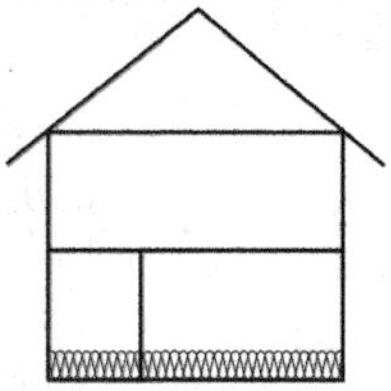	**DEO**-dk-sh-zk Innendämmung der Decke oder Bodenplatte (oberseitig) unter Estrich ohne Schallschutzanforderungen. Beispiele: • Stopf-, Ein- und Aufblasblasdämmung zwischen die Tragkonstruktion des Estrichaufbaus. • Als Schüttdämmung unter Trittschalldämmung und Estrich.
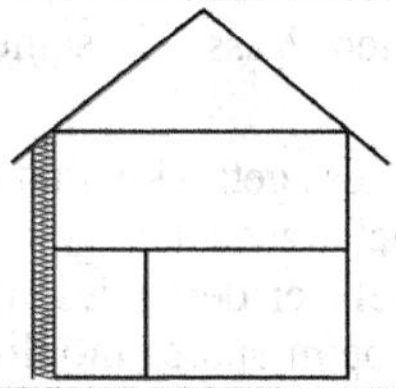	**WH** Dämmung von Wänden in Holzrahmenbauweise und Holztafelbauweise. Beispiel: • Einblasdämmung als Gefachedämmung zwischen Holzständern.
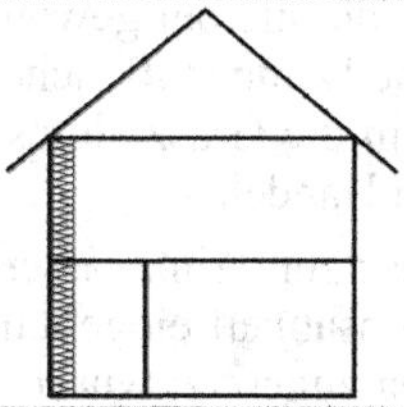	**WI**-zk Innendämmung der Wand. Beispiel: • Einblasdämmung in Vorsatzschale.
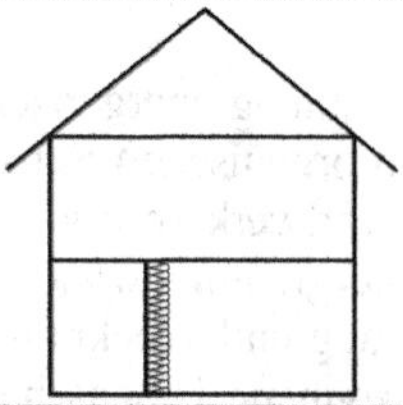	**WTR** Dämmung von Raumtrennwänden. Beispiel: • Hohlraumdämmung (Einblasdämmung) von tragenden und nichttragenden Trennwänden in Holz- oder Metallständerbauweise.
dk: ohne Druckfestigkeit; **sh**: erhöhte Zusammendrückbarkeit; **zk**: ohne Zugfestigkeit	

Weitere Beispiele für Einsatzmöglichkeiten des Wiesengrases im Bauwesen allgemein:

- Als Dämmplatten mit Bindemittel gepresst.
- Als Zellulosebewehrung in Putzen, Abdichtmassen, Beton u. ä..
- Als Zellulosebewehrung in Kunststoff-Spritzgussteile.
- Dämmfüllstoff für andere Baustoffe (z. B. Hochlochziegel) und Bauelemente (z. B. Fertigbauteile).
- Die raffinerierten Inhaltsstoffe als Grundstoffe für bauchemische Produkte.

Bild **5**.11.2.1 Schütt-, Ein- und Aufblasdämmung aus Wiesengras

Die Wiesengraszellulose als Schütt-, Ein- und Aufblasdämmstoff im Bauwesen besteht aus ca. 85 % Zellulose, 5 % Borsalz und 10 % Wasser. Das Borsalz besteht aus ca. 2 Teilen Borax (Natriumtetraborat-decahydrat) und einem Teil Borsäure. Beide Zusätze dienen dem Brand- bzw. Rauchschutz und werden nahezu jedem pflanzlichen Rohstoff, der für das Bauwesen als Dämmmaterial aufbereitet wird, zugesetzt. Ausnahmen bilden hierbei, wie Sie aus den einzelnen Rohstofftexten in diesem Werk entnehmen können, die meisten Kork- und Schilfprodukte.

5.11.3 Einbaubeispiele

Einblas- und Schüttdämmung für Dach, Wand und Boden

An der Baustelle wird Wiesengras durch Einblastechnik eingebracht. Um kleinräumige Hohlräume zu dämmen, genügen hier Bohrlöcher von 25–35 mm. Für leicht zugängliche Decken oder noch offene Fußbodenkonstruktionen kann Wiesengras auch als Schüttware genutzt werden. Zur Verarbeitung können, wie auch bei Einblasstoffen aus Seegras o. ä., konventionelle Maschinen ohne nennenswerte Umbauten eingesetzt werden. Beim Einblasen zeigt das Produkt die Bildung eines dreidimensionalen Vlieses, was wiederum eine geringe Verdichtungsneigung und damit hohe Formbeständigkeit gewährleistet. Die Verwendung einer entlüfteten Drehdüse gilt beim Einblasen der Wiesengrasdämmung gegenüber dem Schlauchverfahren als vorteilig. Diese Einblasdüsen eignen sich vor allem für vertikal stehende, luftdichte Trockenbaukonstruktionen wie Trennwandsysteme, Vorsatzschalen und Einblasarbeiten zwischen Baupappen und Folien.

Bild 13.3.1 Einblasdämmung mit Wiesengraszellulose in Dachflächen (Quelle: Fa. Biowert)

Bild **5**.11.3.2 Aufblasdämmung mit Wiesengraszellulose auf Dachboden (Quelle: Fa. Biowert)

Vorteilig ist vor allem die bereits erwähnte Formbeständigkeit der Zellulose, wobei sich Fasern mit unterschiedlicher Größe nicht miteinander verbinden. Nach Druckeinwirkung dehnen sich die schwerentflammbaren Fasern schnell wieder aus.

Bild **5.**11.3.3
Befüllung der Einblasanlage
(Quelle: Fa. Biowert)

Das Einfüllgewicht beträgt ca. 55 kg/m^3, wobei die Einfülldichte abhängig ist vom Bauteil, in welches der Stoff eingeblasen wird, und der Dämmstärke, die erreicht werden soll. Anhand des Materialverbrauchs und des Volumens der Konstruktionsfelder können die Einblasdichten rechnerisch überprüft werden.

Tabelle **5.**11.3.1 Durchschnittliche Einfülldichte der Wiesengrasdämmung

Dachböden	25–50 kg/m^3
Wände, Dachschrägen und Böden	40–65 kg/m^3

Wandkonstruktionen

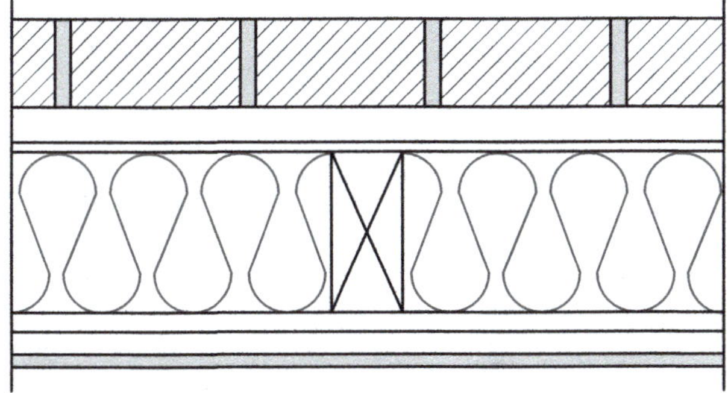

Verblendmauerwerk
Lattung
Holzfaserdämmplatte
Wiesengras/Riegel
Streuschalung
Dampfbremse
Lattung
Gipsbauplatte

Skizze **5.**11.3.1 Verblendmauerwerk

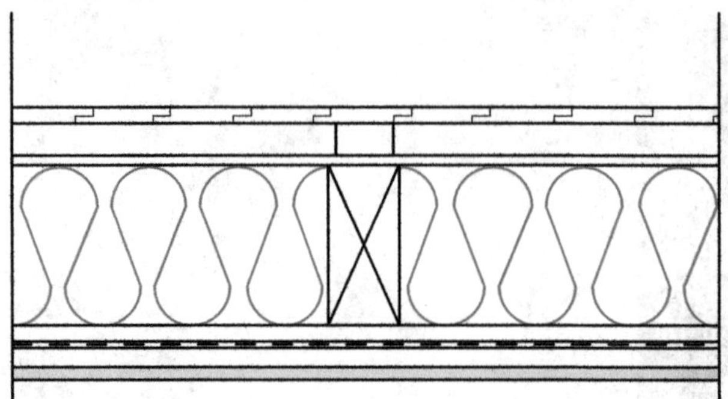

Skizze **5.**11.3.2 Holzverkleidung

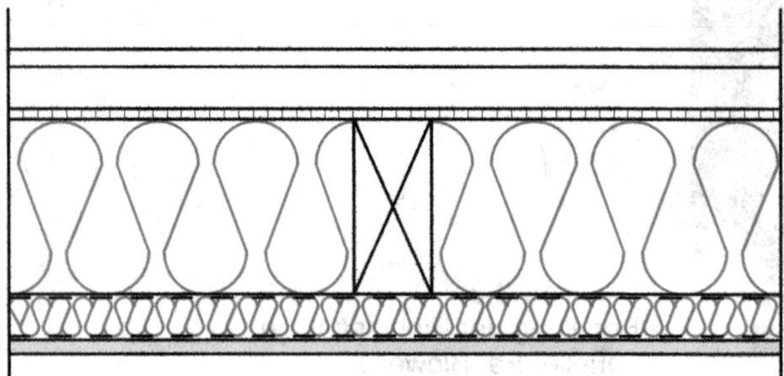

Skizze **5.**11.3.3 Verputzte Außenwand

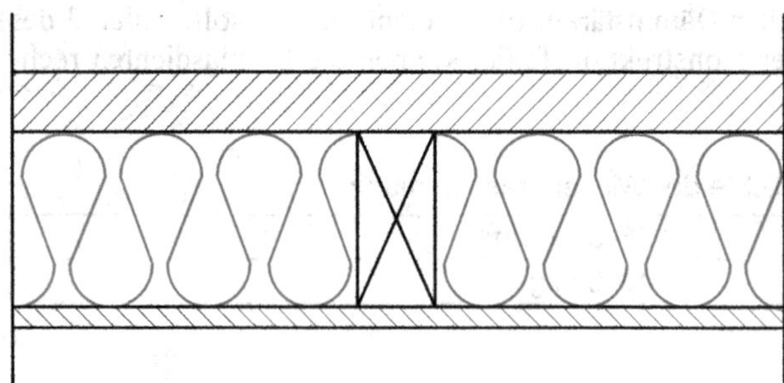

Skizze **5.**11.3.4 Blockbohlen

5.12 Weitere Pflanzen für die Herstellung von Dämmstoffen

5.12.1 Ananas

Die Ananas (Ananas Comosus), die ursprünglich aus Südamerika stammt, ist eine krautige, perennierende, monokotyle Pflanze und gehört zur Familie der Bromeliengewächse (Bromeliaceae), die in etwa 50 Gattungen mit einer Vielzahl von Arten aufgeteilt ist. Die Ananas unterscheidet sich von ihren Verwandten vor allem in ihrem syncarpen Fruchtstand. Die Pflanze besitzt einen kurzen, zum Teil im Boden befindlichen, keulenförmigen Stamm, der bis zu 35 cm hoch werden kann. Der Stammdurchmesser beträgt an der Basis zwischen 2 und 3,5 cm und unterhalb der Spitze ca. 5 bis 7 cm. Am Stamm wachsen 70 bis 80 sehr dicht und rosettenförmig angeordnete, halbmondförmige, starre, dunkelgrüne Blätter, die eine Länge von bis zu 1,20 m und eine Breite von bis zu 7 cm vorweisen. Der Rand der Blätter ist sägeblatt- und stachelartig, womit beim Erntevorgang eine entsprechende Verletzungsgefahr gegeben ist. Die Wurzeln der Pflanze bilden ein sehr dichtes Wurzelnetz, das bis zu 1,2 m tief in der Erde verankert ist. Somit kann die Ananaspflanze auch aus tieferen Erdschichten lebensnotwendiges Wasser aufnehmen. Aus dem Vegetationskegel des Stammes bilden sich nach etwa 10 bis 20 Monaten ein bis zu 30 cm langer Blütenstiel mit ca. 100 in 8 Spiralen um den Blütenstiel angeordneten Einzelblüten. Die Blüten sind violett bis purpurblau. Durch eine unterschiedliche Entwicklung untereinander kann sich die Blühphase bis zu 3 Monate hinausziehen. Nach erfolgter Fremdbefruchtung bildet sich die Frucht, welche wie die Pflanze selbst als Ananas betitelt wird. Der Ananasanbau erfolgt in der heutigen Zeit vor allem in Südamerika, Australien und Südafrika. Die Fasergewinnung aus Ananaspflanzen bzw. deren Blätter findet vor allem in Taiwan und auf den Philippinen statt, wo die Aufzucht im Halbschatten vollzogen wird, um eine möglichst weiche Faser zu erhalten. Fruchtstände werden hierzu in sehr jungem Stadium entfernt. Eine gleichzeitige Nutzung als Obst- und Faserpflanze wird allgemein nicht empfohlen. Die bessere Faser lässt sich von Ananaspflanzen gewinnen, die weitgehend ungenießbare Früchte aufweisen oder deren junge Fruchtstände, wie erwähnt, schon im Wachstum entfernt werden. Die Faseraufbereitung und letztendliche Nutzung der Faser ist, wenn auch in wesentlich geringerem Umfang, identisch mit der Faseraufbereitung der Agavenpflanzen. Dämmplatten für die Bauindustrie sind nach dem aktuellen Stand des Wissens noch nicht gefertigt worden, wenngleich es möglich wäre, da die Ananasfaser mit einer Festigkeit von 60 Rkm (Reißkilometer) sehr robust ist.

5.12.2 Bastpalme

Die Bastpalme (Raphia Farinifera), die auch als Raphiapalme betitelt wird, ist eine mehrstämmige Fiederpalme, die eine Höhe von bis zu 20 m erreicht. Die schopfartig angeordneten, steil aufsteigenden Blätter werden bis zu 15 m lang und bis zu 3 m breit. Beheimatet ist die Raphiapalme in feuchtsumpfigen Regionen Madagaskars und im tropischen Afrika. Der gelbe Bindebast, welcher auch bei uns im Handel erhältlich ist, wird aus der Oberhaut der schmalen, bis zu 1,5 m langen zugespitzten Fiederblättchen gewonnen. Hierzu werden die Fiederblättchen von der Blattrippe getrennt und die Oberhaut mit den Bastleitbündeln bis zur Spitze hin abgezogen. Im Durchschnitt liefern 10 mittelgroße Raphiablätter ca. 3,5 kg trockenen Bast in der Länge von 1 m. Wie angedeutet, kommt der Raphiabast zum Großteil als Bindebast in Gärtnereien o. ä. zur Anwendung, es werden jedoch auch Alltagsgegenstände wie Gürtel, Matten, Hüte, Körbe u. ä. hergestellt.

5.12.3 Baumwolle

Die heutigen Baumwollsorten sind im Laufe der langen Kulturgeschichte der Baumwollpflanze und durch Kreuzungen verschiedener Arten entstanden. Diese Arten werden in 4 Unterarten eingestuft, der Gossypium Herbaceum und Gossypium Arboreum aus der indisch-afrikanischen Gossypium-Gruppe mit 26 Chromosomen sowie Gossypium Hirsutum und Gossypium Vitifolium aus der amerikanischen Gossypium-Gruppe mit 52 Chromosomen. Die Baumwolle gedeiht bevorzugt in tropischen und subtropischen Regionen. Für den Anbau in gemäßigten Zonen sind trockene, warme Sommer und eine Frostfreiheit von mind. 200 Tagen nötig. Während der Keimling und auch die Jungpflanzen eine ausreichende Wasserversorgung benötigen, ist während der Reifung der Fruchtstände ein trockenes und warmes Wetter wichtig. Neben Kleidern, Industriefiltern und vielen anderen bekannten Produkten wurden in Deutschland bis zum Beginn des 21. Jhd. auch Wärmedämmprodukte für das Bauwesen aus diesem Rohstoff angeboten. Die Baumwolle kann bis zu 65 % seines Eigengewichtes an Wasser aufnehmen, was bei Kleidung im Sinne von Schweißaufnahme ideal ist. Als Dämmstoff benötigen Baumwollprodukte jedoch verhältnismäßig lange, um von der Wassersättigung auf einen unkritischen Feuchtegehalt zu gelangen, womit ein nur sehr bedingter Einsatz als Dämmstoff bei mitteleuropäischen Klimabedingungen möglich ist. Neben diesem benötigen vor allem Dämmprodukte aus Baumwolle einen entsprechenden Schutz gegenüber tierischem Befall (Insekten). Diese Eigenschaften trugen im Wesentlichen dazu bei, dass das Dämmprodukt aus Baumwolle mittlerweile nicht mehr in der deutschen Bautechnik eingesetzt wird.

5.12.4 Bombayhanf

Bombayhanf (Crotalaria Juncea) wird auch als Sunn-, Bengalischer- oder Ostindischerhanf betitelt und gehört zur Familie der Leguminosea. Die ausnahmslos in Kultur befindende Pflanze ist im gesamten tropischen und subtropischen Raum zu Hause, wird jedoch hauptsächlich in Indien, Pakistan und Brasilien angebaut. Die Wuchshöhe der strauchartigen Pflanze beträgt bis zu 3 m. Durch einen engen Pflanzstand findet eine Verzweigung nur im oberen Bereich statt. Die schmalen, länglichen Blätter werden zum Teil schon in der Wachstumsphase abgeworfen. Die gelben Blüten sind in Trauben zu je 10 bis 20 Stück end- oder auch seitenständig angeordnet. Die für die Produktion von feinen Fasern kultivierten Pflanzen werden in leichten und gut durchwässerten Böden angepflanzt, während gröbere Fasern durch Anpflanzung auf einem schweren Boden gewonnen werden können. Die Ernte erfolgt während der vollen Blüte, wobei auch spätere Ernten möglich sind. Die Fasergewinnung aus den Pflanzenstengeln erfolgt identisch zur Fasergewinnung aus Jute. Vom Aussehen sind die Fasern des Bombayhanf ähnlich den Fasern aus dem Nutzhanf (Cannabis Sativa), jedoch weniger fest. Im Vergleich zu Jute oder Kenaf ist die Faser weniger geschmeidig und gröber, womit sich diese Fasern nicht zusammen verarbeiten lassen. Aus den Fasern des Bombayhanfs werden Seile, Netze, Zigaretten- und Seidenpapier sowie Segeltuch, Hängematten u. v. m. hergestellt.

5.12.5 Brennnessel

Die mehrjährig und anspruchslos wachsende Brennnessel (Urtica) gehört zur Familie der Brennnesselgewächse (Urticaceae) und somit zu den Bedecktsamern (Magnoliophyta). In Mitteleuropa kommen diese Bedecktsamer in zahlreichen Arten vor. Nesselgewebe gilt als rau und strapazierfähig. Zur ersten Hälfte des 20. Jhd. wurden erfolgreich Kulturpflanzen gezüchtet, aus welchen feste und feine Faserstoffe gewonnen wurden. Später stellte man Berufsbekleidung, Segeltücher, Betttücher, Schiffstaue u. a. her. Nach dem 2. Weltkrieg und der Einführung der synthetischen

Fasern ist der technische Nutzen dieser Faserpflanzen jedoch nicht ernsthaft weiterverfolgt worden. Somit gibt es heutzutage keine Faserprodukte aus Brennnesseln mehr.

5.12.6 Faserbanane

Die Faserbanane (Musa Textilis), deren Hartfasern auch als Abacá oder Manilahanf betitelt werden, ist auf den Philippinen, in Ecuador, Borneo und Malaysia beheimatet, wobei die Philippinen über das weltweit größte Anbaugebiet verfügen. Die Musa Textilis ist ein bis zu 8 m hochwüchsiges Staudengewächs. Aus dem Rhizom heraus bilden die Blattscheiden einen bis zu 3 m hohen und zugleich hohlen Scheinstamm, während die bis zu 2 m langen Blattspreiten den Schopf bilden. Die Pflanze besteht aus mehreren Schößlingen in unterschiedlichen Entwicklungsstadien. Aus den eigenständigen Blütenständen sprießen samenhaltige aber ungenießbare Früchte hervor.

Die aus jungen Sprösslingen kultivierten Pflanzen benötigen im Allgemeinen eine hohe Luftfeuchtigkeit, gleichmäßige Niederschläge und eine relativ hohe Durchschnittstemperatur. Nach ca. 18–36 Monaten bei Blühbeginn beginnt der Ernteschnitt. Die hierbei geschnittenen Blattscheiden werden direkt bei der Ernte nach Alter und somit nach Faserqualität sortiert. Je nach Umweltbedingung und dem damit verbundenen Wachstum können 2–4 Scheinstämme pro Jahr geerntet werden, wobei das Rhizom der Pflanze bis zu 20 Jahre lang neue Schößlinge bildet. Die Faseraufbereitung aus dem Ernteprodukt wird entweder händisch oder maschinell vollzogen. Hierbei wird das fleischige Blattgewebe aus dem Faserbestand herausgeschabt, die noch nassen Fasern werden getrocknet und i. d. R. in der Sonne gebleicht.

Die aus den äußeren Schichten der Blattscheiden gewonnenen bräunlichen Fasern bestehen aus Gefäßbündeln und den sie umschließenden Stützfasern. Sie zeichnen sich durch eine hohe Widerstandsfähigkeit gegenüber Meerwasser und Fäulnis, besonders aber durch ihre hohe Reißfestigkeit (40–75 Rkm) bei einer relativ geringen Dichte aus. So ist die Faser dieser Bananenpflanze ca. 3 mal so reißfest wie beispielsweise Baumwolle. Die inneren Schichten der Blattscheiden enthalten keine oder nur sehr geringwertige feine Fasern und unterscheiden sich optisch von den äußeren Schichten durch eine deutlich hellere Farbgebung. Aus den Fasern der Musa Textilis werden u. a. schwimmfähige Schiffstaue, Fischernetze, Sackgewebe, Bindfäden, Kabelumhüllungen, Matten, Decken, Taschen und auch Hängematten hergestellt. Ein Fasereinsatz in Dämmprodukten des deutschen Baugewerbes ist nicht bekannt.

5.12.7 Halfagras

Das mehrjährige Halfagras (Stipa Tenacissima), welches im Süden Spaniens, auf den Balearen und in Nord-West-Afrika verbreitet zu finden ist, bietet hauptsächlich für hochwertiges Papier und Flechtwerke die Rohstoffgrundlage. Die Blattfasern sind nicht extrahierbar. Große Horte bildend, hat das Halfagras zähe Blätter, welche an der Oberfläche behaart und gerippt sind. Die Blütenrispen sind lang und dicht. Die Deckspelzen der einblütigen Ähren tragen lange Grannen. In der Deutschen Bauindustrie sind noch keine Produkte dieses Steppengrases bekannt.

5.12.8 Hanfpalme

Die Hanfpalme (Trachycarpus Fortunei), welche in Südost-Asien beheimatet ist, ist eine bis zu 12 m hohe Fächerpalme. Ihr Stamm ist dicht mit dunkelbraunen Fasern bedeckt, welche die Reste alter abgestorbener Blätter sind. Die Hanfpalme ist frostbeständig, wodurch sie auch im Mittelmeerraum und in Bereichen wie am Bodensee gedeiht. Sie trägt gelbe, auffällig duftende Blütenrispen, aus denen weintraubenähnlich Fruchtstände entwickelt werden. Ihre zähen Fasern werden oftmals zu Matten, Bürsten oder Seilen verarbeitet.

5.12.9 Hopfen

Der Bast des einheimisch gepflanzten Hopfens (Humulus) enthält bis zu ca. 50 % spinnbare Fasern. Hopfen gehört zur Familie der Hanfgewächse und teilt sich in 3 Arten auf: den Echten Hopfen (Humulus Lupulus), der auch zum Brauen von Bier Verwendung findet, den Japanischen Hopfen (Humulus Japonicus) und den Yunnan-Hopfen (Humulus Yunnanensis). Bis Mitte des 20 Jhd. wurden aus Stricken und Seilen von Hopfenfasern vor allem in England, Schweden und der ehemaligen Sowjetrepublik noch grobe Gewebe hergestellt.

5.12.10 Jute

Jute (Corchorus), auch als Kalkuttahanf bekannt, ist hauptsächlich im tropischen Bereich Afrikas und Asiens sowie in Australien und Südamerika anzutreffen. Die Jute stammt von zwei Arten der Gattung Corchorus ab, die aus dem indisch-burmesischen stammende Rundkapsel-Jute (Corchorus Capsularis) und die Langkapsel-Jute (Corchorus Olitorius) aus Afrika. Die Gattung selbst zählt zur Familie der Lindengewächse (Tiliaceae). Wildvorkommen dieser Pflanze sind nicht bekannt. Jute ist eine schnell wachsende, einjährige Pflanze, deren Pflanzenstängel bis zu 4 m hoch und 25 mm breit werden können. Die wechselständigen, kurzgestielten Blätter besitzen ein lanzenförmiges Aussehen. Die Blattspreite läuft an der Basis zu zwei langen Zähnen aus. Die kleinen Blüten sind mit fünf gelben Blütenblättern ausgestattet und entwickeln nach ihrer Bestäubung rundliche oder längliche Kapseln. Die Faserbündel sitzen radial angeordnet im Bastteil des Stängels vor dem Leitbündel. Während die Einzelfaser nur etwa 2 mm lang ist, können die Faserbündel (ca. 20 Einzelfasern) einen verspinnbaren Verband von bis zu 3 m Länge bilden. Die Rundkapsel-Jute benötigt einen tiefgründigen, nährstoffreichen Boden, hohe Luftfeuchtigkeit und ein Temperaturoptimum von ca. 30 °C. Die im März gesäte Langkapsel-Jute bevorzugt hingegen höhere Lagen und verträgt im Gegensatz zu ihren Verwandten keine Staunässe. Nach einer Wachstumsphase von 100–150 Tagen werden die Stängel, die einen Fasergehalt von ca. 5,5 % haben, geschnitten. Die Faseraufbereitung erfolgt identisch der Kokosfaseraufbereitung über eine Wasserröste, die jedoch nur 8 bis 10 Tage benötigt. Die Fasern der Rundkapsel-Jute werden aufgrund ihrer Farbgebung als „Weiße Jute“ bezeichnet. Langkapsel-Jutefasern werden als „Tossa-Jute“ betitelt und sind feiner und fester als die „Weiße Jute“. Zu diesem zeichnen sie sich durch einen gelb oder rötlichen Glanz und eine starke Verholzung durch ihren bis zu 12 %-igen Ligninanteil aus. Jutefasern allgemein besitzen ein hohes Wasseraufnahmevermögen, eine geringe Reißfestigkeit (20–25 Rkm) und eine gute Verrottbarkeit. Sie sind leicht anfärbbar, jedoch nicht bleichbar, und weisen einen starken Geruch auf.

Die Aufbereitung von Jute begann zunächst als Kochgemüse in asiatischen Hausgärten und als Nutzfaserquelle im Eigenanbau. Nachdem es in der ersten Hälfte des 19. Jhd. in der schottischen Stadt Dundee gelungen ist, die Faser der Stengelrinde dieser Pflanzen maschinell zu verarbeiten, erlangte Jute als Faserlieferant weltweite wirtschaftliche Bedeutung. So erreichte der Juteanbau schon um 1900 eine Anbaufläche von ca. 1 Mil. Hektar. Mittlerweile werden ca. 75 % des gesamten Weltjuteanbaus für Verpackungsmaterialien wie Säcke und Taschen verarbeitet. Neben diesem werden Seile, Garne, Teppichgrundgewebe, Webteppiche, Geotextilien, Wandbespannungen u. v. m. aus der Faser hergestellt.

5.12.11 Kapok

Der Kapokbaum (Ceiba Pentandra), der auch als Wollbaum betitelt wird, ist im Bereich von Südmexiko bis in das Amazonasbecken, in Thailand, Kambodscha und Indien beheimatet. Der Baum wächst bis zu einer Höhe von 50 m und zählt zur Familie der Wollbaumgewächse (Bombacaceae). Seine Baumrinde ist während der ersten Standjahre mit kegelförmigen Stacheln besetzt. Im Alter werden die Bäume von meterhohen Brettwurzeln gestützt. Wenn zu Beginn der Trockenzeit die handförmig gefingerten Blätter abgeworfen werden, wachsen an den Zweigenden büschelweise rosafarbene oder weiße Blüten, aus welchen nach einer Windbestäubung die ca. 15 cm langen Kapseln wachsen. Aus den ausgereiften, aufgeplatzten Kapseln dringen weiße Faserbüschel (Pflanzendaunen/Kapok), deren Einzelfasern bis zu 3,5 cm lang sind und in sich bis zu 100 Samen betten, heraus.

Die Kapokfasern wurden bereits von den Mayas im Alltag als Füllstoff für Schlafunterlagen o. ä. genutzt, während der Baum selbst als „Mutterbaum der Menschheit“ verehrt wurde. In der heutigen Zeit wird die Faser dieses Baumes vor allem als Füllmaterial für Polster, Matratzen, Kissen, Schwimmgürtel, Rettungsringe u. ä. genutzt. Die fetthaltigen Samen der Kapokkapseln werden zu Industrie- oder Speiseöl (Kapoköl) aufbereitet. In Deutschland spielt die Kapokfaser, aufgrund zahlreicher inländischer Alternativen, keine wesentliche Rolle.

5.12.12 Kenaf/Roselle

Die ursprünglich aus Afrika stammenden Pflanzen Kenaf (Hibiscus Cannabinus) und Roselle (Hibiscus Sabdariffa var. Altissima) zählen zur Familie der Malvengewächse (Malvaceae) und hier wiederum zur Gattung Hibiscus. Kenaf wird auch als Gambo-Dekkan-Madrashanf, Java-Jute oder Mesta betitelt. Rama, Rosellahanf oder Siamjute sind die Synonyme für Roselle. Während Kenaf in subtropischen Gefilden gedeiht, bevorzugt Roselle tropische Umgebung. Beide Pflanzen sind einjährig und erreichen eine Wuchshöhe von bis zu 4 m. Die Blüten beider Sorten sind, wie bei vielen Hibiscusarten, auffallend groß, fünfzählig und gelb mit rotem Grund. Die Blätter sind, je nach Sorte, handförmig gelappt oder ganzrandig und die Frucht ist auch hier eine Kapsel. Beide Arten unterscheiden sich nur in wenigen Merkmalen. Beim Kenaf wird der behaarte Kelch und der Außenkelch stachelig hart bei der Reife, während bei Roselle die Kelchblätter breiter und unbehaart sind. Auch im Stängel zeigt sich bei Roselle eine glattere Oberfläche als bei Kenaf. Die Ernte erfolgt zu Beginn der Blütezeit.

Beide Pflanzen liefern juteähnliche Fasern (50 Rkm). Deren Aufbereitung ist mit der der Jutefaser identisch (Wasserröste). In Deutschland wurde Kenaf 1995 erstmalig im Rahmen eines Pilotprojektes für die Papierindustrie kultiviert. Der hierfür gezüchtete Kenaf gedeiht auf leichten bis mittelschweren Böden und bei Durchschnittstemperaturen über 15 °C (mind. während der erste 140 Tage). Während der Vegetationszeit werden 500 mm bis 700 mm Niederschlag benötigt. Die Krankheitsanfälligkeit des Kenaf ist gering, der Nährstoffbedarf normal. Aus den Fasern beider Pflanzen werden neben Papierprodukten auch grobe Gewebe für Verpackungsmaterialien, wie Säcke o. ä. aber auch Seile und Wandbespannungen hergestellt.

5.12.13 Kongojute

Die Kongojute (Urena Lobata) gehört wie auch Kenaf und Roselle zur Familie der Malvengewächse (Malvaceae) und ist im gesamten tropischen und subtropischen Raum vorhanden. Der Ursprung der Pflanze wird der Alten Welt zugeordnet. Als Faserpflanze wird sie vor allem in Zaire und Brasilien angebaut, wobei die Fasern der Pflanze nicht in den Welthandel einfließen. Die zumeist einjährig kultivierten, aber dennoch perennierenden Pflanzen erreichen eine Wuchshöhe von ca. 3,5 m und wachsen bei dichtem Stand einstängelig und unverzweigt. Die kurzgestielten rosafarbenen bis rotvioletten Malvenblüten stehen einzeln in den Blattachseln und bilden zusammengesetzte kugelförmige Früchte, welche in Einzelfrüchten mit steifen, hackenartigen Borsten zerfallen. Die Verbreitung der Samen ähnelt daher der heimischen Klette. Sie haften ebenso gut an Tierfellen wie an Kleidung. Die Samen an sich sind kleiner als beim gewöhnlichen Hibiscus, sie sind glatt und keilförmig und weisen einen Ölgehalt von ca. 14 % auf. Geerntet wird während der Vollblüte nach ca. 3 bis 6 Monaten Wachstum durch einen Schnitt der Stängel knapp über dem Boden. Das Erntegut wird zunächst bis zu 4 Tagen auf dem Feld gelagert, danach von Blättern befreit und über die Wasserröste (14 bis 18 Tage) weiterverarbeitet. Nach der Röste werden die Fasern ausgewaschen, getrocknet und ausgekämmt. Die Fasern der Kongojute sowie auch deren späterer Einsatz ähneln denen der Jutefasern. Einzelfasern erreichen eine Länge bis zu 4,5 mm. Aufgrund des nicht vorhandenen Welthandels und der heimischen Alternativen werden in Deutschland keine Bauprodukte aus der Kongojute angeboten.

5.12.14 Miscanthus

Miscanthus (Miscanthus Sinensis), auch als Elefantengras oder Chinaschilf bekannt, war ursprünglich in China, Japan, Korea und benachbarten Regionen beheimatet und zählt wie das Schilfrohr zur Familie der Süßgräser. Erst in der ersten Hälfte des 20. Jhd. wurde eine besonders robuste Sorte (Miscanthus Giganteus) nach Mitteleuropa eingeführt. Der Anbau von Miscanthus ist auch unter nordeuropäischen Verhältnissen als sogenannte „Low-Input-Pflanze" möglich. Miscanthus liefert einen hohen Rohstoffertrag bei relativ geringem Energieeintrag. Das CO_2-Minderungspotential von 10–36 t CO_2 pro Hektar und Jahr, das bei der stofflichen Nutzung langfristig gebunden wird, gilt als sehr vorteilhaft. Als weitere Vorteile kommen spezielle Eigenschaften des Stängels hinzu, wie z. B. der hohe Parenchymanteil, der als direkter Ersatz für Polysterol dienen kann, oder die guten Festigkeits- und Elastizitätseigenschaften. Ebenso weisen die Fasern ein enormes Saugvermögen auf. Als perennierendes C4-Gras bildet Miscanthus dichte bis lockere Horste, wobei einige Formen durch weitläufig kriechende Rhizomstrukturen in kurzer Zeit große Flächenareale einnehmen können. In feuchtwarmen Klimazonen erreicht die Pflanze eine Wuchshöhe von ca. 5 m und eine Halmstärke von ca. 2 cm. Der in Mitteleuropa gezüchtete Miscanthus (Miscanthus Giganteus) wird ca. 4 m hoch. Miscanthus ist im 1. Jahr konkurrenzschwach und bedarf der Unkrautbekämpfung. Ab dem 2. Standjahr wird möglichst spät, jedoch vor dem Wiederaustrieb (März/April) bei einem Feuchtegehalt unter 20 % geerntet. Die Erträge liegen je nach Standort bei 15 bis 25 t TM/ha, auf sandigen Standorten bei 8–11 t TM/ha.

Die aufrecht gestellten Blätter sind wechselseitig am Halm angeordnet. Das eng mit dem Rhizomenaufbau verbundene Wurzelsystem kann in Abhängigkeit von der Bodenbeschaffenheit bis zu einer Tiefe von 2,5 m vordringen, womit die Nährstoff- und Wasseraufnahme in den unteren Bodenschichten ermöglicht wird. Der Blütenstand variiert von einer offenen fächerförmigen Rispe mit langen Achsen und vielen Trauben bis hin zu einer kleinen Rispe mit kurzen Achsen und wenig Trauben. Weit geöffnete Rispen erleichtern die Bestäubung und erhöhen somit den Samenansatz. Die Ähren sind gleichförmig, paarweise angeordnet und sitzen auf unterschiedlich langen Ährenstielen.

Ursprünglich als Rohstoff für Matten und Flechtwerk sowie als Futterpflanze verwendet, findet diese Rohstoffpflanze mittlerweile wieder großes Interesse und dies besonders in der Bauindustrie. So wird seit längerem im Bereich Biomasse und Fasertechnik mit Miscanthus geforscht. Aus dem Pflanzenrohstoff können Dämmplatten, Zuschläge für Leichtputze/-Betone, Ölbinder, Faserzuschläge für die Kunststoffindustrie, Papier, Verpackungsmaterialien, Torfersatz u. v. m. hergestellt werden. Der Durchbruch auf dem Deutschen Dämmstoffmarkt ist allerdings noch nicht vollendet gelungen. Durch die laufenden Forschungsarbeiten kann jedoch angenommen werden, dass sich dies in Zukunft ändern wird.

5.12.15 Neuseelandflachs

Neuseelandflachs (Phormium Tenax) gehört zur Familie der Liliengewächse (Liliaceae), welche zu den einkeimblättrigen Pflanzen (Monocotyledoneae) zählen. Wie aus dem Namen schon ersichtlich, stammt diese Pflanze aus Neuseeland, wo auch deren Wildvorkommen zur Faseraufbereitung genutzt werden. Beim Phormium Tenax wachsen die schwertförmigen, bis zu 3 m langen Blätter fächerförmig aus dem ausdauernden Wurzelstock. Die Ernte an sich erfolgt i. d. R. alle 5 Jahre, hierbei werden die Blätter geschnitten, deren Fasergehalt zwischen 10 und 14 % beträgt. Aus ca. 9 Tonnen Blättern können ca. 1 Tonne Fasern gewonnen werden, was im Verhältnis zu anderen Faserpflanzen recht viel ist. Die Fasern der Pflanze umgeben die zahlreich parallel verlaufenden Leitbündel. Eine Einzelfaser ist ca. 7 mm lang, wobei die Länge der Faserbündel identisch mit der Blattlänge (3 m) sein kann. Die Fasergewinnung erfolgt in aller Regel mechanisch und maschinell (ähnlich wie bei der Agavenfaser). Im Vergleich zu Sisal weisen die weißen bis bräunlichen Fasern des Neuseeländer Flachs eine geringere Festigkeit auf. Im Vergleich zur Hanf- oder Flachsfaser sind sie jedoch dehnbarer. Die industrielle Verwertung wird zumeist als Fasergemisch mit den Fasern der Faserbanane oder des Sisal vollzogen. Hierbei werden Güter wie Matten, Seile, Säcke oder auch Segeltuch hergestellt.

5.12.16 Ramie

Ramie (Boehmeria Nivea), auch als Chinagras oder Indische Nessel bekannt, ist in Brasilien, Indonesien, China und Japan heimisch und zählt zu den Brennnesselgewächsen (Urticaceae). Ramie ist eine ausdauernde Pflanze, welche kaum verzweigt eine Wuchshöhe von bis zu 2 m erreicht. Die Blätter besitzen lange Stiele und ein herzförmiges Aussehen, während die unscheinbaren Blüten in Rispen aus der Blattscheide sprießen.

Die Fasern der Ramiepflanze gelten als die festesten und längsten Fasern, die aus pflanzlichen Rohstoffen gewonnen werden können. Einzelfasern erreichen hierbei eine Länge von bis zu 25 cm, während Faserbündel bis zu 2 m erreichen können. Ramie benötigt viel Sonne und ein warmes Klima mit hohen Niederschlägen. Da sich die Pflanze bei Niedrigtemperaturen in den Wurzelstock zurückzieht, ist ein Anbau bis in den 48. Grad nördlicher und südlicher Breite möglich. Starke Fröste kann Ramie jedoch nicht überstehen. Für die Aufbereitung von Ramiefasern werden zunächst die Rindenteile von Holzbestandteilen befreit. Da die Ramiefasern von einem pektinartigen, gummiähnlichen Belag umgeben sind, kann die Faseraufbereitung nicht über eine bakterielle Röste, sondern muss durch eine Auskochung in einer Lauge, vollzogen werden. Die auf diese Weise gewonnenen Fasern bestehen aus fast reiner Zellulose, sind gleichmäßig, glänzend und glatt und zeichnen sich durch ihre stark hygroskopische Eigenschaft und eine hohe Nassfestigkeit aus. Die Reißfestigkeit der Ramiefaser beträgt ca. 60–90 Rkm.

Das als älteste Faserpflanze Ostasiens bekannte Strauchgewächs errang zu Mitte des 19. Jhd. aufgrund der in Europa startenden Nesselindustrie besondere Bedeutung, welche jedoch mit dem wirtschaftlichen Durchbruch der leichter zu verarbeitenden Baumwolle und der Entwicklung von synthetischen Fasern wieder erblasste. Ramiefasern werden in der heutigen Zeit oftmals als Spezialgewebe für Feuerwehrschläuche, Filtertücher, Fallschirme, Tropenkleider, aber auch Hand- und Küchentücher u.v.m. verwendet.

5.12.17 Sisal/Agaven

Die Sisal-Agave (Agave Sisalana), welche ihren Ursprung in der Familie der Agaven hat, stammt ursprünglich aus Mittelamerika, wo die Nutzung dieses Pflanzenrohstoffes seit Alters her bekannt ist. Nicht zuletzt, da aus den Blättern nicht nur die nützlichen Fasern gewonnen werden, sondern auch, weil man aus dem Saft der Blätter alkoholische Getränke herstellen konnte, wie es u. a. die Mayas bereits taten. Die bis zu 2 m langen, lanzenförmigen, sukkulenten Blätter sitzen an einem gestauchten Spross, welcher im Laufe der 12-jährigen Vegetationsphase ein stammartiges Aussehen erhält. Im letzten Lebensjahr bildet die Sisal Agave einen bis zu 6 m hohen Blütenschaft. Neben den Sisal-Agaven werden auch andere, aussehensähnliche Agavenarten zur Fasergewinnung genutzt. Die in Mexiko heimische Henequen- oder Silberagave (Agave Fourcroydes), welche sich durch Randstacheln und einen weißlichen wachsähnlichen Überzug an den Blättern zur Sisal-Agave unterscheidet, kann beispielsweise bis zu 30 Jahre alt werden. Ähnlich hierzu auch die Letona-Agave (Agave Letonae) aus El Salvador oder die Cantala-Agave (Agave Cantala), welche auf den Philippinen und Java angebaut wird. Auch der Mauritiushanf (Fucraea Foetida), welcher auf Mauritius und Réunion sowie in Mexiko und Südamerika angebaut wird, sowie die Fiquefasern (aus der Fucraea Macrophylla) aus Kolumbien sind Agavengewächse.

Die Faserstränge durchziehen als Festigungsgewebe das gesamte Agavenblatt. Die Faserbündel begleiten die unzähligen im Blatt verteilten Leitbündel und formen am Ende zusammenlaufend den Blattstachel, welcher bei der Ernte der Blätter eine erhebliche Verletzungsgefahr bedeutet. Neben diesen auch als Leitbündelscheiden betitelten Fasern gibt es auch bis zu 770 sogenannte mechanische Fasern, die in Reihen unmittelbar unter der Oberhaut oder ungeordnet im Blatt liegen. Die Einzelfasern werden ca. 3 mm lang, wobei ein Faserbündel einen Strang von bis zu 2 m Länge bilden kann.

Die Anpflanzung erfolgt in Pflanzenschulen, in welchen bewurzelte Brutknospen (Bulbillen) aus sterilen Blütenständen angezogen und nach etwa 1 bis 1,5 Jahren auf das Feld gepflanzt werden. Je nach Standortbedingungen können Neuanlagen auch durch ein direktes Setzen von Schößlingen hergestellt werden. Durch ihre Robustheit können Agaven auch auf nährstoffarmen Böden und in ausgeprägten Trockenzeiten kultiviert werden. Etwa zum 3. Standjahr werden die äußeren Blätter ausgeschlagen, die neu wachsenden Blätter können nach ca. 2 bis 4 Jahren hiernach geerntet werden. Nach der Ernte werden die verletzungsträchtigen Spitzen der Blätter abgeschlagen und die dann gebündelten Blätter industriell entfasert. Diese Entfaserung wird mechanisch mit Hilfe eines Dekortikators durch Quetschen und Schaben des Blattgewebes vollzogen. Nach dem Waschen und Trocknen in der Sonne werden die Fasern durch ein Abklopfen wieder geschmeidig gemacht. Die hierbei gewonnenen weißgelben Hartfasern zeichnen sich besonders durch eine relativ hohe Reißfestigkeit (35–39 Rkm) und Haltbarkeit aus. Zu diesem sind sie ohne weiteres biologisch abbaubar, biegsam und anfärbbar.

Die Weltproduktion der Sisalfaser umfasst z. Z. ca. 430.000 t, welche zu mehr als 50 % aus Brasilien stammen. Weitere Anbaugebiete sind Mexiko, Tansania, Kenia, China und Madagaskar. Agaven bzw. Sisalfasern werden vor allen zu Bindegarnen verarbeitet, können aber auch in Produkten wie Seilen, Tauen, Möbelstoffen, Teppichen u. a. zu finden sein. Die bei der Faseraufbereitung anfallenden Kurzfasern dienen vor allem der Papierherstellung, als Polstermaterial oder zur Herstellung von Bauplatten. Bauplatten aus Agavenfasern sind allerdings nicht auf dem deutschen Markt erhältlich. Neben den Faserprodukten, die aus ca. 2 % der Biomasse gewonnen werden, kann diese Pflanze zugleich als Zitronensäurelieferant (10 % der Biomasse) Verwendung finden womit aus wirtschaftlicher Sicht sogar erheblich höhere Einnahmen machbar wären, als mit der alleinigen Nutzung der Fasern.

5.12.18 Zuckerrohr

Zuckerrohr (Saccharum Officinarum) ist eine Pflanze aus der Familie der Süßgräser (Poaceae) und wird dort der Unterfamilie Panicoideae mit etwa 3270 weiteren Arten zugeordnet. Der Anbau erfolgt i. d. R. über die Stecklinge, die zwei bis vier Knoten aufweisen und manuell oder maschinell in den Boden gelegt und mit Erde leicht bedeckt werden. Der Reihenabstand beträgt ca. 1,2 bis 1,5 m, womit ca. 15.000 bis 20.000 Stecklinge pro Hektar gepflanzt werden können. Nach ca. 1 bis 2 Wochen treiben die Stecklinge aus. Die erste Ernte kann, je nach klimatischen Verhältnissen, nach einer Standzeit von ca. 9 bis 24 Monaten erfolgen, wobei sich selbige i. d. R. nach dem Zuckergehalt der Pflanzen richtet. Je nach geografischer Lage und Zuckerrohrsorte kann dann 2 bis 8 mal im Zyklus von ca. 12 Monaten geerntet werden. Die Zuckerrohrpflanze an sich erreicht ein Alter von bis zu 20 Jahren. Es wird angenommen, dass der Ursprung der Pflanze im indischen Raum, Neuguinea und China ist. Hauptanbauländer sind heute Indien, Australien, Thailand, Südafrika, die karibischen Inseln und Brasilien. Wie weitreichend bekannt, ist das Zuckerrohr Hauptquelle für Zucker, wobei dieses Endprodukt nur etwa 17 % der Biomasse ausmacht. Die restlichen 83 %, welche man auch als Bagasse betitelt, werden zumeist als Heizmaterial verwendet oder direkt kompostiert. Allerdings ist es möglich, diese Zuckerrohrabfälle weiter aufzubereiten und hieraus biochemische Produkte wie Lipide, Ethanol oder Fufural herzustellen. Die Fasern der Bagasse können für Dämmstoffe oder als Faserzuschlag für Gipsfaserplatten o. ä. verwendet werden. Zucker ist auch als Rohstoff für die Polyurethan-Herstellung einsetzbar.

5.12.19 Zwergpalme

Die aus dem Mittelmeerraum stammende Zwergpalme (Chamaerops Humilis) wird mit ihren fächerförmigen Blättern bis zu 4 m hoch. Zur Fasergewinnung werden die Blätter während der trockenen Jahreszeit geerntet und maschinell aufgearbeitet. Die hieraus gewonnen Fasern sind außerordentlich haltbar und sehr elastisch. Bisweilen werden hieraus Seile, Korbgeflechte oder Polstermaterial hergestellt. Dämmmaterialien aus diesen Hartfasern sind, obwohl möglich, nicht bekannt.

5.13 Pflanzendämmstoffe in der Baukonstruktion

Grundsätzlich sind Dämmprodukte aus pflanzlichen Rohstoffen überall dort einsetzbar, wo auch herkömmliche Dämmstoffe eingesetzt werden können. Die Ausnahmen bilden hierbei feuchtebelastete Zonen (z. B. Spritzwasserzone im Sockelbereich) und erdberührte Bereiche (Perimeterbereiche), bei welchen, nach derzeitigem Stand der Technik, ausnahmslos Polyurethan- oder Polysterolprodukte u. ä. eingesetzt werden dürfen.

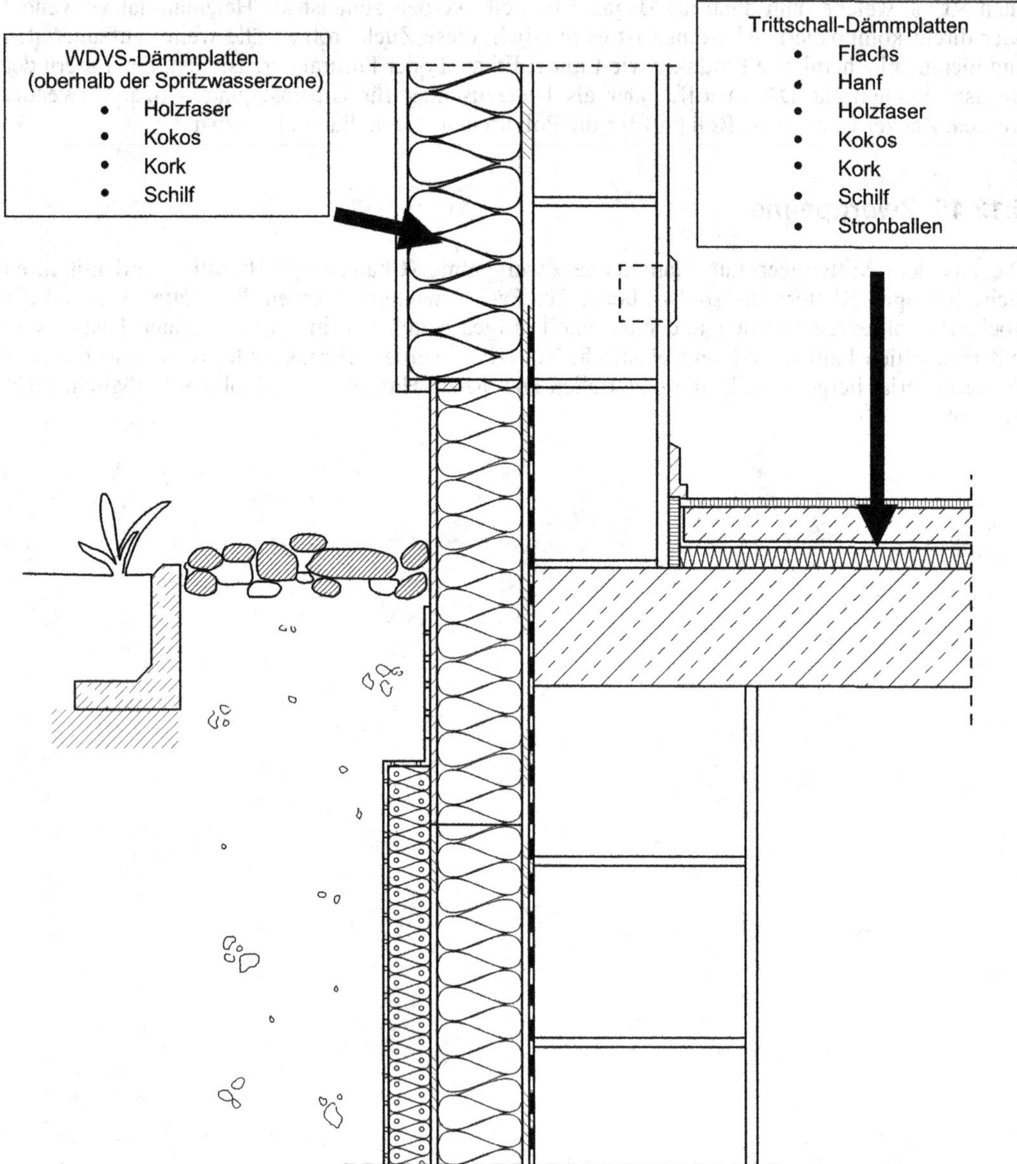

Skizze **5**.13.1 Wärmedämmung an der Fassade und auf dem Fußboden

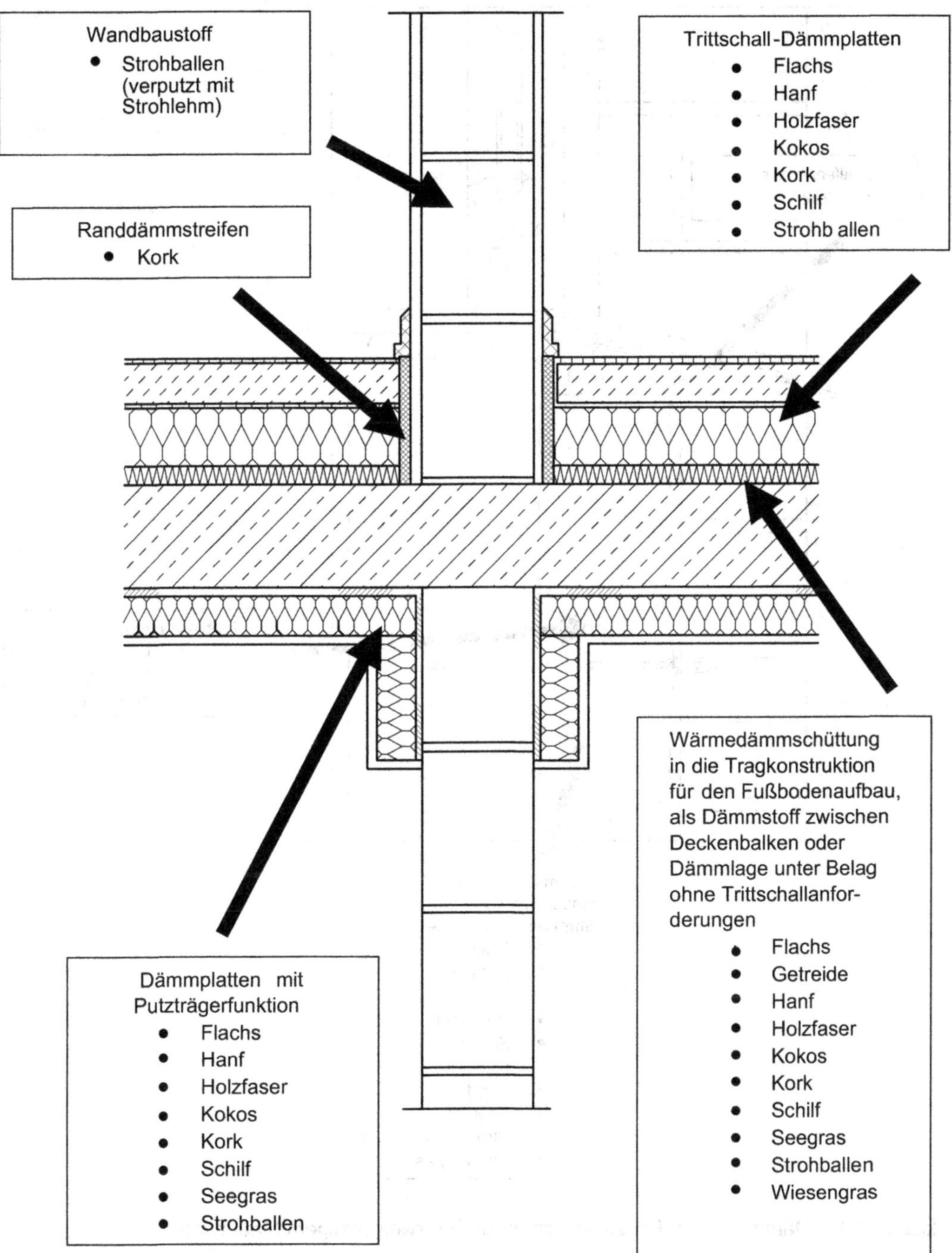

Skizze **5**.13.2 Fußboden- und Kellerdeckendämmung

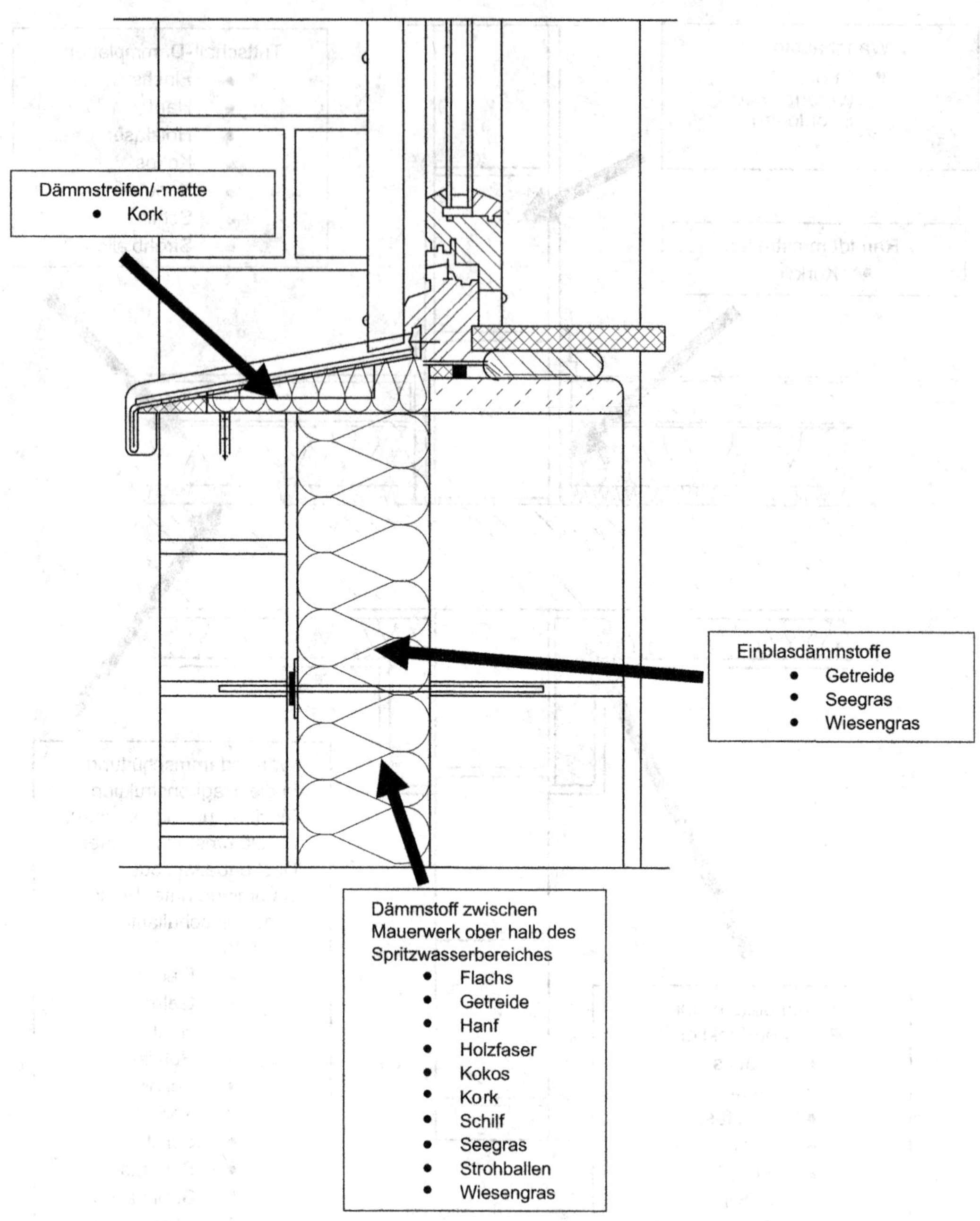

Skizze **5**.13.3 Dämmung von Fensteranschlüssen bei zweischaligem Mauerwerk

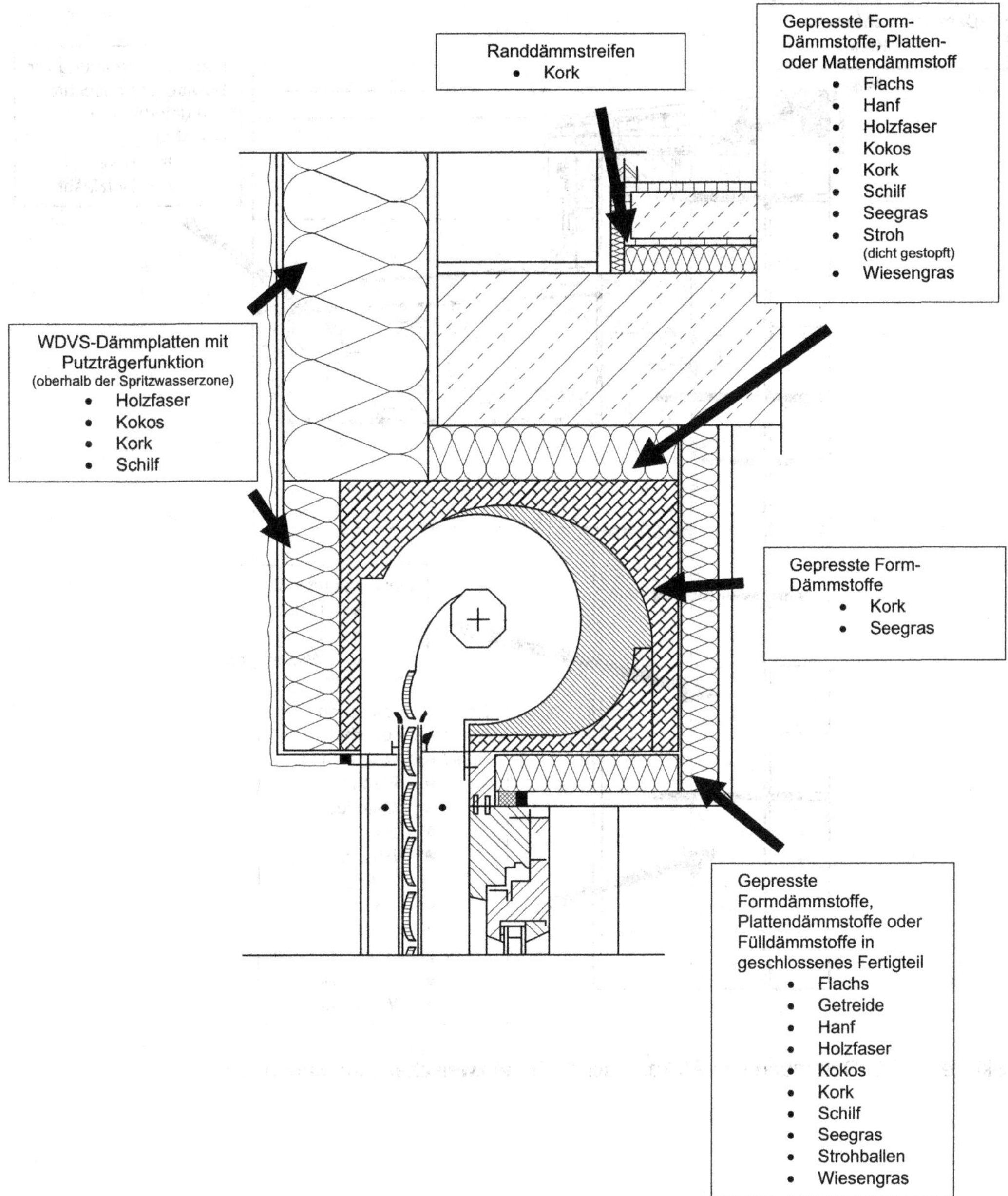

Skizze **5.**13.4 Dämmung von Rollladenkästen und deren Anschlüssen

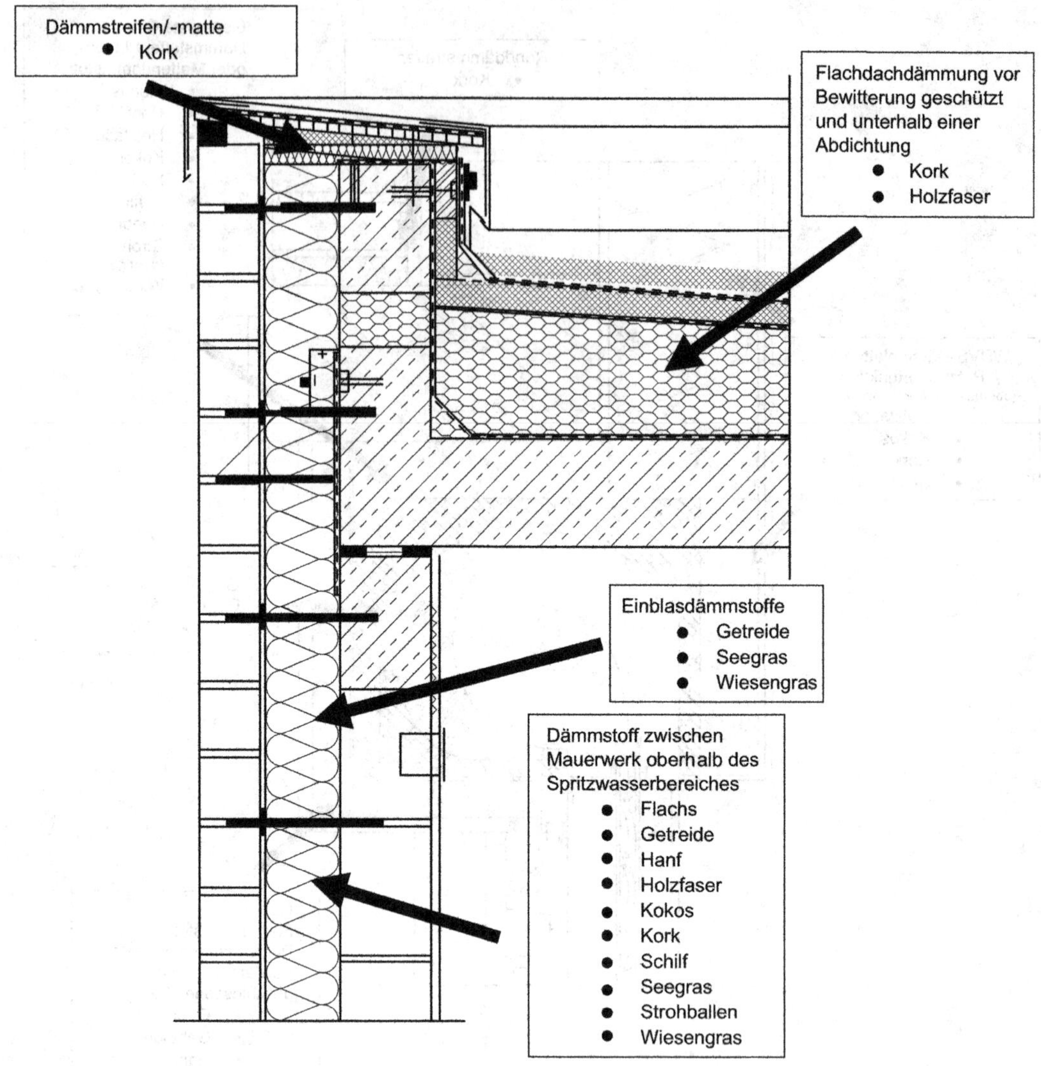

Skizze **5**.13.5 Dämmung von Attika, Flachdach bei zweischaligem Mauerwerk

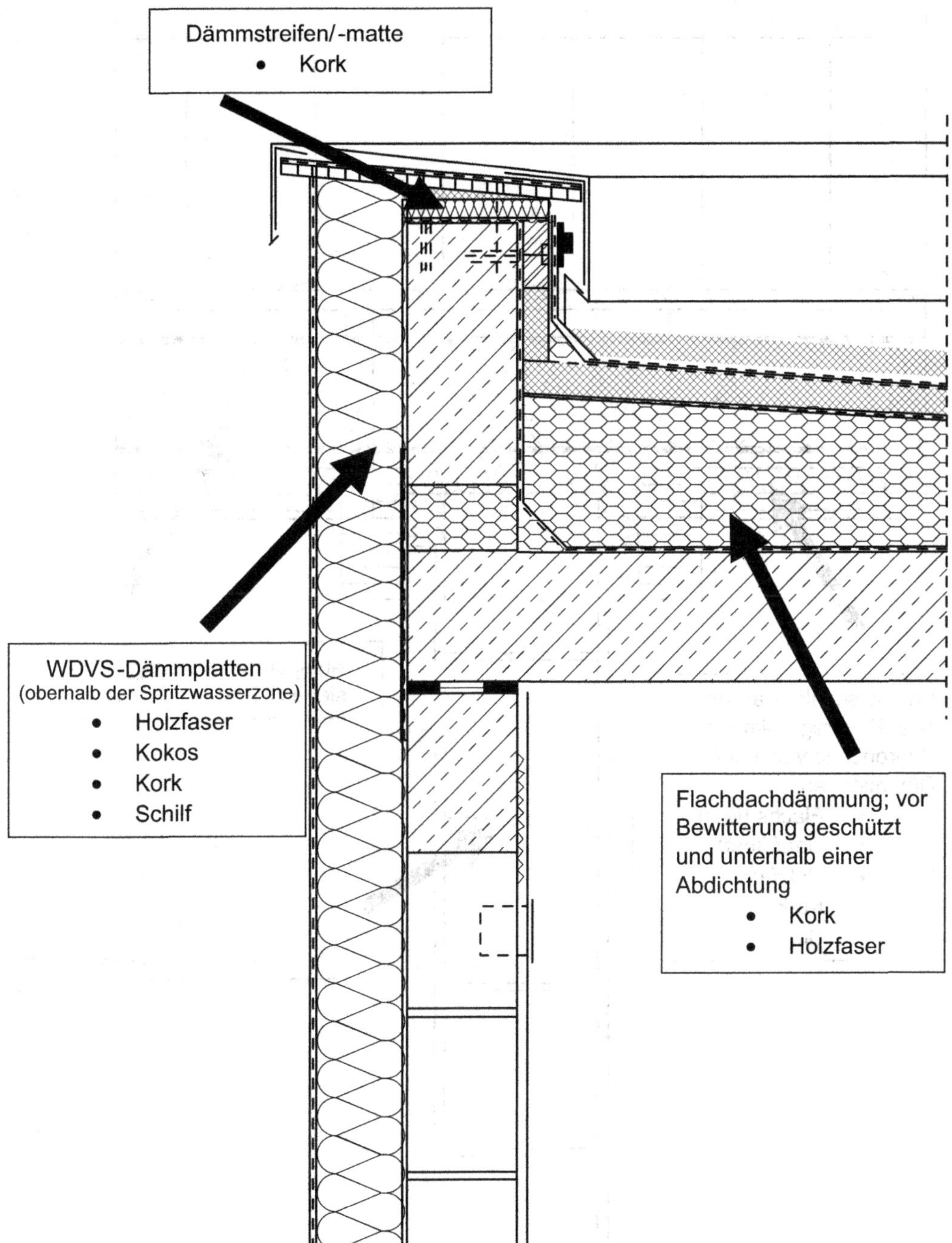

Skizze **5**.13.6 Dämmung von Attika, Flachdach bei einschaligem Mauerwerk mit WDVS

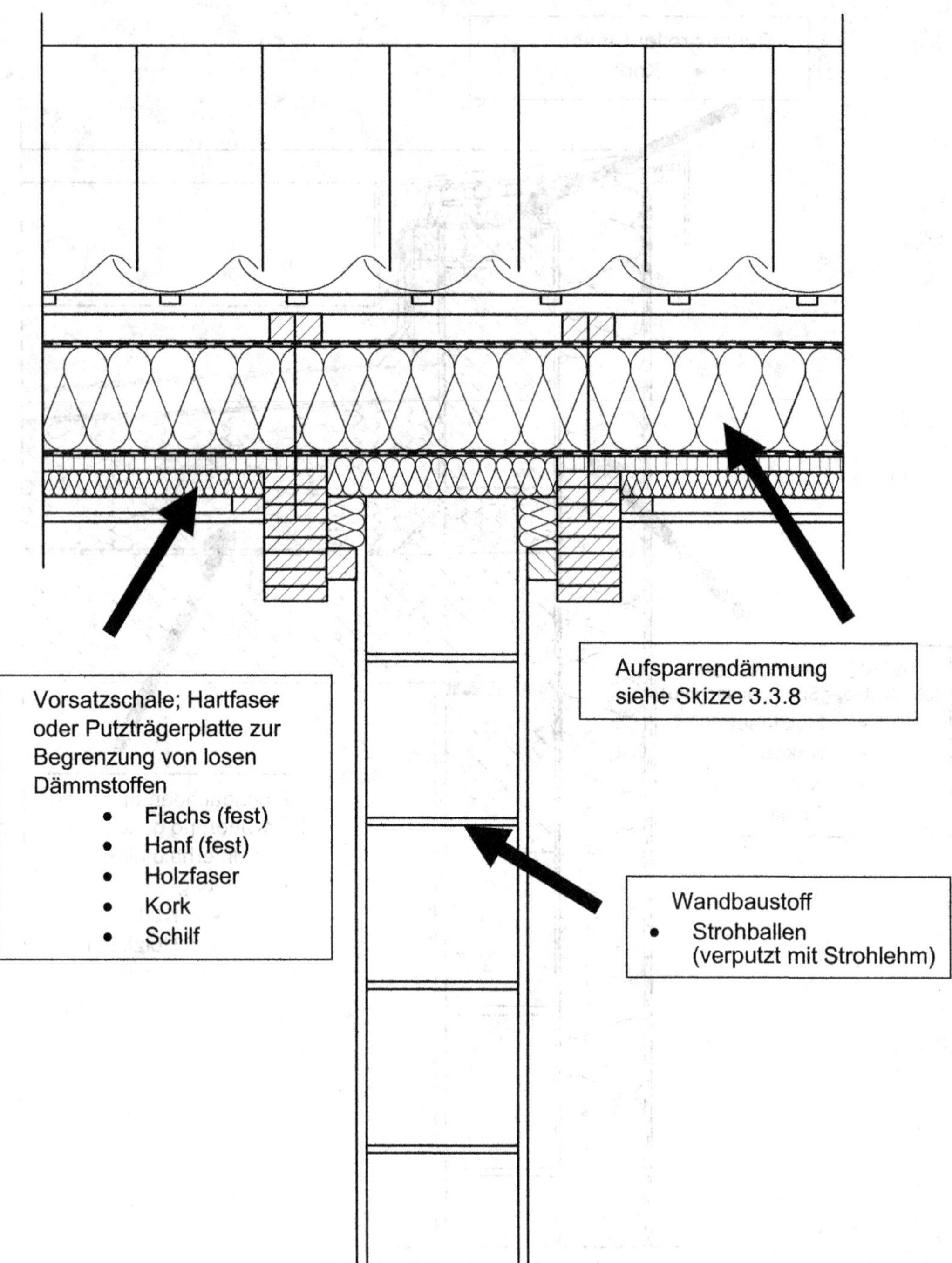

Skizze **5.**13.7 Aufsparrendämmung einschaliges Mauerwerk

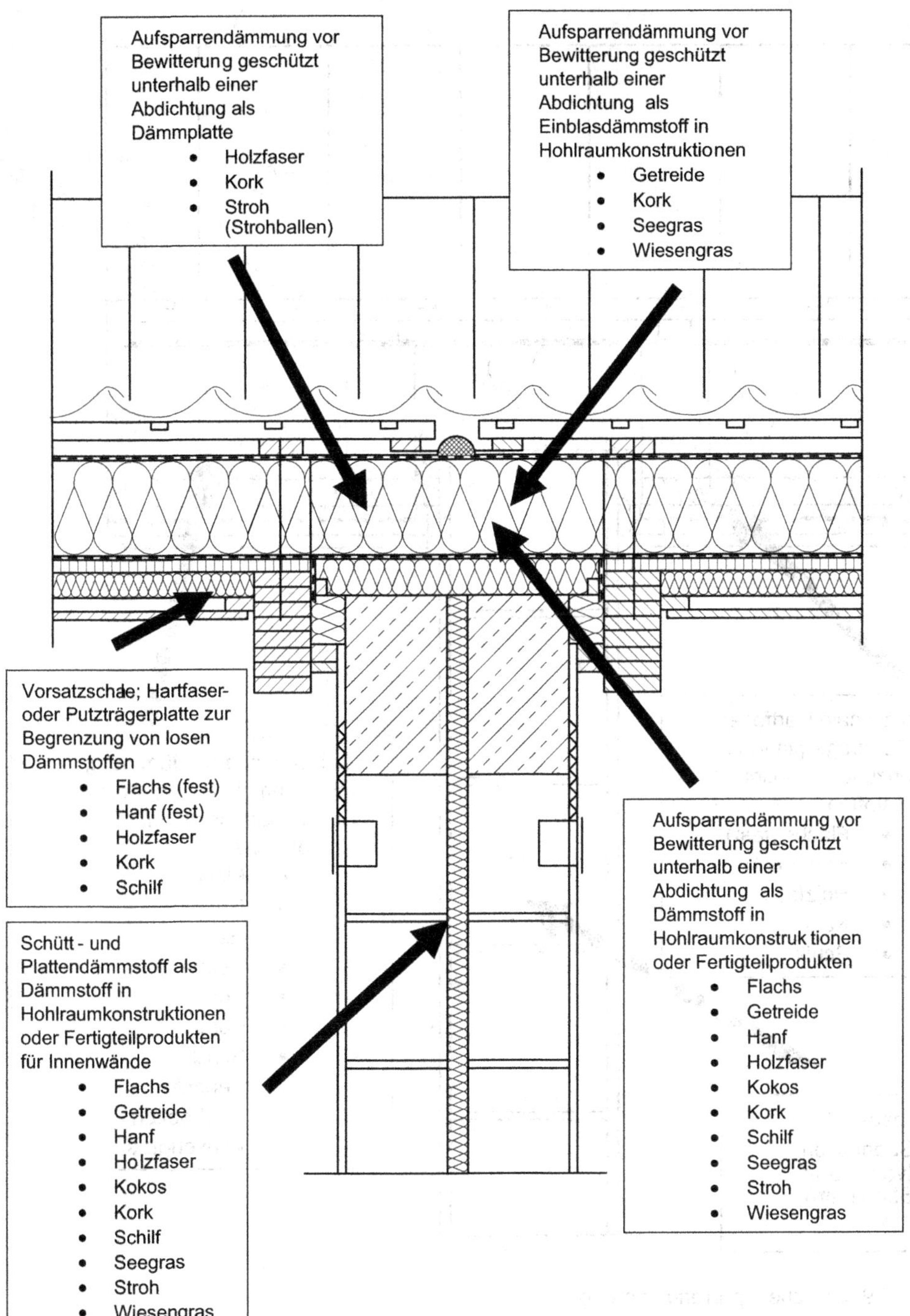

Skizze **5**.13.8 Aufsparrendämmung zweischaliges Mauerwerk

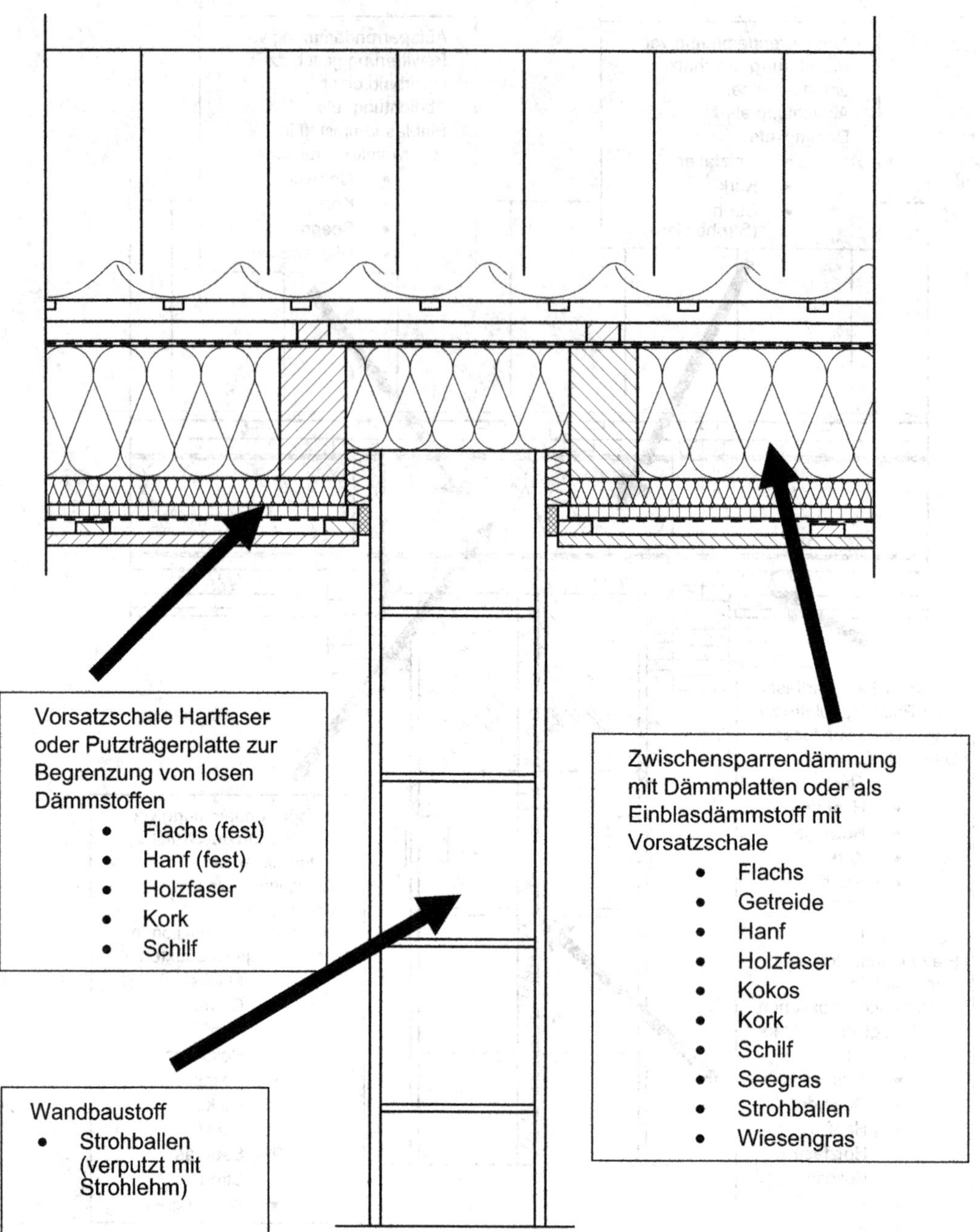

Skizze **5.**13.9 Zwischensparrendämmung

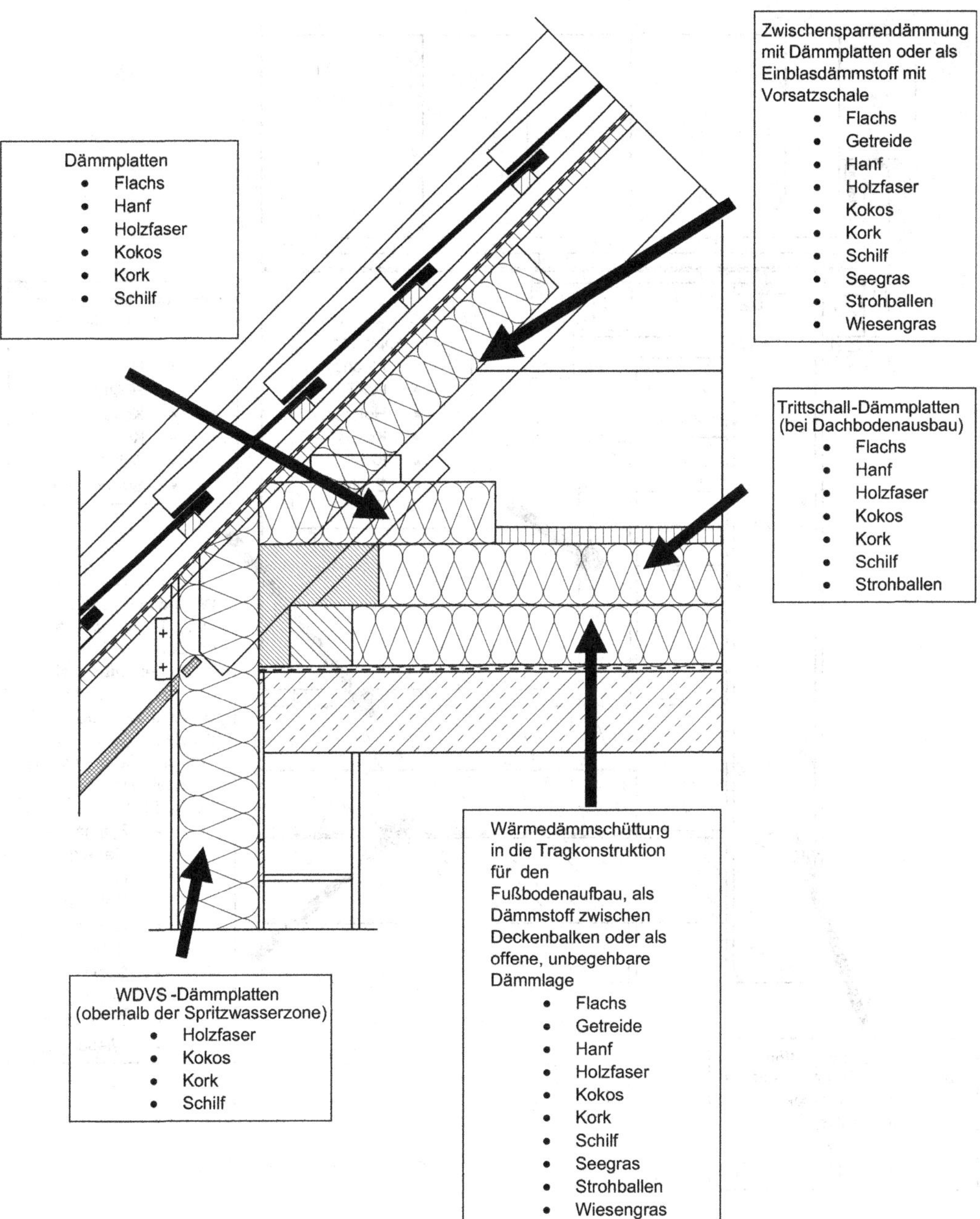

Skizze **3**.13.10 Dämmung der Dachbodendecke und der traufseitigen Fassade bei nicht ausgebautem Dachraum

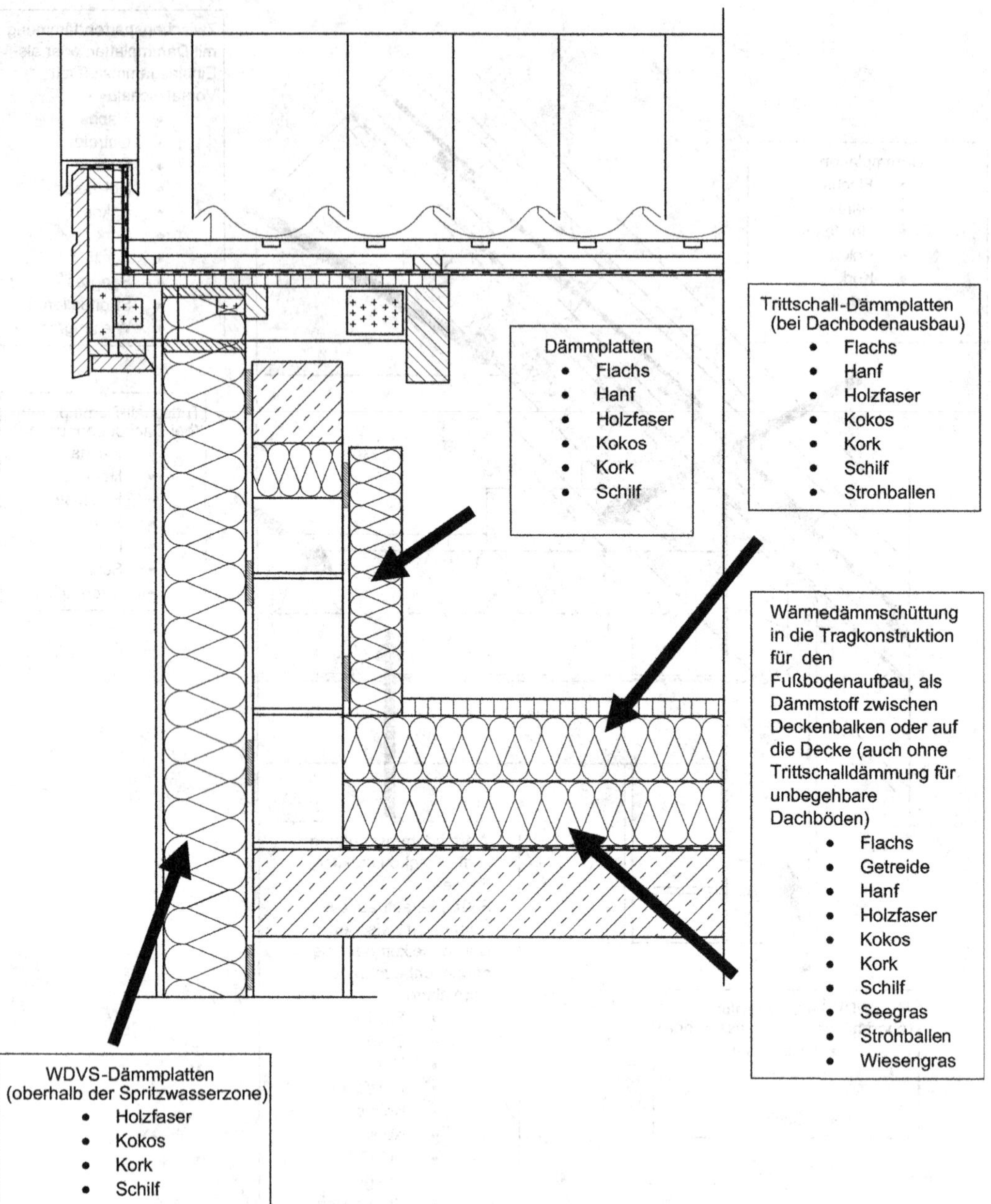

Skizze **5**.13.11 Dämmung der Dachbodendecke und der Giebelwand bei nicht ausgebautem Dachraum

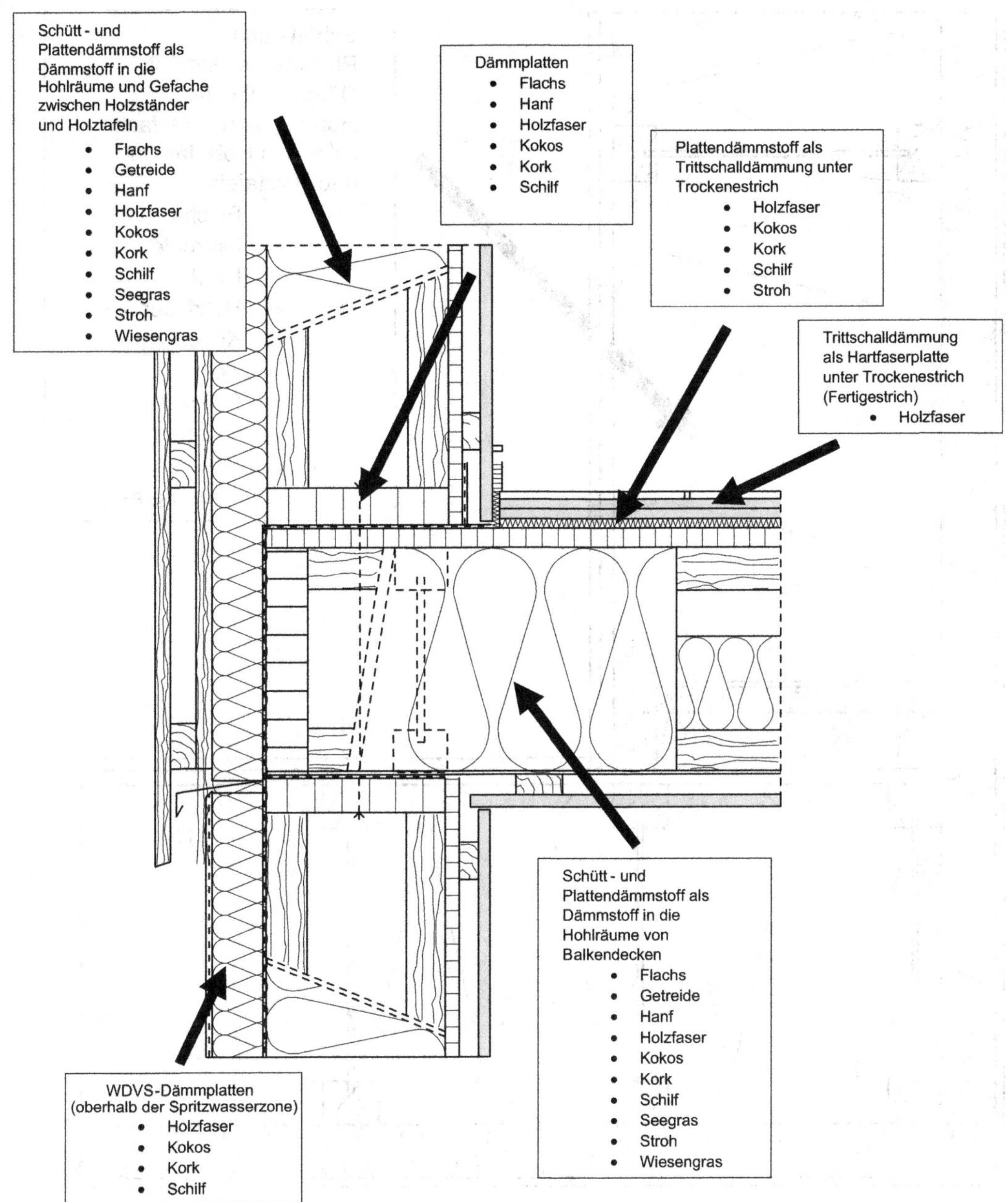

Skizze **5**.13.12 Dämmung in Holzrahmen- und Holztafelbauweise bei Wänden und Decken

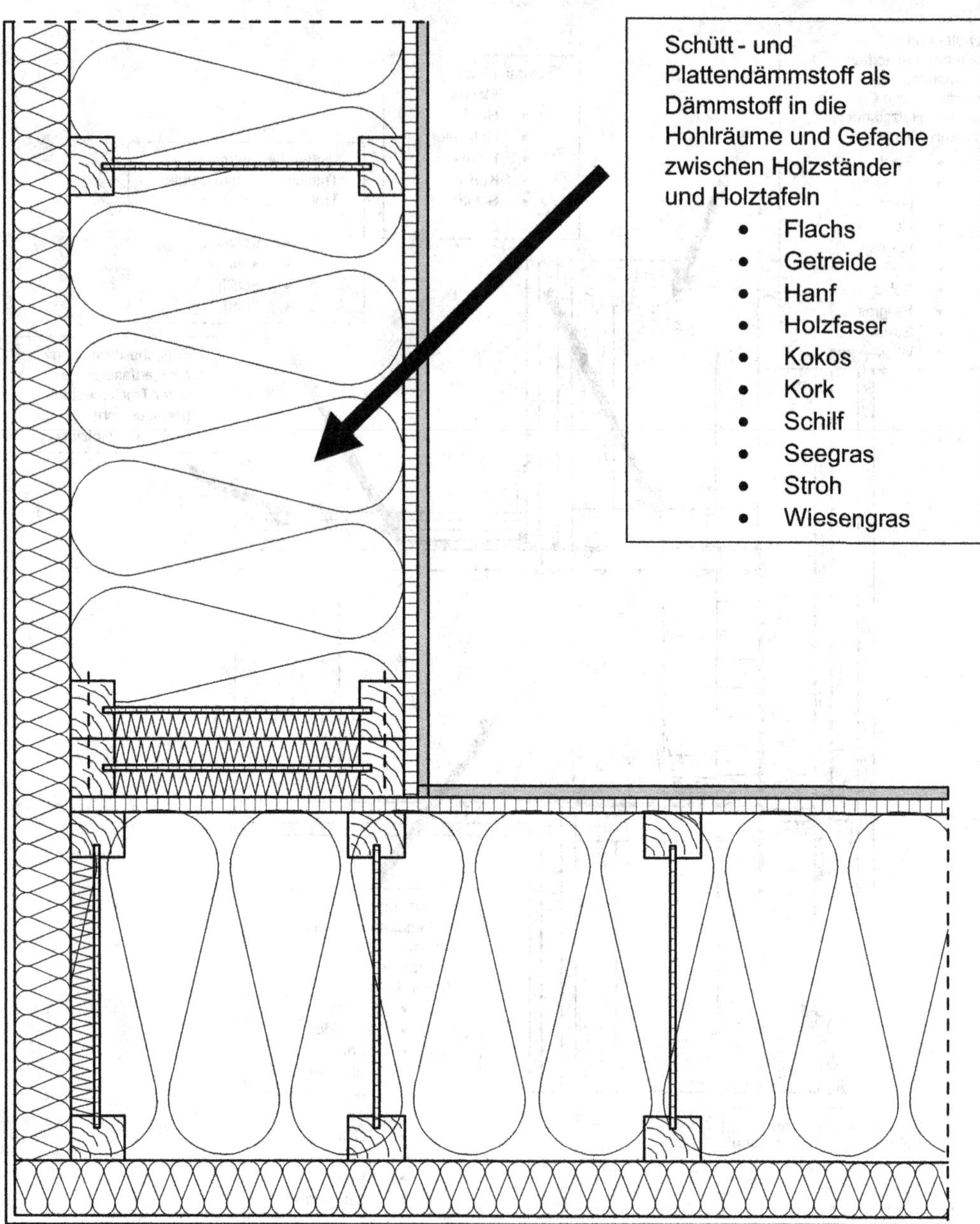

Skizze **5**.13.13 Dämmung in Holzrahmen- und Holztafelbauweise bei Außenwänden

6 Färberpflanzen im Bauwesen

6.1 Alkanna

Die Färberalkanna (Alkanna tinctoria) auch Schminkwurz, Alkannwurzel, Alkermeswurzel, Färberkraut, Pseudoalkanna, Falscher Alkanna, Orcanette, Rote Ochsenwurzel, Ochsenzungenwurzel, Rote Ochsenzunge, Ochsenzunge oder Färbende Ochsenzunge betitelt, gehört zur Familie der Raublatt- bzw. Borretschgewächse (Boraginaceae) und hier zur Unterfamilie (Tribus) der Lithospermeae. Als diese wird sie zur Klasse der Dreifurchenpollen-Zweikeimblättrigen (Rosopsida) und zur Unterklasse der Asternähnlichen (Asteridae) zugeordnet. Die Alkanna tinctoria ist eine von 30 bis 50 Alkannaarten, die derzeit bekannt sind.

Alkanna tinctoria ist vor allem im Mittelmeerraum, Ungarn und Frankreich anzutreffen. Wobei der Ursprung der Pflanze vermutlich in der Türkei (Kleinasien) gewesen ist.

Die Pflanze wurde, wie die Gemeine Ochsenzunge (Anchusa officinalis), schon bei den Römern als Farbrohstoff für Kosmetika verwendet und hat somit, obwohl heute fast vergessen, eine lange Nutztradition. Aus der Wurzelrinde der Alkanna tinctoria wird das sogenannte Alkannin gewonnen, welches zu früheren Zeiten auch zur Färbung von Schminke, Salben, Puder, Parfüm, Zahnpasta, Pomaden, Fetten, Ölen, Textilien, Spirituosen und Kerzen eingesetzt wurde. Man hat neben diesem und vielem anderen z. B. auch Elfenbein damit violett gefärbt. Hauptsächlich wurde, und wird z.T. heute noch, das aus der Alkanna gewonnene Alkannin zur Färbung von Kosmetika, Pharmazeutika und Lebensmitteln genutzt. Allerdings ist der Einsatz als Lebensmittelfarbe nicht mehr in jedem Land zugelassen, da die Alkannawurzel auch toxische Pyrrolizidinalkaloide enthält, die als Leber schädigend, krebserzeugend und Venenthrombose fördernd gelten. Der Gehalt an Alkannin liegt in der Alkannawurzel bei ca. 5 bis 6 %. Der Naturfarbstoff färbt in fettiger, öliger Umgebung tiefrot und in basischer violett. Eine Eigenschaft, die in der Chemie auch für Indikatorenpapiere genutzt wurde. So färbten sich diese in Laugen blau und in Säure rot. Neben der färbenden Eigenschaft wird Alkannin in der heutigen Medizin auch zur Behandlung von Krampfadern oder als abführendes Mittel genutzt. Alkannin zeigt, neben diesem, auch antimikrobielle Wirkung gegen die Staphylokokken S. Aureus und S. epidermidis. Schon im Altertum war der ein oder andere medizinische Nutzen der Alkanna bekannt, so wurden u. a. wundheilende Salben damit hergestellt.

Die Pflanze wächst ca. 30 cm hoch und stellt sich als ausdauernde, krautige Pflanze mit borretschähnlichen, blauen Blüten mit kurzen gelben Staubfäden dar. Als typisches Raublattgewächs hat sie weiß behaarte Blätter und Stängel. Wobei die Blätter eine grüne und die Stängel sowie die Wurzeln eine rötlich-braune Farbe haben. Die Blätter selbst sind lanzettlich geformt, mit stumpfer Blattspitze. Färberalkanna blüht zwischen Juni und August, je nach klimatischen Bedingungen auch bis Oktober und bevorzugt einen mageren Boden in sonniger, trockener Lage. In Deutschland kann man die Alkanna tinctoria auch als Bepflanzung von Staudenbeeten und Steingärten in Gärtnereien bzw. bei Pflanzenhändlern beziehen.

Der Beizenfarbstoff Alkannin aus der Alkannawurzel ist nicht wasserlöslich. Will man ihn zum Färben von Textilien verwenden, so kann man das Alkannin mit Alkohol (z. B. Isopropanol, IPA) aus den Wurzeln lösen. Weitere Lösungsmittel wären u. a. konzentrierte Essigsäure ($C_2H_4O_2$), Ether (z. B. Diethylether $H_5C_2–O–C_2H_5$,Petroleumether etc.), Chloroform ($CHCl_3$), Chloralhydrat (auch Trichloraldehydhydrat $C_2H_3Cl_3O_2$) oder auch diverse Fette und ätherische Öle. Der einfachste Weg hierfür ist, dass man die zerkleinerten Wurzeln über Nacht in Alkohol einlegt. Nach dem Abgießen des Suds, dem Mischen von selbigen mit Wasser und, wie oft zu lesen, ein paar Tropfen Spülmittel, erhält man eine Lösung in der vorgebeizte Textilien rot bis violett oder auch grau gefärbt werden können. Wie bei vielen Beizenfarbstoffen, ist das Farbresultat auch hier von der Art der Beize abhängig. So erhält man mit Aluminiumbeizen violette oder auch blaugraue Farbtöne und bei Eisenbeize eher graue.

Vermischt man das Alkannin mit Metallsalzen erhält man unterschiedlich gefärbte Niederschläge. So schlägt sich das Alkannin in Zinn(II)-chlorid karminrot bzw. karmoisinrot, in Bleiessig blau, in Eisensalzen violett bis dunkel-violett und in Quecksilberchlorid fleischfarben nieder. Neben dem Alkannin enthält die Alkanna tinctoria auch geringe Mengen an Alkannan und die beiden

Naphthochinonen Alkannasäure (Alkannarot) sowie Anchusasäure (Anchusarot). Mischt man die Alkannasäure mit Laugen, verfärbt sich das Gemisch blau. Vollzieht man gleichen Vorgang mit Anchusasäure erhält man eine grüne Färbung.

Allerdings ist der aus Alkanna gewonnene Farbstoff nicht wirklich lichtecht und gar nicht laugenbeständig. Ein Grund dafür, dass Alkanna in der Malerei nur selten verwendet wurde, obwohl ein leuchtender violettroter Lack mit Aluminiumsalzen aus Alkannaextrakt gefällt und auch rote Firnisse hergestellt werden könnten.

Ein Rezept aus dem 18. Jhd. beschreibt z. B. die Herstellung von „*Purpurrothen Lacke*“:

„*Vier Loth von dieser Wurzel klar zu stoßen und in einer Lauge, die aus 4 Loth Potasche mit gehöriger Menge Wasser bereitet und filtriret worden, etliche Male aufzukochen, nach dem Erhalten die gefärbte Flüssigkeit zu filtrieren und mit aufgelöstem Römischen Alaun niederzuschlagen. Dieser Niederschlag aber darf nicht mit Wasser augesüßet werden, wie bey anderen geschiehet, indem sich außerdem zu viel Farbantheile wegspühlen würden.*„

Bei all den Möglichkeiten gibt es in der Gegenwart allerdings keine Farben, Lacke oder Firnisse mit dem natürlichen Farbstoff aus der Färberalkanna auf dem deutschen Markt.

6.2 Blauholz

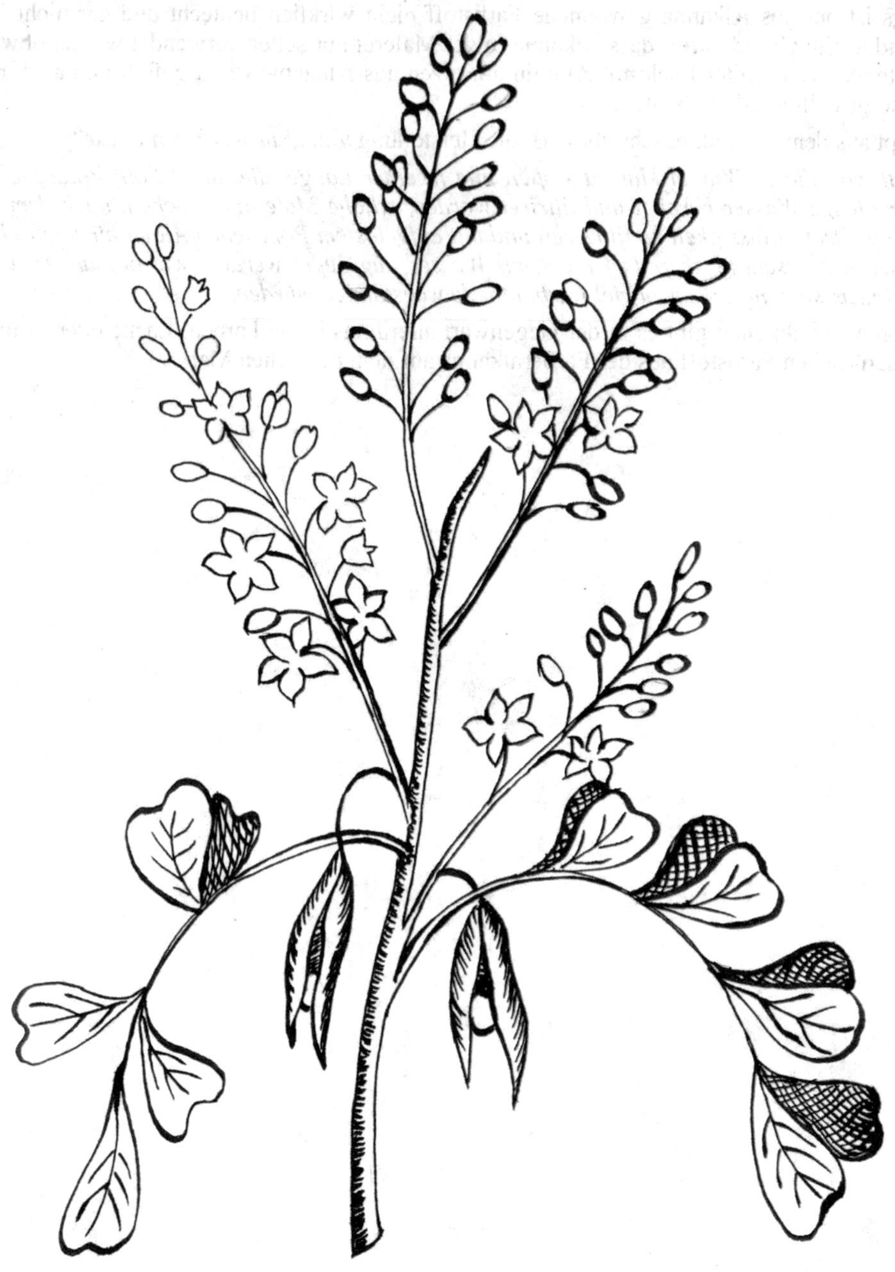

Der Blauholzbaum (Haematoxylum campechianum), auch als Campechebaum, Kampeschebaum oder Blutholzbaum betitelt, gehört zur Familie der Hülsenfrüchtler (Fabaceae) und hier in die Unterfamilie der Johannisbrotgewächse (Caesalpinioideae).

Der Campechebaum ist im nördlichen Teil von Südamerika (z. B. Mexiko), auf den Antillen, in Zentralamerika und auch auf Jamaika verbreitet. Der Laubbaum zählte lange Zeit zu den wichtigsten Farbstoff liefernden Hölzern. Sein Farbholz wird als Campecheholz (auch Blutholz, Blauholz oder Laguna-Campeche) bezeichnet, wobei hierbei nur das Kernholz (Lignum campeche) zu verstehen ist. Wie auch die botanische Betitelung des Baumes selbst als campechianum, stammt die Bezeichnung von der am mexikanischen Golf liegenden mexikanischen Stadt Campeche auf Yucatán ab. Der Campechebaum (Haematoxylum campechianum) wuchs besonders häufig auf der mexikanischen Halbinsel, wo auch der Ursprung der Pflanze angenommen wird, da die Spanier ihn dort zuerst fanden. Unter der allgemeinen Bezeichnung Blauholz fallen auch zwei weitere Arten hinein, nämlich das Jamaikablauholz und das Domingoblauholz. Letzteres wird wiederum in weitere Sorten aufgeteilt, die jedoch in der Farbstoffnutzung keine Bedeutung haben, da kaum Farbstoff enthalten ist.

Nach Europa kam das Blauholz, wie auch die Cochenillelaus, wohl nach der Eroberung Mexikos durch den spanischen Konquistador Hernán Cortés zwischen 1519 und 1521. Auch hier spielt die mexikanische Stadt Campeche wieder eine große Rolle. Sie war als Hafenstadt der Hauptumschlagplatz für die Verschiffung des Blauholzes nach Spanien, von wo aus der damals sehr kostbare Farbstoff wiederum nach ganz Europa verteilt wurde. Die Wertschätzung des Farbstoffes ging soweit, dass die spanische Marine den Blauholz-Transportschiffen militärischen Geleitschutz gab um Angriffe von Seeräubern abwehren zu können. Zwischen dem 17. und dem 18. Jhd. war Blauholz aus Yucatán dermaßen beliebt, dass z. B. England bis zu 13.000 Tonnen pro Jahr importierte. Während die Importmassen in England schon im 19 Jhd. abgenommen haben, stiegen sie in Deutschland nochmals kräftig an. Die deutsche Hafenstadt Hamburg verzeichnete im Jahr 1890 den Import von Blauholz (Stückware, Blauholzblöcke) noch mit 33.025 Tonnen. Hierzu kommt noch das bearbeitete Blauholz, das sogenannte Blauholzextrakt, mit 3.350 Tonnen, wenn man die gesamte, auf Blauholz basierende Importmasse, von Hamburg aus diesem Jahr betrachtet. Es kamen also alleine innerhalb eines Jahres mehr als 36.000 Tonnen des Farbrohstoffes im Hamburger Hafen an. Ebenso gegen Ende des 19. Jhd. begann man auch mit der Blauholzkultivierung in den niederländischen Kolonien Ostindiens und einigen anderen Kolonialländern. Bis ungefähr Mitte des letzten Jhd. galt das Blauholz noch als ein Farbstofflieferant, der durch keinen synthetischen Farbstoff vollkommen ersetzt werden konnte. Verwendung fand das Blauholz neben vielem anderen in der allgemeinen Farbherstellung, der Färberei, in der Tintenfabrikation und vor allem auch im Kattundruck, sowie der Seidenfärberei. Wobei es auch Anwendungen in der Medizin, bei der Leder-, Stroh-, Holz- und Pelzfärberei und selbstverständlich als Schreinerholz in Kunst- und Möbelschreinereien und zur Herstellung von Parketten und vielem Weiteren gab.

Das rote Kernholz des Campechebaumes ist der Rohstoff zur Herstellung des Farbstoffes Hämatoxylin. In reiner Form bildet dieser gelbe oder fast farblose Kristalle, die an der Luft durch die Umwandlung in Hämatein zunächst rötlich und später braun werden. Hämatoxylin ist in heißem Wasser mittelmäßig und in Alkohol gut löslich. Das Kochen des geraspelten Kernholzes mit alkalischer Lösung führt zu einer purpurfarbenen Färbung. Ähnlich dem Waid (Färberwaid, Isatis tinctoria) bildet sich die blau bis blauviolette Farbe auf Textilien erst unter Lufteinwirkung (Oxidation). Bei der Oxidation wandelt sich das Hämatoxylin in den eigentlichen Farbstoff Hämatein um. In der Textilfärbung wurde der Blauholzfarbstoff jedoch als Beizenfarbstoff eingruppiert.

Er wurde noch zu Beginn des letzten Jhd. vorzugsweise zum schwarz und grau Färben von Textilien verwendet und zur Nuancierung von Blautönen in Verbindung mit anderen Farbstoffen. Die Farbtöne können hierbei von grau-violett bis schwarz, je nach verwendeter Beizenmittel, eingestellt werden. Der Farbstoff selbst ist nicht vollständig lichtecht, womit mit Blauholz gefärbte Materialien mit der Zeit etwas ausbleichen.

Tabelle 6.2.1 Beizenfarbtöne mit Blauholz

Tonerdebeizen	Chrombeizen	Kupferbeizen	Eisenbeizen	Zinnbeizen
Graustichiges Violett	Dunkelblau bis schwarz	Stumpfes Grünblau	Grau bis schwarz	Rötliches Violett

Neben dem Hämatoxylin im Kernholz, wurde auch eine geringe Menge des Flavonols Myricetin ($C_{15}H_{10}O_8$), auch als Cannabiscetin, Myricetol oder Myricitin bekannt, in den Blättern des Blauholzbaumes nachgewiesen. Myricetin ist ein natürlicher Farbstoff der Quercetinreihe und kann, je nach verwendetem Beizenmittel, zu unterschiedlichen rotbraun- (Chrombeizen), braunorange- (Aluminiumbeizen), olivschwarz- (Eisenbeize) oder rotorange-Färbungen (Zinnbeizen) auf z. B. Textilien verwendet werden. Der Gehalt an Myricetin in den Blauholzblättern scheint allerdings zu gering für eine sinnvolle Weiterverarbeitung. Von daher war das im Holz beinhaltete Hämatoxylin von je her um einiges interessanter.

In frisch geraspeltem Kernholz ist der Farbstoff selbst nur in geringen Mengen entwickelt; aus diesem Grund lässt man die Holzspäne des Blauholzes ähnlich dem Färberwaid, vor der weiteren Verarbeitung zunächst an der Luft fermentieren. Die Holzspäne zeigen nach einer gelungenen Fermentation einen metallisch gelbgrünlichen Glanz. Je stärker dieser ausgeprägt ist, desto besser ist die Qualität.

Die Urform des Haematoxylum campechianum ist wohl ein bis zu 3 m hoch werdendes, immergrünes, häufig bedorntes, strauchartiges Gewächs. So wurde sie in ihrem Anbaugebiet auch oft als Heckengewächs genutzt. Durch Zucht wurden jedoch auch bis zu 16 m hohe Laubbäume gezogen. Die Laubblätter sind zwischen 2 und 7,5 cm lang mit drei bis fünf Fiederblättchen. Die Fiederblättchen an sich sind zwischen einem und drei cm lang und durchschnittlich ein bis zwei cm breit und haben dabei eine leicht herzförmige Silhouette. Die traubigen Blütenstände tragen gelbe zwittrige Blüten mit einem Durchmesser von ca. 12 bis 16 mm. Der Blütenkelch umgibt fünf Blumenblätter, zehn Staubfäden und einen gebogenen Griffel mit einer trichterförmigen Narbe. Die Hülsenfrüchte erinnern ein wenig an die der Ahornbäume (Aceraceae). Sie sind bis zu 6 cm lang und ca. 0,8 bis 1,2 cm breit. Jede Hülsenfrucht enthält zwei bis drei ca. 5 bis 7 mm lange braune Samen, die einen Durchmesser von 2 bis 3 mm haben.

Das Holz zeigt sich mit einen rotem Kernholz, einem weißlichen Splintholz und weist einen leicht süßlichen Geruch (Veilchengeruch)auf. Zur Weiterverarbeitung gelangen zumeist vom Splintholz befreite, ca. 2 m lange Blöcke, die außen eine dunkelrote bis braunrote Farbe und innen heller, rotbraun bis gelblich braun gefärbt waren. Wobei Schnittstellen an der Luft auch relativ schnell nachdunkeln. Neben den Holzblöcken wurde das Blauholz auch in Pulverform, gemahlen oder in Späne gehobelt, angeboten. Das Holz selbst gilt als hart und dicht und lässt sich dadurch auch schwer spalten.

In früheren Zeiten wurden von den Färbern oftmals gemahlene Späne des Blauholz direkt angenommen, damit sie dann das Hämatoxylin gleich selbst extrahieren konnten. Die Extraktion erfolgte durch ein Auskochen der in Säcken verpackten Blauholzstücke in sogenannten Farbflotten. Diese Art der Extraktion erbrachte allerdings nur eine relativ geringe Farbausbeute mit ca. 10 bis 30 % vom Möglichen. Erst später kochte man in einem Kochkessel mit Siebboden oder Siebeinsatz unter Verschluss und Druck und benutzte die Farbbrühe sofort zum Färben. Hier waren dann Farbausbeuten von 90 bis 95 % möglich. Um das Hämatoxylin in Hämatein zu wandeln, ließ man mitunter Ammoniak (NH_3), Ozon (O_3), Wasserstoffperoxid (H_2O_2) u. a. Stoffe auf das Hämatoxylin einwirken.

Auch wenn das Blauholz einige Zeit der Farbstofflieferant überhaupt war, so finden sich in Deutschland gegenwärtig keine Bauprodukte, die den Farbstoff des Blauholzbaumes beinhalten.

6.3 Eiche

Die Färbereiche (Quercus velutina, früher auch Quercus tinctoria), auch als Quercitroneiche, Schwarze Eiche, Schwarzeiche, Yellow Oak, Eastern Black Oak, Black Oak oder Tanbark Oak betitelt, gehört, wie auch die Korkeiche (Quercus suber), zur Gattung der Eichen (Quercus) und hierbei zur Familie der Buchengewächse (Fagaceae). Auch wenn die Färbereiche umgangssprachlich mitunter als Schwarzeiche betitelt wird, so ist sie nicht mit der Roteiche (Quercus rubra), der Kalifornischen Schwarzeiche (Quercus kelloggii) und ähnlichen zu verwechseln, die in der Literatur oft ebenso als Schwarzeichen betitelt werden.

Als eine der noch bis Mitte des letzten Jhd. angenommenen 140 Quercusarten aus Amerika, stammt die Quercus velutina aus dem Nordosten dieses Landes und ist hier vor allem im südlichen Neuengland, Kanada und in den mittleren US-Staaten, wie Pennsylvania, Georgia, South- und North Carolina zu finden.

Die Färbereiche selbst ist schon von den nordamerikanischen Indianern, weit vor der Entdeckung Amerikas durch Christoph Kolumbus im Jahre 1492, als Heilpflanze (Rinde) in der Volksmedizin oder auch als einfaches Bauholz u.ä. genutzt worden. Als Färberpflanze allerdings wurde sie erst gegen Ende des 18. Jhd. in Europa bekannt, wo man sie allgemein als Schwarze Eiche bezeichnete.

Zu jener Zeit entdeckte der amerikanische Chemiker Bancroft die Nutzung des in der Färbereiche beinhalteten Quercetin (Pentahydroxyflavon), damals von Bancroft selbst als Quercitron benannt, für Färberzwecke und für den Druck auf Baumwollgewebe (Kattundruck). Nach Bancroft hat die gemahlene Färbereichen-Rinde etwa vier mal soviel Farbstoff wie das Gelbholz (Färbermaulbeerbaum, Maclura tinctoria) und gar bis zu zehn mal soviel wie der Wau (Reseda luteola).

Der für Farbstoffe und die Färberei allgemein interessante gelbe Farbstoff, das Rhamnose-Glykosid Quercetin ($C_{15}H_{10}O_7$), ist vorwiegend in dem helleren, inneren Teil der Rinde vorhanden. So wird dieser nach der Rindenernte zunächst von den dunkleren äußeren Borkenteilen getrennt. Der Farbstoff löst sich aus den getrockneten Pflanzenteilen nur schlecht in kaltem, aber relativ gut in heißem Wasser, sehr gut auch in Alkohol, Eisessig und verschiedenen Alkalien. In Ether gilt er als unlöslich.

Als Beizenfarbstoff genutzt, erhält man, je nach gewählter Beize u. a. folgende Färbungen auf Wolle:

Tabelle **6**.3.1

Chrombeize	Tonerdebeize	Eisenbeize	Zinnbeize
Tiefes Blutorange	Braungelb	Dinkelgrün bis schwarzes Oliv	Glänzendes Orange

Der Farbstoff Quercitron wurde im Laufe der Zeit zunächst in England und kurze Zeit später in ganz Europa als gemahlenes Pulver unter Bezeichnungen wie Quercitron (bzw. Querzitron) oder auch Quercirtonrinde (bzw. Querzirtonrinde) angeboten. Die zerkleinerte und von der Oberhaut befreite Rinde galt noch um 1930 als einer der wichtigsten Farbmaterialien, die das Pflanzenreich hervorbrachte. Wohl durch den steigenden Bekanntheitsgrad gefördert, gab es auch einige Fälschungen oder Produkte aus Rinden anderer Eichenarten, die sich als Querzitron oder Querzitronrinde bezeichneten. Querzitronrindenpulver als Farbstoff von der Färbereiche verdrängte jedoch auch sehr schnell heimische Färberpflanzen, wie z. B. den Ginster (Färberginster, Genista tinctoria) oder die Scharte (Färberscharte, Serratula tinctoria). Wobei auch der Wauanbau (Färberwau, Reseda luteola), aufgrund des häufig vorkommenden Quercitron der Färbereiche, stark zurück gegangen ist. Mitunter wurde die Quercitroneiche auch in Frankreich und Deutschland (Bayern) angebaut.

So wurde das Rindenpulver der Färbereiche (Quercus velutina) in sehr vielen Bereichen genutzt. Der Farbstoff kam vor allem in dem damals sehr populären Kattundruck, als Ersatz für das zur gleichen Zeit teurere Kreuzbeerenextrakt zum Einsatz, wurde aber auch in der Textil- oder Lederfärberei häufig genutzt. Neben diesem war der gelbe Farbstoff auch bei Industriellen und Handwerkern für die Lack- und Anstrichsfarben (u. a. Schüttgelb) äußerst interessant und vielseitig im Gebrauch. So lange, bis die synthetischen Farbstoffe im Verlauf der ersten Hälfte des letzten Jhd. den Farbenmarkt eroberten und Farben oder etwaige andere Produkte, welche den Farbstoff der Färbereiche beinhalteten, nahezu vollständig verschwanden.

Die bis zu 30 m hoch und dabei bis zu ca. 20 m breit wachsende Färbereiche ist grundsätzlich eine laubabwerfende Pflanze. Sie gedeiht am besten an trockenen Hängen und Hochflächen in Höhenlagen bis zu 1.500 m NN. Ihre tief gefurchte Borke ist außen dunkelbraun bis dunkelgrau gefärbt, innen jedoch gelb bis orange. Da die Borke schon in frühem Pflanzenalter in kleinen Feldern aufreißt, sieht man diese prägnante Färbung oftmals auch ohne die Rinde des Baumes zu beschädigen. Die kleineren Äste der Quercus velutina sind leicht flaumig behaart, wie auch die bis zu 7 mm langen Blattstiele, und rotbraun bis rostbraun gefärbt. Die wechselständig und spiralig an den Zweigen angeordneten stieligen Laubblätter weisen eine Länge von bis zu 25 cm auf. Dabei sind die Blätter auf der Oberseite dunkelgrün und auf der leicht behaarten Unterseite hellgrün gefärbt. Die Blätter zeigen auf Ober- wie auch Unterseite deutlich die im Blatt vorhandenen Hauptnerven. Die grundsätzlich eiförmigen bis verkehrt einförmigen Blattspreiten sind bis zu 30 cm lang und bis zu ca. 15 cm breit und stellen sich eichenblatttypisch, aber ungleichseitig mit fünf bis neun Blattlappen und grannenartigen Spitzen am Blattrand dar. Die bis zu 12 mm langen Endknospen der Äste sind lohfarben und mit einer flaumigen, grauen Behaarung versehen. Sie sind eiförmig oder ellipsoid, fast konisch im Querschnitt.

Die Färbereiche besitzt weibliche wie auch männliche Blüten; sie ist somit als einhäusig getrenntgeschlechtige (monözische) Pflanze zu betrachten. Die Frucht selbst, die Eichel, sitzt bis ca. zur Hälfte in einem außen flaumig behaarten Fruchtbecher (Cupula). Die becherförmige Cupula selbst ist bis zu 14 mm hoch und hat hierbei einen Durchmesser von bis zu 22 mm. Die mit der Cupula wachsende kahle Eichelfrucht (Nuss) bleibt über den Winter am Baum und erreicht in der Reife, mit einer Länge von bis zu 2 cm und einem Durchmesser von bis zu 1,8 cm, eine kugelige bis eiförmige Form.

Aktuell können keine Produkte aus der in früheren Zeiten sehr häufig genutzten Färbereiche auf dem deutschen Baustoffmarkt gefunden werden.

6.4 Flechte

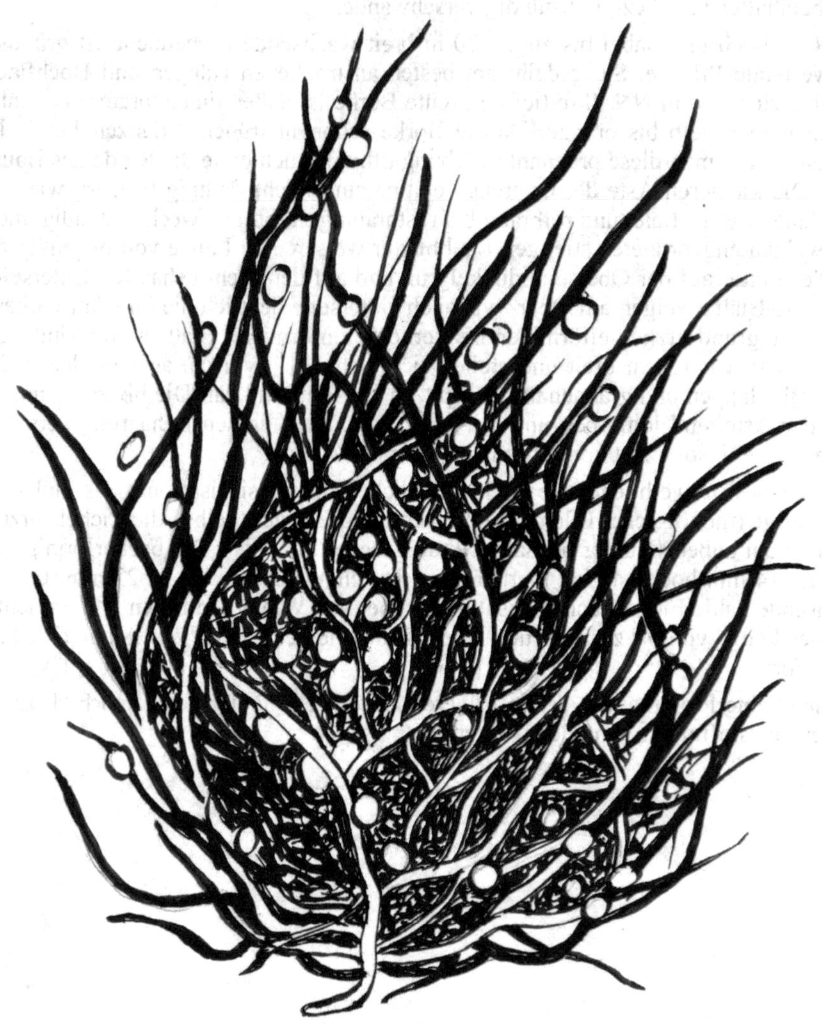

Färberflechte (Rocella tinctoria) ist eine von vielen Flechtenarten der Gattung Rocella.

Flechten (Lichen) sind allgemein beschrieben symbiotische Lebensgemeinschaften zwischen einem Pilz (Mykobionten) und einem oder mehreren Photosynthese betreibenden Partnern (Photobionten). Diese Photobionten (auch Phytobionten genannt) sind hierbei Grünalgen (Chlorophyta) oder Cyanobakterien, welche früher als Blaualgen betitelt wurden aber später, aufgrund des fehlenden Zellkerns, den Bakterien (Prokaryoten) zugeordnet wurden. Weltweit gibt es ungefähr 25.000 Flechtenarten, davon allein in Mitteleuropa rund 2.000. Zur Gewinnung von Farbstoffen haben vor allem die Gattung Rocella aber auch die Evernia- oder Parmelia-Arten Verwendung gefunden. Im Süden Chiles finden für das Färben von Wolle nach wie vor die Bartflechten der Gattung Usnea Verwendung. Einige Lichen wurden auch zur Herstellung von Mehlersatz zum Brotbacken, zur Alkoholherstellung, für Parfüms und Puder u. v. a. genutzt.

Die Färberflechte war vor allem Lieferant des roten Farbstoffes Orseille, welcher z. B. in der Lage ist, Wolle ohne Beizung blaurot zu färben (Direktfarbstoff). Vor allem im Athen um 370 bis 280 v. Chr. waren die mit Orseille gefärbten Gewänder äußerst beliebt. In der Antike Ägyptens (um das 3. Jhd. n. Chr.) diente die Färberflechte bzw. dessen Farbstoff hauptsächlich der Purpurimitation. Ab ca. dem 4. Jhd n. Chr. verschwand die Farbstoffgewinnung aus der Färberflechte fast vollständig. Es wird vermutet, dass die langsamwüchsigen Flechten schlicht zu stark dezimiert wurden und es somit an Nachschub fehlte. Erst als die Florentinischen Händler im 13. Jhd. den Farbstoff wieder erfolgreich eingeführt haben, wuchs auch wieder dessen Bedeutung. Zur Herstellung des Farbstoffes Orsaille wurden getrocknete und zerkleinerte Flechten mit verdünntem Ammoniak oder Urin versetzt und gärten dann einige Tage bis Monate, wodurch der rote Farbstoff Orcein entstand. Als Nebenprodukt erhielt man unter Zugabe von Kaliumcarbonat (Pottasche) oder Natriumcarbonat (Soda), Kalk und Leim, den tiefblauen Lackmus, welcher ungefähr ab dem 16. Jhd. in größerem Maße aus der Färberflechte, aber auch anderen Flechtenarten gewonnen wurde. Hieraus entstand auch der Oberbegriff Lackmusflechten. Lackmus aus der Färberflechte wird noch heute als Indikator für Säuren oder Basen (ph-Wert) eingesetzt, wobei er sich in basischer Lösung blau und in sauren Lösungen rot färbt.

1829 isolierte der französische Chemiker Pierre Robiquet durch Extraktion mit Äthanol orcine (früher Orcinol oder Orzinol genannt, heute Orcin oder Orzin) aus der Flechte bzw. dem darin beinhaltetem Orseille. Den rötlich-braunen bis violetten Farbstoff, den er durch Reaktion mit Ammonium und Luft erhielt, nannte er Orcéine. In der Literatur oftmals als Erfinder dargestellt, hat aber nicht Robiquet, sondern wohl eher der britische Chemiker Dr. Cuthbert Gordon mit seinem Bruder den Weg zur industriellen Herstellung von Cudbear (engl. für Orcein) und Lackmus aus Flechten gefunden. Die beiden produzierten wohl 1758 das erste industriell hergestellte Orcein und patentierten ihr Verfahren 1766. Bis der Stoff aber tatsächlich in größerem Umfang industriell gefertigt wurde, dauerte es bis ins Jahr 1940.

Die Möglichkeit der Nutzung von Färberflechten bzw. deren Farbstoff für Lacke und Farben wird heute, zumindest in Deutschland, nicht mehr genutzt.

6.5 Gelbholz

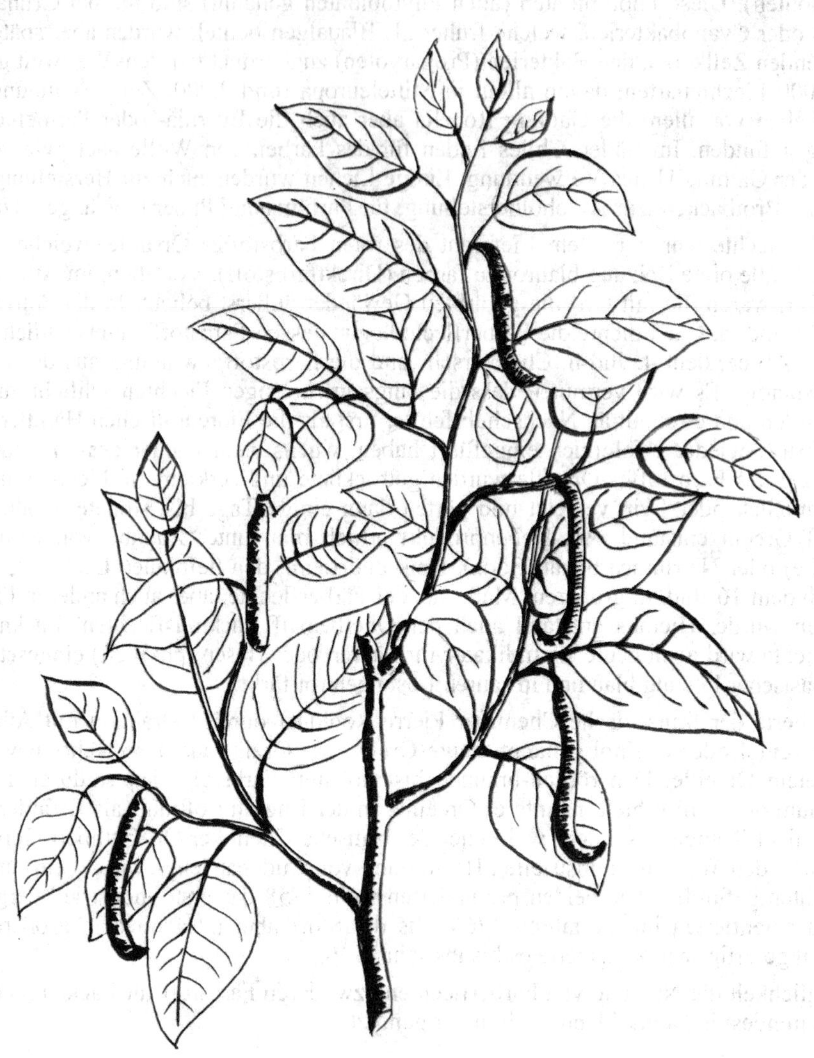

Wie auch bei der Betitelung Rotholz, so wird auch mit dem Begriff Gelbholz das Kernholz unterschiedlicher Pflanzen bzw. Bäume angesprochen, die untereinander nur selten verwandt sind. Hierunter befinden sich, neben einigen anderen, folgende Pflanzen:

- Täuschendes Gelbholz (Zanthoxylum simulans)
- Asiatisches Gelbholz (Maackia amurensis)
- Amerikanisches Gelbholz (Cladrastis kentukea, Cladrastis lutea)
- Chinesisches Gelbholz (Cladrastis sinensis)
- Färbermaulbeerbaum (Maclura tinctoria)
- Gelbholz-Hartriegel (Cornus stolonifera, Flaviramea)

Im Zusammenhang mit der Farben- und Färberbranche wird i. d. R. das gelbe Holz des Färbermaulbeerbaumes (Maclura tinctoria) angesprochen. Der Färbermaulbeerbaum ist zwar in der gleichen Familie wie z. B. der in Deutschland oft erhältliche Weiße Maulbeerbaum (Morus alba) oder auch der Schwarze Maulbeerbaum (Morus nigra), jedoch zählt er nicht zur Gattung der Maulbeeren (Morus) sondern zur Gattung der Maclura, für welche der schottische Geologe und großzügige Philanthrop William Maclure (1763 – 1840) Namensgeber war.

Allgemein wird das Kernholz des Färbermaulbeerbaumes trivial als Gelbholz bezeichnet, wobei es eine Vielzahl von Synonyme gibt, wie beispielsweise: Echtes Gelbholz, Gelbes Brasilholz, Echter Fustik, Alter Fustik, Kubaholz, Brasilienholz, Holländisches Gelbholz etc.. Der Färbermaulbeerbaum gehört in die Pflanzenfamilie der Maulbeergewächse (Moraceae), zu welcher u. a. auch die Feige (Ficus), der Jackfruchtbaum (Artocarpus heterophyllus) oder der Gummibaum (Ficus elastica) zählen und ist eine der 12 Arten der Gattung Maclura. Mitunter findet man für den, in zwei Unterarten (Maclura tinctoria subsp. mora und Maclura tinctoria L. subsp. tinctoria) aufgeteilten, Färbermaulbeerbaum auch die botanischen Bezeichnungen Chlorophora tinctoria, Morus tinctoria oder Broussonetia tinctoria.

Der Gelbholzbaum ist in Zentralamerika (Mexiko, Antillen), im tropischen Südamerika (Brasilien) und in Ostindien verbreitet und kann in diesen Regionen eine Wuchshöhe von bis zu 60 m erreichen, wobei die durchschnittliche Wuchshöhe bei ca. 20 bis 30 m liegen dürfte. Ausgehend von einer mittleren Durchschnittshöhe beträgt der Stammdurchmesser ca. 70 bis 80 cm. Die grünen Laubblätter haben eine gewisse Ähnlichkeit mit dem Laub von heimischen Kirschbäumen. Sie sind wechselständig angeordnet und haben einen stark gesägten Blattrand. Der Färbermaulbeerbaum ist eine zweihäusig getrenntgeschlechtige (diözische) Pflanze, d. h. weibliche und männliche Blüten kommen nicht auf einer Pflanze vor. Die Früchte sind essbar. Das Kernholz des Färbermaulbeerbaumes ist fest und hart und weist eine hellgelbe bis gelbe Färbung auf.

Das Gelbholz als Farbstofflieferant zur Färbung von Textilien oder zur Verwendung als Maler- oder Künstlerfarbe war schon im alten Peru bzw. der Präkolumbischen Zeit bekannt. So fand man u. a. tierische Fasern, die mit dem Farbstoff des Holzes lange vor der Entdeckung von Amerika durch Kolumbus gefärbt wurden. Der Rohstoff kam noch zu Beginn des letzten Jhd. in Kloben von durchschnittlich 50 kg nach Europa. Wobei die Kloben mit be- oder entrindeten Stamm- und Aststücken oder auch aus Holzscheite gepackt wurden. Die Qualitäten unterschieden sich damals, wie auch heute, deutlich durch das Herkunftsland des Holzes. Gegen Ende des 19. und Beginn des 20. Jhd. waren vor allem Gelbhölzer aus Kuba, Nicaragua und Jamaika beliebt, während dem Gelbholz aus Brasilien (Brasilien-Gelbholz oder Brasilgelbholz), welches ein sehr helles Kernholz besitzt, eher nachgesagt wurde, dass es eine mindere Qualität besitze. Diese mindere Qualität lag jedoch zumeist daran, dass das damals importierte Holz nachdem, oder auch bevor es am Zielort angekommen war, schon häufig starkem tierischen Befall ausgesetzt war. Die Hölzer in den Kloben waren nicht selten von Würmern zerfressen und großteils schon zersetzt, vor allem bei berindetem Holz. Schutzmaßnahmen gegen insektiziden oder fungiziden Befall wurden, wenn überhaupt, nur unzureichend ausgeführt. Die lange Seereise, überhaupt die Lagerung vor, während und nach dem Transport, gab Holzschädlingen nicht nur optimale klimatische Bedingungen sondern auch die Zeit, sich entsprechend zu mehren. Ein Grund dafür, warum man in Europa im

Laufe des 19. Jhd. die Lieferart nach und nach umstellte und irgendwann nur noch das Extrakt des Gelbholzes importierte und nicht mehr das Rohholz oder das entrindete und vom Splint befreite Kernholz.

Das Gelbholz enthält neben dem Maklurin (auch Maclurin, Moringerbsäure) als Hauptbestandteil, den gelben Beizenfarbstoff Morin ($C_{15}H_{10}H_7$). Das Pentahydroxyflavon Morin ist sehr schwer in Wasser löslich, leichter in Alkohol und Essigsäure, unlöslich in Ether und Schwefelkohlenstoff. In Alkalien löst es sich leicht, mit tiefgelber Farbe. Durch Zinnverbindungen erhält man kräftig gelbe bis gelbgrüne Töne, Chrom färbt olivgelb und Eisen ergibt einen Olivbraunton. Eisenchlorid färbt eine alkoholische Lösung dunkel olivgrün. Wird das Morin zur Farbstoffherstellung genutzt in Form von pflanzlich gefärbten Pigmenten auf Grundlage von Tonerde, so erhält man ein stumpferes Gelb. Morin dient u. a. als ein Reagenz (Identifikationsstoff) für Aluminium, wo es eine grün gefärbte Fluoreszenz aufweist und für Zinn, bei welchem die Fluoreszenz gelbgrün ist. Die Gelbholzfärbungen sind zwar sehr widerstandsfähig gegenüber Seifen und Alkalien, allerdings nicht sehr lichtbeständig.

Die angewandten Verfahren zur Fällung des Morins aus dem Gelbholz waren immer schon vielfältig. Zu Beginn des letzten Jhd. wurde zur Gewinnung eines Morinextraktes noch empfohlen, das zerkleinerte Gelbholz mit Wasser auszukochen, die Brühe einzudampfen und hiernach die Auskochung einige Tage ruhen zu lassen. Hierbei kristallisiert Morin bzw. sein Natrium-Kalziumsalz aus, das dann mit verdünnter Essigsäure zerlegt, aus verdünntem Alkohol umkristallisiert und über Bleisalz oder Bromhydrat gereinigt werden solle. Zu jener Zeit wurde weniger über die Wassergefährdung beider Stoffe nachgedacht, wobei man natürlich wusste, dass Brom stark ätzend ist. Darüber mussten sich die Färbereien jedoch nicht mehr allzu viel Gedanken machen, denn das Gelbholz wurde, wie oben erwähnt, nur noch äußerst selten in Form von Kernholzblöcken nach Europa geliefert. Im Gegensatz zu einigen anderen Rohstoffpflanzen, die so manch Färberei noch selbst nach der Ernte weiter verarbeitete, um den Farbstoff nutzen zu können, wurde das Kernholz des Gelbholzes schon um 1920 nicht mehr in den Färbereien direkt genutzt. Gelbholz selbst bzw. dessen Kernholz wurde so gut wie ausschließlich in den, in den Anbaugebieten befindlichen Extraktionsfabrikationen aufbereitet. Fabriken, die den Farbstoff aus dem Holz gewannen und extrahierten und dann als Extrakt exportierten bzw. an Farbenhersteller oder auch Färbereien vertrieben. Die Verfahrensmethoden waren hierbei äußerst unterschiedlich, glichen sich aber im Grundsatz mit der Farbstoffextraktion bei Rot- oder Blauholz. Das Extrakt selbst fand Anwendung in Farbanstrichen und Lacken (Kubalack, Morinlack, Gelbholzlack, Schüttgelb, etc.), aber auch im Kattundruck (Baumwolledruck) und der Woll- und Seidenfärberei sowie einigen anderen Bereichen, wurde jedoch in Deutschland bei weitem nicht so sehr intensiv eingesetzt wie andere gelben Farbstoffe aus Pflanzen. So verzeichnete der Hamburger Hafen im Jahr 1912 einen Import von Gelbholz-Extrakt von 1190 t. Neben dem Nutzen als Farbstofflieferant wurde das Gelbholz selbstverständlich auch als Bau- oder Schreinerholz für die unterschiedlichsten Zwecke genutzt. Dies allerdings auch hauptsächlich in den Anbaugebieten.

In der heutigen Zeit sind keine Anstrichfarben oder ähnliches aus Gelbholz auf dem deutschen Markt zu finden. Die Gelbholzfärberei ist durch die synthetische Farbherstellung komplett in den Hintergrund getreten.

6.6 Ginster

Der Färberginster (Genista tinctoria), auch als Gilbblümli, Gelbe Färberblume, Färberpfrieme oder Schöngelb bekannt, ist eine Pflanzenart aus der Familie der Hülsenfrüchtler (Fabaceae) in der Ordnung der Schmetterlingsblütenartigen (Fabales) und gehört zur Gattung der Ginster (Genista).

Genista tinctoria ist mit Ausnahme von Irland, Skandinavien, Griechenland und Teilen der iberischen Halbinsel, in ganz Europa, bis in den Ural auffindbar. In Regionen wie den Alpen (Vorarlberg, Tirol etc.) kommt er ebenso nicht vor. Die ursprüngliche Herkunft dieser Ginsterart dürfte England und Südeuropa sein. Die größte Bedeutung erlangte der Färberginster in England, wo er viele Jahrhunderte zur Textilfärberei eingesetzt wurde.

Das Kraut selbst enthält vor allem N-Methylcitisin, Spartein, Anagyrin und Cytisin (insgesamt 0,08 bis 0,14 %). Das Cytisin gehört zur Gruppe der Chinolizidin-Alkaloide. Es kommt u. a. auch im Goldregen (Laburnum) vor und ist giftig. Der Cytisingehalt ist vor allem in den Blüten und Samen vorhanden (bis zu 0,25 %). Blüten, Blätter und Zweige der Pflanze sind der Lieferant für die gelben Naturfarbstoffe Genistein und Luteolin, welche als lichtechte Beizenfarbstoffe für die Textilfärberei, aber auch für Malerfarben eingesetzt wurden. Die Bastfaser des Färberginsters kann auch für die Papierproduktion usw. genutzt werden. Im Bauwesen wurde vor allem das Schüttgelb, eine Malerfarbe, die ursprünglich mit Färberginster (später aus Wau, Reseda luteola) hergestellt wurde, bekannt. Neben den technischen Einsätzen des Farbstoffes findet der Färberginster auch Verwendung in der Medizin. Ihm wird verdauungsfördernde und entwässernde Wirkung attestiert. In der Homöopathie findet allerdings zumeist der verwandte Besenginster (Genista scoparia) Anwendung.

Allgemein ist der Färberginster als gelber Farbstofflieferant zum Färben von Textilien und zur Herstellung von Malerfarben schon seit dem römischen Reiche und auch davor bekannt. Bis zur Einführung von Quercitron und Gelbholz wurde die Pflanze auch als Farbstofflieferant in Deutschland eingesetzt, jedoch bei weitem nicht dermaßen umfangreich wie in England. Um die Mitte des 14. Jhd. wurden dort Garn und Tuch, welches mit dem Färberginster gefärbt wurde, mit Färberwaid (Isatis tinctoria) überfärbt, woraus das berühmt gewordene Kendalgrün entstand. Dieses Grün würde nach der Stadt Kendal benannt, in deren Umkreis auch große Mengen von Färberginster kultiviert wurden.

Bild **6**.6.1
Die Blüte des Genista tinctoria

Genista tinctoria wächst aufrecht oder aufsteigend und ist dabei buschig verzweigt. Die jährlich austreibenden Stängel erreichen hierbei Längen von bis zu einem Meter. Die Zweige zeigen ein sattes Grün, sind dornenlos, kahl, leicht gerieft und ca. 1 bis 3 mm dick. Die einfachen und ganzrandigen, länglich ovalen, wintergrünen Laubblätter werden bis zu 4 cm lang, bis zu 7 mm breit. Die von Mai bis August blühende Ginstergattung zeigt Blütenähren, die bis zu 6 cm lange reichblütige Trauben mit gelben Blüten vorbringen. Die Wurzel stellt sich als kräftige und bis zu einem Meter lange Pfahlwurzel dar.

Der Färberginster bevorzugt kalkarmen und auch lehmigen Boden, womit er gut auf trockenen Wiesen, Heiden und auch in lichten Kiefern- und Eichenwäldern und anderen Trockenwäldern wächst. Er wächst bis in topografische Höhen von ca. 1.800 m NN. In Deutschland kommt auch die Unterart Genista tinctoria L. subsp. littoralis (Küsten-Färber-Ginster) vor, allerdings hauptsächlich in feuchten Heiden an der Nordseeküste oder auf den Nordseeinseln. Diese Unterart erreicht eine Höhe von ca. 20 cm und ihre Hülsenfrüchte sind im Gegensatz zur Hauptart Genista tinctoria nicht unbehaart. Jedoch ist der Pflanzenbestand u. a. in Schleswig-Holstein stark gefährdet.

Die Ernte erfolgt zumeist vor der Blüte. Nach der Ernte kann man das Kraut zur späteren Aufbereitung trocknen oder auch gleich frisch zur lichtechten Gelb- oder Grünfärbung weiterverwenden. Allgemein verliert das Blattkraut beim Trocknen nur wenig Volumen, dafür jedoch seinen lebhaften Glanz und auch die grüne Farbe.

Die Art des Beizenstoffes bestimmt letztendlich das farbliche Resultat, welches gelbe, braune und grüne Farbtöne hervorbringt. Deutlich und sehr einfach kann man das beim Färben von Wolle erkennen. Durch Beizen mit Alaun (Kaliumaluminiumsulfat) wird die Wolle zitronengelb, durch Nachbehandlung mit Eisen(II)-sulfat schokoladenähnlich dunkelbraun und durch Kupfersulfat erhält sie eine olivgrüne Farbe. Anstelle des Alauns wurde in früheren Zeiten auch eine Mischung aus Urin und Pottasche verwendet, um eine gelbe Färbung zu erzielen.

Das oben angesprochene Schüttgelb als hochgelbe Malerfarbe wurde folgendermaßen hergestellt: man kochte das getrocknete oder frische Pflanzenkraut mit Kalkwasser aus und vermischte den abgekochten Sud nach dem Ausfiltrieren der Pflanzenteile mit Alaun (Kaliumaluminiumsulfat) und zerstoßener Kreide. Neben dem Schüttgelb wurde der Färberginster auch als Farbstoff für Lacke und Firnisse aufbereitet. Die krautigen Bestandteile der Pflanze wurden in einer Lauge aus Kalk und Soda so lange gekocht bis die Farbstoffe gänzlich gelöst waren. Nach dem Ausfiltrieren der Pflanzenteile wurde die nun gelbe Lauge weiter gekocht und wiederum mit Alaun (Kaliumaluminiumsulfat) gesättigt. Die gesättigte Lösung wurde in Wasser gegossen, wodurch sich der Farbstoff in Form von gelbem Pulver am Boden des Gefäßes absetzte. Nach dem Abgießen des Wassers wurde das Pulver unter Abdunklung getrocknet. Das getrocknete Pulver wurde so Firnissen und Lacken zur Färbung beigesetzt.

6.7 Goldrute

Zu Anzahl und Menge der Goldrutenarten (Solidago) gibt es äußerst unterschiedliche Angaben. Während der schweizer Botaniker Gustav Hegi („Illustrierte Flora von Mittel-Europa“) zu Beginn des 20. Jhd. noch weltweit 100 bis 200 Arten zu der Gattung der Solidago zählte, unterschied man zu Ende selbigen Jhd. z. B. in „ Mansfeld's Encyclopedia of Agricultural and Horticultural Crops“ nur noch nachfolgende drei Arten als Vertreter der Gattung Solidago:

- Solidago virgaurea
- Solidago japonica Kitam
- Solidago leavenwirthii Torr

Unter den Färberpflanzen sind jedoch besonders die Echte Goldrute (Solidago virgaurea) und die offizielle Art Solidago canadensis, besser bekannt als Kanadische Goldrute, von Interesse.

Die Echte Goldrute (Solidago virgaurea), auch als Gewöhnliche oder Gemeine Goldrute oder Wundkraut bekannt, und die Kanadische Goldrute, auch als Kanadisches Wundkraut bekannt, sind Pflanzenarten der Familie der Korbblütler (Asteraceae) aus der Ordnung der Asternartigen (Asterales).

Diese Korbblütler sind in ganz Europa (vor allem Mitteleuropa bis in Höhen von ca. 1.500 m NN) und Teilen Asiens, Nordamerikas und Nordafrikas verbreitet. Der Ursprung beider Goldrutenarten liegt jedoch in Nordamerika.

Als Heil- und Färberpflanze sind diverse Goldrutenarten schon seit einigen Jahrhunderten bekannt. So wurde die „*Goldruthe*“ schon im Mittelalter als Wundkraut beschrieben und zur goldgelben Färbung von Textilien wie Schaf- oder Baumwolle, aber ebenso als Wandanstrich und Lasur in der Tafelmalerei, durch das damit hergestellte Schüttgelb genutzt.

Auch in heutiger Zeit werden die Inhaltsstoffe (wie z. B. Saponin, Gerbstoff, ätherische Öle) der Pflanze noch aktiv als Heilpflanze oder in Medikamenten etc. genutzt. So findet man manche Goldrutenarten z. B. in Tees o. Ä., die bei div. Blasen- und Nierenleiden helfen können aber auch in Medikamenten zur Wundheilung oder gegen Rheuma und Gicht.

An die Bodenbeschaffenheit stellen beide genannten Goldruten, die Kanadische und die Echte Goldrute, kaum Ansprüche. Die Echte Goldrute (Solidago virgaurea) bevorzugt trockene und nährstoffärmere Standorte, wie z. B. Weg-, Wald- oder Gebüschränder. Die Kanadische Goldrute (Solidago canadensis) bevorzugt tiefgründige, feuchte Böden mit durchschnittlichem Nährstoffgehalt. Sie ist oft an Bahndämmen, Ufern und Auwäldern anzutreffen.

Echte Goldrute

Die ausdauernde krautige Solidago virgaurea ist verwandt mit der in Blumengärten oft zu sehenden und bekannteren Riesen-Goldrute (Solidago gigantea), trägt jedoch deutlich lockerere und größere Blütenstände und wächst mit durchschnittlich 40 cm Wuchshöhe (zwischen 10 cm und max. 1 m) nicht ganz so hoch. Die Pflanze ist bis auf den oberen Bereich unverzweigt. Im unteren Bereich des Pflanzenstängels trägt die Echte Goldrute gestielte, eiförmig und wechselständig angeordnete Laubblätter, welche sich im oberen Bereich kleiner, schmäler und lanzettlich geformt, sitzend an dem Stängel zeigen. Die Blattränder sind zumeist gezahnt, selten ganzrandig. Die gelben Blütenstände tragen 6 bis 12 mm lange Zungenblüten. Dabei sind die Blütenkörbchen 6 bis 10 mm lang und ca. 10 bis 15 mm breit. Die Blüten an sich stehen in endständigen, schwach verzweigten und rispigen (traubigen) Blütenständen zusammen. Die Bestäubung erfolgt aufgrund der relativ schweren Pollen, hauptsächlich durch Insekten.

Das schwer erhältliche Samengut der Echten Goldrute wird durch Sammelgut aus Wildherkünften gewonnen. Das Saatgut wird mit einer Menge von ca. 10 bis 15 g/m^2 in Saatschalen ausgestreut und 4 bis 6 Wochen vorgezogen. Nach der Vorzucht werden die Jungpflanzen pikiert und ab ca. März in Reihenabständen zu 50 cm und Pflanzabständen von ca. 30 cm, ins Freiland verpflanzt. Theoretisch kann man mit 100 Gramm Saatgut 67 000 Pflanzen züchten. Bei dreijähriger

Nutzung können auch kleinere bzw. engere Pflanzabstände gewählt werden. Dies ist aufgrund der Jungpflanzenzucht zwar aufwendiger, aber i. d. R. auch ertragreicher. Die Ernte erfolgt bis spätestens zum Blühbeginn, am besten direkt zum Blühbeginn ab ca. Juli bis August. Der höchste Drogenertrag wird zwar zum Zeitpunkt der Vollblüte erreicht, aber zu diesem Zeitpunkt ist das Optimum des Wirkstoffgehalts bereits überschritten. Der Schnitt erfolgt durchschnittlich mit einer Schnitthöhe von 30 cm. Das Erntegut muss hiernach umgehend bei (optimalst) 40° C getrocknet werden. Wobei die Regel gilt, desto früher geschnitten wird, desto schonender muss die Trocknung erfolgen. Temperaturen ab 50 °C können den Wirkstoffgehalt des Rohstoffes und somit den weiteren Nutzen beeinträchtigen. Bei einer Warmlufttrocknung sollten daher 40 °C nicht überschritten werden. Die Kaltlufttrocknung gilt als das schonendste aller Verfahren. Das getrocknete Gut wird im nächsten Schritt oft zerkleinert und an die Weiterverarbeitung übergeben. Identisch wie z. B. beim Krapp oder Wau könnte u. a. die Gewinnung- und Weiterverarbeitung des Farbstoffes für die Herstellung von Farben, Lacken, Lasuren und vielem mehr folgen. Die Trockenmasseerträge liegen bei ca. 4 bis 6 dt/ha (Frischmasse ca. 15 bis 25 dt/ha) im ersten Jahr. Im zweiten Jahr können die Ernteerträge bis zu 100 dt/ha Trockenmasse erreichen (bis zu 300 dt/ha Frischmasse).

Kanadische Goldrute

Auch die Kanadische Goldrute (Solidago canadensis) ist ein ausdauernder und krautiger Korbblütler allerdings wächst sie mit 0,5 bis 2,0 m deutlich höher als die Echte Goldrute (Solidago virgaurea). Auch die Blütenstände unterscheiden beide Sorten. Die Kanadische Goldrute trägt gelbe, in Relation zur Echten Goldrute sehr kleine gelbe Einzelblüten, die sehr dicht in mehr oder weniger hängende Rispen angeordnet sind.

Die Aussaat ist auf Grund des niedrigen Tausendkorngewichts nicht direkt mit gewöhnlichen Drillmaschinen möglich. Zunächst erfolgt auch hier mittels einer Saatschalen-Aussaat (Saatgutbedarf: ca. 20 g/m^2) zwischen Ende Februar bis Anfang März eine Anzucht von Jungpflanzen. Die in geschütztem Bereich (z. B. Gewächshaus) angezogenen Jungpflanzen werden ab ca. Mitte April in Reihenpflanzung zu Reihenabständen von 20 bis 30 cm und einer Pflanzdichte von ca. 10 bis 15 Pflanzen/m^2, ins Freiland verpflanzt. Dieser Art der Anzucht wird eine Nutzungsdauer von ca. 10 Jahren zugesagt. Die Ernte erfolgt auch hier am besten zum Beginn der Blütezeit mit tief schneidenden Mähbalken. Identisch der Echten Goldrute und dessen Trocknungsverfahren, muss das Erntegut nach der Ernte ebenso schnellstmöglich getrocknet werden. Hiernach wird es zerkleinert und zur entsprechenden Weiterverarbeitung übergeben. Ab dem zweiten Erntejahr liegen die Trockenmassenerträge bei durchschnittlich ca. 100 bis 200 dt/ha.

Die wichtigsten Inhaltsstoffe der Echten Goldrute (Solidago virgaurea) sind z. B. Phenolglycoside, besonders Leiocarposid und Virgaureosid A, welche auch nur in Solidago virgaurea vorkommen und somit auch zu deren Identifizierung dienen. Das beinhaltete ätherische Öl (ca. 0,4 bis 0,5 %) enthält u. a. das Sesquiterpen γ-Cadinen. Für die Farbstoffindustrie, z. B. als Quercitronfarbe, ist vor allem das in Echter und Kanadischer Goldrute beinhaltete Quercitrin ($C_{21}H2_0O_{12}$), ein Glykosid aus dem Flavonoid Quercetin ($C_{15}H_{10}O_7$) interessant.

Für die Farbstoffgewinnung kann im Grunde das gesamte oberirdische Kraut genutzt werden, wobei in der Praxis oft auch nur Stängel und Blätter hierzu Verwendung finden, da die Blüten auch in anderen Bereichen wie z. B. zur Herstellung von Tee, Heilmitteln und Medikamenten etc. eingesetzt werden. Der herstellbare Beizenfarbstoff kann zur Färbung von goldgelben bis braunroten Farben genutzt werden, je nach Art des Beizenmediums. Die gewonnene Färbung auf Textilien wie Baum- oder Schafwolle, gilt als gut wasch- und lichtecht. Die Aufbereitung und Nutzung als Farbstoff für diverse Farbanstriche, Lacke, Firnisse usw. erfolgt identisch mit der des Wau (Reseda luteola) oder des Krapps (Rubia tinctorum) und anderen Beizenfarbstoff liefernden Färberpflanzen.

Ein im Jahr 1794 festgehaltenes Rezept zur Herstellung von Schüttgelb lautete z. B.:

„Wenn man 1 Pfund dieser Pflanze (hier das „Canadische Wundkraut“ also die Kanadische Goldrute angesprochen) und ein Loth Kalk in 3 kannen Wasser kochet und dazu etwas im Wasser aufgelöstes Alaun mischet, da sich dann sogleich aus dieser Färbenbrühe eine gelbe Farbe niederschlägt, die, mit ein wenig Kreide vermengt, Schüttgelb wird. Soll dieses ins Orange fallen, so lässt man den Kalk weg und nimmt statt dessen 1/2 Loth Potasche gegen 1 Pfund Kraut. “

Zur Gegenwart ist bis auf kleinere Anbauflächen, die zur Forschung dienen, kein landwirtschaftlicher Anbau in Deutschland bekannt. Ebenso negativ, das Ergebnis im Farbenhandel. Es gibt derzeit offensichtlich keine Produkte im Bauwesen, die die Goldrute als Farbrohstoff-Lieferant einsetzen.

6.8 Indigo

Die Gattung der Indigopflanzen (Indigofera-Arten) ist als drittgrößte Pflanzengattung der Familie der Hülsenfrüchtler (Fabaceae) mit etwa 700 bekannten Arten vertreten und gehört zur Unterfamilie der Schmetterlingsblütler (Faboideae). Nicht alle, aber doch einige, gelten als Farbstofflieferant des nach wie vor genutzten blauen Farbstoffes Indigo, der u. a. auch im Färberwaid (Isatis tinctoria) und einigen anderen Pflanzen vorkommt. Als Indigolieferant sind vor allem die Indigosträucher Indigofera tinctoria und Indigofera argentea zu nennen.

Der Ursprung des Indigostrauchs wird in der Region in und um Indien bis nach Ostasien vermutet; die Pflanze ist aber mittlerweile neben Indien und China auch im tropischen Afrika beheimatet.

Allgemein gilt die Indigopflanze wohl als die älteste Färberpflanze die auf der Erde wächst. Die ältesten Gewänder auf welchen der Farbstoff Indigo nachgewiesen wurde, stammen aus der Gegend um Theben am Nil und wurden auf die Zeit um 3.000 v.Chr. datiert. Der zu Lebzeiten eher unbekannte römische Architekt und Ingenieur Vitruv (Marcus Vitruvius Pollio) erwähnte den Farbstoff der Indigopflanze um 13 v. Chr. in seinem Werk „De architectura libri decem“ (Zehn Bücher über Architektur), der wohl bekannteste Architekturband, der je von Menschenhand geschaffen wurde. Der Farbstoff des Indigostrauches genoss nicht nur in Ägypten, in China und im Orient großes Ansehen. Schon in der präkolumbianischen Zeit wurde der Farbstoff zur Färbung von Textilen von den Ureinwohnern der neuen Welt genutzt. Die Indigopflanze weist in der Farbstoffproduktion wohl den dramatischten Auf- und Niedergang eines Naturfarbstoffes auf. Doch weder Napoleon Bonaparte, der den Indigoimport durch eine Kontinentalsperre (1806 bis 1813) stoppen wollte, noch die Indigounruhen der Bauernbewegung gegen die ausbeuterischen Methoden von europäischen Pflanzern während der britischen Kolonialherrschaft in Bangladesch von 1859 bis 1862, u.v.m. schafften es, den Naturindigo endgültig zu verdrängen. Im Grunde war für das Verschwinden des Naturindigos hauptsächlich der künstlich gewonnene Indigo verantwortlich.

Die Einfuhr des Indigofarbstoffes nach Europa erfolgte ungefähr ab dem Ende des 15. Jhd. nach dem Entdecken des Seeweges nach Indien durch den portugiesischen Seefahrer Vasco da Gama um 1497/98. Der Farbstoff war schon länger bekannt, aber aufgrund seiner Kostbarkeit, vor allem wegen der bis dahin umständlichen Transportwege, in Europa nur wenig in Gebrauch. Der Durchbruch auf dem deutschen Markt gelang im Laufe des 16. Jhd., wo er den heimischen Färberwaid (Isatis tinctoria), der einen geringeren Farbstoffgehalt hat und trotz regionaler Verfügbarkeit teurer war, nach und nach stark zurück drängte. Der Indigoimport nach Europa wird vor allem von der Ostindischen Handelsgesellschaft der Holländer ab dem Jahr 1602 angetrieben, die große Mengen des indischen Farbstoffes nach Europa brachten. Im 17. und zu Beginn des 18. Jhd. wurden unter anderem in den USA und auf den Antillen diverse Kultivierungsversuche unternommen, wobei vor allem aus dem Bundesstaat South Carolina, wo die Pflanze 1739 eingeführt wurde, Erfolge zu verbuchen waren. Das Indigo aus South Carolina wurde u. a. in bedeutenden Mengen nach England geliefert. Man liest u. a., dass fast der ganze europäische Bedarf aus den USA gekommen ist. Ein kurzer Erfolg, denn schon nach dem amerikanischen Bürgerkrieg (1775 bis 1783) verdrängte zunächst der Reisanbau, und gleich darauf der Baumwolleanbau, den Indigoanbau in den USA. Ab dem 19. Jhd. wurde dann auch Indien wieder zum Welt-Hauptlieferant des Indigos. Die dortige Indigoproduktion erreichte 1869/97 einen Maximum-Export von 9.500 t extrahierten Indigo, welches in Würfelform gepresst nach Europa geliefert wurde. Zu jener Zeit wurden ca. 700.000 ha Indigofera in Indien kultiviert.

Seit der deutsche Chemiker Adolf von Baeyer im Jahre 1878 einen Weg zur synthetischen Herstellung des Indigos gefunden hat, der deutsche Chemiker Karl Heumann 1890 eine Indigosynthese aus Anilin fand und 1897 die industrielle Herstellung von synthetischem Indigo in großem Stil begann, verschwand der Naturfarbstoff aus dem Indigostrauch immer mehr.

1904 wurde gerade noch 4 % des Welt-Indigoverbrauchs aus den Pflanze gewonnen, alles andere wurde synthetisch hergestellt. In der heutigen Zeit werden Indigopflanzen nur noch in sehr kleinem Umfang zur Farbstoffgewinnung kultiviert, so z. B. in Indien, Teilen Afrikas, Amerika oder auch auf Java. Auf der indonesischen Insel Java gab es bereits 1897 46 miteinander verbundene Indigounternehmen. Allgemein wurde und wird der Indigostrauch aber nicht nur als Farbstoff-Lieferant für die Textilfärbung und Anstrichfarbenproduktion kultiviert. Die diversen Indigoarten werden mitunter als Gründung und Bodendecker im Tee-, Kaffee- und Kautschukanbau gepflanzt. Die Arten Indigofera tinctoria und Indigofera arrecta werden zudem in der traditionellen Medizin Südostasiens zur Behandlung von nervösen Störungen, Epilepsie und div. Entzündungen eingesetzt.

Der Anbau der Indigopflanzen erfolgt entweder durch direkte Aussaat auf dem Feld oder durch die Vorzucht und das spätere Aussetzen von Jungpflanzen. Der Pflanzabstand beträgt ca. 30 cm. Die Saat beginnt allgemein und südlich des Äquators ab ca. August, also zum Frühlingsanfang in diesen Ländern. Man kann auch im deutschen Pflanzenhandel Jungpflanzen oder Samen der Indigofera tinctoria beziehen. Allerdings hat die Pflanze eine relativ lange Vegetationsperiode, daher ist eine Indoor-Vorzucht immer anzuraten. Beim Auspflanzen sollte man auf einen sonnigen Standort achten, denn die Pflanzen vertragen keinen Vollschatten. Der 1 bis ca. 1,5 m hoch wachsende Strauch selbst trägt unpaarig gefiederte, grüne Blätter, ähnlich dem Blauholzbaum (Haematoxylum campechianum), mit leichter Herzform und zur Blüte rote oder rosarote bis selten weiß oder gelb gefärbte Schmetterlingsblüten in Trauben an den Zweigspitzen. Die zwittrigen Blüten sind zygomorph und fünfzählig mit doppelter Blütenhülle (Perianth), wobei die Kelchblätter glocken- oder becherförmig verwachsen sind. Die Hülsenfrüchte enthalten 3 bis 4 Samen. Die Frucht stellt sich bleistift- oder kugelförmig dar. Die Stängel und Blätter der Pflanze sind leicht behaart.

Gewöhnlich wird die erste Ernte, bzw. der erste Schnitt, ca. 4 bis 5 Monate nach der Saat, also ungefähr zur Blütezeit im November, eingebracht. Der zweite Schnitt wird 3 bis 4 Monate später, im Zeitraum Januar getätigt. Je nach Indigoart und Klima sind bis zu drei, in seltenen Fällen 4 Ernten pro Jahr möglich (es gibt ein- und mehrjährige Pflanzen), wobei die Pflanzen selbst ein bis drei Jahre genutzt werden, bevor neu angesät wird. Die ggf. dritte Ernte erfolgt in aller Regel ab März. Der Ernteertrag liegt, je nach genutzter Indigopflanzenart, Kultivierungsbegebenheiten und Anbaumethode z. B. beim Indigofera argentea zwischen 22 und 100 t frische Blattmasse pro Hektar und Jahr und bei der Indigofera tinctoria bei ca. 10 bis 13 t frischer Blattmasse pro Hektar.

Wie angedeutet, liegt der primäre Nutzen der Indigofera in der Gewinnung des blauen Indigofarbstoffes, mit welchem tief blaue bis hin zu violetten, oder je nach Farbträger und Zugaben auch dunkelbraune bis schwarze, oder auch gelbliche Farbtöne mit Grünstich erzeugt werden können. So fand man neben dem Indigoblau auch Indigorot und Indigobraun.

Die damalige Handelsware bestand nicht nur aus reinem Indigo, oftmals wurden Zugaben beigemischt, um die Qualität des Indigos zu verbessern oder einfach nur um günstigere Produkte oder auch weitere Farben anbieten zu können. So wurde Ware mit 70 bis 90 % Indigogehalt, welche mit 40 bis 50 % und auch minderqualitative Sorten angeboten, die gerade mal bei ca. 20 % Indigogehalt lagen. Im Handel konnte man somit Sorten, wie z. B. Superfeinblau, Feinblau, Blauviolett, Purpurviolett und viele weitere Farben finden. Gute Sorten erkannte oder erkennt man vor allem an der Struktur der getrockneten, extrahierten Ware. Die besseren Qualitäten sind dicht, dabei spezifisch leicht und nicht hart. Sie zeigen keine körnige Struktur, sondern eine fein teigähnliche Beschaffenheit. Beim Verbrennen entwickeln die guten Sorten einen purpurfarbenen Dampf und die Asche ist nicht grau sondern rostfarben. Nicht wirklich zuverlässig, aber ausreichend für einen Schnelltest kann auch eine Ritzprobe am getrockneten Indigo vorgenommen werden. Ist die Ware ok, so verfärbt sich die Ritzstelle in kurzer Zeit kupferfarben (Kupferglanz).

Wie bei allen anderen Indigo liefernden Pflanzen ist auch das Indigo aus den Indigosträuchern als Küpenfarbstoff zu betrachten. Zur Gewinnung des Indigos werden vor allem die Blätter der Pflanze genutzt, wobei es auch geringe Farbvorstufen im restlichen Kraut gibt. Die Blätter enthalten bis zu 0,8 % der Farbvorstufe Indikan. Um die Glucose vom Indikan abzuspalten, werden in einfachster Methode, die frisch geernteten Blätter zunächst gewässert. Während dieser Hydrolyse sorgen die natürlich vorhandenen Enzyme dafür, dass sich das Indikan durch Fermentation zu gelbem Indoxyl abbaut. Der Fermentationsvorgang selbst, ist deutlich am Geruch zu erkennen. Im nächsten Schritt oxidiert durch den Luftsauerstoff das Gärungsprodukt, wobei das Indigo blaufarben ausflockt. Diese Ausfällung wurde in früheren Zeiten oft noch mit einer starken Base (z. B. Natronlauge) alkalisiert. Die ursprüngliche Aufbereitung erfolgte jedoch zunächst durch ein Abtropfenlassen der Ausflockung in Textilsäckchen und dem am Folgetag durchgeführten Pressen. Diese gepressten Indigokuchen wurden entweder direkt oder gemahlen als Pulver in den Handel gebracht.

Die industrielle synthetische Herstellung von großen Mengen Kunstindigo erfolgte, wie bereits geschildert, zunächst über die Badische Anilin- und Sodafabrik in Ludwigshafen am Rhein (besser bekannt als BASF). Das künstliche Indigo wurde mit Anthranilsäure (o-Aminobenzoesäure, $C_7H_7NO_2$) und Monochloressigsäure (Chloressigsäure, $C_2H_3ClO_2$) erzeugt, welche durch eine Schmelze mit Natriumhydroxid (auch Ätznatron, oder kaustisches Soda genannt, NaOH) in Indoxyl (C_8H_7NO) überführt wurde. Das Indoxyl wurde dann auch hier einer Oxydation unterzogen, damit das Indigo gewonnen werden konnte. Das Farbenwerk Meister Lucius & Brüning, heute als Hoechst AG bekannt, verwendete Anilin als Ausgangsprodukt für die Indigosynthese, die nach Heumanns Entdeckung und Patentierung während seiner Zeit als Professor an der ETH Zürich, auch als Heumannsche Synthese betitelt wurde. Wobei Heumann selbst sein Verfahren verbesserte, indem er eine zweite, von Naphthalin (Naphthalen, $C_{10}H_8$) ausgehende Synthesefolge entwickelte. Hier war das Endprodukt die N-Phenylglycin-o-carbonsäure, die in der Alkalischmelze wesentlich größere Ausbeuten (bis 90 %) an Indigo lieferte. Ab dem Jahr 1924 basierte die Indigosynthese hauptsächlich auf Phenylglycinnitril, das aus Anilin, Formaldehyd und Cyanwasserstoff hergestellt wurde. Neben den genannten Verfahren sind noch viele weitere Versuche angegangen worden, wobei viele Verfahren an der Farbstoffausbeute scheiterten.

Der damals umfangreich genutzte Naturfarbstoff zur Textilfärbung und der Herstellung von Anstrichfarben, Lacken und ähnlichem, ist in der heutigen Zeit fast gänzlich verschwunden. Man findet weltweit nur noch sehr wenige Produkte, für die das Indigo aus dem Indigostrauch verwendet wird. Im deutschen Bauwesen gibt es aktuell eine Wandlasur in der das Indigo aus dem Indigostrauch vorhanden ist.

6.9 Kamille

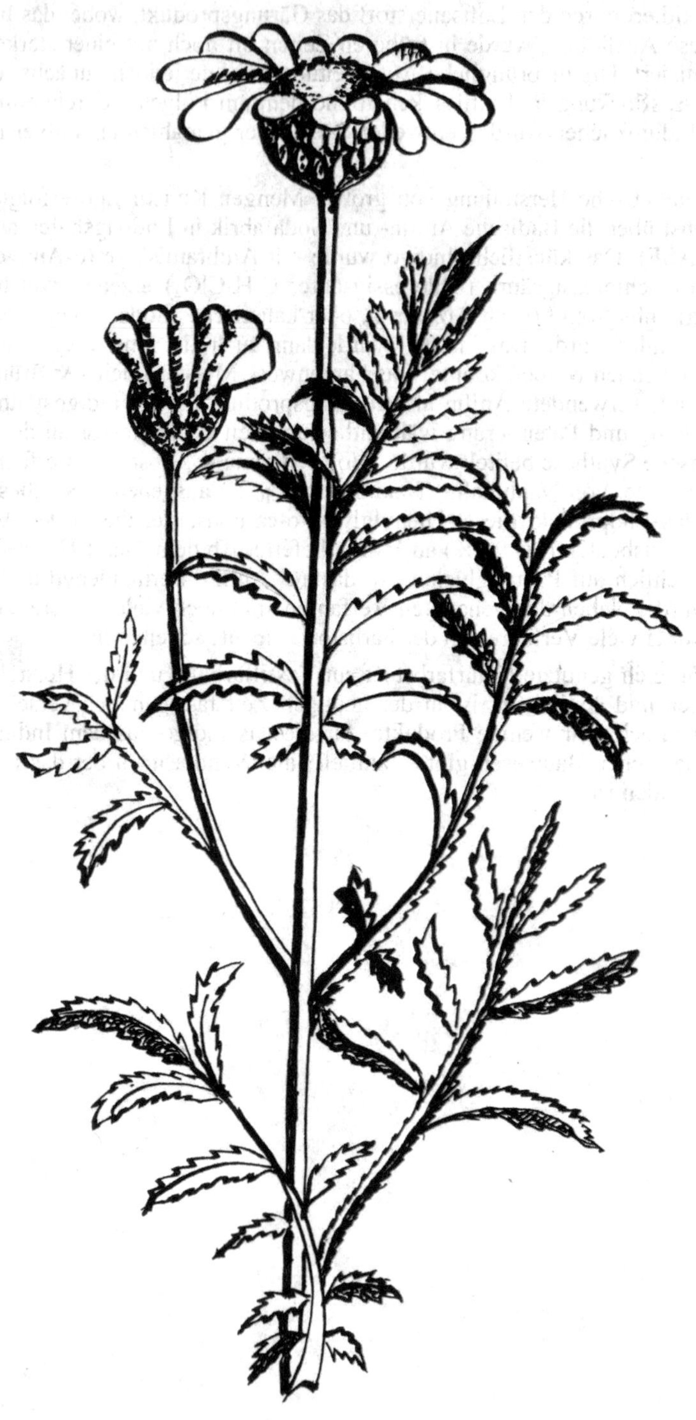

Färberkamille (Anthemis tinctoria), auch als Gilbblume, Streichblume, Johannisblume, Färberchamille, Hundskamille oder Färber-Hundskamille bekannt, gehört zur Familie der Korbblütler (Asteraceae) und als diese zur Ordnung der Asternartigen (Asterales).

Anthemis tinctoria ist in Süd- und Mitteleuropa bis nach Westasien beheimatet. Auch in Nordamerika sowie einigen anderen Ländern wurde sie eingebürgert, wodurch auch hier verwilderte Bestände vorkommen können.

Die Färberkamille ist eine sehr alte Färberpflanze. Ihre Blütenköpfe werden schon seit vielen Jahrhunderten als Farbenrohstoff verwendet. Die hauptsächlich in den Blütenköpfen beinhalteten Pflanzenfarbstoffe (Flavone), das gelb färbende Luteolin ($C_{15}H_{10}O_6$) und das hellgelb färbende Apigenin ($C_{15}H_{10}O_5$), ergeben einen warmen Gelbton.

1794 beschreibt Böhmers „Technische Geschichte der Pflanzen“ mit folgenden Worten die Färbung von Wolle: „Die getrockneten Blumen werden in dieser Absicht in eben der Beize gekocht, worinnen der zu färbende wollene Zeug oder Garn ist gebeizet worden. Wenn man Nesselwurzel und etwas Alaun mit dieser Pflanze kochet, so erhält man die schönste gelbe Farbe.“ Er gibt jedoch auch an, dass die Färbung nicht dauerhaft sei.

Die zweijährige Färberkamille wächst, je nach vorhandenen Verhältnissen, bis zu 1 m hoch und stellt dabei keine besonderen Ansprüche an das Klima. Bei niederschlagsreichem Klima neigt die Pflanze zu einem üppigen Blattwachstum, was sich negativ auf die Blütenbildung auswirken kann. Sie bevorzugt es allgemein sonnig. An ihren filzig behaarten Stängeln sitzen graugrüne, fein gefiederte Blätter, welche an der Blattoberseite kahl und an der Blattunterseite behaart sind. Von Juni bis September blüht die Färberhundskamille mit bis zu 4 cm breiten Blütenköpfchen aus Scheiben- und Zungenblüten goldgelb. Die Färberkamille besitzt einen verholzten Wurzelstock und ist gegenwärtig auch häufig in privaten Gärten als Zierpflanze zu finden, somit auch häufig im Pflanzenhandel als Saat- und/oder Pflanzengut erwerbbar.

Anthemis tinctoria gedeiht auf leichten und schweren Böden, mit saurer oder alkalischer Bodenreaktion und ist somit äußerst tolerant gegenüber der Bodenbeschaffenheit. Man findet sie verwildert auch an Wegrändern, Dämmen, verbuschten Flächen und Steppenhängen oder auch auf Ödland und in Weinbergen. Mäßig feuchte Standorte sind für den landwirtschaftlichen Anbau am besten geeignet.

Die Aussaat erfolgt allgemein mit üblicher Drilltechnik, entweder im frühen Frühjahr oder im Herbst zwischen August und September. Allgemein wird eine Saatstärke, bei einem Tausendkorngewicht von 1 Gramm, mit 2 bis 3 kg/ha und einer Saattiefe von 1 bis 2 cm empfohlen. Die Aussaat erfolgt in Reihensaat zu Reihenabständen von mind. 30 cm. Die durchschnittliche Keimfähigkeit liegt hierbei bei ca. 50 % und die Keimdauer selbst liegt bei ca. 2 bis 3 Wochen. Wird der Anbau im Rahmen einer Fruchtfolge (z. B. mit Gerste, Winterweizen oder Kartoffeln etc.) vollzogen, so sind die Nährstoffentzüge in aller Regel ausgeglichen. Es treten selten Krankheiten und Schädlinge auf und auch an die Unkrautbekämpfung stellt die Färberhundskamille relativ wenig Ansprüche.

Die Ernte der Blüten als Farbrohstoff, erfolgt noch oft durch ein mehrmaliges, händisches Blütenpflücken, wobei es auch maschinelle Möglichkeiten mit sogenannter Kamillenpflücktechnik auf dem Markt gibt. Diese Maschinen haben Tagesleistungen von 3 bis 4 ha. Bei maschineller Ernte ist darauf zu achten, dass möglichst wenig Stängel- und Blattwerk etc. im Erntegut ist. Als Farbrohstoff dient der Blütenkorb, je mehr Fremdanteile, desto geringer die Qualität.

Die frisch geernteten Blüten sollten sofort bei ca. 30 bis 40 °C getrocknet werden. Längere Lagerzeiten bzw. ungeeignete Lufttrocknung können zu gravierenden Qualitätseinbußen führen.

Die Erträge sind abhängig von der Ernteart. Bei einer Handernte wird hierbei von durchschnittlich 20 bis max. 25 dt/ha luftgetrocknete Blüten pro Jahr berichtet. Hingegen spricht man bei der maschinellen Ernte der Herbstaussaat von Trockenmassen mit durchschnittlich 12 bis 15 dt/ha und bei der Frühjahrsaussaat von durchschnittlich 10 bis 12 dt/ha. Auf Basis der maschinellen

Ernte erhält man somit einen theoretischen Farbstoffgehalt von ca. 4 bis 6 % der Trockenmasse zum Zeitpunkt der Vollblüte. Aus praktischer Sicht würde ein Gesamt-Farbstoffgehalt von ca. 50 bis 60 kg/ha wohl einen guten Durchschnittswerts darstellen.

Die Samenernte kann mit einem Mähdrescher erfolgen. Hierbei liegt der Samenertrag bei durchschnittlich 5 dt/ha, unter Bestbedingungen bei bis zu 10 dt/ha.

Der Farbstoffgehalt der Flavonoiden ist in den gesamten Blüten wie auch den Blättern nachweisbar, wobei der Hauptbestandteil in den Blütenkörben zu finden ist. Mit den reinen Blütenkörben erhält man ein kräftiges Gelb auf vielen Textilien wie z. B. Wolle oder Leinen. Allerdings sind Wasch- und Lichtechtheit nur bei Zellulosefasern, ergo Fasern pflanzlicher Herkunft (Hanf, Flachs, Baumwolle, etc.), großteils äußerst hoch einzustufen. Bei Textilien aus tierischen Fasern, wie z. B. Schafwolle, ist die Wasch- und Lichtechtheit eher schwach. Als Beizenfarbstoff können die Farbtöne mit der Art der Beizenmittel eingestellt werden.

Zum Beizen, als nötige Vorbehandlung von z. B. Textilien (z. B. aus Baumwolle etc.), löst man ca. 15 bis 20 g Alaun pro 100 g Stoff in warmen Wasser und legt die Textile hinein. Die Wassermenge sollte die Textile ordentlich abdecken, damit selbige bei nachfolgendem ca. 1-stündigen schwachen Kochen, mit gelegentlichem Umrühren, nicht aus der Flüssigkeit ragt. Nach dem Kochen wird empfohlen, das Textil in der Flüssigkeit abkühlen zu lassen. Ist es ausgekühlt, so muss man das Gewebe o. Ä. gut ausspülen und kann dann mit dem eigentlichen Färbevorgang beginnen. Hierbei wird das Textil ca. eine Stunde mit dem Blütenmaterial zusammen gekocht. Um das spätere Reinigen der Textilien zu erleichtern, kann man das Pflanzengut auch in Teebeutel o. Ä. ins Wasser legen.

Die beste Methode scheint, Textil und Pflanzengut in *kaltes* Wasser zu legen, es dann erst zum Kochen zu bringen und für mind. eine Stunde unter fortlaufendem Rühren leicht köcheln zu lassen. Auch nach diesem Kochvorgang lässt man das Textil mit dem Pflanzengut im Wasser zusammen abkühlen, bevor es gründlich gespült, getrocknet und genutzt werden kann.

Je nach Art der Faser oder des Trägerstoffes kann die zur effektiven Färbung notwendige Menge an Blüten grundsätzlich stark schwanken. Bei der Färbung von Wolle geht man von einem Blüte-Wolle-Verhältnis von 1:1 aus. Die früher sehr häufig genutzten Eigenschaften der Anthemis tinctoria als Farbstoffquelle, werden jedoch heute nicht bzw. nur noch äußerst selten genutzt. Es finden sich gegenwärtig keine Baustoffe, die mit Hilfe der Färberkamille gefärbt sind.

6.10 Knöterich

Der Färberknöterich (Polygonum tinctorium) gehört zur Familie der Polygonaceae (Knöterichgewächse) und somit zur Ordnung der Nelkenartigen (Caryophyllales) innerhalb der Bedecktsamigen Pflanzen (Magnoliopsida).

Der Ursprung des Färberknöterichs liegt wahrscheinlich im chinesischen Raum. So wurde belegt, dass bereits im 4. Jhd. n. Chr. der in China genannte Lan nach Japan (dort Ai genannt) importiert wurde. In Zentral- und Osteuropa kommt die Knöterichart verwildert aus den Kulturbeständen vor.

Traditionell werden noch heute u. a. Kimonos in Japan mit einer Paste aus vergorenen Knöterichblättern gefärbt. In Europa ist die Pflanze jedoch lange Zeit nicht bekannt gewesen. Hier spielte der Färberwaid (Isatis tinctoria) bis zur Entdeckung der synthetischen Farbstoffe eine wesentlichere Rolle. Dass der Färberknöterich eine konkurrierende Färberpflanze zum Waid darstellte, war somit auch lange Zeit unbekannt.

Die Pflanze beinhaltet den Küpenfarbstoff Indikan (auch Indican geschrieben). Indikan aus dem Färberknöterich ist ein Glycosid des Indoxyls und kommt natürlich in einigen als Indigopflanzen bezeichneten Pflanzen vor, wie z. B. auch im Färberwaid (Isatis tinctoria) oder Indigofera tinctoria (Indigostrauch). Das Indikan, welches bei diesem Knöterichgewächs ausschließlich in den Blättern vorhanden ist, ist eine farblose, wasserlösliche Verbindung, die durch Enzyme zu gelbem Indoxyl abgebaut wird. Erst durch Oxidation entsteht der blaue Farbstoff Indigo. Die Blätter enthalten ungefähr 3 bis 5 % der Farbvorstufe, was ungefähr das 10-fache des Gehalts an Indigo-Vorstufe im Waid darstellt. In den Stängeln des Färberknöterichs ist allerdings kaum ein Farbstoffgehalt vorhanden, womit auch das wichtigste Qualitätsmerkmal, neben dem Farbstoffgehalt der Blätter, genannt ist. Je weniger Stängelgehalt, desto höher die Qualität. Man kann davon ausgehen, dass beim ersten Schnitt, also der ersten von zwei möglichen Ernten im Jahr, das Blatt-Stängel-Verhältnis ungefähr bei 1:1 liegt während beim zweiten Schnitt ein Verhältnis von 1:0,5 zu erwarten ist. Aber diese Verhältnisse können auch stark variieren, je nach Erntezeitpunkt. Neben beiden genannten Qualitätskriterien spielt auch die Sauberkeit des Erntegutes eine große Rolle. An den Blättern anhaftender Schmutz findet sich i. a. R. nach der Extraktion im Indigofarbstoff wieder und muss, je nach späterem Einsatz, aufwändig herausgereinigt werden.

Der Färberknöterich gedeiht vor allem in tiefgründigen, feuchten Böden bei guter Nährstoffversorgung. Stauende Nässe oder zu sehr verdichtete Böden sind für den Anbau nicht geeignet. Da die Pflanze Wärme liebend und frostempfindlich ist, sind Anbaugebiete über 500 m NN nicht geeignet.

Die Anpflanzung kann durch direkte Aussaat auf das Feld oder durch eine Vorzucht im Gewächshaus erfolgen. Letztere Methodik kann die Wachstumszeit bis zum Erntezeitpunkt um ca. 14 Tage verkürzen. Zur Kultivierung aus Samengut sollte man speziell in spätfrostgefährdeten Regionen, einen Aussaatzeitpunkt ab Ende April bis Anfang Mai planen. Hierbei hat sich eine Saatstärke von 5 kg/ha, bei einer Saattiefe von 2 bis 3 cm und einem Reihenabstand von 20 bis 30 cm bewährt. Die Aussaat selbst wird mit der in der Landwirtschaft üblichen Drilltechnik vollzogen. Nach ca. zwei bis drei Wochen sprießen die Pflänzchen aus dem Boden und wachsen bei warmen Mai- und Juni-Temperaturen relativ schnell. Der Färberknöterich wird ungefähr 50 cm hoch und stellt sich mit knotig gegliederten Stängeln dar, an welchen schraubig dunkelgrüne, ganzrandige und lanzettförmige Blätter angeordnet sind. Die Blüte erscheint in Europa von Anfang bis Mitte August in weiß bis rosa blühenden Blütentrauben mit kleinen Einzelblüten. Aus den oberständigen Fruchtknoten geht eine einsamige Nuss hervor. Wie oben bereits erwähnt, erntet man den Färberknöterich in aller Regel mit zwei Schnitten. Der erste Schnitt sollte hierbei Ende Juli erfolgen und ca. 8 Wochen später der Zweite. Nach der Ernte sollte, damit man einen möglichst hohen Farbstoffgehalt erzielt, das Erntegut sofort, ergo in frischem Zustand, weiterverarbeitet werden. Wobei mit Verlusten auch eine schonende Trocknung bei maximal 40 °C möglich ist, um das geerntete Gut später verarbeiten zu können. Der Indigoverlust bei vorheriger Trocknung im Vergleich zur frischen Weiterverarbeitung liegt bei ca. 80 bis 90%. Man hat aber den Vorteil, dass man das getrocknete Gut besser durch eine Sieb- oder Windreinigung von den farbstoffarmen Stängeln reinigen kann. Die Frischmasseerträge liegen bei ca. 200 bis 300 dt/ha, was einem ungefähren und theoretischen Indigoertrag von 40 bis 80 kg/ha Reinindigo entspricht. Praktisch und durch die derzeit vorhandene Technologie können hiervon jedoch nur 30 bis 40 % tatsächlich gewonnen werden.

Tatsächlich gibt es in Deutschland zur Zeit keinen bekannten technischen Einsatz für Färberknöterich zur Produktion von Farben, Lacke und Firnisse. Vereinzelt findet man in verschwindend kleinem Umfang noch die Nutzung zur Färbung von Textilien.

Ein sehr einfaches und zum Eigenversuch geeignetes Verfahren zur Textilfärbung kann wie folgt beschrieben werden:

Die frisch geernteten Äste werden zunächst gewaschen. Nach dem Abtropfen streift man die Blätter von den Stängeln und zerkleinert sie mit einem handelsüblichen Küchenmesser o. Ä.. Das zerkleinerte Blattgut wird in kaltem Leitungswasser kräftig geknetet. Während diesem Vorgang wird dem Wasser haushaltsüblicher, farbloser Essig hinzugegeben, womit die Farbvorstufe besser gelöst werden kann. Nach einem Absieben und Ausdrücken und dem erneuten Rückführen und Kneten des Blattgutes im vorhandenen Sud, verändert sich die Flüssigkeit farblich von leuchtendem Grün bis ins Dunkelgrüne fast Braune. In dieser dunklen Flüssigkeit badet man das zu färbende Textil wie z. B. Seide. Während des Bades verfärbt sich der Stoff zunächst grün. Ist dies geschehen, so nimmt man den Stoff aus dem Färberbad und trocknet ihn möglichst schnell an der Luft (z. B. mit Hilfe eines Wäscheständers). Durch den Sauerstoff oxidiert der Farbstoff und das Textil nimmt ein hellblaue Farbe an. Dieser Färbevorgang kann zur Erreichung einer größeren Farbtiefe und besseren Lichtechtheit mehrmals wiederholt werden.

6.11 Krapp

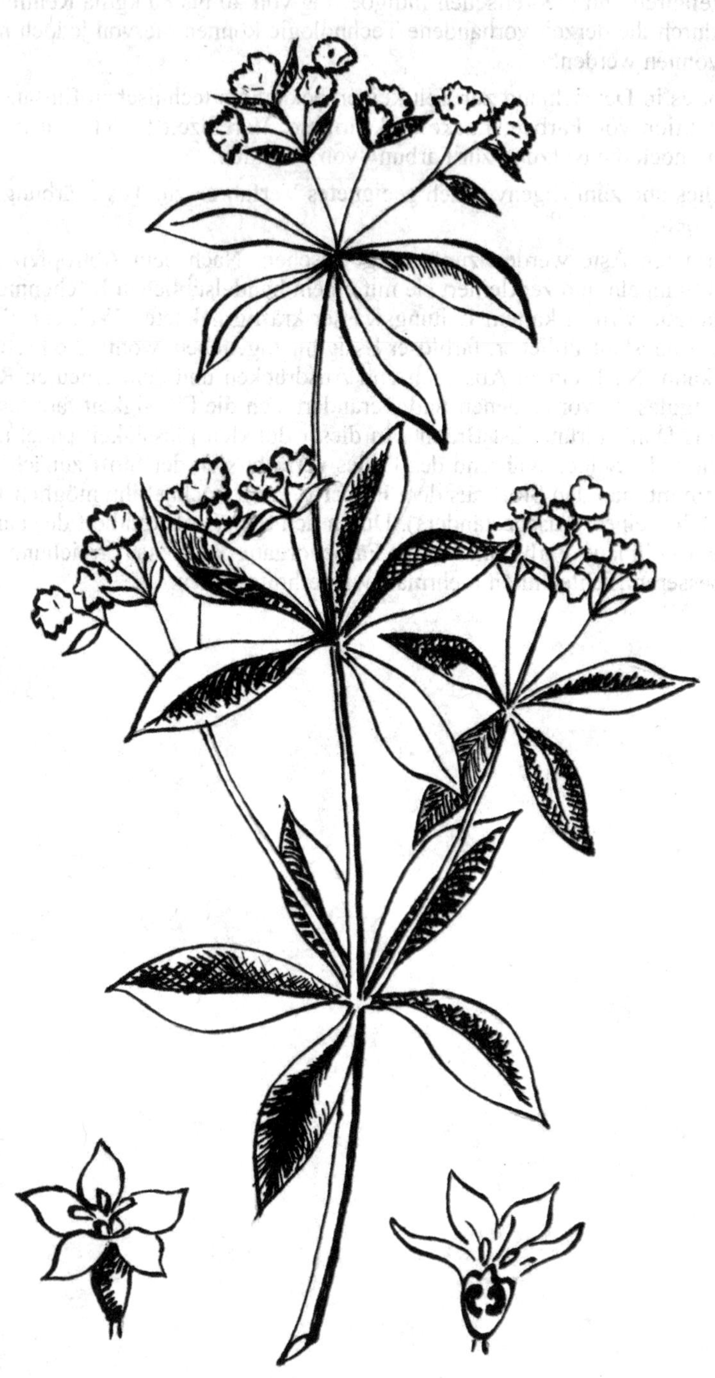

Krapp (Rubia tinctorum), der auch als Färberkrapp oder Echte Färberröte betitelt wird, war bis zur Entdeckung des synthetischen Farbstoffes Alizarin (1871) eine der wichtigsten Kultur- und Farbstoffpflanzen in Europa. In der heutigen Zeit ist die Färberpflanze fast komplett verschwunden. Schon in der Fachliteratur ab ca. 1920 kaum mehr erwähnt, füllte der Färberkrapp wenige Jahrzehnte zuvor noch ganze Bücher. Der Färberkrapp gehört, wie der heimische Waldmeister, der Kaffeebaum oder das Labkraut, zur Pflanzenfamilie der Rötegewächse (Rubiaceae), wobei der lateinische Wortteil „Rubia" bei Krapp von den Römern stammt, da die Wurzeln des Krapps den roten Farbstoff Alizarin enthalten.

Als sommergrüne Pflanze wächst der Krapp bis zu einer Höhe von einem Meter und seine ca. 10 cm langen Blätter tragen auf der Unterseite und an den Rändern kleine Stacheln. In den Sommermonaten entfalten sich die sternförmigen, gelben Blüten. Die Krapppflanze gilt als rosettenloser Hemikryptophyt.

Bild **6.**11.1 Der Färberkrapp

Der Anbau des Krapps ist mit Blick auf die Bodenbeschaffenheit und das Klima an sich recht anspruchslos. 1794 wurde im Werk „Technische Geschichte der Pflanzen" folgendes hierzu festgehalten: „Ein schwärzliches, lockeres, mit etwas Sande vermischtes und sonst fruchtbares Erdreich wird für das schicklichste gehalten, dahingegen thonichter und fetticher Boden dazu nicht taugt. Ein Acker, worauf Mohrrüben gut gedeihen, wird sicher auch zur Färberröthe schicklich sein." In neuem Deutsch, ein stark ton- und/oder lehmhaltiger Boden ist eher nicht geeignet, normale Ackerböden, die auch dem Gemüse- und Getreideanbau dienen, hingegen schon. Die Krapppflanze verbreitet sich auf natürlichem Wege hauptsächlich durch Samenbildung. Da es aber mind. 3 Jahre dauert bis man die ersten Wurzeln zum Färben nutzen kann, werden oftmals auch manuell Vermehrungen in Form einer Stecklingzucht vorgenommen. Die einfachste Art dies zu bewerkstelligen ist die, dass man im Oktober oder November die Stängel der Pflanze nach unten auf den Boden biegt und 2 bis 3 cm mit Erde bedeckt, so dass die Spitze des Stängels aus dem Erdreich heraussteht. An den herausstehenden Spitzen schlagen dann im Frühjahr neue Triebe aus, welche verpflanzt werden können, wenn sie ungefähr 10 cm lang sind. Vermehrt man den Krapp auf diese Weise, so kann man oftmals noch in dem Jahr der Verpflanzung spätestens aber im Folgejahr die ersten Wurzeln zur Färbung verwenden.

Tabelle 6.11.1 Durchschnittlicher Farbstoffgehalt in unterschiedlichen Teilen der Krappwurzel

Wurzelteil	Gesamtfarbstoff (% in der Trockenmasse)	Ruberythrinsäure (% in der Trockenmasse)	Alizarin (% in der Trockenmasse)
Wurzelrinde	7,90	4,50	2,59
Wurzelkern	10,45	9,82	0,72
Wurzelhals	9,11	5,33	3,78
Haarwurzeln	14,07	12,48	1,59

Gegen Ende des 15. Jhd. war das Zentrum des europäischen Krappanbaus in den Niederlanden und bildete damit über viele Jahrhunderte die Grundlage niederländischen Reichtums. Das heutige natürliche Verbreitungsgebiet des Färberkrapps umfasst den östlichen Mittelmeerraum und Südwest-Asien. In Mittel- und Westeuropa ist die Art aus der Kultur verwildert. In Deutschland kommt der natürlich wachsende Färberkrapp selten in Rheinland-Pfalz und Sachsen vor; in Sachsen-Anhalt gilt er mittlerweile als ausgestorben.

Indizien für die erste Nutzung des Krapps als Färberpflanze weisen auf die Zeit um 1337 v. Chr. hin. So wurden in dem Grab des ägyptischen Königs Tutenchamun Spuren des Farbstoffes Alizarin nachgewiesen. Die ersten handschriftlichen Aufzeichnungen über Krapp stammen aus der klassischen Antike Griechenlands und Italiens ab ca. 1100 v. Chr. Plinus der Ältere (ca. 24 bis 79 n. Chr.) betitelte „Rubia“ als unentbehrlich zum Färben von Wolle und Leder. Erst ab dem 16. Jhd. erschienen in Deutschland die ersten ausführlichen Beschreibungen zur Färberpflanze Krapp, der in jener Zeit zu Deutsch noch als „Rödte“ (auch Röthe, Röte, Färberröthe, Färberwurzel) betitelt wurde. Die Türken aber waren das Volk, das mit der Krappfärbung eine gewisse Vollkommenheit erlangt hatte. Sie erfanden das „Türkischrot“ bei Textilien, welches eine große Popularität erfuhr. Hierbei wurden die Stoffe (i. d. R. Baumwolle) nach dem Auswaschen zunächst mit einem Mittel behandelt, das die Fettsäuren abspaltete. Anschließend erfolgte das Beizen mit Kalksalzen und Tonerde und der Färbevorgang durch mehrfaches Baden der Textilien in einer Suspensionen aus Krapp, Ochsenblut, Sumach, Galläpfeln und gestoßener Kreide. Nach einer Endbehandlung mit Seife und Pottasche wurden die nun feurig roten Textilien (Baumwolle, Leinen u.ä.) in der Sonne getrocknet. Diese Art zu färben brachte eine außerordentliche Farbechtheit mit sich, mit ein Grund, warum das Türkischrot so sehr begehrt war. Aber mit Krapp lassen sich nicht nur rote Farbstoffe produzieren. Je nach gewählter Beize (z. B. Kupfer, Zinn, Eisen oder Chrom) lassen sich auch Farbabstufungen von Orange bis Violett erzeugen.

Die für die Industrie bedeutenden Inhaltsstoffe des Färberkrapps sind Di- und Trioxyanthrachinon-Glycoside, insbesondere das 1,2-Dihydroxyanthrachinon, ein Glycosid des Alizarins. Diese bilden die kristallisierende, zitronengelbe Ruberythrinsäure, die das β-2-Primverosid (Vorstufe) des Farbstoffs Alizarin darstellt. Daneben enthält Färberkrapp in geringeren Mengen Rubichlorsäure, Zitronensäure und andere Pflanzensäuren, Gerbstoffe, Pectinstoffe, bis zu 15 % Gesamtzucker, Eiweiß und etwas fettes Öl.

Zur Herstellung von Farbstoffen werden im einfachsten Verfahren Rhizome in einem Alter von 3 Jahren (je nach Art der Kultivierung) im Herbst oder Frühjahr ausgegraben, in einfachen Öfen getrocknet und zerkleinert.

Bild **6.**11.2 Krapp getrocknet für die Verarbeitung als Farbstoff für Wandlasuren

Nach dem Trocknen ist das Rhizimenmark hellgelb. Das Trocknen selbst sollte mit einer ausreichenden Wärme geschehen und tatsächlich alle Feuchtigkeit aus den Wurzeln ziehen. Geschieht dies nicht, kann der Krapp zu gären und faulen beginnen, er würde sich bräunlich verfärben und zum Färben selbst nicht mehr zu gebrauchen sein. Es gibt jedoch auch erfolgreiche Färberversuche mit ungetrockneten Krappwurzeln durch ein mehrstündiges Kochen der zerkleinerten frischen Wurzeln in einem alkalischen Bad. Nur dürfen die geernteten Krappwurzeln nicht zu lange vor der Weiterverarbeitung gelagert werden. Muss man die Krappwurzeln vor der Weiterverarbeitung länger lagern, so macht man das am besten wie bei Wurzelgemüse: man steckt sie in die leicht befeuchtete Erde und hält alles zusammen kühl. In frischem Zustand sind die Rhizome des Krapps im inneren gelb. Werden sie älter, so verfärbt sich das Mark, wie auch bei der Zersetzung durch gären und faulen, dunkel bis schwarz. Grundsätzlich ist die gesamte Wurzel zur Gewinnung des Farbstoffes verwendbar, wobei es Qualitätsunterschiede zwischen Rhizomhaut und feinen Wurzelhaaren, der roten Unterhaut direkt unter der Rhizomhaut und dem eigentlichen Mark gibt. Der höchste Anteil des Farbstoffes Alizarin befindet sich im Rhizomenmark. In der gesamten Krapptrockenmasse (das gesamte, getrocknete Rhizom) befinden sich ca. 5 – 10 % Alizarin.

Der Farbstoff im Krapp ist ein Beizenfarbstoff, d. h. bei der Färbung ist eine beizende Vorbehandlung des zu Färbenden von Nöten. Der Farbton kann, wie oben angedeutet, je nach Beize und Extraktionsart, zwischen einem kräftigen Rot, einem Rot-Orange, Rosa bis hin zu Violett, schwanken. Zusammen mit Alaun (oder auch Weinstein) als Beize, wurde früher vor allem Wolle rot gefärbt. Mit Eisenbeize erzielte man schwärzliche Farbtöne und das früher sehr beliebte Scharlachrot erzielte man durch Beimischung von Cochenille, welches aus der Kermes-Laus gewonnen wird. Die Farbe zeichnet sich als Textilfarbe durch eine hohe Lichtechtheit und Waschbeständigkeit aus.

Im bautechnischen Einsatz als Anstrich, findet man in heutiger Zeit Wandlasuren auf dem Markt, welche neben dem Krappfarbstoff zum Beispiel Wasser, Walnussöl, Schellack, Xanthan, Alkohol sowie Rosmarin-, Lavendel- und oft auch Arvenöl enthalten.

Bild **6**.11.3 Behältnis mit Siebeinsatz zum Auskochen von Färberpflanzen

Zur Herstellung von Wandlasuren mit Krapp werden die Krappwurzeln mit Wasser ausgekocht. Das Verhältnis Wasser zu Pflanze ist in etwa 1:1, also 20 l Wasser zu 20 kg getrocknete und zerkleinerte Krappwurzeln. Dann wird Kalilauge, Aluminiumsulfat, Kaliumsulfat und Tonerde zugegeben. Der Farbstoff flockt aus und färbt dabei die Tonerde. Nachdem die Tonerde eingefärbt ist, wird sie in einer Kammerfilterpresse von überflüssiger Feuchtigkeit befreit und kann dann als pflanzlich gefärbtes Pigment mit pflanzlichem Harz und Leinöl zu einer Wandlasur weiterverarbeitet werden. Das fertige Produkt wird luft- und lichtdicht eingedost und ist dann mindestens 12 Monate haltbar.

Bild **6**.11.4 Kammerfilterpresse

Bild **6.**11.5 Einzelne Kammern der Kammerfilterpresse

Bild **6.**11.6 Industrielles Anmischen von einer Wandlasur mit pflanzengefärbten Pigmenten

Bild **6.**11.7 Eindosen der Wandlasur

Eine weitere technische Einsatzmöglichkeit ist auch der sogenannte Krapplack. In Verbindung mit Metalloxiden (Metallsalzen) bildet das Alizarin eine wunderbare Farbpalette für die Tafel-, Buch- und Ölmalerei, aber auch als Wandfarbe auf Kalkuntergründen u.v.m.. Krapplacke findet man mit unterschiedlichen Bezeichnungen auf dem Markt, wie z. B. „Bettoberlack", „Krapp-Karmin", „Krapp-Purpur", „Rembrandtlack", „Rubensrot", „Türkischrot" oder „Van-Dyck-Rot", wobei bei all diesen Lacken nicht immer die Krapppflanze als Rohstoff zur Farbstoffherstellung hinzugezogen wird, sehr oft handelt es sich um ein rein synthetisch hergestelltes Alizarin.

6.12 Rotholz

Der Begriff Rotholz oder auch Brasilholz oder Brasilienholz, ist ein Oberbegriff für Farbstoff liefernde Baumarten mit rotem Kernholz, wie z. B. manch Pflanzen aus den Gattungen der Caesalpinien (Caesalpinia), der Blutholzbäume (Haematoxylum) sowie der Sandelholzbäume (Pterocarpus). Caesalpinien, die früher am häufigsten genutzten Rothölzer, gehören zur Familie der Hülsenfrüchtler (Fabaceae) und hier zur Unterfamilie der Johannisbrotgewächse (Caesalpinioideae).

Oft wird der Begriff Rotholz aber auch für Hölzer verwendet, die ein rotes Kernholz haben, jedoch nicht zur Gewinnung von Farbstoffen eingesetzt werden können. Auch unter den färbenden Rothölzern wurde früher unterschieden in sogenannte lösliche Rothölzer, solche die ihren Farbstoff in kochendem Wasser freigeben und in unlösliche Rothölzer, wie z. B. Sandelholz u. a., zu welchen man weitere Stoffe benötigte, um den Farbstoff auszufällen. Der Begriff Rotholz ist alleine für sich also kaum eine Aussage dafür, welche Rohstoffpflanze oder Pflanzengattung angesprochen wird.

Tabelle **6**.12.1 Typische Rotholzarten zur Farbstoffgewinnung

Art	Sappanholz, Ostindisches Rotholz, Japanholz	Echtes Brasilienholz, Bahiarotholz	Brasilholz	Santa Martaholz, Nicaraguaholz
Botanische Bezeichnung	Caesalpinia sappan	Caesalpinia brasiliensis	Caesalpinia echinata	Caesalpinia vesicaria
Vorkommen	Asien, Malaysia, Philippinen, Indien	Brasilien	Nordamerika	Indien
Art	Fernambukholz, Pernambukholz	Sandelholz, Santelholz, Santalholz	Brasilietteholz, Bahamarotholz, Jamaikarotholz	
Botanische Bezeichnung	Caesalpinia crista	Pterocarpus santalinus	Haematoxylum braziletto	
Vorkommen	Jamaika, Brasilien	Ostindien Ceylon	Mittelamerika, Mexiko	

Die färbenden Rothölzer wurden großteils schon von den Maya und Azteken zum Färben von Textilien und zur Herstellung von Lacken sowie Maler- und Anstrichfarben genutzt. Sie zählen zu den ältesten bekannten Färberhölzern. Auch die drei Bänder des zwischen dem 11. und dem 13. Jhd. entstandenen Werkes „De Coloribus et Artibus Romanorum“ (Farben und Künste der Römer), enthalten einige Abhandlungen zum Rotholz, mitunter zur Herstellung von Anstrichfarben und Lacken. Da zur Zeit der Römer, wie nachfolgend erläutert, das Rotholz ausschließlich aus Asien stammte und dadurch auch ein großer Aufwand für den Transport betrieben werden musste, waren die Waren, wie z. B. Textilien, die mit dem Farbholz gefärbt wurden, sehr kostbar.

Der spanische Grammatiker, Exeget und Übersetzer Joseph Kimchi berichtet im Jahre 1150 von Färberhölzern namens Bresil oder Brasil, das sich laut seiner Aussagen vom spanischen Wort „Brasa“ (Braza geschrieben, zu Deutsch Glut) ableitet, da seine Farbe ähnlich der der rot glühenden Kohle ist. In Deutschland wird das Sappanholz, zu jener Zeit Brasilienholz oder Brasilholz genannt, 1321 erstmalig schriftlich in dem Zolltarif des Grafen von Jülich erwähnt.

Im Mittelalter wurde der Naturfarbstoff besonders in der Buchdruckerei genutzt, wobei man den Rohstoff, zumindest bis zur Entdeckung Amerikas, über die Seidenstraße von Ostindien nach Europa brachte. Somit wurde zu jener Zeit auch nur die asiatischen Rothölzer als Farbstofflieferant genutzt und hier vor allem das Sappanholz (Caesalpinia sappan). Der Import aus Asien lief gut, bis die Türken unter Führung von Mehmed II (Fatih Sultan Mehmet) am 29. Mai 1453 Konstantinopel eroberten und den Handelsweg erst einmal sperrten. Hierauf folgte eine Zeit, zu der das Rotholz in Europa nur sehr eingeschränkt vorhanden war, bis Christoph Kolumbus 1492 Amerika entdeckte. Die Entdeckung der Neuen Welt sorgte dafür, dass es wenige Jahre später sehr große Mengen an Rotholz in Europa gab. Doch nicht nur das. Als der portugiesische Seefahrer Pedro Álvares Cabra im Jahre 1500 die Ostküste von Südamerika erkundete und dort einen großen Bestand an Rotholzbäumen vorfand, nannte er das Land nach dem in Europa als Brasilholz benannten Rohstoff, Brasilien.

Das reichlich vorhandene Rotholz wurde nach der Entdeckung Amerikas seltener aus dem asiatischen Sappanholz gewonnen, vielmehr bestand der Hauptteil der importierten Ware nun aus, dem dort gefundenen Rotholz, welches heute als Brasilholz (Caesalpinia echinata) betitelt wird. Trotz der großen eingeführten Mengen kam das Rotholz nie an den hierzulande ebenfalls zur Rotfärbung genutzten Krapp (Rubia tinctorum) heran. Das Rotholz erlebte zu jener Zeit zwar eine Art Trend, aufgrund der fehlenden Lichtbeständigkeit war dieser jedoch sehr schnell wieder vorüber. So wurde wegen dieser fehlenden Lichtbeständigkeit von regierender Seite ein Verbot des Farbstoffes bei gehobenen Qualitäten eingeführt, womit die Nutzung von Rotholz in Europa immer mehr nachließ, bis es schlussendlich, wie auch heute, kaum mehr zu finden war.

Um das 16. Jhd. konnte man noch Maler- und Druckerfarben unter der Betitelung Granatlack, Marronlack, Dahlialack, Falsches Cochenillerot oder Purpurlack aus dem Farbstoff unterschiedlicher Rothölzer beziehen, wobei die Farbtöne je nach verwendeten Beizen, Zuschlägen und vor allem auch der genutzten Rotholzart Unterschiede aufwiesen. Neben den Maler- und Druckerfarben wurde das Rotholz auch zur Herstellung des Florentiner Lackes oder auch roter Tinte genutzt. Der Florentiner Lack wurde aus einer Mischung von Rotholz und Karmin (vorw. aus Cochenille-Läusen) hergestellt und vor allem, aber nicht nur, in der Kosmetik genutzt. So wurden mit diesem Farbstoffgemisch u. a. Gesichtscremes und Lippenstifte gefärbt.

Bei all den Produkten war aber nicht immer klar, welche Rohstoffpflanze bzw. Rotholzart nun hinter der Farbgebung steckte. In alten Literaturen findet man oft den genannten Begriff Brasilienholz. Dieser wurde aber noch bis zu Beginn des 18. Jhd. in 5, teilweise auch 6 Untergruppen eingeteilt. Wobei auch hier nicht die Pflanzengattung sondern vielmehr die Farbe des Kernholzes angesprochen war, denn die aufgeführten Brasilienhölzer waren großteils noch nicht einmal untereinander verwandt. Man kann den Verdacht hegen, dass damals rotes Holz allgemein mit der Betitelung Brasilienholz bedacht wurde. So deutete der deutsche Mediziner und Botaniker Georg Rudolf Böhmer 1794 noch an, dass man sich vorsehen sollte beim Kauf von Brasilienholz und die Ware genau prüfen müsse.

Grundsätzlich enthalten die färbenden Rotholzsorten eine in reinem Zustand farblose Verbindung, das Brasilin ($C_{16}H_{14}O_5$), welches durch Oxydation in den eigentlichen Farbstoff, das Brazilein ($C_{16}H_{12}O_5$) übergeht. Der Farbstoffgehalt der unterschiedlichen Hölzer unterliegt jedoch je nach Pflanzenart und Ort der Kultivierung deutlichen Schwankungen.

Im Grunde war das Verfahren zur Gewinnung des Beizenfarbstoffes ähnlich wie bei anderen Färberpflanzen und zu Beginn auch hier nur wenig anders als das Teekochen. Wurde das Sappanholz verwendet, so wurde das Stückgut zerkleinert (in Späne oder Pulver) und in Wasser ausgekocht. Diese Auskochung wurde, wie bei Tee, i. d. R. öfter vollzogen. Sprich die abgekochte Brühe wurde abgegossen, frisches Wasser zu den Pflanzenresten gegossen und wieder aufgekocht. Allgemein kann man das solange fortsetzen bis das Wasser keine Farbe mehr annimmt. Oft sind bei der ersten Kochung noch viele Unreinheiten vorhanden und je öfter man das Pflanzengut auskocht, desto weniger Farbstoffgehalt ist in der ausgekochten Lösung. Aus diesem Grunde mischte man damals die Lösungen zusammen und kochte sie nochmals, so lange bis sich ein bernsteinfarbener Bodensatz, das u. a. das gewünschte Brasilin enthielt, gebildet hat. Bei der Kochung wurde früher empfohlen, den dunklen bis schwarzen Schaum, der sich beim Kochvorgang bildet, abzuschöpfen. Zum Teil wurde nun der Bodensatz direkt weiterverwendet, zum Teil wurde aber auch die gekochte Brühe für 2 bis 3 Wochen, manchmal auch 4 bis 5 Monate, stehen gelassen, um eine schwache bis starke Gärung zu erreichen, wodurch man mehr Farbstoffmenge gewann.

Eine andere Rezeptur, vermutlich aus der Zeit zwischen dem 17. Jhd. und 18. Jhd. besagt, dass man das Holz mit Goldblättchen im Mörser zerstoßen solle. Im Anschluss solle man das Gestoßene in Weinessig einweichen und aufkochen, den dicken Schaum beim Kochen abschöpfen, die sich absetzende Masse (Brasilin) trocknen und als Pulver zerstoßen. Das Färbevermögen des so erhaltenen Farbpulvers wird damals wie folgt beschrieben:

„Des Brasilienholzes Kraft soll so stark seyn, dass sogar die Asche davon, wenn sie zu einer Lauge gemacht wird, dem Leinenzeuge eine Farbe giebt, die es niemals verliehret".

Zu Beginn des letzten Jhd. hat man auch ein anderes Verfahren (neben vielen anderen) angewandt, bei dem das zerkleinerte Rotholz mit einem Gemisch aus verdünntem Alkohol und Salzsäure (oder Zinkstaub) ausgekocht wurde. Bei letzterem wurde die Lösung nach dem Auskochen heiß filtriert und auskristallisiert, womit man ein nahezu farbloses, reines Brasilin gewann.

Das bei allen Verfahren gewonnene Brasilin ist in Wasser, Alkohol, Ether und in vielen verdünnten Alkalien löslich. Unter Luftzutritt beginnt das Brasilin zu Brazilein zu oxidieren und es färbt sich in ein fluoreszierendes Karminrot. Je nach verwendetem Beizenmittel kann man dann Farbtöne von Hellrot über Dunkelrot bis Braun erhalten.

Weltweit betrachtet wird der Farbstoff der unterschiedlichen Rothölzer heute nur noch äußerst selten genutzt. Im internationalen Handel spielt er keine Rolle mehr. Die Bedeutung des Farbstoffes ist eher von regionaler Bedeutung in den Gegenden, in denen die Rotholzarten auch gedeihen. So werden u. a. in Indonesien Getränke mit Sappanholz gefärbt und in manchen Ländern nutzt man verschiedene Pflanzenteile auch als Heilmittel zur Behandlung von Tuberkulose oder Durchfall (Diarrhö). In Deutschland ist kein mit Rotholz gefärbtes Bauprodukt bekannt.

6.13 Saflor

Saflor (Cathamus tinctorius) auch als Bürstenkraut, Wilder Safran, Färberdistel, Öldistel, Falscher Safran, Farben Saflor oder Färbersaflor bekannt, ist eine Pflanzenart aus der Familie der Korbblütler (Asteraceae).

Ursprünglich stammt der Saflor vermutlich aus Kleinasien. So wurden in Ägypten bereits 3.000 v. Chr. Mumienleinwände und andere Gewebe mit der Färberdistel gefärbt bzw. das Saflorgelb in ihnen nachgewiesen. Das Samenöl wurde bereits in der Antike für Salben und Lampenöle verwendet. Auch in Gegenden wie Nordafrika, Persien, China und Japan wird der Saflor schon seit langer Zeit kultiviert. Man geht davon aus, dass die Römer die Färberpflanze über den Mittelmeerraum nach Mitteleuropa gebracht haben und er dort seit ca. dem 13. Jhd. genutzt wurde. Mit dem 16. Jhd. wurde der Saflor z. B. im Elsass oder in Thüringen systematisch und gewerblich auf Felder angebaut und ab dem 17. Jhd. in großen Mengen vor allem nach England exportiert. Dort wiederum wurden hauptsächlich Malerfarben und Schminke daraus hergestellt aber auch Speisen und Gertränken damit gefärbt. In der damaligen wie auch in der heutigen Zeit wird der Saflor auch zur Fälschung von Safran verwendet. So hat er seit vielen Jahren auch den Beinamen „Bauernsafran". Gegen Ende des 18. Jhd. wurde der Nutzen des Saflors in Deutschland als Öl (Speiseöl) des armen Mannes und der Erleuchtung (Lampenöl) des Reichen. Aber schon gegen Ende des 18. Jhd. zerfiel der deutsche Safloranbau aufgrund von wesentlich günstigerem Saflor aus dem Morgenland und mit der Erfindung des synthetischen Anilins gegen Ende des 19. Jhd. verlor diese Färberpflanze nahezu vollständig an Bedeutung. Erst Anfang des 20. Jhd. erlebte der deutsche Safloranbau, zumindest was Thüringen und die Pfalz betrifft, wieder ein kleinen Aufschwung, welcher aber auch wieder schnell abflaute. Derzeit ist kein Anbau in Deutschland bekannt. Ebenso sind derzeit keine, mit Saflor gefärbten Anstrichfarben oder Lackprodukte bekannt. Das Rot aus synthetischem Anilin, sowie aus dem Krapp oder den Cochenillen galt schon seit mehreren Jahrzehnten als vorteilhafter. Einzig die Nutzung als Ölpflanze nahm gegen Ende des 20. Jhd. wieder ordentlich zu. So wurde zwischen 1996 und 2001 weltweit auf ca. 0,92 Mio. ha Saflor angepflanzt, dies vor allem in Indien, Mexiko, Argentinien, Australien und in den USA. Heute findet man in so gut wie jedem Lebensmittelmarkt das aus Saflor hergestellte Distelöl.

Die distelähnliche, einjährige und krautige Pflanze wächst relativ schnell. Allgemein gedeiht der Saflor in gemäßigtem, warmen Klima. Die Pflanze ist relativ salz- und trockenheitstolerant und kann Temperaturen bis zu –7 °C vertragen. Aus den Blattrosetten mit kräftigen Pfahlwurzeln bildet sich ein verzweigter Hauptspross, welcher nicht selten Wuchshöhen von bis zu 1,5 m erreicht. Ihre stacheligen ca. 10 bis 15 cm langen und bis zu 5 cm breiten und steifen Blätter wachsen direkt am Stängel heraus. Aufgrund der tiefgehenden Pfahlwurzeln bevorzugt sie fruchtbaren und durchlässigen Boden. Am Ende der Sprossenachsen und an den Seitentrieben sprießen zur Blütezeit körbchenförmige Blütenstände mit einem Durchmesser von bis zu 5 cm. Die Blütenstände enthalten bis zu 150 fünf-zipfelige, orangefarbene und distelartige Röhrenblüten, wobei die Samenanlage durch unterständige, zweiblättrige Fruchtknoten gebildet wird. Als Fruchtstand bildet der Saflor Achänen (einsamige Schließfrüchte), wie u. a. auch der Löwenzahn. Der Schalenanteil der Nussfrüchte beträgt 30 – 60 %, der Ölgehalt zwischen 18 und 50 % der Trockenmasse, dies ist jedoch deutlich von der Region und somit den klimatischen Verhältnissen der Anbaugebiete abhängig. Die günstigsten klimatischen Bedingungen für den Anbau liegen wohl zwischen 20° südl. Breite und 40° nördlicher Breite.

Tabelle **6**.13.1 Durchschnittlicher Ölsäurengehalt von Saflor

Herkunft	Ölanteil (%TM*)	Linolsäure (%)	Ölsäure (%)	Palmitinsäure (%)	Stearinsäure (%)	α-Tocopherol (mg/100g Öl)	β-Tocopherol (mg/100g Öl)
Amerika	33,6	73,3	17,3	5,46	2,19	71,1	2,01
China	24,8	78,8	12,2	4,84	1,78	72,8	1,91
Ostafrika	30,5	78,9	78,9	5,61	2,23	65,6	2,00
Osteuropa	23,5	77,8	11,7	5,36	2,34	74,0	1,92
Mittelmeerraum	27,0	79,3	10,6	5,28	2,16	2,16	1,99
*TM = Trockenmasse							

Tabelle **6**.13.2 Chemische Zusammensetzung von Saflor nach Salvètat (1859)

Stoff	**Durchschnittliche Menge in %**
Wasser	4,5 bis 11,5
Gelber, in Wasser löslicher Farbstoff (Saflorgelb)	20 bis 30
Gelber, in Alkalien löslicher Farbstoff	2,1 bis 6,1
Karthamin (Saflorrot)	0,3 bis 0,6
Eiweiß	1,7 bis 8,0
Wachsartige Substanzen	0,6 bis 1,5
Extraktivstoffe	3,6 bis 6,5
Rohfaser	38,4 bis 50,4
Asche	ca. 3%

Sowohl Wildform als auch Kulturformen besitzen einen diploiden Satz von 2n = 24 Chromosomen. Aus Kreuzungen mit Carthamus palaestinus, C. oxyacanthus und C. persicus können fruchtbare Nachkommen entstehen. Die Befruchtung erfolgt hauptsächlich selbstbestäubend (zu ca. 90 %), kann aber auch durch Insektenbestäubung erfolgen. Allgemein richten sich Aussaat- und Erntezeiten nach den jeweiligen klimatischen Bedingungen des Anbaugebietes. So wird sowohl der Winteranbau als auch der Sommeranbau praktiziert. Die Frühjahrsaussaat in Deutschland erfolgt i. d. R. bis ca. Mitte April, wobei man ungefähr 30 kg Saatgut pro ha benötigt. Die Saattiefe sollte im Bereich zwischen 2 und 3 cm liegen und in einem Reihenabstand von 13 bis 50 cm erfolgen. Je nach Standort und Aussaatzeitpunkt benötigt der Saflor für seine Entwicklung von Aussaat bis zur Ernte ca. 120 bis 280 Tage.

Nährstoff- und Wasserbedarf der Kultur gelten als hoch. Zudem ist eine wirksame Unkrautbekämpfung während des Rosettenstadiums wichtig. Die Pflanze ist relativ anfällig auf fungizide Schaderreger und wird daher vor allem in den USA und auch Australien oft mit Pflanzenschutzmitteln behandelt, was beim deutschen Anbau bei dieser Kultur je nach eingesetztem Mittel nicht zulässig sein kann (insbesondere synthetische Fungizide). Vor allem der Saflorrost (Puccinia carthami) und der Becherpilz (Sclerotinia sclerotiorum) gelten als weitverbreitete und bedeutsame Schaderreger. Diese Pilze können die Pflanze in frühen Entwicklungsstadien (Keimblätter) als auch zu späteren Wachstumsphasen (Blütezeit) infizieren. Die Symptome werden mit einem Vergilben und Welken der Blätter beschrieben. Als besondere Erschwernis bei der Bekämpfung und Vorbeugung gilt, dass bei diesem Schadpilz verschiedene Pathotypen beobachtet werden können, die die Wurzeln (z. B. der Phytophtora drechsleri) aber auch das Kraut befallen können. Die Ernte der Pflanzen erfolgt i. d. R. mit gewöhnlichen Mähdreschern und in Deutschland ab Mitte September, wenn die Vollreife erreicht ist und die Pflanze eine gleichmäßige Trockenbräune aufweist, die Blätter pergamentähnlich spröde und die Samen im Blütenköpfchen hart sind. Beim Mähdruschverfahren ist darauf zu achten, dass die Achänen durch die Druschorgane nicht beschädigt werden. Ein Grund, warum in einigen Regionen Afrikas und Asiens die Handernte noch heute üblich ist.

Wie oben bereits erwähnt, wird die Färberdistel in der heutigen Zeit zumeist zur Gewinnung von Pflanzenöl angebaut, welches wegen seinem hohen Anteil an mehrfach ungesättigter Linolsäure (bis zu ca. 79 %) und seinem hohen Vitamin E Gehalt einen hervorragenden Beitrag zur menschlichen Ernährung leistet. So dient sie u. a. zur Herstellung von Diät- und Salatölen (Distelöl), aber auch zur Produktion von hochwertigen Margarinesorten. Neben diesem wird das Öl der Samen auch für die Herstellung von Farben und Lacken verwendet. Die Pressabfälle beider Hauptnutzungsbereiche dienen in aller Regel als Viehfutter oder auch als Inputstoff für Biogasanlagen. Die Herstellungsverfahren zur Ölgewinnung sind nahezu identisch mit der Produktion von Sonnenblumenöl und kann durch eine Kaltpressung wie auch durch Raffination vollzogen werden.

Für die Gewinnung der Farbstoffe für Textilfarben, Kosmetika, Lebensmittel, Lasuren und weiterem werden die Blütenblätter verwendet, aus welchen z. B. in China auch Teeaufgüsse als Arzneimittel für z. B. Leukämie-, Migräne- und Hepatitiserkrankungen hergestellt werden. Die Hauptfarbstoffe, die aus dem Färberdistel gewonnen werden, sind das rot färbende Carthamin (auch Saflorkarmin genannt) und der gelbe Blütenfarbstoff Carthamidin. Der wasserlösliche, gelbe Farbstoff wird durch Auswaschung aus den Blütenblättern gelöst und getrocknet. Textilien, wie z. B. Seide, Baumwolle und Wolle lassen sich je nach beigesetzter Farbstoffmenge rosa, kirschrot, braunrot oder auch braungelb färben, wobei der gelbe Farbstoff keine Lichtechtheit besitzt. Das Saflorrot wird in alkalischer Lösung extrahiert. Hierzu werden die Blütenblätter ausgewaschen, ausgepresst und mit Alkalien, wie z. B. Natronlauge behandelt. Das so gewonnene Saflorrot ist sehr beständig und kann im sauren Bad ohne Beizen direkt auf z. B. Fasern aufgebracht werden, womit das Rot des Saflors zu den sogenannten Direktfarbstoffen zu zählen ist. Wie bereits erwähnt, gibt es kaum mehr einen Farbstoffeinsatz für Farben und Lacke im Bauwesen. In Deutschland konnte zur Zeit keines dieser Produkte gefunden werden.

6.14 Safran

Die mehrjährige Krokusgattung Safran (Crocus sativus) stammt aus der Familie der Schwertliliengewächse (Iridaceae) und somit zu der weltweit verbreiteten Ordnung der Spargelartigen (Asparagales), zu der, unter vielen anderen auch die Iris und die Gladiolen gehören. Streng genommen versteht man unter der Betitelung Safran nur die getrockneten Blütennarben der Safranpflanze. Der Name Safran stammt ursprünglich von dem persischen Wort „za'farān“, was wörtlich übersetzt „sei gelb“ bedeutet. Kleinasien gilt ebenfalls als Ursprungsland der Pflanze. Persien bzw. der heutige Iran ist neben Kaschmir und dem europäischen Mittelmeerraum (Südfrankreich, Spanien, Marokko, Griechenland, Türkei und Italien) auch in der Gegenwart das Hauptanbaugebiet von Safranpflanzen. Seit 2007 wird zudem auch in Österreich wieder Safran unter der Betitelung Pannonischer Safran oder Wachauer Safran angebaut. Neben diesem existiert auch in der Schweiz ein kleines traditionelles Anbaugebiet, welches zugleich das nördlichste Anbaugebiet in Europa ist. Auch im Deutschland des 18. Jhd. wurde Safran in der Rheinebene kultiviert, allerdings nur eine relativ kurze Zeit lang. Dies wurde um 2007 nochmals begonnen, aber schon 2008 aufgrund fehlender Erntehelfer wieder eingestellt. Das bedeutendste Anbauland in Europa ist allerdings Spanien, wo auch die älteste europäische Anbautradition zu finden ist. Diese ist begründet durch das Sesshaftwerden der Araber ab dem 9 Jhd., die die Pflanze in das Land einführten. Der spanische Safran aus der Gegend um La Mancha gilt noch bis heute als der wertvollste der Welt. Das Zentrum des spanischen Safranhandels bildet Valencia, wobei aus Spanien ca. 90 % des in Europa genutzten Safrans stammen. Zu Beginn des 20. Jhd. wurden jährlich noch um die 45 Tonnen Safran in Spanien geerntet.

Als Krokus blüht der Crocus sativus nicht wie seine Verwandten in Europa im Frühjahr sondern im Herbst (September bis August) und überdauert den Rest des Jahres im Boden, wie auch andere Krokusarten. Auch wenn die Knollen des Safrans aussehen wie kleine Zwiebeln, so zählt er nicht zu den Zwiebelgewächsen. Safran ist eine Knollenpflanze und zählt als triploider Mutant des auf den ägäischen Inseln und auf Kreta beheimateten Crocus cartwrightianus. Aufgrund der Triploidie (den drei haploide Chromosomensätzen) vermehrt sich die Pflanze ausschließlich vegetativ durch Knollenteilung.

Bild **6**.14.1 Die geernteten Narbenäste (Stempelfäden) des Safrans

Die Blüte des Crocus sativus zeigt sich mit sechs fliederfarbenen Perigonblättern, welche in einer Blütenröhre münden. In der Blütenröhre wächst auch der hellgelbe Griffel, der sich in drei rote und ca. 2,5 cm – 3,5 cm lange Narbenäste (Stempelfäden) verzweigt. Erst nach der Blüte kommen die schmalen, langen Blätter der Pflanze richtig zum Vorschein.

Farbenstoff sowie auch das Gewürz wird aus den Stempelfäden gewonnen. Womit auch der relativ hohe Preis des Safrans erklärt ist, denn um nur ein Kilogramm der Stempelfäden zu gewinnen, sind zwischen 150.000 und 200.000 Blüten notwendig, die eine Anbaufläche von ca. 1.000 m^2 benötigen. Man muss also ungefähr zweihundert frische Blüten ernten, um gerade mal ein Gramm Safran zu erhalten. Oder anders, pro ha Anbaufläche gewinnt man ungefähr 45 kg Trockensafran. Erhält der Bauer ca. einen Euro pro geerntetes Gramm, so kommt durch Zollgebühren, Transportkosten, Handelsaufschläge usw. nicht selten ein Verkaufspreis von bis zu 14 Euro pro Gramm und mehr zustande. Der Safran aus dem spanischen La Mancha wird sogar mit bis zu 20 Euro pro Gramm gehandelt.

Die Ernte ist reine Handarbeit und geht denkbar langsam vonstatten. So benötigt ein Pflücker einen Tag um ca. 60 bis 80 Gramm der feinen Fäden zu ernten. Ein weiterer Grund für den hohen Bezugspreis ist auch, dass die Safranpflanze nur einmal im Jahr für ca. 2 Wochen blüht und somit auch nur in dieser Zeit eine Ernte eingetragen werden kann. Dennoch werden weltweit ca. 200 Tonnen Safran jährlich geerntet, alleine 170 bis 180 Tonnen davon im Iran (Weltmarktanteil ca. 91 %). Es gibt auch Literaturangaben, die die Welternte mit 340 Tonnen pro Jahr beziffern, wovon 300 Tonnen aus dem Iran kommen sollen. Diese Angaben gelten allerdings nicht als zuverlässig.

Die besten Anbaubedingungen herrschen wohl in gemäßigtem Klima mit einem gut durchlässigen, leicht sandigen Boden. Der Crocus sativus benötigt im Allgemeinen keine zusätzliche Düngung. Die Anpflanzung erfolgt im Frühjahr oder Herbst. Hierbei werden die Krokuszwiebeln (Knollen) in Reihen mit einem Reihenabstand von ca. 8 bis 11 cm gepflanzt. Die Knollen sollten untereinander einen Abstand von ca. 10 cm und in einer Tiefe von ca. 3 bis 4 cm gepflanzt werden. Die erste Ernte wird noch recht gering ausfallen, sich aber in den Folgejahren steigern. Man kann den Krokus nun dauerhaft im Boden belassen. Manch Landwirt empfiehlt jedoch ca. alle 4 bis 5 Jahre die Zwiebeln aus dem Boden zu holen, sie aufzuteilen und erneut wie oben angegeben zu pflanzen, um ein besseres Wachstum zu gewährleisten. Krokus vermehrt sich unter günstigen Bedingungen rasch und kann auch tiefere Temperaturen ohne Probleme im Erdreich überstehen, was man an den heimischen Zierkrokussen, die auch den Winter im Boden verbringen, sehr gut sehen kann. Es gibt aber auch hier die Gefahr eines fungiziden Befalles, der die Häute der Zwiebeln angreifen kann und sie verfaulen lässt. Die angesprochene Handernte erfolgt in aller Regel so, dass die frisch aufgegangenen Blüten im Ganzen gepflückt werden und die Stempelfäden erst nach dem Einsammeln aus der Blüte gezogen werden, was ebenfalls in Handarbeit erfolgt. Die Stempelfäden werden hiernach möglichst schnell in Trockenöfen getrocknet und verpackt. Bei der Trocknung verlieren die Stempelfäden ca. 80 % Wasser. Dieser Schritt sollte sehr schnell vonstatten gehen, da der geerntete Safran sehr anfällig gegenüber Sonnenlicht und Feuchtigkeit ist. Dauert die Trocknung zu lange und unterliegt der Safran längere Zeit der Sonneneinstrahlung, verliert er seine Farbe und sehr schnell auch die beinhalteten ätherischen Öle.

Früher wurde Safran sehr häufig als Farbstoff eingesetzt und zählt wohl zu den ältesten Kulturpflanzen, die zum Färben von Textilien verwendet wurden. Der Anbau von Safran zur Gewinnung als Farbstoff geht bis ins Mesopotamien vor 5.000 Jahren zurück. Die Ägypter färbten teilweise Binden von Mumien mit Safran und selbst im Alten Testament findet der Safran Erwähnung als Würzmittel (Hohelied Salomos). Safrangelbe Kleider waren u. a. bei den Griechischen Frauen der Antike äußerst beliebt. Auch Plinius erwähnte im ersten Jhd. n. Chr. den Safran als Färbemittel. Neben diesem färbten auch die Buddhisten ihre Togen mit Safran. Sehr häufig wurde der Safranfarbstoff zur Imitation von Goldschriften oder zum Goldfärben von Zinn und Silber verwendet, aber auch in Mischung mit anderen Farbstoffen und Pigmenten. Damals verwendeten z. B. Künstler den Safranfarbstoff oftmals für das Malen von Heiligenscheinen. Es gab also sehr weitgehende und auch traditionelle Einsatzgebiete als Malerfarbe oder zur Textilfärbung bis ungefähr ins 19. Jhd. Gegen Ende des 19. Jhd. wird geschildert, dass der Safran durch die damals in großer Menge eingeführten synthetischen Teerfarben deutlich an Bedeutung verloren hat. Einzig für die Einsatzbereiche zur Färbung von Lebensmitteln und als Medizin für zahlreiche Krankheiten, galt er zu jener Zeit noch als wichtig. Als Medizin wurde er u. a. gegen Herzbeschwerden oder zur Heilung von Augenentzündungen eingesetzt, aber in hohen Dosen auch zur Abtreibung und als tödliches Gift. Daher wird auch heute noch davor gewarnt, den Safran in zu hohen Dosen zu sich zu nehmen. Ab ca. 10 Gramm (bei manchen Menschen reicht auch weniger) kann eine Safranvergiftung auftreten, die zwar zu Beginn einen starken Lachreiz auslöst, aber gleich danach zur Lähmung des zentralen Nervensystems und zum Tod führen kann.

Aufgrund der relativ geringen Verfügbarkeit und somit auch Kostbarkeit, wurden in früheren wie auch heutigen Zeiten immer wieder Fälschungen des Safrans angeboten. So gibt es Fälschungen der Safranfäden aus Krokussorten, die kaum oder gar kein Crocin enthalten, Fälschungen aus Kurkumagemischen, aber auch die Färberdistel (Carthamus tinctorius) wird zu Fälschungen herangezogen, was ihm seinen Beinamen „Falscher Safran" einbrachte. Wobei die Fälschung mit Kurkuma als Pulverform bzw. gemahlener „Safran" angeboten wird, die Fälschung aus der Färberdistel hingegen auch in Fäden. Um den echten Safran von der Fälschung aus Kurkuma zu unterscheiden, gibt es eine einfache Prüfmethode. Man gibt das gemahlene Gewürz in eine Natronlösung. Handelt es sich um reinen und echten Safran, so bleibt die Lösung gelb; enthält sie Kurkuma-Anteile, dann wird die Lösung trübe und verfärbt sich rot. „Falscher Safran" vom Färberdistel kann mit einem geschulten Auge rein optisch vom echten Safran unterschieden werden. Beim echten Safran müssen die Narbenschenkel ungefähr zwei bis drei cm lang, trichterförmig eingerollt und an einer Seite eingekerbt sein. Ein weiterer Unterschied zwischen Färberdistel und echtem Safran ist der scharf würzige Geruch und der etwas bittere Geschmack beim echten Safran.

Die Narben des Crocus sativus (Safranfäden) beinhalten u. a. Carotinoide und Crocetin. Die Dicarbonsäure Crotcetin ist glycosidisch an den Zweifachzucker (disaccharid) Gentiobiose in der Pflanze gebunden. Diese wasserlösliche, chemische Verbindung (Glycosid) wird als Crocin betitelt, ein gelber bis orangeroter Direktfarbstoff.

Tabelle **6**.14.1 Inhaltsstoffe von Safranfäden (Crocus sativus)

Inhaltsstoffe	Durchschnittlicher Anteil in %
Wachs, Fett	5 bis 6
Eiweiß	10 bis 12
Stickstofffreie Extraktstoffe	40 bis 50
Rohfaser	4 bis 5
Wasser	6 bis 13
Asche	4 bis 8

Zur Gewinnung des reinen Crocins beschreibt J. von Wiesner 1927, dass dem Safran zunächst mit Hilfe von Ether das Safranöl, die Fette, Harze usw. entzogen und hiernach durch Digerieren mit Wasser der Farbstoff entzogen werden müsse. Die wässrige Lösung soll dann mit gereinigter Knochenkohle geschüttelt werden, wobei die Kohle das Crocin aufnehmen soll. Nach diesem Vorgang soll die Kohle gewaschen und in 90-%-igem Alkohol ausgekocht werden. Nach dem Verdampfen des Alkohols verbleibt das Glycosid Crocin als spröde gelblichbraune bis rote Masse zurück. Crocin ist leicht in Wasser und verdünntem Alkohol löslich, jedoch nicht löslich in Ether. Zur Gewinnung des Crocetin beschreibt er das Verfahren durch die Spaltung des Crocins über die Erwärmung mit Salzsäure oder Schwefelsäure im Kohlensäurestrom. Hierbei scheidet sich das Crocetin in orangefarbene Flocken ab und bildet ein hochrotes Pulver. Dieser Farbstoff ist im Gegensatz zum Crocin nur schlecht in Wasser löslich, in Alkohol und Ether hingegen leicht.

In Europa findet der Safran keine Anwendung mehr als Farbstoff für Farbanstriche oder in der Textilfärberei. Sehr selten findet man noch in der Restauration von Gemälden die Anwendung als Farbstoff, diese ist jedoch verschwindend gering. Safran wird heutzutage fast nur noch als Gewürz (z. B. bei Reisgerichten) oder Lebensmittelfarbe (z. B. bei Backwaren, Käse etc.) verwendet.

6.15 Scharte

Die Färberscharte (Serratula tinctoria), auch als Färberschartenkraut oder Schartenkraut bekannt, zählt zur Familie der Korbblütler (Asteraceae) und der Unterfamilie der Carduoideae in der Ordung der Asternartigen (Asterales). Die Färberscharte (Serratula tinctoria) stellt eine der beiden vorhandenen Schartengattungen (Serratula) dar, die aktuell angenommen werden. Die weniger genutzte zweite Gattung ist in den Bergen des zentralen und südlichen Japans beheimatet und wird als Gekrönte Scharte (Serratula coronata) betitelt.

Die Gattung Färberscharte (Serratula tinctoria) teilt sich, auch wenn dies selbst unter Fachleuten umstritten ist, in zwei Unterarten: die in Mittel- und Osteuropa bis Westsibirien vorkommende und bis zu 1 m hoch wachsende Gewöhnliche Färberscharte (Serratula tinctoria ssp. tinctoria) und die in Mittel- und Südosteuropa vorkommende und bis zu 40 cm hohe Großköpfige Färberscharte (Serratula tinctoria ssp. macrocephala).

Abgesehen von den umstrittenen Unterarten, ist die Färberscharte allgemein von Nordspanien bis nach Sibirien verbreitet, kommt jedoch ursprünglich aus Nordamerika. In Deutschland gilt die eingebürgerte, wild wachsende Pflanze in Nominalform als gefährdet. Man findet sie wild wachsend, wenn überhaupt, vor allem noch in Baden Württemberg und hier zumeist in Naturschutzgebieten am Bodensee.

Wann genau die Scharte nach Deutschland eingeliefert wurde, kann nicht exakt angegeben werden. Es wird angenommen, dass der ursprünglich aus Nordamerika kommende Neophyt im Laufe des 16. Jhd als Zierpflanze eingebürgert wurde. Zu Mitte des 18. Jhd. wird das damals mitunter als Färberschartenkraut betitelte Gewächs aber schon als Lieferant eines gelben Farbstoffes beschrieben. So wusste man bereits, dass man die klein geschnittenen Blätter in mit Lauge versetztem Wasser kochen müsse, um einen gelb bis goldgelben Farbstoff zu gewinnen. Es war somit bekannt, dass nicht Inhaltsstoffe der purpur-, purpurrot-, lila- bis weißfarbenen Blütenblätter, sondern die grünen Blätter für gelbe Färbungen verantwortlich waren. Man wusste auch, wie man unterschiedliche Farbtöne des Beizenfarbstoffes mit Hilfe von z. B. Potasche (braungelb bis braun) oder Salmiakgeist (orange bis rotbraun) erzielen konnte. Allerdings wurde zu jener Zeit eher die Farbfestigkeit der Färberscharte in den Vordergrund gestellt. Die Pflanze wurde nicht als Hauptfarbstoff, sondern als Nebenfarbstoff in Verbindung mit anderen Farbstoffen aus der Pflanzenwelt eingesetzt, wie z. B. bei der Indigofärberei. Hier wiederum weniger aufgrund der Farbgebung, mehr um die Färbung, durch die jeweils andere Färberpflanze, länger haltbar zu machen.

Wobei das Färberschartenkraut, oder im Volksmunde auch verkürzte Schartenkraut genannt, zu jener Zeit nicht selten und vor allem in schriftlichen Hinterlassenschaften, mit der Färberdistel Cathamus tinctorius (Saflor) verwechselt wurde. Mehrere damals gängige Fachliteraturen betitelten beide Pflanzen namensgleich mit dem Begriff „Färberdistel“, woraus mitunter bei so manch schriftlicher Weitergabe Angaben durcheinander geraten sind.

Noch bis zur deutschen Fachliteratur um 1927 liest man oftmals nicht mehr, als dass das Kraut einen gelbgrünen bis goldgelben Farbstoff unbekannter Konstitution enthält. Man nannte diesen, nicht umfänglich weiter untersuchten Farbstoff Serratulan. Aber mehr Wissen als das bereits 130 Jahre zuvor schon bekannte, dass die frischen Pflanzen eine nahezu farblose Substanz enthalten, welchen man zur Farbstoffgewinnung nutzen kann, wird kaum wiedergegeben. Es wird selten mehr wiedergegeben, als dass das Serratulan *„postmortal unter der Einwirkung gewisser Stoffe (Alkalien) einen intensiven gelben Körper liefert*“. So wurde vor 100 Jahren mit der Färberscharte u. a. auch noch Schüttgelb hergestellt, welches in gelben Wandanstrichen oder als Malerfarbe genutzt wurde.

In der heutigen Zeit wird die Färberscharte kaum, in Deutschland gar nicht, zur Gewinnung seines vor allem in den Blättern enthaltenen Farbstoffes Serratulin kultiviert. Man findet sie, wenn auch wie oben erwähnt, sehr selten, verwildert in freier Natur oder auch und wesentlich öfter, in Blumengärten, vor allem in sogenannten Bauerngärten als pflegeleichte und blütenreiche Staudenbepflanzung. Ein Bezug für den Anbau kann als Saatgut oder in Form angezogene Jungpflanze über eine Vielzahl von Gärtnereien erfolgen.

Beide Unterarten der Färberscharten haben ein krautiges Wachstum und bevorzugen halbschattige bis halbsonnige, sonnige Standorte. Man findet sie gelegentlich in offenen Wäldern, auf Hochstaudenfluren mit mageren Böden oder auch auf Wiesen. Wobei die größer wachsende Gewöhnliche Färberscharte vor allem in offenen Wäldern sowie auf Ried- und Feuchtwiesen der collinen bis montanen Stufe zu finden ist und die kleinere Art, die Großköpfige Färberscharte, mehr an sonnigen Standorten in offenen Wäldern oder an Berghängen der subalpinen, gelegentlich alpinen Stufe.

Beide krautig wachsende Scharten sind erst im oberen Teil der Stängel verzweigt. Die unteren gestielten Blätter sind eiförmig bis lanzettlich geformt, während die oberen Blätter fiedrig und ungestielt sind. Der Blattrand stellt sich allgemein sägeblattähnlich dar. In dem verzweigten oberen Stängelteil zeigt sich der Gesamtblütenstand. Je nach Färberschartenart sind die körbchenförmigen Blütenstände mehr oder weniger zueinander genähert. Die Blütenkörbe selbst enthalten Rohrblüten mit ihren purpur- bis weißfarbenen, röhrig verwachsenen Kronblättern.

Neben den oben genannten Größenunterschieden der beiden Färberschartenarten, ssp. tinctoria und ssp. macrocephala, sind, wenn auch schwer ersichtlich, Unterschiede bei Blüten und Blättern erkennbar. Die Blütezeit beginnt unter mitteleuropäischen Klimabedingungen im Juli und endet zwischen August und September. Die Blütenkörbe der Gewöhnlichen Färberscharte sind bis zu 8 mm dick und die äußeren Hüllblätter schmaler als 2 mm. Die Blütenkörbe sind zueinander nicht genähert. Bei der Großköpfigen Färberscharte sind die Blütenkörbe mit einer Dicke bis zu 12 mm und Hüllblättern die bis zu 2,5 mm Breite erreichen, etwas größer. Zudem sind die Blütenkörbe bei der kleineren Sorte mit den größeren Blüten, häufig zueinander genähert. Der Blütenkorb selbst, stellt sich zylindrisch, glockenförmig, ähnlich einer dickbauchigen Tulpe dar und ist, je nach Sorte um die 15 mm lang. Die schuppenartig angeordneten Hüllblätter der Blütenkörbe sind lanzettlich geformt und an den Spitzen bräunlich bis schwarz verfärbt.

Ein landwirtschaftlicher Anbau der Färberscharte in Europa zur späteren Nutzung des beinhalteten Farbstoffs Serratulin ist gegenwärtig nicht bekannt. Ebenso wenig etwaige Produkte für die Farbindustrie.

6.16 Waid

Färberwaid (Isatis tinctoria), auch als Deutscher Indigo bekannt, ist eine zweijährige Pflanze aus der Familie der Kreuzblütengewächse (Brassicaceae ehemals Cruciferae).

Ursprünglich in Westasien beheimatet, wurde Isatis tinctoria schon vor vielen Jahrhunderten nach Europa und somit auch Deutschland eingeführt und als Färberpflanze kultiviert. Schon um das 9. Jhd. n. Chr. wurde der Färberwaid großflächig, vor allem in Thüringen in der Gegend um Erfurt, aber auch in Frankreich (z. B. Languedoc) und England (z. B. Lincolnshire und Huntingdon) als Färberpflanze für die Textilfärbung angebaut. Bereits im 13. Jhd. war der Färberwaid allgemein in Europa verbreitet und bekannt. Bezeichnungen wie das „Goldene Vlies Thüringens", „Rheingold" oder auch die französische Bezeichnung „Pastell", welche nicht vom italienischen Wort Pasta, sondern tatsächlich in der Waidfarbe ihren Ursprung gewann, waren zu jener Zeit allgegenwärtig. Aufgrund der hohen Beliebtheit und der um Erfurt sehr günstigen Bodenqualitäten zum Anbau des Waids, wurde die Stadt das deutsche Zentrum des Waidhandels. So bauten im Jahre 1616 ca. 300 thüringische Dörfer Waid an. Bis ins 16. Jhd. blühte nicht nur der Waid im Erfurter Raum prächtig und flächendeckend, sondern auch die Geschäfte mit dessen blauen Farbstoff, der vor allem für die Leinenfärberei eingesetzt wurde. Damit wurde Erfurt zu einer reichen und einflussreichen Stadt. Ab dem 16. Jhd. wurde das Waidgeschäft deutlich kleiner, was auf die dann mögliche Einfuhr von dem tropischen Schmetterlingsblütler Indigofera tinctoria, dem Indigostrauch aus Indien zurückzuführen ist. Diese hat einen deutlich höheren Farbstoffvorstufengehalt (ca. 30 mal höher) an Indican und war zu jener Zeit deutlich günstiger als das Indigo aus der Waidpflanze. Der Waidanbau in Deutschland ging bis auf eine verschwindend kleine Menge zurück, die im Grunde nur noch für den Eigenbedarf kultiviert wurde.

Bild **6**.16.1 Getrocknete Waidblätter zur Teezubereitung

1834 stieß der deutsche Chemiker Friedrich Ferdinand Runge durch einen Zufall auf die künstliche Herstellung des Indigo Farbstoffes aus Steinkohleteer. Es begann die Suche nach einem Weg, den Indigo Farbstoff in großen Mengen und vor allem günstig synthetisch herstellen zu können. In Anlehnung an das portugiesische Wort Anil (Blau) entstand die Produktbezeichnung Anilin für ein Destillat aus dem Indigo. Der synthetische Farbstoff war noch nicht von höchster Qualität, aber immerhin hatte er einen Namen, einen, den man auch heute noch hinter der ein oder anderen Firmierung findet. Die Aktiengesellschaft für Anilin-Fabrikation, heute besser bekannt unter dem Firmennamen AGFA, begann ab 1873 mit der Fabrikation von Anilin auf Basis von Runges Entdeckung. Als dem deutschen Chemiker Adolf von Baeyer im Jahre 1878 erstmals die vollsynthetische Herstellung von Indigo aus Isatin gelang, war es auch mit dem Indigo aus Indien so gut wie vorbei. Ab 1897 wurde in der Badischen Anilin- und Soda Fabrik, heute besser bekannt unter der Abkürzung BASF, in bedeutenden Mengen der synthetische Farbstoff Anilin produziert. Anilin wurde als das weltweit billigste und reinste Indigopulver bezeichnet. Anilin war der Marktrenner. Jeans wurden nun nicht mehr mit dem Naturfarbstoff Indigo gefärbt, sondern mit Anilin. Dieser Boom führte dazu, dass das Anilin nicht nur in rauen Mengen produziert wurde, die Unachtsamkeit und Rücksichtslosigkeit der Anilinindustriellen führte auch zu zahlreichen Umweltschäden und Todesopfer aufgrund von Vergiftungen durch die Produktion selbst oder deren ungefiltert in die Umwelt abgeleiteten Abwässer. So wurde zur Herstellung u. a. das hoch giftige Arsen oder auch das stark krebserregende Nitrobenzol und viele andere Giftstoffe genutzt, mit welchen äußerst fahrlässig umgegangen wurde.

Die Waidmühlen in der Gegend um Erfurt standen großteils schon seit zweihundert Jahren still und die wenigen, die noch liefen, kamen während dieser Zeit ebenso zum Stillstand. Der natürliche Indigo verschwand vollständig vom Markt, bis der thüringer Malermeister Wolfgang Feige grob 100 Jahre später mit der Wiederbelebung des Waids als Kultur- und Nutzpflanze begonnen hat. Durch das Gemeindewappen seiner Heimat Neudietendorf auf die alte Geschichte des Waids aufmerksam geworden, begann er um 1980 nach und nach den Waid zur Herstellung von Lacken, Holzschutzmitteln und sogar Hautcremes zu reaktivieren. Aufgrund der politischen Lage der damals noch vorhandenen DDR hatte er allerdings mit einigen Schwierigkeiten zu kämpfen, die sich nach der Wiedervereinigung der deutschen Länder 1989 zwar deutlich änderte, aber mit der veränderten Wirtschaftsmentalität auch nicht vereinfachte. Was er vom DDR Regime mit viel Mühen genehmigt bekam, stellte sich nach der Wende wieder ganz anders dar, musste neu begonnen und auch finanziert werden. Zu diesem spürte er nun die Macht der Chemieriesen und musste letztendlich die Geschäfte bis auf eine kleine Eigenbedarfproduktion einstellen. Gegenwärtig gibt es ein Unternehmen in Deutschland, das aus dem Archäophyt Färberwaid Produkte zur Stein- und Mauerwerksimprägnierung herstellt.

Der aus Indican gewonnene Küpenfarbstoff Indigo befindet sich nicht direkt in der lebenden Pflanze, sondern er entsteht aus dem in der Pflanze vorkommenden Glukosid, dem angesprochenen Indican, welches sich als farbloses Glykosid Indican ($C_{14}H_{17}O_6N$) darstellt. Das Indican wird allgemein aus den verschiedenen Indigopflanzen (z. B. fast alle Indigofera Arten), durch Fermentation (Gärung) oder auch durch verdünnte Mineralsäure in Indoxyl und Glukose aufgespalten. In der alkalischen Lösung nimmt das Indoxyl Luftsauerstoff auf und verwandelt sich dabei in den Farbstoff Indigo ($C_{16}H_{10}O_2N_2$), welches auch als Indigoblau betitelt wird. Beim Färberwaid wird das Glykosid Indican direkt nach der Ernte enzymatisch in Zucker und Indoxyl gespalten und zu Indigo oxidiert. Die Aufspaltung geschieht hier durch Fermentation/Gärung in der sogenannten Küpe.

Die Einsatzmöglichkeiten des Waids sind überraschend weitläufig. So können seine getrockneten Blätter als Tee genutzt werden, die Auszüge der Pflanzen für Kosmetika und in Arzneien eingesetzt werden, aber auch in Holzschutz- und Imprägnierungsmitteln oder in Anstrichfarben, Lacken, Firnissen und zu guter Letzt natürlich auch als Farbstoff für Textilien Verwendung finden. Selbst zur Herstellung von Likör (Waidbitter) wird er bzw. seine Wurzeln genutzt. In China ist die Färberwaidwurzel ein traditionelles Heilmittel und wird dort als Banlangen betitelt. Sie dient dort zur Bekämpfung von Grippeinfektionen, Mumps und Masern und war auch während der SARS-Epidemie in China eine sehr gefragtes Heilmittel.

Tabelle 6.16.1 Einsatzmöglichkeiten der Waidpflanze

Pflanzenteil	Übergangsform	Eigenschaften	Verwendung	Produktbeispiele
		Farbstoff		
Blätter	Vergorenes Mus; getrocknet oder in Pulverform	Tönen & färben	Textilfärberei	Textilfarben (schwarz, braun, blau, grün)
		Medizin/Kosmetik		
Samen & Blätter	Waidsaft gepresst oder vergoren; Waidöl, Blattbrei	Bakterizid, Fungizid, filmbildend	Wundheilung, Hautpilzbekämpfung	Salben, Cremes, Shampoos, Badezusätze etc.
Blätter	Getrocknet	Heilende Wirkung mit Verdacht der Wirkung gegen Allergien und Krebs	Bei Magen-Darmstörungen, Milzproblemen	Tee
		Nahrungsmittel		
Samen	Öl	Essbar	Nahrungsmittel	Speiseöl
Blüten	Blütenstaub, Nektar	Angenehmer Geruch	Aroma	Duftstoffe, Honig
		Bauprodukte/-stoffe		
Blätter	Saft	Insektizid, Fungizid, Flammhemmend	Holz- und Bautenschutz	Imprägniermittel für Holz, Stein und mineralische Putze
Blätter	Abtropfwasser aus der Musbereitung	Bindekraft, Flammhemmend	Bindemittel	Anstrichsfarben, Lacke, Lasuren, Firnisse
Stängel, Blattmus, Samenschrot	Ausgepresste Masse, Fasern	Bindekraft, Flammhemmend	Wärmedämmung	Lose Zellulosedämmung, Wärmedämmprodukte
Samen	Öl	Bindekraft	Bindemittel	Anstrichsfarben, Lacke, Lasuren, Firnisse
Blätter	Vergorenes Mus; getrocknet oder in Pulverform	Tönen & färben	Färbende Beschichtung oder färbender Zusatz	Anstrichsfarben, Lacke, Lasuren, Firnisse, Putze

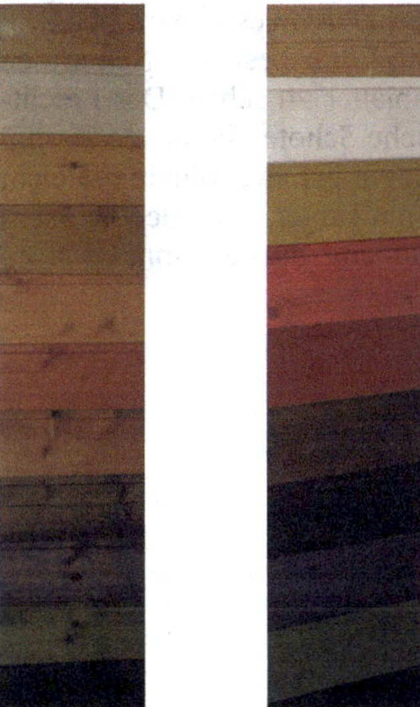

Bild **6.**16.2 und Bild **6.**16.3 Waid auf Holzuntergrund

Ähnlich wie der zweijährige Färberwau (Reseda luteola) bildet auch der Färberwaid im ersten Jahr nur eine Blattrosette mit ca. 20 bis 30 cm langen, lanzettlichen und ganzrandigen, blaugrünen Blättern. Bis auf die später gebildeten Blätter ist das Blattwerk haarlos. Im zweiten Jahr wächst der bis zu ca. 150 cm hohe, aufrechte und im oberen Bereich stark verzweigte Stängel. Die Blühphase beginnt im zweiten Wachstumsjahr ungefähr im Mai und dauert bis Juli an. Es bilden sich mehrere Trugdolden mit gelben Blüten, die am Stängelende einen ausladenden Gesamtblütenstand ergeben. Zugleich stirbt das Blattwerk im unteren Teil der Pflanze ab. Die Blüte selbst beinhaltet 4 längere und 2 kürzere Staubfäden. Im zweiten Wuchsjahr und vor allem während und nach der Blüte ist der Färberwaid optisch nur schwer vom blühenden Raps (Brassica napus) zu unterscheiden. Oftmals ist nur ein Unterschied zu erkennen, wenn man beide Pflanzen direkt nebeneinander sehen kann.

Bild **6.**16.4 Waidblüte

Die Einzelblüten sind tragblattlos mit vier Blütenblättern, die einen Durchmesser von bis zu 8 mm und eine spaltig-zungenförmige und an der Spitze abgerundete Form besitzen. Neben den Blütenblättern sind vier gelblich-grüne, schmale, einfärmige Kelchblätter zu sehen. Der Fruchtknoten ist keulenförmig und flach. Die Frucht zeigt sich als bräunliche Schote, die bis zu 20 mm lang und bis zu 7 mm breit wird, eine keulenartige Form und enthält ein bis zwei ölhaltige, leicht gelblich-braune bis hellbraune Samen. Sie hängt an einem bis zu 8 mm langen Stiel, der sich zum Fruchtansatz hin verdickt. Die im Juli reifenden Samen sind ca. 3 mm lang und ca. 1 mm breit.

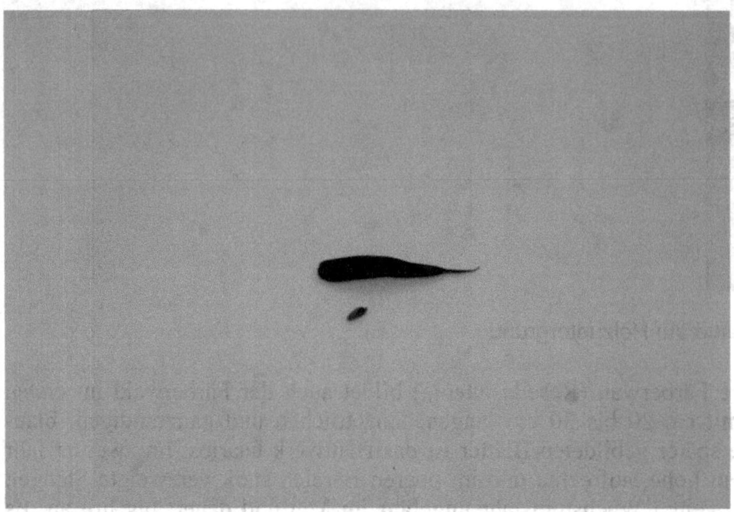

Bild **6.**16.5 Waidschote mit Samen

Bild **6.**16.6 Waidschoten

Die Aussaat erfolgt in aller Regel im zeitigen Frühjahr von März bis April, kann aber auch im Herbst ab ca. Ende Oktober erfolgen. Eine althergebrachte Bauernregel besagt: „Weizenland ist auch Waidland“, wobei der Waid allzu fette und dichte Böden nicht bevorzugt. Heute weiß man, dass der Färberwaid vor allem auf tiefgründigen, neutral bis alkalisch reagierenden humosen, sandigen Lehmen und Lehm-(Löss)-Böden gedeiht. Jedoch sind zu sandige Böden, sowie auch Standorte mit Staunässe oder Unterbodenverdichtung nicht zur Kultivierung geeignet. Die Aussaattiefe beträgt ca. 1 bis 2 cm. Bei einem Tausendkorngewicht von ca. 2 g und einer Keimfähigkeit von ca. 80 bis 90 % hat sich eine Aussaatmenge von 4 bis 5 kg/ha als optimal erwiesen. Hat man früher noch die ganzen Schötchen mit den beinhalteten Samen ins Erdreich gebracht, so wird heute, aufgrund des schlechten Fließverhaltens der Samenschötchen in der Saatmaschine und dem hohen Wasserbedarf bei der Keimung, nur noch der von der Schote herausgelöste Samen gesät. Die Aussaat erfolgt in Reihen mit einem Reihenabstand von ca. 13 und 30 cm. Der Waid ist unter mitteleuropäischen Anbaubedingungen völlig winterhart und benötigt für die Keimung ca. 2 bis 4 °C. Will man gute Erträge und die möglichen 3 bis 4 Schnitte pro Jahr erreichen, sollte jedoch die Tagestemperatur im Mittel nicht unter 15 bis 20 °C fallen.

Die erste Blatternte kann bereits ca. drei Monate nach der Ansaat eingebracht werden.

Da der Nährstoffbedarf des Färberwaids relativ hoch ist, sind in Abhängigkeit vom Ernteniveau Entzüge von ca. 20 bis 25 kg P/ha (Phosphor), 180 bis 250 kg K/ha (Kalium), 15 bis 20 kg Mg/ha (Magnesium) und 150 bis 200 kg N/ha (Stickstoff) zu kalkulieren. So ist es z. B. je nach vorhandener Bodenqualität zu empfehlen, eine Stickstoffdüngung im Frühjahr mit ca. 120 kg N/ha und jeweils nach dem ersten und zweiten Schnitt mit ca. 50 kg N/ha durchzuführen. Allgemein benötigt der Waid eine Unkrautbekämpfung, da er eine relativ langsame Jugendentwicklung hat (zwischen Aussaat und Aufgang 2 bis 3 Wochen). Besonders nach dem Sprießen der Waidpflänzchen und während der ersten ca. 6 bis 8 Wochen, hat der Waid eine geringe Konkurrenzfähigkeit und benötigt eine mechanische Unkrautbekämpfung. Von einer chemischen Unkrautbekämpfung ist abzusehen, da hierdurch nicht nur die Umwelt, sondern auch die Farbstoffausbeute beeinträchtigt werden kann. Abgesehen hiervon, sind bis dato auch keine chemischen Pflanzenschutz- oder Unkrautbekämpfungsmittel für den Einsatz in der Waidkultivierung zugelassen.

Für die Erzeugung von Saatgut oder die Ernte von Samen zur Ölgewinnung, sollte der letzte Schnitt im ersten Wuchsjahr nicht zu spät gewählt werden, damit die Pflanze noch vor dem Winter eine Blattrosette bilden kann, im Folgejahr weiter wächst und die erhoffte Samenmenge bildet. Die Reife der Samen setzt, wie oben erwähnt, ca. 6 bis 7 Wochen nach der Blüte ein. Die Samenernte selbst erfolgt mit handelsüblichen Mähdreschern. Bei diesem Mähdrusch werden die ganzen Samenschötchen geerntet, d. h. der Samen selbst muss anschließend mit einer geeigneten Dreschmaschine oder durch Reiben aus den Schötchen gewonnen werden. Der Samenertrag liegt hierbei bei durchschnittlich 4 dt/ha, kann jedoch in guten Jahren auch auf 10 dt/ha steigen. Die Samen selbst enthalten ca. 30 bis 35 % fettes Öl, das in der Zusammensetzung an das gewöhnliche Rapsöl des Eruca-Typs erinnert und eine Vielzahl von Einsatzmöglichkeiten hat, welches vom Speiseöl bis zu industriell nutzbarem Öl reicht. .

Nach alten Aufbereitungsverfahren wurden die frisch geernteten Blätter in Steinmühlen (Waidmühlen) zu einer breiigen Masse zerquetscht, welche man in kleinen Haufen abtropfen ließ, bis sie trocken genug für den sogenannten Balling-Prozess waren. Der Balling-Prozess beschreibt die händische Formung der abgetropften Waidmasse zu Kugeln (Waidbälle, auch Waidkoglen oder Blaukörner genannt) mit einem Durchmesser von 4 bis 6 cm. Diese handgeformten Kugeln wurden dann in Weidengeflechten ausgebreitet und in gut durchlüfteten Schuppen o. Ä. getrocknet. Man speicherte diese Kugeln so lange an einem gut durchlüfteten Platz, bis die ganze Ernte eingebracht und ebenso zu Kugeln geformt getrocknet waren. Erst dann begann man mit dem Fermentationsprozess, zu welchem die Waidkugeln auf dem Scheunenboden o. Ä. für eine Dauer von ca. 20 bis 40 Tagen immer wieder mit Wasser begossen wurden und zu Gären begannen. Der Gärungsprozess erwärmt die Waidmasse und es entsteht ein starker und unangenehmer Geruch.

Erst nach diesem Fermentationsprozess wurde die nun steife, plastische und auch abgekühlte Masse in Fässer für den Vertrieb an Textilfärber verpackt.

Eine sehr einfache Art selbst eine Färberküpe aus Waid herzustellen, kann wie folgt beschrieben werden:

Zunächst werden die frisch geernteten Blätter mit Leitungswasser gereinigt, um Schmutzreste zu entfernen. Während dessen kann man einen Topf mit Wasser gefüllt zum Kochen bringen. In das fortlaufend kochende Wasser werden unter ständigem Rühren die frisch gereinigten Waidblätter zugegeben, bis der Topf voll mit Blättern, aber diese noch mit Wasser bedeckt sind. Hiernach lässt man den Inhalt des Topfes noch für ca. 3 Minuten langsam köcheln und gießt das gewonnene Extrakt durch ein feines Sieb ab. Das nun erhaltene Extrakt ist im Gros die Vorstufe des Indigofarbstoffes. Nun lässt man das gewonnene Extrakt in einem Wasserbad (Topf mit Extrakt in einen Topf mit kaltem Wasser) bis zu einer Temperatur von ca. 20 bis 30 °C abkühlen und fügt dem Extrakt soviel an alkalischer Lösung (z. B. Ammoniumhydroxid- oder Natriumkarbonatlösung o. Ä.) zu, bis die nun braune Flüssigkeit in eine grünlich gelbe Farbe umschlägt. Die Färberküpe ist nun fertig und es kann mit dem eigentlichen Färben von Textilien begonnen werden. Hierzu gibt man das Textil in die Küpe, belässt es dort für mehrere Minuten (ca. 5 min.) und hängt es nach dem Herausnehmen zur Oxidation des Indigo auf einen Wäscheständer o. Ä. Das Textil wird sich relativ schnell blau färben. Will man die Intensität der Farbe steigern, also eine dunklere Blaufärbung erzielen, wiederholt man den Färbevorgang je nach gewünschter Farbe ein bis mehrmals. Hat man den Farbton erreicht, den man angestrebt hat, wird der Stoff nach der letzten Färbung ordentlich ausgedrückt, nochmals zur Oxidation an der Luft angetrocknet und anschließend sorgfältig mit Seifenwasser ausgewaschen. Die Qualität der Färbung kann auf diese einfache Art natürlich schwanken, mehr oder weniger ungleichmäßige Färbeergebnisse hervorbringen. Jedoch ist dies Verfahren einfach und leicht nach zu machen und als Anschauungsversuch sicherlich geeignet.

6.17 Wau

Der Färberwau (Reseda luteola), auch Färber-Wau geschrieben, und ebenso als Färber-Resede, Färberseele, Echter Wau, Gelbkraut, Gilbgraut, Streichkraut, Romantisches Kraut, Färbergras, Weide, Wiede oder einfach nur Wau oder Reseda betitelt, ist eine Pflanzenart der Familie der Resedagewächse (Resedaceae) und gehört somit zur Ordnung der Kreuzblütlerartigen (Brassicales).

Der Wau ist heutzutage im Vorderen Orient und dem Mittelmeergebiet beheimatet. In Skandinavien tritt er nur sehr vereinzelt auf und in Osteuropa fehlt er nahezu gänzlich. In Amerika, Australien und Neuseeland wurde die Art eingeschleppt und kommt in deren Floren verwildert vor. In neuester Zeit wird er wieder auf kleineren Flächen in Deutschland (Thüringen und Brandenburg) sowie der Türkei zur Gewinnung der in ihm vorhandenen Farbstoffen Luteolin und Apigenin angebaut.

Die Pflanze ist schon seit der Jungsteinzeit als Kulturbegleiter nachgewiesen. So wurde Samengut aus dieser Zeit bei den Pfahlbausiedlungen am Pfäffikersee, Neuenburgersee und am Zürichsee gefunden. Allerdings konnte durch diese Funde nicht eindeutig nachgewiesen werden, zu welchem Zwecke das gefundene Saatgut diente bzw. ob die damaligen Besitzer die Pflanze tatsächlich als Farbstofflieferant kultiviert hatten. Der römische Dichter Vergil (Publius Vergilius Maro) und der römische Architekt und Ingenieur Vitruv (Marcus Vitruvius Pollio) beschrieben im ersten Jhd v. Chr. eine Pflanze Namens Lutum, die zum Gelb- und Grünfärben verwendet wurde. Auch der römische Gelehrte Plinius der Ältere (Gaius Plinius Secundus Maior) beschrieb im 1. Jhd n. Chr. Lutum als gelb färbende Pflanze. Alle drei haben, was mittlerweile als erwiesen gilt, den Färberwau beschrieben. Im 17. Jhd. wird der häufig genutzte Farbstofflieferant oftmals mit den Betitelungen Brustkraut, Stärkkraut, Strichkraut oder auch als Geierkralle oder Weihe-Kralle beschrieben. Vor der Entdeckung Amerikas war der Färberwau in Europa einer der wichtigsten gelben Farbstoffe. Allerdings erreichte er nie die damals vorhandene Monopolstellung von Färberwaid (Isatis tinctoria). Er wurde vor allem in England (z. B. Essex und Kent), Frankreich (z. B. Elsass und Normandie) und Deutschland (z. B. Thüringen) angebaut. Zu Beginn des 20. Jhd. ist die Nutzung der Färberpflanze stark zurück gegangen. Zum einen wurde zu Beginn dieses Jahrhunderts häufig die damals noch recht neue Quercitronrinde der Färbereiche (Quercus velutina) zur Färbung von Textilien und Malerfarben verwendet, zum anderen kamen zu jener Zeit auch immer mehr synthetische Farbstoffe auf den Markt, die günstiger und oftmals auch langlebiger waren. An die Risiken durch die oft äußerst gesundheitsschädlichen Farben dachte man zu jener Zeit offensichtlich sehr wenig oder wusste es schlicht noch nicht. Nicht selten wurden gesundheitliche Risiken auch einfach so lange man konnte verschwiegen. Im Grunde blieb daraufhin nur noch die Nutzung zur Herstellung von Schüttgelb und dem Wau schien somit das gleiche Schicksal zu ereilen wie dem Färberginster (Genista tinctoria), wobei der Schein trog. Der Wau wird und wurde, wenn auch in sehr geringem Umfang, bis heute als Färberpflanze für Textilien (vor allem aus tierischen Fasern) genutzt und selbst gegenwärtig findet man mindestens eine Wandlasur mit den Farbstoffen des Färberwau im deutschen Handel. Diese Wandlasur beinhaltet neben den Farbstoffen des Resedagewächses Wasser, Walnussöl, Schellack, Xanthan, Alkohol sowie Rosmarin-, Lavendel- und oft auch Arvenöl.

Für die Farbstoffgewinnung wird das oberirdisch wachsende Kraut verwendet. Es enthält, wie oben erwähnt, die Farbstoffe Luteolin ($C_{15}H_{10}O_6$) und Apigenin. Das Luteolin, auch in Färberginster und dem Gelben Fingerhut enthalten, kommt sowohl in freier Form, als auch in Form des 7-mono- und 3,7-diglu-cosids vor. Der Farbstoffgehalt der Trockenmasse der gesamten Pflanze beträgt hierbei ca. 2 bis 4 %. Dabei weisen die oberen blühenden Äste den höchsten Farbstoffgehalt auf. In den Stängeln des Resedagewächses sind zwar auch Farbstoffe enthalten, jedoch nur in sehr geringem Umfang. Neben den Farbstoffen gilt auch der ca. 40 %-ige Ölgehalt der Samen, insbesondere zur Herstellung von Firnissen, als sehr interessant. Zu dem Luteolin, dem Apigenin und dem nützlichen Ölgehalt der Samen, kommen in der Pflanze auch die natürlichen Flavonoide Kämpferöl und Isohamnetin vor.

Der Färberwau ist eine ein- oder zweijährige Pflanze mit aufrechtem Stängel. Handelt es sich um eine zweijährige Sorte, so bildet diese im ersten Jahr eine Blattrosette und erst im zweiten Jahr den Blüten tragenden Stängel. Dieser erreicht eine Wuchshöhe von bis zu 150 cm und trägt dabei ungeteilte, kahle, lanzettlich geformte und wechselseitig angeordnete Blätter. Der Blütenstand zeigt sich zwischen Juli und August als rispenförmige, gelblich-weiße Blütentraube mit vielen dicht aneinander stehenden Blüten und sehr kurzen (max. 2,5 mm) Blütenstielen. Die vierteiligen Blüten selbst, besitzen je vier Kelch- und Kronblätter, wobei die oberen Kronblätter vier- bis fünfzipfelig und die seitlichen dreizipfelig sind. Eine hübsche aber geruchlose Blüte, deren Bestäubung durch Insekten oder der Selbstbestäubung vollzogen wird. Die nach der Blüte wachsende Fruchttraube hat eine verlängerte Achse und trägt zahlreiche, ca. 4 mm lange, kugelige und aufrecht stehende Kapseln, die eine große Anzahl an sehr kleinen schwarzen Samen beinhalten.

Der Rohboden-Pionier Reseda luteola gedeiht besonders gut auf lockerem, trockenem, kalk- und sandhaltigem Lehmboden mit viel Sonnenbestrahlung. So findet man ihn verwildert auch an Wegrändern, Waldschlägen und Sand- und Kiesstandorten. Ist der Boden zu sehr stickstoffhaltig, so kann sich dies negativ auf den Farbstoffgehalt auswirken. Die Aussaat erfolgt im sehr frühen Frühjahr bis ca. Mitte April oder im Spätsommer zwischen Ende August und Mitte September. Man muss allerdings bedenken, dass die Keimpflanzen nicht frosthart sind und erfrieren können. Eine Herbstaussaat scheint in Deutschland günstiger, da somit auch der Schnittzeitpunkt zur Ernte etwas früher angegangen werden kann. Aufgrund des sehr feinen Samens, das Tausendkorngewicht beträgt gerade einmal 0,2 g, werden zur Aussaat Drillmaschinen, die für Feinsämereien eingesetzt werden können, empfohlen. Allgemein wird nach der Aussaat und bei lockerem Boden eine Bearbeitung des Feldes mit Druckrollen angeraten. Die Aussaat selbst erfolgt in einer Saatstärke von 3 bis 5 kg/ha, in Reihen mit einem Reihenabstand von ca. 15 bis 30 cm und in einer Saattiefe von 1 bis 2 cm. Nach einer relativ langen Keimzeit sprießen die Pflänzchen nach ca. zwei bis drei Wochen aus der Erde.

Das Ernten der Pflanze erfolgt ca. 14 Tage nach dem Blühbeginn, also möglichst in der Mitte zwischen Vollblüte und Blühende. Die empfohlene Schnitthöhe liegt hierbei bei ca. 10 cm. In jedem Fall sollte man bei der Ernte darauf achten, dass das Erntegut nicht auf dem Feld abgelagert, sondern umgehend eine Überladung auf die Transporttechnik erfolgt, um Verschmutzungen, die die Weiterverarbeitung stören können, zu minimieren. Es ist nicht ratsam, das Erntegut zu

Bild **6.**17.1 Wau zerkleinert und getrocknet zur Farbstoffgewinnung, z. B. für Wandlasuren

lange der Sonneneinstrahlung auszusetzen, da hierdurch die Farbstoffausbeute negativ beeinflusst wird. Der Ernteertrag liegt bei der Trockenmasse bei ca. 30 bis 50 dt/ha und bei Frischmasse bei ca. 200 bis 250 dt/ha. Der durchschnittliche Farbstoffgehalt kann somit mit ca. 60 bis 100 kg/ha angegeben werden. Auf die Ernte folgt in aller Regel eine Schnelltrocknung im Band- oder Hordentrockner bei ca. 40 bis 60 °C. Sind die Pflanzenteile getrocknet, folgt häufig eine Trennung von den farbstoffreichen Blüten/Blättern und den farbstoffarmen Stängeln im Windsichter. Eine Maßnahme, die nicht nur ein farbstoffreiches Pflanzenmaterial in Aussicht stellt, sondern auch die Kosten zur Farbstoffgewinnung niedrig hält. Wird die nun erhaltene Trockenware auch trocken und dunkel gelagert, bleibt der Farbstoffgehalt auch über mehrere Jahre konstant.

Nach J. von Wiesners Schriften aus dem Jahre 1927 kann man mit dem ausgekochten Wausud in Verbindung mit Tonerdesalz eine sehr lebhaft gefärbte Tonerdefarbe (Pigment) herstellen. Wie bei den meisten Farbstoffen bestimmt auch hier beim Wau das Beizenmittel die endgültige Farbe. Mit Chrombeize gibt das Luteolin bräunlich-gelbe, mit Eisenbeize bräunlich-olivfarbene, mit Aluminiumbeize eine gelbe und mit Zinnbeize eine rein gelbe Farben. Die Färbungen sind hierbei lichtecht. Selbiges gilt auch wenn der Beizenfarbstoff Luteolin bei tierischen Fasern, wie Wolle, angewendet wird. Wird das Wau abgekocht und dessen Sud (Wauabkochung) mit Alaun (Kaliumaluminiumsulfat) und Kreide abgefällt, erhält man das früher oft genutzte Schüttgelb.

6.18 Farben und Färben mit Färberpflanzen

6.18.1 Rezepte für Farben pflanzlich gefärbten Pigmenten

Wie im einführenden Kapitel zu den Farbstoffen aus Pflanzen geschildert, können viele Pflanzenfarbstoffe auch zur Herstellung von pflanzlich gefärbten Pigmenten (mit z. B. Tonerde als Farbträger) genutzt und zu Lasuren u.ä. weiterverarbeitet werden. Nachfolgend werden Rezepturen aufgelistet, die aus solchen, mit Pflanzenfarbstoffen gefärbten und getrockneten Pigmentpulvern, aber auch aus gängigen mineralischen Pigmenten, hergestellt werden können.

Bei allen Rezepten sollten grundsätzlich Streichproben ausgeführt und ggf. geprüft werden, ob das pflanzlich gefärbte Pigment kalk- und/oder lichtecht ist. Die Mengenangaben sind Durchschnittswerte, die je nach Untergrund oder gewünschter Farbintensität vom Genannten abweichen können. Beim Löschen von Kalk ist Vorsicht geboten, da sich Kalk beim Löschen stark erhitzt (kocht) und somit eine erhöhte Unfallgefahr gegeben ist. Werden Ölfarben mit Lösungsmittel angerührt, so sollte das Lösungsmittel nicht eingeatmet werden und im Raum für gute Durchlüftung gesorgt werden. Manche Anstriche sind abwaschbar, das heißt nicht, dass man die Farbe abwaschen kann, sondern dass man mit einem feuchten Tuch Schmutz von dem gestrichenen Gegenstand oder der Wand wischen kann, ohne die Farbe zu entfernen.

Bierlasur

Das pflanzengefärbte Pigment in Pulverform wird mit etwas Wasser angerührt und für ein paar Minuten ziehen gelassen. Hiernach wird das eingesumpfte Pigment mit Bier (helles Bier, Lagerbier) verrührt.

Für eine Fläche von 1 m^2 benötigt man ca. 25 ml helles Bier (Lagerbier) und ca. 5 g pflanzengefärbtes Pigment in Pulverform.

Diese Lasur eignet sich für Innenwände, ist allerdings nicht sehr strapazierfähig und auch nicht abwaschbar.

Farbwachs

Für ein Farbwachs wird Bienenwachs in ein Glas gegeben und langsam in einem Wasserbad erwärmt, bis das Wachs geschmolzen ist. In das geschmolzene Bienenwachs wird nun das pflanzlich gefärbte Pigmentpulver eingerührt. Ist die Masse abgekühlt, kann man sie verarbeiten.

Pro 100 g Bienenwachs benötigt man ca. 30 g pflanzengefärbtes Pigment in Pulverform.

Das Farbwachs eignet sich zum Wachsen von Möbeln, Echtholzparketten oder anderen Holzgegenständen im Innenbereich.

Glutinleim-Farbe

Für diese Farbe benötigt man Glutinleim (Tierleim), welcher 24 Stunden vor dem Zubereiten der Farbe in einem warmen Wasserbad aufrührt (ca. 70 ml Wasser pro 6 g Glutinleim) und bis zum nächsten Tag stehen gelassen wird. Neben diesem muss auch die Schlämmkreide mind. 24 Stunden zuvor in Wasser angerührt und eingesumpft werden. Vor der Verwendung der Schlämmkreide sollte das von der Kreide nicht aufgenommene Wasser abgegossen und die eingesumpfte Kreide nochmals aufgemischt werden. Das Pflanzenpigment wird mit etwas Wasser aufgerührt und für ein paar Minuten ziehen gelassen (eingesumpft). Der eingesumpfte Schlämmkreide gibt man unter Rühren langsam den nochmals erwärmten Glutinleim (der Leim wird über Nacht sehr dick, durch ein vorsichtiges Erwärmen wird er wieder flüssiger) und das eingesumpfte pflanzlich gefärbte Pigment zu. Ist die Substanz noch zu dick, kann man ihr soviel Wasser zugeben bis man die Streichfähigkeit erhält.

Für eine Fläche von 1 m^2 benötigt man ca. 6 g Glutinleim (Tierleim), ca. 125 g Schlämmkreide (eingesumpft) und ca. 7 g pflanzengefärbtes Pigment in Pulverform.

Diese Farbe eignet sich als abriebfeste, aber nicht abwaschbare Wandfarbe im Innenbereich (saugfähige Oberflächen), jedoch nicht für Räume mit hoher Luftfeuchtigkeit.

Kalkfarbe

Für diesen Anstrich benötigt man hydraulischen Kalk. Diesen gibt man in einen Eimer o. Ä. und schüttet langsam und vorsichtig unter ständigem Rühren Wasser (pro kg hydraulischen Kalk 2 l Wasser) hinzu. Das Pflanzenpigment wird mit etwas Wasser angerührt und für ein paar Minuten ziehen gelassen (eingesumpft). Hiernach verrührt man das eingesumpfte Pigment mit dem Kalk und gibt ggf. soviel Wasser hinzu, bis man eine streichfähige Masse erhält.

Für eine Fläche von 1 m^2 benötigt man ca. 55 g hydraulischen Kalk und ca. 6 g pflanzengefärbtes Pigment in Pulverform.

Diese Farbe eignet sich als nicht abwaschbare Wandfarbe im Innenbereich und Außenbereich (saugfähige Oberflächen). Um eine bessere Abriebsfestigkeit zu erreichen, kann der Kalkfarbe auch eine kleine Menge Leinöl (Standöl) beigefügt werden.

Kalktünche

Für diesen Anstrich benötigt man gelöschten Kalk. Der Kalk wird in einen Eimer geschüttet und langsam Wasser (pro kg Löschkalk 2 l Wasser) hinzu gegeben. Der aufgerührte Kalk wird anschließend durch ein Haarsieb gegossen, um Klumpen und kleine Steinchen auszusieben. Das Pflanzenpigment wird mit etwas Wasser angerührt und für ein paar Minuten ziehen gelassen (eingesumpft). Hiernach wird der Sumpfkalk mit dem eingesumpften pflanzlich gefärbten Pigment vermengt und soviel Wasser zugegeben bis man eine streichfähige Masse erhält.

Für eine Fläche von 1 m^2 benötigt man ca. 55 g Löschkalk (eingesumpft) und ca. 12 g pflanzengefärbtes Pigment in Pulverform.

Diese Farbe eignet sich als nicht abwaschbare Wandfarbe im Innenbereich und Außenbereich (saugfähige Oberflächen), insbesondere für alkalische Untergründe). Um eine bessere Abriebsfestigkeit zu erreichen, kann der Tünche auch eine kleine Menge Leinöl (Standöl) beigefügt werden.

Kasein-Borax-Farbe

Für diese Farbe benötigt man Schlämmkreide und Kaseinpulver. Beides sollte mind. 24 Stunden vor dem Mischen der Farbe in Wasser angerührt und eingeweicht werden. Vor der Verwendung der Schlämmkreide sollte das von der Kreide nicht aufgenommene Wasser abgegossen und die eingesumpfte Kreide nochmals aufgerührt werden. Ebenso das eingesumpfte Kasein, welches auch zu einer cremigen Substanz aufgerührt werden muss. Das Pflanzenpigment wird mit etwas Wasser vermengt und für ein paar Minuten ziehen gelassen. Hiernach wird das Borax mit warmem Wasser gemischt. Diesen Vorgang führt man am besten in einem Wasserbad aus. Ist das Borax aufgelöst und abgekühlt, dann wird es unter Rühren der Kaseincreme zugegeben. Der geleeartigen Substanz wird dann die eingesumpfte Schlämmkreide zugeführt. Die nun sehr klebrige Masse lässt man für 30 Minuten stehen, bevor man das ebenso eingesumpfte, pflanzlich gefärbte Pigment darunter rührt und soviel Wasser dazu gibt, bis man eine streichfähige Substanz erhält.

Für eine Fläche von 1 m^2 benötigt man ca. 13 g Kaseinpulver, ca. 5 g Borax, ca. 40 g Schlämmkreide (eingesumpft) und ca. 13 g pflanzengefärbtes Pigment in Pulverform.

Diese Farbe eignet sich als abriebfeste, aber nicht abwaschbare Wandfarbe im Innenbereich (saugfähige Oberflächen), jedoch nicht für Räume mit hoher Luftfeuchtigkeit. In der Regel werden Flächen, die mit dieser Farbe gestrichen wurden, nach dem Austrocknen geölt oder gewachst, wodurch man eine abwaschbare Oberfläche erhält.

Öl-Ei-Farbe

Für diese Farbe wird Leinöl (Standöl) mit einem Ei (je nach benötigter Farbmenge) und etwas Wasser (Wassermenge = Leinölmenge) verrührt. Zuerst wird das Ei mit dem Öl verrührt und hiernach langsam unter ständigem Rühren das Wasser hinzugegeben. Mit einem kleinen Teil dieses Gemisches rührt man nun das pflanzlich gefärbte Pigment zu einer glatten Paste an und gibt nach und nach langsam den Rest des Gemisches dazu.

Für eine Fläche von 1 m^2 benötigt man ca. 1 Ei, 70 ml Leinöl (Standöl) und ca. 15 g pflanzengefärbtes Pigment in Pulverform.

Diese Farbe eignet sich für unbehandeltes Holz im Innen- und Außenbereich. Der Anstrich ist (je nach Witterung) in ca. 2 Wochen abwaschbar.

Ölfarbe

Für Ölfarben benötigt man Leinöl (Standöl) und ein Lösungsmittel (z. B. Terpentin, Orangenschalenöl o. ä.). Das Pflanzenpigment wird mit etwas Leinöl angerührt bis eine glatte Paste entsteht. Hiernach wird der Farbpaste unter ständigem Rühren das Leinöl und das Lösungsmittel zugeführt. Vor dem Farbanstrich führt man i. d. R. eine Grundierung mit einem Leinöl-Lösemittelgemisch aus.

Für eine Fläche von 1 m^2 benötigt man ca. 90 ml Leinöl (Standöl), 90 ml Lösungsmittel (Terpentin, Orangenschalenöl o. Ä.) und ca. 18 g pflanzengefärbtes Pigment in Pulverform. Für die Grundierung nimmt man ca. 90 ml/m^2 Leinöl (Standöl) und selbige Menge Lösungsmittel.

Diese Farbe eignet sich für unbehandeltes Holz im Innen- und Außenbereich. Der Anstrich ist (je nach Witterung) in ca. 2 Wochen abwaschbar.

Öllasur

Für diese Farbe wird das pflanzlich gefärbte Pigment mit etwas Lösungsmittel (Terpentin, Orangenschalenöl o. ä.) und Schlämmkreide vermischt. In einem weiteren Gefäß wird Lösungsmittel und Leinöl (Standöl) vermengt und hiernach das Gemisch aus Schlämmkreide, Pigment und Lösungsmittel langsam und unter ständigem Rühren zugegeben.

Für eine Fläche von 1 m^2 benötigt man ca. 50 ml Leinöl (Standöl), 40 ml Lösungsmittel, 15 g Schlämmkreide und ca. 7 g pflanzengefärbtes Pigment in Pulverform.

Diese Farbe eignet sich für unbehandeltes Holz im Innen- und Außenbereich. Der Anstrich ist (je nach Witterung) in ca. 2 Wochen abwaschbar.

Temperafarbe mit Ei

Für die Temperafarbe wird das Eigelb vom Eiklar getrennt. Das Eigelb wird zunächst auf ein Küchenpapier gegeben und für mehrere Minuten darauf belassen, damit es abtrocknen kann. Hiernach gibt man das Eigelb in eine Schüssel und entfernt dabei die Dotterhaut. Dem Eigelb wird dann das pflanzlich gefärbte Pigment langsam unter Rühren zugegeben.

Pro Eigelb benötigt man ca. 10 bis 15 g pflanzengefärbtes Pigment in Pulverform.

Ei-Temperafarben werden vor allem in der Malerei zum Schablonieren oder für Freihandmalerei verwendet. Die Verarbeitung der Farbe sollte möglichst schnell geschehen, bevor die Mischung eine Haut bildet. Man kann der Mischung auch ein paar Tropfen Wasser zugeben, damit die Konsistenz nicht zu dick ist.

Tee-Essig-Holzbeize

Für diese Holzbeize benötigt man eine Eisenazetatmischung. Diese wird 24 Stunden vor dem Anrühren der eigentlichen Beize vorbereitet. Hierzu legt man Stahlwolle in ein verschlossenes Glas mit Essig (vorzugsweise Malzessig). Dies lässt man bis zum Folgetag stehen und seiht dann die Flüssigkeit ab. Die zweite Komponente ist das Gerbstoffgemisch welches aus getrockneten Teeblättern hergestellt wird. Die Teeblätter werden hierfür mit kochendem Wasser übergossen. Anschließend lässt man diesen Sud für ca. 2 Stunden ziehen und seiht ihn ab. Die Verarbeitung beginnt mit einem Anstrich (mit Pinsel oder flusenfreiem Textil) des Holzes mit dem Teewasser. Diesen Anstrich lässt man gut austrocknen bevor man mit der Eisenazetatmischung überstreicht. Abschließend kann man auch hier die getrocknete Oberfläche wachsen oder ölen.

Für eine Fläche von 1 m^2 benötigt man für die Gerbstoffmischung ca. 25 g Schwarztee und für die Eisenazetatmischung ein Knäuel feine Stahlwolle und ca. 80 ml Malzessig.

Diese Holzbeize eignet sich für unbehandeltes Holz im Innen- und Außenbereich.

Quark-Borax-Farbe

Für diese Farbe benötigt man Schlämmkreide, die man mind. 24 Stunden vor dem Mischen der Farbe in Wasser einrühren und einen Tag einsumpfen lassen muss. Vor der Verwendung der Schlämmkreide sollte das von der Kreide nicht aufgenommene Wasser abgegossen und die eingesumpfte Kreide nochmals aufgerührt werden. Das Pflanzenpigment wird mit etwas Wasser vermengt und für ein paar Minuten ziehen gelassen. Hiernach wird das Borax mit warmem Wasser gemischt. Diesen Vorgang führt man am besten in einem Wasserbad aus. Im nächsten Schritt rührt man den Quark kurz auf und gibt unter langsamem Rühren das nun abgekühlte Borax hinzu. Der mit Borax versetzte Quark wird nun unter weiterem Rühren mit der Schlämmkreide und den eingesumpften Pigmenten vermengt, und soviel Wasser zugegeben bis eine streichfähige Substanz vorhanden ist.

Für eine Fläche von 1 m^2 benötigt man ca. 125 g Quark, 13 g pflanzengefärbtes Pigment in Pulverform, 5 g Borax, 50 g eingesumpfte Schlämmkreide und ca. 12 g Löschkalk.

Diese Farbe eignet sich als abriebfeste, aber nicht abwaschbare Wandfarbe im Innenbereich (saugfähige Oberflächen), jedoch nicht für Räume mit hoher Luftfeuchtigkeit.

Quark-Farbe

Das Pflanzenpigment wird mit etwas Wasser angerührt und für ein paar Minuten ziehen gelassen (eingesumpft). Hiernach wird der Quark mit dem Pigment versetzt und soviel Wasser hinzu gegeben, bis eine streichfähige Substanz erreicht ist.

Für eine Fläche von 1 m^2 benötigt man ca. 65 g Quark und ungefähr 5 g pflanzengefärbtes Pigment in Pulverform.

Diese Farbe eignet sich als abriebfeste, aber nicht abwaschbare Wandfarbe im Innenbereich (saugfähige Oberflächen), jedoch nicht für Räume mit hoher Luftfeuchtigkeit.

Quark-Kalk-Farbe

Das Pflanzenpigment wird mit etwas Wasser angerührt und für ein paar Minuten ziehen gelassen (eingesumpft). Hiernach wird der Quark aufgerührt und während des Rührens langsam Löschkalk zugegeben. Danach kommt das eingesumpfte Pigment hinzu und soviel Wasser, bis eine streichfähige Substanz vorhanden ist.

Für eine Fläche von 1 m^2 benötigt man ca. 125 g Quark, 25 g pflanzengefärbtes Pigment in Pulverform und ca. 12 g Löschkalk.

Diese Farbe eignet sich als wischfeste Wandfarbe im Innenbereich (saugfähige Oberflächen) und im, vor direkter Bewitterung geschützten, Außenbereich, aber nicht für Räume mit hoher Luftfeuchtigkeit. Man kann die Farbe auch als Anstrich für unbehandeltes Holz verwenden.

Quark-Öl-Farbe

Das Pflanzenpigment wird mit etwas Wasser angerührt und für ein paar Minuten ziehen gelassen (eingesumpft). Hiernach wird der Quark aufgerührt und während des Rührens langsam Leinöl (Standöl) zugegeben. Danach kommt das eingesumpfte Pigment hinzu und soviel Wasser, bis eine streichfähige Substanz vorhanden ist.

Für eine Fläche von 1 m^2 benötigt man ca. 65 g Quark, 5 g pflanzengefärbtes Pigment in Pulverform und ca. 12 ml Leinöl.

Diese Farbe eignet sich als abriebfeste, aber nicht abwaschbare Wandfarbe im Innenbereich (saugfähige Oberflächen), jedoch nicht für Räume mit hoher Luftfeuchtigkeit. Sie ist auch als Deckanstrich auf Boraxfarben geeignet um deren Wischfestigkeit zu verbessern.

Zelluloseleim-Farbe

Für diese Farbe benötigt man Zelluloseleim in Pulverform, welches ca. 30 Minuten vor dem Anrühren der Farbe in Wasser gestreut (ca. 125 ml Wasser pro 2,5 g Leimpulver) und erst nach dieser Standzeit aufgerührt wird. Es soll die Konsistenz von dicker Sahne haben, falls nötig gibt man noch etwas Wasser beim Rühren zu. Neben diesem muss die Schlämmkreide mind. 24 Stunden zuvor in Wasser angerührt und eingesumpft werden. Vor der Verwendung der Schlämmkreide sollte das von der Kreide nicht aufgenommene Wasser abgegossen und die eingesumpfte Kreide nochmals aufgemischt werden. Das Pflanzenpigment wird mit etwas Wasser vermengt und für ein paar Minuten ziehen gelassen (eingesumpft). Zunächst verrührt man den aufgelösten Zelluloseleim mit dem eingesumpften Pigment. Hiernach gibt man unter ständigem Rühren die eingesumpfte Schlämmkreide zu. Das Gemisch lässt man nochmals für ca. 30 Minuten stehen, bevor man es erneut aufrührt und soviel Wasser hinzu gibt, bis eine streichfähige Masse entsteht.

Für eine Fläche von 1 m^2 benötigt man ca. 2,5 g Zelluloseleimpulver, ca. 25 g Schlämmkreide (eingesumpft) und ca. 6 g pflanzengefärbtes Pigment in Pulverform.

Diese Farbe eignet sich als abriebfeste, aber nicht abwaschbare Wandfarbe im Innenbereich (saugfähige Oberflächen).

6.18.2 Rezepte für Beizenmittel in der Textilienfärbung

Die Angaben beziehen sich auf 100 Gramm zu beizende Wolle, wobei die Wolle leicht angefeuchtet werden sollte, bevor sie in das entsprechend den Angaben temperierte Beizenbad gelegt wird. Die Wolle sollte vor dem Färben ca. 1 Stunde im Beizenbad verweilen, während die angegebene Temperatur gehalten wird. Möchte man pflanzliche Fasern färben, so empfiehlt es sich, die Mengenangaben ausgenommen der Wasserangaben zu verdoppeln.

Alaunbeize
2 gehäufte Teelöffel Alaun, 3 l Wasser, 90 °C

Alaun- und Weinsteinbeize
2 gestrichene Teelöffel Alaun, 1 Messerspitze Weinstein, 3 l Wasser, 90 °C

Chromkalibeize
4 Gramm Chromkali, 3 l Wasser, 60 °C

Eisenvitriolbeize
10 Gramm Eisenvitriol, 3 l Wasser, 60 °C

Kupfervitriolbeize
10 Gramm Kupfervitriol, 3 l Wasser, 60 °C

Weinsteinbeize
2 geh. Teelöffel Weinstein, 3 l Wasser, 90 °C

6.18.3 Rezepte zur Textilfärbung

Nachfolgend werden einfache Rezepte, als Zugabe zu den bereits erwähnten Farbrezepten innerhalb der Färberpflanzenkapitel, zur Färbung von Wolle und anderen Textilien aufgeführt. Das Experimentieren mit Naturfarbstoffen durch das Färben von Wolle kann als einführende Grundlage für weitere, fortführende Färbeversuche genutzt werden.

Es gibt selbstverständlich eine riesige Auswahl an Färberpflanzen, die hierfür eingesetzt werden können. So können auch Früchte oder Pflanzenteile von Holunder, Brombeere, Avocado oder Efeubeeren und viele weitere Farbstoffgeber genutzt werden. Diese zusammengefasst, würden allerdings den zur Verfügung stehenden Rahmen hier sprengen, daher ist die nachfolgende Auflistung nur ein kleiner Auszug der Möglichkeiten, welche zu weiteren Versuchen und Experimenten anregen sollen.

Trotz der problemlos durchzuführenden Verfahren sollte auf eine Schutzausrüstung, wie z. B. Handschuhe und ggf. auch eine Schutzbrille, nicht verzichtet werden, um Hautirritationen oder Augenverletzungen durch die Beizen zu vermeiden. Da mit einem Naturrohstoff gefärbt wird, können die nötigen Mengenangaben schwanken. Hier gilt es selbst auszuprobieren! Allgemein kann man das Pflanzengut öfter auskochen, ähnlich wie beim Kochen von Tee. Die Farbkraft kann durch längeres Einweichen der Wolle im Farbsud oder das Wiederholen des Färbevorgangs intensiviert werden. Durch Überfärben von bereits Gefärbtem oder der Verwendung eines anderen Beizenmittels zur Vorbeize, kann man eine Vielzahl weiterer Farbtöne erreichen. Das erwähnte Filtern in den nachfolgenden Rezepten kann auch ein einfaches Abseihen mit einem handelsüblichen Küchensieb sein. In der Wolle hängende Pflanzenreste nach dem Färben können vor dem Trocknen ausgewaschen werden (bei Hennafärbungen nach dem ersten Trocknen).

Farbrezepte mit Ackerschachtelhalm (Equisetum arvense)

Hellgelb

Für 1 kg Wolle (vorgebeizt mit Alaunbeize) benötigt man ca. 3 kg getrockneten Ackerschachtelhalm. Dieser wird zerbröselt, mit Wasser bedeckt für ca. 3 Std. ausgekocht und der Sud hiernach abgefiltert. In den gefilterten Sud gibt man nun die vorgebeizte Wolle hinein und lässt alles zusammen bei ca. 90 °C für 2 Stunden ziehen und hiernach langsam abkühlen. Ist der Farbsud mit der Wolle gemeinsam abgekühlt, lässt man die Wolle abtropfen und trocknen.

Gelbgrün

Für 1 kg Wolle (vorgebeizt mit Alaunbeize) benötigt man ca. 3 kg getrockneten Ackerschachtelhalm. Dieser wird zerbröselt, mit Wasser bedeckt für ca. 3 Std. ausgekocht und der Sud hiernach abgefiltert. In den gefilterten Sud gibt man nun die vorgebeizte Wolle hinein und lässt alles zusammen bei ca. 90 °C für 2 Stunden ziehen. Nach diesem Vorgang entnimmt man zunächst die Wolle und gibt dem Sud unter Rühren ca. zwei bis drei Teelöffel Kupfervitriol zu, bevor man die Wolle nochmals in den Sud legt und eine weitere Stunde bei ca. 90 °C ziehen lässt. Nach diesem Gang soll die Wolle im Farbsud langsam abkühlen. Hiernach lässt man die Wolle abtropfen und trocknen.

Farbrezepte mit Berberitze (Berberis vulgaris)

Hellgrün

Für 1 kg Wolle (vorgebeizt mit Alaunbeize) benötigt man ca. 4 kg getrocknete und zerkleinerte Berberitzezweige. Diese werden mit Wasser bedeckt für ca. 3 Tage quellen gelassen. Nach dem Quellen wird nochmals Wasser hinzugefügt, bis die Pflanzenteile komplett bedeckt sind und alles zusammen für ca. 4 Stunden gekocht. Nach diesem Vorgang wird der Sud gefiltert. In den gefilterten Sud gibt man nun die vorgebeizte Wolle hinein und lässt alles zusammen bei ca. 90 °C für 2 Stunden ziehen. Nach diesem Vorgang entnimmt man zunächst die Wolle und gibt dem Sud unter Rühren ca. zwei bis drei Teelöffel Kupfervitriol zu, bevor man die Wolle nochmals in den Sud legt und für weitere 2 Stunden leicht sieden lässt. Hiernach lässt man die Wolle abtropfen und trocknen.

Hellgelb

Für 1 kg Wolle (vorgebeizt mit Alaunbeize) benötigt man ca. 4 kg getrocknete und zerkleinerte Berberitzezweige. Diese werden mit Wasser bedeckt für ca. 3 Tage quellen gelassen. Nach dem Quellen wird nochmals Wasser hinzugefügt, bis die Pflanzenteile komplett bedeckt sind und alles zusammen für ca. 4 Stunden gekocht. Nach diesem Vorgang wird der Sud gefiltert. In den gefilterten Sud gibt man nun die vorgebeizte Wolle hinein und lässt alles zusammen bei ca. 90 °C für 2 Stunden ziehen. Hiernach lässt man die Wolle abtropfen und trocknen.

Farbrezepte mit Birkenblätter (Betula)

Goldgelb

Für 1 kg Wolle (nicht vorgebeizt) benötigt man ca. 4 kg getrocknete Birkenblätter. Diese werden mit Wasser bedeckt für ca. 24 Std. quellen gelassen. Nach dem Quellen wird das Wasser-Blätter-Gemisch für ca. 1 Stunde ausgekocht und gefiltert. Nun gibt man ca. 20 bis 30 Gramm Alaun in den gefilterten Sud, legt die Wolle dazu und lässt alles zusammen für ca. eine Stunde bei ca. 90 °C ziehen. Nach diesem Schritt bereitet man eine Lauge aus Pottasche und Wasser (ca. 200 Gramm Pottasche auf 10 Liter Wasser) und legt die eben im Farbsud gekochte Wolle, ohne sie zuvor auszuwaschen in die Lauge und lässt dies wiederum für ca. 10 Stunden ziehen. Hiernach lässt man die Wolle abtropfen, spült sie aus und trocknet sie.

Grüngelb

Für 1 kg Wolle (nicht vorgebeizt) benötigt man ca. 12 kg getrocknete Birkenblätter. Diese werden mit Wasser bedeckt für ca. 1 Std. ausgekocht. Nach dem Kochen wird der Sud gefiltert, mit ca. 200 Gramm Alaun versetzt, die Wolle hinzugegeben und alles zusammen für ca. 1 Stunde bei 90 °C ziehen gelassen. Nach diesem Schritt bereitet man eine Lauge aus Pottasche und Wasser (ca. 200 Gramm Pottasche auf 10 Liter Wasser) und legt die eben im Farbsud gekochte Wolle, ohne sie zuvor auszuwaschen in die Lauge und lässt dies wiederum für ca. 10 Stunden ziehen. Hiernach lässt man die Wolle abtropfen, spült sie aus und trocknet sie.

Farbrezepte mit Eichenrinden (Quercus)

Beige

Für 1 kg Wolle (nicht vorgebeizt) benötigt man ca. 4 kg getrocknete und zerkleinerte Eichenrinde. Diese wird mit Wasser bedeckt und ca. 24 Std. quellen gelassen, bevor das Ganze für ca. 3 Std. ausgekocht wird. Nach diesem Vorgang wird der Sud gefiltert, die ungebeizte Wolle hinzu gegeben und beides für ca. 2 Stunden bei 90 °C ziehen gelassen. Hiernach lässt man die Wolle abtropfen, spült sie aus und trocknet sie.

Braungelb

Für 1 kg Wolle (vorgebeizt mit Alaunbeize) benötigt man ca. 4 kg getrocknete und zerkleinerte Eichenrinde. Diese wird mit Wasser bedeckt und ca. 24 Std. quellen gelassen, bevor das Ganze für ca. 3 Std. ausgekocht wird. Nach diesem Vorgang wird der Sud gefiltert, die vorgebeizte Wolle hinzu gegeben und beides für ca. 4 Stunden bei 90 °C ziehen gelassen. Hiernach lässt man die Wolle abtropfen, spült sie aus und trocknet sie.

Grau

Für 1 kg Wolle (vorgebeizt mit Alaunbeize) benötigt man ca. 4 kg getrocknete und zerkleinerte Eichenrinde. Diese wird mit Wasser bedeckt und ca. 24 Std. quellen gelassen, bevor das Ganze für ca. 3 Std. ausgekocht wird. Nach diesem Vorgang wird der Sud gefiltert, die vorgebeizte Wolle hinzu gegeben und beides für ca. 1 Stunde bei 50 °C ziehen gelassen. Danach wird die Wolle aus dem Sud genommen, ca. 2 bis 3 Teelöffel Eisenvitriol in den Sud eingerührt und die Wolle wieder zugegeben. Sud und Wolle wird nochmals bei 90 °C für ca. 1 Stunde ziehen gelassen. Hiernach lässt man die Wolle abtropfen, spült sie aus und trocknet sie.

Dunkelbraun

Für 1 kg Wolle (vorgebeizt mit Alaunbeize) benötigt man ca. 4 kg getrocknete und zerkleinerte Eichenrinde. Diese wird mit Wasser bedeckt und ca. 24 Std. quellen gelassen, bevor das Ganze für ca. 3 Std. ausgekocht wird. Nach diesem Vorgang wird der Sud gefiltert und mit ein bis zwei gestrichenen Teelöffeln Kupfervitriol versetzt (eingerührt). Die vorgebeizte Wolle wird in den Farbsud gelegt und bei 90 °C für ca. 1 Std. ziehen gelassen. Hiernach lässt man die Wolle abtropfen, spült sie aus und trocknet sie.

Farbrezepte mit Erlenblätter und Erlenrinde (Alnus)

Gelbbraun

Für 1 kg Wolle (vorgebeizt mit Alaunbeize) benötigt man ca. 4 kg frische Erlenblätter. Diese werden mit Wasser bedeckt, für 1 Stunde ausgekocht, langsam abgekühlt und der Sud gefiltert. Nach diesem Vorgang wird der Sud mit ca. 30 Gramm Kupfervitriol versetzt (eingerührt). Die vorgebeizte Wolle wird in den Farbsud gelegt und bei 90 °C für ca. 1 Std. ziehen gelassen. Hiernach lässt man die Wolle abtropfen, spült sie aus und trocknet sie.

Grüngelb

Für 1 kg Wolle (vorgebeizt mit Alaunbeize) benötigt man ca. 4 kg frische Erlenblätter. Diese werden mit Wasser bedeckt, für 1 Stunde ausgekocht, langsam abgekühlt und der Sud gefiltert. Nach diesem Vorgang wird die vorgebeizte Wolle in den Sud gelegt, langsam auf 90 °C erhitzt und alles zusammen für 1 Stunde auf dieser Temperatur ziehen gelassen. Hiernach lässt man die Wolle abtropfen, spült sie aus und trocknet sie.

Graubraun

Für 1 kg Wolle (vorgebeizt mit Alaunbeize) benötigt man ca. 1 kg getrocknete und zerkleinerte Erlenrinde. Die Erlenrinde wird mit Wasser bedeckt, 24 Stunden quellen gelassen und hiernach im Sud für 2 Stunden ausgekocht und abgefiltert. Die vorgebeizte Wolle wird in den Farbsud gelegt und bei 90 °C für ca. 1 Std. ziehen gelassen. Hiernach entnimmt man die Wolle, fügt dem Sud unter Rühren ca. 2 bis 3 Teelöffel Eisenvitriol zu und gibt die Wolle zurück in den Sud. Das Ganze wird dann nochmals bei ca. 90 °C für eine Stunde ziehen gelassen. Hiernach lässt man die Wolle abtropfen, spült sie aus und trocknet sie.

Braun

Für 1 kg Wolle (vorgebeizt mit Alaunbeize) benötigt man ca. 1 kg getrocknete und zerkleinerte Erlenrinde. Diese wird mit Wasser bedeckt und nach einem Quellen lassen für die Dauer von 24 Stunden kocht man den Sud für 2 Stunde aus und filtert ihn. Die vorgebeizte Wolle wird in den Farbsud gelegt und bei 90 °C für ca. 1 Std. ziehen gelassen. Hiernach entnimmt man die Wolle, fügt dem Sud unter Rühren ca. 2 bis 3 Teelöffel Kupfervitriol zu und gibt die Wolle zurück in den Sud. Das Ganze wird dann nochmals bei ca. 90 °C für eine Stunde ziehen gelassen. Hiernach lässt man die Wolle abtropfen, spült sie aus und trocknet sie.

Mattgelb

Für 1 kg Wolle (vorgebeizt mit Alaunbeize) benötigt man ca. 1 kg getrocknete und zerkleinerte Erlenrinde. Diese wird mit Wasser bedeckt und nach einem Quellen lassen für die Dauer von 24 Stunden kocht man den Sud für 2 Stunden aus und filtert ihn. Die Wolle wird nun in den gefilterten Sud gegeben und alles zusammen bei 90 °C für ca. 2 Stunden ziehen gelassen. Hiernach lässt man die Wolle abtropfen, spült sie aus und trocknet sie.

Farbrezepte mit Essigbaumblättern (Rhus hirta)

Hellgrün

Für 1 kg Wolle (vorgebeizt mit Alaunbeize) benötigt man ca. 1,2 kg getrocknete und zerkleinerte Essigbaumblätter. Diese werden mit Wasser bedeckt und für ca. 2 Stunden gekocht und der Sud gefiltert. Dem Farbsud wird dann unter Rühren 1 bis 2 Teelöffel Kupfervitriol zugesetzt bevor die vorgebeizte Wolle dazugegeben wird. Die Wolle wird im Sud für 1 Stunde und mit einer Temperatur von 90 °C ziehen gelassen. Hiernach lässt man die Wolle abtropfen, spült sie aus und trocknet sie.

Mattgelb

Für 1 kg Wolle (vorgebeizt mit Alaunbeize) benötigt man ca. 1,2 kg getrocknete und zerkleinerte Essigbaumblätter. Diese werden mit Wasser bedeckt, für ca. 2 Stunden gekocht und der Sud gefiltert. In den gefilterten Sud wird die Wolle für ca. 2 Stunden bei einer Temperatur von 90 °C ziehen gelassen. Hiernach lässt man die Wolle abtropfen, spült sie aus und trocknet sie.

Farbrezepte mit Färberginster (Genista tinctoria)

Gelb

Für 1 kg Wolle (vorgebeizt mit Alaunbeize) benötigt man ca. 2 kg getrockneten und zerkleinerten Färberginster. Dieser wird mit Wasser bedeckt, für ca. 3 Stunden gekocht und der Sud gefiltert. In den gefilterten Sud wird die Wolle für ca. 2 Stunden bei einer Temperatur von 80 °C ziehen gelassen. Hiernach lässt man die Wolle abtropfen, spült sie aus und trocknet sie.

Hellgrün

Für 1 kg Wolle (nicht vorgebeizt) benötigt man ca. 2 kg getrockneten und zerkleinerten Färberginster. Dieser wird mit Wasser bedeckt, für ca. 3 Stunden gekocht und der Sud gefiltert. Dem gefilterten Sud werden unter Rühren 2 bis 3 Teelöffel Kupfervitriol zugesetzt. Die ungebeizte Wolle wird nun in den Sud gelegt und für ca. 3 Stunden bei 90 °C ziehen gelassen. Sud und Wolle kühlen dann langsam gemeinsam ab bevor man die Wolle entfernt, abtropfen lässt, mit klarem Wasser auswäscht und trocknet.

Farbrezepte mit Färberkamille (Anthemis tinctoria)

Graugrün

Für 1 kg Wolle (vorgebeizt mit Alaunbeize) benötigt man ca. 1 kg Blüten der Färberkamille. Diese werden mit Wasser bedeckt für ca. 2 Std. ausgekocht und der Sud hiernach abgefiltert. Dem gefilterten Sud gibt man nun unter Rühren ca. einen bis zwei Teelöffel Eisenvitriol zu, legt die vorgebeizte Wolle hinein und lässt alles zusammen bei ca. 90 °C für 2 Stunden ziehen. Hiernach lässt man die Wolle abtropfen und trocknen.

Olivgrün

Für 1 kg Wolle (vorgebeizt mit Alaunbeize) benötigt man ca. 1 kg Blüten der Färberkamille. Diese werden mit Wasser bedeckt für ca. 2 Std. ausgekocht und der Sud hiernach abgefiltert. Dem gefilterten Sud gibt man nun unter Rühren ca. einen bis zwei Teelöffel Kupfervitriol zu, legt die vorgebeizte Wolle hinein und lässt alles zusammen bei ca. 90 °C für 2 Stunden ziehen. Hiernach lässt man die Wolle abtropfen und trocknen.

Goldgelb

Für 1 kg Wolle (vorgebeizt mit Alaunbeize) benötigt man ca. 1 kg Blüten der Färberkamille. Diese werden mit Wasser bedeckt für ca. 2 Std. ausgekocht und der Sud hiernach abgefiltert. In den gefilterten Sud gibt man nun die vorgebeizte Wolle hinein und lässt alles zusammen bei ca. 90 °C für 1 Stunde ziehen. Hiernach lässt man die Wolle abtropfen und trocknen.

Farbrezepte mit Färberscharte (Serratula tinctoria)

Zitronengelb

Für 1 kg Wolle (vorgebeizt mit Alaunbeize) benötigt man ca. 2 kg getrocknete Färberscharte. Diese wird mit Wasser bedeckt für ca. 1 Std. ausgekocht und der Sud hiernach abgefiltert. In den gefilterten Sud gibt man nun die vorgebeizte Wolle hinein und lässt alles zusammen bei ca. 60 °C für 1 Stunde ziehen. Sud und Wolle kühlen gemeinsam ab bevor man die Wolle aus dem Sud entfernt, mit klarem Wasser ausspült und trocknet.

Gelb

Für 1 kg Wolle (vorgebeizt mit Alaunbeize) benötigt man ca. 2 kg getrocknete Färberscharte. Diese wird mit Wasser bedeckt für ca. 1 Std. ausgekocht und der Sud hiernach abgefiltert. In den gefilterten Sud gibt man nun die vorgebeizte Wolle hinein und lässt alles zusammen bei ca. 60 °C für 1 Stunde ziehen. Sud und Wolle sollten nun langsam gemeinsam abkühlen bevor man beides nochmals auf 90° C erhitzt und bei dieser Temperatur für 2 Stunden ziehen lässt. Hiernach lässt man die Wolle abtropfen und trocknen.

Dunkelgrün

Für 1 kg Wolle (vorgebeizt mit Alaunbeize) benötigt man ca. 1 kg getrocknete Färberscharte. Diese wird mit Wasser bedeckt für ca. 1 Std. ausgekocht und der Sud hiernach abgefiltert. In den gefilterten Sud gibt man unter Rühren ca. 1 bis 2 Teelöffel Kupfervitriol zu. Danach legt man die Wolle hinein, erhitzt langsam auf 60 °C und lässt das Ganze bei dieser Temperatur für ca. 1 Stunde ziehen bevor alles langsam abkühlt, die Wolle entnommen, mit frischen Wasser ausgewaschen und getrocknet wird.

Farbrezepte mit Faulbaumrinde und Faulbaumbeeren (Frangula alnus)

Bronze

Für 1 kg Wolle (vorgebeizt mit Alaunbeize) benötigt man ca. 2 kg getrocknete Faulbaumrinde. Diese wird mit Wasser bedeckt ca. 24 Stunden quellen gelassen und anschließend für ca. 1 Stunde ausgekocht. Die vorgebeizte Wolle wird in dem Sud bei 90 °C für ca. eine Stunde ziehen gelassen. Hiernach lässt man die Wolle abtropfen und trocknen.

Rostbraun

Für 1 kg Wolle (vorgebeizt mit Alaunbeize) benötigt man ca. 2 kg getrocknete Faulbaumrinde. Diese wird mit Wasser bedeckt ca. 24 Stunden quellen gelassen und anschließend für ca. 1 Stunde ausgekocht und gefiltert. Dem gefilterten Sud gibt man unter Rühren ca. 10 Gramm Chromkali zu, legt die Wolle dazu und lässt alles zusammen bei 80 °C für ca. 1 Stunde ziehen. Hiernach lässt man die Wolle abtropfen und trocknen.

Graugrün

Für 1 kg Wolle (vorgebeizt mit Alaunbeize) benötigt man ca. 1,2 kg Faulbaumbeeren. Diese werden zunächst für ca. 6 Stunden in Wasser eingeweicht, bevor sie zerkleinert und mit dem

Einweichwasser zusammen für ca. 1 Stunde gekocht werden. Dann filtert man den Sud, gibt die Wolle hinzu und lässt alles zusammen für 1 Stunde leicht köcheln. Hiernach lässt man die Wolle abtropfen und trocknen.

Farbrezepte mit Heidekraut (Erica)

Goldgelb

Für 1 kg Wolle (vorgebeizt mit Alaunbeize) benötigt man ca. 2 kg getrocknetes Heidekraut. Dieses wird mit Wasser bedeckt für ca. 3 Std. ausgekocht und der Sud im nächsten Schritt abgefiltert. In den gefilterten Sud gibt man nun die vorgebeizte Wolle hinein und lässt alles zusammen bei ca. 90 °C für 2 Stunden ziehen. Hiernach lässt man die Wolle abtropfen und trocknen.

Gelb

Für 1 kg Wolle (vorgebeizt mit Alaunbeize) benötigt man ca. 2 kg getrocknetes Heidekraut. Dieses wird mit Wasser bedeckt für ca. 3 Std. ausgekocht und der Sud im nächsten Schritt abgefiltert. In den gefilterten Sud gibt man nun unter Rühren ca. 2 bis 3 gehäufte Teelöffel Weinstein und die vorgebeizte Wolle hinein und lässt alles zusammen bei ca. 90 °C für 2 Stunden ziehen. Hiernach lässt man die Wolle abtropfen und trocknen.

Sandfarben

Für 1 kg Wolle (vorgebeizt mit Alaunbeize) benötigt man ca. 2 kg getrocknetes Heidekraut. Dieses wird mit Wasser bedeckt für ca. 3 Std. ausgekocht und der Sud im nächsten Schritt abgefiltert. In den gefilterten Sud gibt man nun unter Rühren ca. 2 bis 3 gehäufte Teelöffel Weinstein und die vorgebeizte Wolle hinein und lässt alles zusammen bei ca. 90 °C für 2 Stunden ziehen. Nach diesem Vorgang lässt man den Sud mit der Wolle abkühlen, erhitzt beides zusammen nochmals auf 90° C und lässt es zwei weitere Stunden bei dieser Temperatur ziehen. Hiernach lässt man die Wolle abtropfen und trocknen.

Farbrezepte mit Henna (Lawsonia inermis)

Rostbraun

Für 1 kg Wolle (vorgebeizt mit Alaunbeize) benötigt man ca. 2 kg Hennapulver. Dieses wird mit etwas Wasser zu einem Brei verrührt. Der Hennabrei wird anschließend in warmer Umgebung (warmes Zimmer) sorgfältig auf der Wolle verteilt. Der Hennabrei soll auf der Wolle komplett eintrocknen, bevor man die Wolle mit klarem Wasser auswäscht und trocknen lässt.

Orange

Für 1 kg Wolle (vorgebeizt mit Alaunbeize) benötigt man ca. 2 kg Hennapulver. Das Hennapulver wird mit reichlich Wasser für 24 Stunden eingeweicht und danach ca. 30 Minuten in dem Einweichwasser gekocht. Der Sud wird danach gefiltert, die Wolle in den Sud gegeben und bei 90 °C für ca. 2 Stunden darin ziehen gelassen. Hiernach wird die Wolle aus dem Sud genommen, komplett trocknen gelassen bevor man die Wolle auswäscht und erneut trocknen lässt.

Dunkelbraun

Für 1 kg Wolle (vorgebeizt mit Alaunbeize) benötigt man ca. 2 kg Hennapulver. Das Hennapulver wird mit reichlich Wasser für 24 Stunden eingeweicht und danach ca. 30 Minuten in dem Einweichwasser gekocht. Anschließend wird der Sud gefiltert und unter Rühren mit 2 bis 3 Teelöffel Kupfervitriol versetzt, die Wolle hinzugegeben und alles zusammen für ca. 3 Stunden bei

80 °C ziehen gelassen. Hiernach wird die Wolle aus dem Sud genommen, komplett trocknen gelassen bevor man die Wolle auswäscht und erneut trocknen lässt.

Braun

Für 1 kg Wolle (vorgebeizt mit Alaunbeize) benötigt man ca. 2 kg Hennapulver. Das Hennapulver wird mit reichlich Wasser für 24 Stunden eingeweicht und danach ca. 30 Minuten in dem Einweichwasser gekocht. Anschließend wird der Sud gefiltert und unter Rühren mit 2 bis 3 Teelöffel Eisenvitriol versetzt, die Wolle hinzugegeben und alles zusammen für ca. 3 Stunden bei 80 °C ziehen gelassen. Hiernach wird die Wolle aus dem Sud genommen, komplett trocknen gelassen bevor man die Wolle auswäscht und erneut trocknen lässt.

Farbrezepte mit Islandmoos (Cetraria islandica)

Hellgelb

Für 1 kg Wolle (vorgebeizt mit Alaunbeize) benötigt man ca. 800 Gramm getrocknetes Islandmoos. Dieses wird mit Wasser bedeckt, für ca. 2 Std. ausgekocht und der Sud hiernach abgefiltert. Nun wird die vorgebeizte Wolle in den Sud gelegt und beides für 2 Stunde bei 90 °C ziehen gelassen. Zum Abschluss lässt man die Wolle abtropfen und trocknen.

Hellgrün

Für 1 kg Wolle (vorgebeizt mit Alaunbeize) benötigt man ca. 800 Gramm getrocknetes Islandmoos. Dieses wird mit Wasser bedeckt, für ca. 2 Std. ausgekocht und der Sud danach abgefiltert. Der gefilterte Sud wird anschließend unter Rühren mit 2 bis 3 Teelöffel Kupfervitriol versetzt, die Wolle hinzugegeben und alles zusammen bei 90 °C für ca. 2 Stunden ziehen gelassen. Hiernach lässt man die Wolle mit dem Sud zusammen abkühlen, lässt sie abtropfen, spült sie aus und trocknet sie.

Farbrezepte mit Kaffee (Coffea arabica und/oder Coffea canephora)

Hellbraun

Für 1 kg Wolle (vorgebeizt mit Alaunbeize) benötigt man ca. 2 kg Kaffeepulver aus der Kaffeebohne. Dieses wird mit Wasser bedeckt für ca. eine halbe Std. ausgekocht und der Sud danach abgefiltert. Nun wird die vorgebeizte Wolle in den Sud gelegt und beides für 1 Stunde bei 90 °C ziehen gelassen. Hiernach lässt man die Wolle abtropfen und trocknen.

Ocker

Für 1 kg Wolle (vorgebeizt mit Chromkalibeize) benötigt man ca. 2 kg Kaffeepulver aus der Kaffeebohne. Dieses wird mit Wasser bedeckt für ca. eine halbe Std. ausgekocht und der Sud danach abgefiltert. Nun wird die vorgebeizte Wolle in den Sud gelegt und beides für 1 Stunde bei 90 °C ziehen gelassen. Hiernach lässt man die Wolle abtropfen und trocknen.

Dunkelolivgrün

Für 1 kg Wolle (vorgebeizt mit Kupfervitriolbeize) benötigt man ca. 2 kg Kaffeepulver aus der Kaffeebohne. Dieses wird mit Wasser bedeckt für ca. eine halbe Std. ausgekocht und der Sud danach abgefiltert. Nun wird die vorgebeizte Wolle in den Sud gelegt und beides für 1 Stunde bei 90 °C ziehen gelassen. Hiernach lässt man die Wolle abtropfen und trocknen.

Farbrezepte mit Krapp (Rubia tinctorum)

Rostrot

Für 1 kg Wolle (vorgebeizt mit Alaunbeize) benötigt man ca. 2 kg getrocknete und zerkleinerte Krappwurzeln. Diese werden mit Wasser bedeckt für ca. 24 Std. quellen gelassen. Danach wird der Sud mit den getrockneten Pflanzenteilen auf 50 °C erhitzt, bei dieser Temperatur für ca. 2 Stunden ziehen gelassen und gefiltert. In den gefilterten Sud gibt man nun die vorgebeizte Wolle hinein, erhitzt das Ganze langsam auf 70 °C und lässt es bei dieser Temperatur 1 Stunde ziehen. Dann erhöht man die Temperatur auf 90 °C und lässt alles zusammen nochmals eine halbe Stunde ziehen. Hiernach lässt man die Wolle abtropfen und trocknen.

Helles Rostbraun

Für 1 kg Wolle (nicht vorgebeizt) benötigt man ca. 2 kg getrocknete und zerkleinerte Krappwurzeln. Diese werden mit Wasser bedeckt für ca. 24 Std. quellen gelassen. Danach wird der Sud mit den getrockneten Pflanzenteilen auf 50 °C erhitzt, bei dieser Temperatur für ca. 2 Stunden ziehen gelassen und gefiltert. In den gefilterten Sud gibt man nun die ungebeizte Wolle hinein, erhitzt das Ganze langsam auf 70 °C und lässt es bei dieser Temperatur 2 Stunde ziehen. Hiernach lässt man die Wolle abtropfen und trocknen.

Dunkles Rostbraun

Für 1 kg Wolle (vorgebeizt mit Alaun- und Weinsteinbeize) benötigt man ca. 2 kg getrocknete und zerkleinerte Krappwurzeln. Diese werden mit Wasser bedeckt für ca. 24 Std. quellen gelassen. Danach wird der Sud mit den getrockneten Pflanzenteilen auf 50 °C erhitzt, bei dieser Temperatur für ca. 2 Stunden ziehen gelassen und gefiltert. In den gefilterten Sud gibt man nun die vorgebeizte Wolle hinein, erhitzt das Ganze langsam auf 70 °C und lässt es bei dieser Temperatur 1 Stunde ziehen. Dann erhöht man die Temperatur auf 90 °C und lässt alles zusammen nochmals eine halbe Stunde ziehen. Hiernach lässt man die Wolle abtropfen und trocknen.

Farbrezepte mit Roter Beete (Beta vulgaris)

Hellrosa

Für 1 kg Wolle (vorgebeizt mit Alaunbeize) benötigt man ca. 5 bis 10 kg zerkleinerte und pürierte Rote Rüben. Diese werden mit Wasser bedeckt für ca. 1 Stunde gekocht und der Sud anschließend gefiltert. In den gefilterten Farbsud wird die Wolle hineingegeben, das Ganze kurz aufgekocht und danach für ca. 2 Stunden bei 90 °C ziehen gelassen. Hiernach lässt man die Wolle abtropfen und trocknen.

Farbrezepte mit Rotkohl (Brassica oleracea)

Blaugrün

Für 1 kg Wolle (vorgebeizt mit Alaun- und Weinsteinbeize) benötigt man ca. 2 kg frisches Rotkohl. Dieses wird mit Wasser bedeckt für ca. 1 Stunde gekocht. Bevor der Sud gefiltert wird, lässt man das Kraut im Wasser abkühlen und für ca. 1 Stunde stehen. Die vorgebeizte Wolle wird dann in dem Sud bei 90 °C für ca. 30 Minuten ziehen gelassen. Danach lässt man die Wolle mit dem Sud zusammen abkühlen. Hiernach kann man die Wolle aus dem Farbsud nehmen, auswaschen und trocknen.

Farbrezepte mit Saflor (Carthamus tinctorius)

Gelb

Für 1 kg Wolle (vorgebeizt mit Alaunbeize) benötigt man ca. 1 kg getrocknete Saflorblüten. Diese werden mit Wasser bedeckt für ca. 3 Stunden ausgekocht und der Sud gefiltert. Die vorgebeizte Wolle wird nun in dem Sud bei 90 °C für ca. 2 Stunden ziehen gelassen. Hiernach lässt man die Wolle abtropfen und trocknen.

Grün

Für 1 kg Wolle (vorgebeizt mit Alaunbeize) benötigt man ca. 1 kg getrocknete Saflorblüten. Diese werden mit Wasser bedeckt für ca. 3 Stunden ausgekocht und der Sud gefiltert. Dem gefilterten Sud werden nun unter Rühren 2 bis 3 Teelöffel Kupfervitriol zugesetzt. Die vorgebeizte Wolle wird nun in dem Sud bei 90 °C für ca. 2 Stunden ziehen gelassen. Hiernach lässt man die Wolle abtropfen und trocknen.

Farbrezepte mit Safran (Crocus sativus)

Hellgrün

Für 1 kg Wolle (vorgebeizt mit Alaunbeize) benötigt man ca. 60 Gramm Safran. Dieser wird mit Wasser bedeckt für ca. 1 Std. ausgekocht und der Sud hiernach gefiltert. In den gefilterten Sud gibt man unter Rühren 2 bis 3 Teelöffel Kupfersulfat, fügt die Wolle dazu und lässt alles zusammen bei 90 °C für ca. 2 Stunden ziehen. Hiernach lässt man die Wolle abtropfen und trocknen.

Hellgelb

Für 1 kg Wolle (vorgebeizt mit Alaunbeize) benötigt man ca. 100 Gramm Safran. Dieser wird in lauwarmes Wasser eingerührt, die Wolle hinzugegeben und alles zusammen für ca. 5 Stunden stehen gelassen. Nach diesem Schritt werden Sud und Wolle gemeinsam auf 80 °C erhitzt und bei dieser Temperatur für 2 Stunden ziehen gelassen, bevor man alles abkühlen lässt. Hiernach lässt man die Wolle abtropfen und trocknen.

Gelb

Für 1 kg Wolle (vorgebeizt mit Alaunbeize) benötigt man ca. 100 Gramm Safran. Dieser wird in lauwarmes Wasser eingerührt, die Wolle hinzugegeben und alles zusammen für ca. 5 Stunden stehen gelassen. Hiernach lässt man die Wolle abtropfen und trocknen.

Farbrezepte mit Tee (gängige Schwarzteesorten)

Olivgrün

Für 1 kg Wolle (vorgebeizt mit Alaunbeize) benötigt man ca. 500 Gramm getrocknete Teeblätter (Schwarztee). Diese werden in Wasser für ca. 20 Minuten ausgekocht und der Sud anschließend gefiltert. Die vorgebeizte Wolle wird in den Farbsud gelegt und bei 90 °C für ca. 2 Std. ziehen gelassen. Danach entnimmt man die Wolle, fügt dem Sud unter Rühren ca. 2 bis 3 Teelöffel Kupfervitriol zu und gibt die Wolle zurück in den Sud. Das Ganze wird dann nochmals bei ca. 90 °C für 2 Stunden ziehen gelassen. Hiernach lässt man die Wolle abtropfen, spült sie aus und trocknet sie.

Rostbraun

Für 1 kg Wolle (vorgebeizt mit Alaunbeize) benötigt man ca. 500 Gramm getrocknete Teeblätter (Schwarztee). Diese werden in Wasser für ca. 20 Minuten ausgekocht und der Sud anschließend gefiltert. Die vorgebeizte Wolle wird in den Farbsud gelegt und bei 90 °C für ca. 2 Std. ziehen gelassen. Hiernach lässt man die Wolle abtropfen, spült sie aus und trocknet sie.

Farbrezepte mit Walnuss (Juglans regia)

Gelbbraun

Für 1 kg Wolle (vorgebeizt mit Alaunbeize) benötigt man ca. 2 kg getrocknete Walnussblätter. Diese werden mit Wasser bedeckt für ca. 1 Std. ausgekocht und der Sud hiernach abgefiltert. In den gefilterten Sud gibt man nun die vorgebeizte Wolle hinein und lässt alles zusammen für 1 Stunde leicht köcheln. Hiernach lässt man die Wolle abtropfen und trocknen.

Mittelbraun

Für 1 kg Wolle (vorgebeizt mit Alaunbeize) benötigt man ca. 4 kg Walnussschalen (nicht die Schale des Nusskerns, sondern die grüne Schale um die Nuss). Diese werden in ein Tuch gepackt in Wasser gelegt und die Wolle dazu gegeben. Das lässt man nun ca. 3 Tage stehen, wobei man ab und an rühren sollte. Anschließend wird der Sud mit den Schalen und der Wolle auf ca. 50 °C erhitzt und für ca. 4 Stunden bei dieser Temperatur ziehen gelassen. Nachdem alles zusammen abgekühlt ist, lässt man die Wolle abtropfen und trocknen.

Dunkelbraun

Für 1 kg Wolle (vorgebeizt mit Alaunbeize) benötigt man ca. 4 kg Walnussschalen (nicht die Schale des Nusskerns, sondern die grüne Schale um die Nuss). Diese werden mit Wasser bedeckt für ca. 1 Std. ausgekocht und in den Sud mit den Walnussschalen gibt man nun die vorgebeizte Wolle hinein und lässt alles zusammen für 2 Stunden bei 90 °C ziehen. Hiernach lässt man die Wolle abtropfen und trocknen.

Rostbraun

Für 1 kg Wolle (vorgebeizt mit Alaunbeize) benötigt man ca. 4 kg Walnussschalen (nicht die Schale des Nusskerns, sondern die grüne Schale um die Nuss). Diese werden in ein Tuch gepackt in Wasser gelegt, die Wolle dazu gegeben und alles zusammen 3 Tage stehen gelassen (ab und an umrühren). Hiernach lässt man die Wolle abtropfen und trocknen.

Farbrezepte mit Wau (Reseda luteola)

Zitronengelb

Für 1 kg Wolle (vorgebeizt mit Alaunbeize) benötigt man ca. 1 kg getrocknetes Wau. Dieses wird zerkleinert, mit Wasser bedeckt, kurz aufgekocht, für ca. 3 Std. lauwarm ziehen gelassen und der Sud danach abgefiltert. In den gefilterten Sud gibt man nun die vorgebeizte Wolle hinein und lässt alles zusammen bei ca. 90 °C für 1 Stunde ziehen. Hiernach lässt man die Wolle abtropfen und trocknen.

Hellgelb

Für 1 kg Wolle (vorgebeizt mit Alaun- und Weinsteinbeize) benötigt man ca. 1 kg getrocknetes Wau. Dieses wird zerkleinert, mit Wasser bedeckt, kurz aufgekocht, für ca. 3 Std. lauwarm ziehen gelassen und der Sud danach abgefiltert. In den gefilterten Sud gibt man nun die vorgebeizte Wolle hinein und lässt alles zusammen bei ca. 90 °C für 1 Stunde ziehen. Nach diesem Vorgang erhöht man die Temperatur etwas und lässt alles nochmals eine gute Stunde leicht köcheln. Hiernach lässt man die Wolle abtropfen und trocknen.

Ockergelb

Für 1 kg Wolle (vorgebeizt mit Chromkalibeize) benötigt man ca. 1 kg getrocknetes Wau. Dieses wird zerkleinert, mit Wasser bedeckt, kurz aufgekocht, für ca. 3 Std. lauwarm ziehen gelassen und der Sud danach abgefiltert. In den gefilterten Sud gibt man nun die vorgebeizte Wolle hinein und lässt alles zusammen bei ca. 90 °C für 1 Stunde ziehen. Hiernach lässt man die Wolle abtropfen und trocknen.

Gelbgrün

Für 1 kg Wolle (vorgebeizt mit Kupfervitriolbeize) benötigt man ca. 1 kg getrocknetes Wau. Dieses wird zerkleinert, mit Wasser bedeckt, kurz aufgekocht, für ca. 3 Std. lauwarm ziehen gelassen und der Sud danach abgefiltert. In den gefilterten Sud gibt man nun die vorgebeizte Wolle hinein und lässt alles zusammen bei ca. 90 °C für 1 Stunde ziehen. Hiernach lässt man die Wolle abtropfen und trocknen.

Farbrezepte mit Wiesenlabkraut (Galium mollugo)

Rosa

Für 1 kg Wolle (vorgebeizt mit Alaunbeize) benötigt man ca. 1,6 kg Wurzeln des Wiesenlabkraut. Diese werden zerkleinert, mit Wasser bedeckt, für ca. 3 Std. ausgekocht und der Sud danach abgefiltert. In den gefilterten Sud gibt man nun die vorgebeizte Wolle hinein und lässt alles zusammen bei ca. 90 °C für 3 Stunden ziehen. Hiernach lässt man die Wolle abtropfen und trocknen.

Lila

Für 1 kg Wolle (vorgebeizt mit Alaunbeize) benötigt man ca. 1,6 kg Wurzeln des Wiesenlabkraut. Diese werden zerkleinert, mit Wasser bedeckt, für ca. 3 Std. ausgekocht und der Sud danach abgefiltert. In den gefilterten Sud gibt man nun die vorgebeizte Wolle hinein und lässt alles zusammen bei ca. 90 °C für 3 Stunden ziehen. Nach diesem Vorgang entnimmt man zunächst die Wolle und gibt dem Sud unter Rühren ca. zwei bis drei Teelöffel Weinstein zu, bevor man die Wolle nochmals in den Sud legt und eine weitere Stunde leicht sieden lässt. Hiernach lässt man die Wolle abtropfen und trocknen.

Farbrezepte mit Zwiebeln (Speisezwiebeln)

Goldgelb

Für 1 kg Wolle (vorgebeizt mit Alaun- und Weinsteinbeize) benötigt man ca. 2 kg der äußeren, braunen Zwiebelschalen getrocknet. Diese werden mit Wasser bedeckt für ca. 2 Std. ausgekocht und der Sud hiernach abgefiltert. In den gefilterten Sud gibt man nun die vorgebeizte Wolle hinein und lässt alles zusammen für 1 Stunde leicht köcheln. Nachdem der Sud mit der Wolle abgekühlt ist, lässt man die Wolle abtropfen und trocknen.

Braungelb

Für 1 kg Wolle (vorgebeizt mit Chromkalibeize) benötigt man ca. 2 kg der äußeren, braunen Zwiebelschalen getrocknet. Diese werden mit Wasser bedeckt für ca. 2 Std. ausgekocht und der Sud hiernach abgefiltert. In den gefilterten Sud gibt man nun die vorgebeizte Wolle hinein und lässt alles zusammen für 1 Stunde leicht köcheln. Nachdem der Sud mit der Wolle abgekühlt ist, erhitzt man das Ganze nochmals auf ca. 90 °C und lässt es erneut für knapp eine Stunde bei dieser Temperatur ziehen. Hiernach lässt man die Wolle abtropfen und trocknen.

7 Anhang

7.1 Literatur

- Nachwachsende Rohstoffe; Dr. T. Weber et al. 2001
- Nachwachsende Rohstoffe – eine umweltgerechte Alternative; C. Sommer, J. Mayer 2001
- Die Rohstoffe des Pflanzenreichs; Dr. J. v. Wiesner et al. 1928
- Ersatzstoffe aus dem Pflanzenreich; Prof. Dr. L. Diels et al. 1918
- Pflanzen in Europa liefern Rohstoffe; Prof. Dr. C. v. Regel 1944
- Nutzpflanzen der Tropen und Subtropen; Prof. Dr. G. Franke et al. 1994
- Naturdämmstoffe; Fraunhofer IRB 2006
- UpCycling/Nullverschmutzung; Gunter Pauli 2008
- Kompendium der Dämmstoffe; Dr. Ing. E. Reyer et al. 2002
- Nachwachsende Rohstoffe; Dipl. Ing. S. Mann 1998
- Rohstoffpflanzen der Erde; Prof. Dr. G. Natho 1984
- Ökologie der Dämmstoffe; H. Mötzl et al. 2000
- Baustoffe und Ökologie; G. Haefele et al. 1996
- Bewertung natürlicher, organischer Faserdämmstoffe; Dr. M. Fuehres et al. 2000
- Alternative Kulturpflanzen und Anbauverfahren; R. Meyer 2005
- Symposium Dämmstoffe aus nachwachsenden Rohstoffen; Fraunhofer IRB 2002
- Marktanalyse Nachwachsende Rohstoffe; Fachagentur Nachwachsende Rohstoffe e.V. 2006
- Dämmstoffe aus nachwachsenden Rohstoffen; Fachagentur Nachwachsende Rohstoffe e.V. 2006
- Ökologisches Baustoff-Lexikon; G. Zwiener/H.Mötzl 2006
- Das Kleine Baulexikon (www.Baubegriffe.com); Ing. G. Holzmann
- Handbuch gesundes Bauen und Wohnen; M. Fritsch 1996
- Der Strohballenbau; Prof. Dr. G. Minke, Dipl. Ing. F. Mahlke; Ökobuch Verlag 2004
- Bauen und Sanieren mit Lehm; K. Schillberg, H. Knieriemen; AT Verlag 2001
- Bauen mit Stroh; A. Gruber; Staufen 2000
- GrAT: Wandsysteme aus nachwachsenden Rohstoffen. Wirtschaftsbezogene Grundlagenstudie, Endbericht 2001
- Ausbau und Fassade (Wände aus der Natur); Ing. G. Holzmann 2007
- Der Baustoff Reet und seine Anwendung im El-Manzala-Gebiet/Ägypten; Ahmed Abdel Naby Ahmed Helal 1997
- Reet- und Strohdächer; B. Grützmacher 1981
- Das Reetdach; W. Schattke 2002
- Deutsches Dachdeckerhandwerk Regeln für Dachdeckungen; Zentralverband des Deutschen Dachdeckerhandwerks und Fachverband Dach-, Wand- und Abdichtungstechnik 2005
- Reet & Stroh als historisches Baumaterial; M. Schrader 1998

- Schäden an Dachdeckungen; G. Zimmermann 2006
- Wie kommt das Reet aufs Dach; I. Anders 1997
- Auf den Spuren rohrgedeckter Häuser; P. Domke 1999
- Buten un Binnen; Interessengemeinschaft Volksbauweise 1989
- Ausbau und Fassade (Dämmen mit Schilf); G. Holzmann 2007
- Der Bausachverständige (Wohlfühlen mit dem Naturdämmstoff Schilf); Ing. G. Holzmann 2006
- Der Bausachverständige (Algen und Moose auf dem Reetdach); Ing. G. Holzmann 2006
- Holzbau Handbuch; Informationsdienst Holz www.infoholz.de 2007
- Die Wiederentdeckung der Nutzpflanze Hanf; Nova Institut
- CO^2 Bindung durch Hanf; R. Nowotny
- Haschisch – ein Rauschgift; Dr. F. Haller
- Hanf als Ware – Medizin; J. da Cruz Mendez et al.
- Hanf in der Automobilindustrie; Deutscher Hanfverband DHV
- Hanf; J. Herer 1995
- Sinsemilla, Königin des Cannabis; M. Girl 1977
- Cannabis Handbuch; W. Wolke 1974
- Weizen, Roggen, Gerste. Systematik, Geschichte und Verwendung; E. Schiemann 1948
- Holzhäuser im Detail, Kapitel Korkdämmung; Ing. G. Holzmann 2003
- The Cork; De Oliveira et al. 1991
- Seegras-Monitoring im Schleswig-Holsteinischen Wattenmeer; Dr. A. Schanz, Prof. Dr. K. Reise 2003
- Etablierung und Biomasseproduktion von Miscanthus x giganteus unter verschiedenen Umweltbedingungen; K.-U. Schwarz et al. 1996
- Etablierung und Ertragsbildung von Miscanthus x giganteus; J.M. Greef 1996
- Wendehorst Bautechnische Zahlentafeln; Prof. Dr. Wetzell et al. 2007
- Praktische Bauphysik; Dipl. Ing. G.C.O. Lohmeyer et al. 2005
- Unser ökologischer Fußabdruck. Wie der Mensch Einfluss auf die Umwelt nimmt; Mathis Wackernagel, William Rees 1997
- Wieviel Umwelt braucht der Mensch? Faktor 10 – das Maß für ökologisches Wirtschaften; Friedrich Schmidt-Bleek 1997
- Umweltwissen. Daten, Fakten, Zusammenhänge; Hartmut Bossel 1990
- Ökologischer Bauteilkatalog – Bewertete gängige Konstruktionen; IBO – Österreichisches Institut für Baubiologie und -ökologie 1999
- Biogeochemistry. An Analysis of global Change; W.H. Schlesinger 1991
- Regionaler Stoffhaushalt: Erfassung, Bewertung und Steuerung; Prof. Dr. Peter Baccini; Dr. Hans-Peter Bader 1996
- Vorgehensweise bei der gesundheitlichen Bewertung der Emissionen von flüchtigen organischen Verbindungen (VOC und SVOC) aus Bauprodukten; Ausschuss zur gesundheitlichen Bewertung von Bauprodukten (AgBB) 2010
- Fallbeispiele zu Schadstoffen in Innenräumen – Isothiazolinone in Wandfarben; ALAB Berlin 2002

- Naturfarben – Oberflächenbeschichtungen aus nachwachsenden Rohstoffen; Fachagentur Nachwachsende Rohstoffe (FNR) e.V. 2010
- Richtlinie für die Bewertung und Sanierung PCB-belasteter Baustoffe und Bauteile in Gebäuden (PCB-Richtlinie); Fachkommission Baunormung der Arbeitsgemeinschaft der für das Bau-, Wohnungs- und Siedlungswesen zuständigen Minister der Länder (ARGEBAU) 1994
- Hinweise für die Bewertung und Maßnahmen zur Verminderung der PAK-Belastung durch Parkettböden mit Teerklebstoffen in Gebäuden (PAK-Hinweise); Fachkommission Baunormung der Arbeitsgemeinschaft der für das Bau-, Wohnungs- und Siedlungswesen zuständigen Minister der Länder (ARGEBAU) 2000
- DDT- und Lindanexpositionen nach Hylotoxanwendungen; Landesamt für Gesundheit und Soziales Mecklenburg-Vorpommern, C. Baudisch, J. Prösch 1998
- AGÖF-Fachkongress Umwelt, Gebäude & Gesundheit: Von Energieeffizienz zur Innenraumhygiene (Die Belastung von Innenraumluft und Hausstaub durch Isothiazolone aus Wandfarben); M. Binder et al. 2001
- Bundesarbeitsblatt Merkblatt zur Berufkrankheit Nr. 1315: Erkrankungen durch Isocyanate, die zur Unterlassung aller Tätigkeiten gezwungen haben, die für die Entstehung, die Verschlimmerung oder das Wiederaufleben der Krankheit ursächlich waren oder sein können; Bundesministerium für Arbeit und Soziales (BMAS) 2004
- Kunststoffe – Umwelt- und Gesundheitsgefahren; Bremer Umweltinstitut e.V. 1995
- PCP- begrenzter Nutzen, grenzenloser Schaden; Bremer Umweltinstitut e.V. 1999
- Annex XV Restriction Report: Benzo[a]pyrene, Benzo[e]pyrene, Benzo[a]anthracene, Dibenzo[a,h]anthracene, Benzo[b]fluoranthene, Benzo[j]fluoranthene, Benzo[k]fluoranthene, Chrysene; Bundesanstalt für Arbeitsschutz und Arbeitsmedizin (BAuA) 2010
- Krebserzeugende polyzyklische aromatische Kohlenwasserstoffe (PAK) in Verbraucherprodukten sollen EU-weit reguliert werden – Risikobewertung des BfR im Rahmen eines Beschränkungsvorschlages unter REACH; Bundesinstitut für Risikobewertung (BfR) 2010
- Grundsätze zur gesundheitlichen Bewertung von Bauprodukten in Innenräumen; Deutsches Institut für Bautechnik (DIBt) 2008
- Richtlinie über die Klassifizierung und Überwachung von Holzwerkstoffen bezüglich der Formaldehydabgabe (DIBt-Richtlinie 100); Deutsches Institut für Bautechnik (DIBt) 1994
- Flammschutzmittel – Häufig gestellte Fragen; Europäischer Verband der Flammschutzmittelhersteller (EFRA) 2004
- Späte Lehren aus frühen Warnungen: Das Vorsorgeprinzip 1896-2000; Europäische Umweltagentur, Deutsche Ausgabe: Umweltbundesamt 2004
- Vorkommen und Verteilung mittel- und schwerflüchtiger Schadstoffe in Innenräumen, Dissertation, Institut für physikalische Chemie und Umweltchemie Universität Bremen; G. Freudenthal 2003
- Gesundheitsrisiken durch biozidhaltige Produkte und Gegenstände des täglichen Bedarfs; Umweltbundesamt 2005
- WaBoLu-Heft 2/02: Biozidemissionen aus Dispersionsfarben – Zum Vorkommen von Isothiazolinonen, Formaldehyd und weiteren Innenraumrelevanten Verbindungen; Umweltbundesamt 2002
- Informationsdienst Holz - Konstruktive Holzwerkstoffe; Arbeitsgemeinschaft Holz e.V. 2001
- Chemikalien und Kontaktallergie – Eine bewertende Zusammenstellung; D. Kayser, E. Schlede, Urban & Vogel Medien und Medizin Verlags GmbH 1997

- AGÖF-Fachkongress Umwelt, Gebäude & Gesundheit: Von Energieeffizienz zur Innenraumhygiene (Formaldehyd aus natürlichem Holz); H.U. Krieg 2001
- Informationsblatt Hylotox 59 - DDT und Lindan in Innenräumen; Landesamt für Gesundheit und Soziales Mecklenburg-Vorpommern 2005
- Lindan - Fachinformation "Umwelt und Gesundheit"; Landesamt für Umwelt Bayern 1997
- Lignatec - Holzwerkstoffe in Innenräumen: Merkblatt zur Sicherstellung einer tiefen Formaldehyd-Raumluftkonzentration; Lignum Holzwirtschaft Schweiz 2008
- LIWOTEV – Luftqualität in Wohnbauten mit tiefem Energieverbrauch; Bau- und Umweltchemie Beratungen + Messungen AG 2008
- Holz-Zentralblatt (Formaldehydabgabe von natürlich gewachsenem Holz); B. Meyer, C. Boehme 1994
- Wohnung + Gesundheit (Wohngesundheit aus baurechtlicher Sicht – Bewertung von Bauprodukten und die Rolle des DIBt, Teil 1 und Teil 2); W. Misch 2010
- Schadstoffe in Wohnungen – Hygienische Bedeutung und rechtliche Konsequenzen; Dr. H.J. Moriske, R. Beuermann; Grundeigentum Verlag 2004
- Studie zum Vorkommen von Aldehyden in der Raumluft und Hausstaub; H. Obenland 2005
- Umweltmedizinischer Informationsdienst (UMID): Konservierung von Dispersionsfarben – Gesundheitsaspekte von Konservierungsmitteln – Allergien und Isothiazolinone; E. Rosskamp, Umweltbundesamt 1998
- Bundesgesundheitsblatt – Gesundheitsforschung –Gesundheitsschutz: Richtwerte für die Innenraumluft: Naphthalin; H. Sagunski, W. Heger 2004
- Bundesgesundheitsblatt – Gesundheitsforschung –Gesundheitsschutz: Richtwerte für die Innenraumluft: Bicyclische Terpene (Leitsubstanz α-Pinen); , H. Sagunski, B. Heinzow 2003
- Von Menschen und Ratten – Über das Scheitern der Justiz im Holzschutzmittelskandal; E. Schöndorf, Verlag Die Werkstatt 1998
- Schadstoffe in Innenräumen und an Gebäuden; Gesamtverband Schadstoffsanierung GbR, Rudolf Müller Verlag 2010
- Wohnung + Gesundheit (Isocyante - unauffällig, unerkannt, unterschätzt!?); S. Streil 2006
- Schafwolle als reaktives Sorbens für Luftschadstoffe im Innenraum, Teil 1: Aldehyde; R. Sweredjuk et al., Deutsches Wollforschungsinstitut (DIW); Eco-Umweltinstitut; Fritz Doppelmayer GmbH 1998
- Untersuchung zur Sorption von Innenraum Luftschadstoffen an Wolle, Dissertation RWTH Aachen; S. Thomé 2006
- Bromierte Flammschutzmittel – Schutzengel mit schlechten Eigenschaften?; Umweltbundesamt 2008
- Flammschutzmittel DecaBDE ab 1. Juli 2008 in Elektro- und Elektronikgeräten verboten; Pressemitteilung Umweltbundesamt 2008
- Bundesgesundheitsblatt – Gesundheitsforschung –Gesundheitsschutz,: Krebserzeugende Wirkung von Formaldehyd – Änderung des Richtwertes für die Innenraumluft von 0,1 ppm nicht erforderlich; Umweltbundesamt 2006
- Phthalate – die nützlichen Weichmacher mit den unerwünschten Eigenschaften; Umweltbundesamt 2007
- Verbot gesundheitsschädlicher Flammschutzmittel in Elektro- und Elektronikgeräten sollte bestehen bleiben; Pressemitteilung Umweltbundesamt 2005

- Telegramm Umwelt + Gesundheit: Neue Weichmacher in Kunststoffen; Umweltbundesamt 2011
- Bundesgesundheitsblatt – Gesundheitsforschung - Gesundheitsschutz: Richtwerte für die Innenraumluft: Diisocyanate; T. Wolf, H. Stirn 2000
- Technische Geschichte der Pflanzen welche bey Handwerken, Zünften und Manufakturen bereits im Gebrauch sind; Dr. Georg Rudolph Böhmer 1794
- Farbstoffe aus der Natur; Ute Meyer 1997
- Handbuch des Pflanzenbaus; Heyland, Hanus, Keller 2006
- Chemisch-technisches Lexikon; Dr. Josef Bersch et al. 1890
- Cultivation & Integrated Utilization on Bamboo in China, China national bamboo research center 2001
- IL 31, Bambus-Bamboo; Klaus Dunkelberg et al. 1985
- Waid, das blaue Wunder; Falk Fischer 1997
- Färben mit Pflanzen; Dorit Berger 2006
- Natürlich Färben, Jackie Crook 2008
- Naturfarben Handbuch, Lynn Edwards & Julia Lawless 2007
- Naturfarben, Heinz Knieriemer & Martin Krampfer 2006
- Die Surrogate in der Lack-, Firnis- und Farbenfabrikation; L.E.Andès & E.Stock 1926
- Farblehre; Alwin v. Wouwermanns 1879
- Die Imprägnierungstechnik Band 1 & 2; Dr. Theodor Koller 1923
- Öl- und Buchdruckfarben; L.E. Andès 1921

7.2 Internetadressen von Verbänden, Institut, Behörden, Informationsplattformen und Qualitätszeichen

7.2.1 Verbände und Verein

Berufsverband Deutscher Baubiologen VDB e.V.
www.baubiologie.net

Bundesverband Gesundes Bauen und Wohnen
www.bv-gbw.de

Gesamtverband Dämmstoffindustrie
www.g-d-i.de

Bundesverband für Umweltberatung e.V.
www.umweltberatung.org

Ökoplus AG – Fachhandelsverbund für ökologisches Bauen und Wohnen
www.oekoplus.de

Arbeitskreis ökologischer Holzbau e.V.
www.akoeh.de

Eingetragener Verband der Naturfarbenhersteller
www.enav.org

Verband der Baubiologen
www.verband-baubiologie.de

Verbund Selbstständiger Baubiologen
www.das-gesunde-haus.de

Fachagentur Nachwachsender Rohstoffe e.V.
www.fnr.de

Interessengemeinschaft Bauernhaus e.V.
www.igbauernhaus.de

Verband der deutschen Reetdachdeckerinnung:
www.reetdachdeckung.de

Dachverband Lehm
www.dachverband-lehm.de

Verband der Restauratoren
www.restauratoren.de

Unternehmerverband historische Baustoffe e.V.
www.historische-baustoffe.de

Arbeitsgemeinschaft Historische Fachwerkstädte e.V.
www.fachwerk-arge.de

Arbeitsgemeinschaft Umweltverträgliches Bauprodukt e.V.: Industrie und Handel
www.aubmuc.de

Öko-Institut e.V. Institut für angewandte Ökologie
www.oeko.de

Bundesdeutscher Arbeitskreis für Umweltbewusstes Management e.V.
www.baumev.de

Arbeitsgemeinschaft ökologischer Forschungsinstitute
www.agoef.de

Internationaler Rat für Denkmalpflege (deutsches Nationalkomitee)
www.icomos.de

Forschungs- und Entwicklungsgemeinschaft historischer Baustoffe e.V.
www.branchenbrief.de

Ausschuss für Umweltschutz des Hauptverbandes der Deutschen Bauindustrie
www.bauen-umwelt.com

Zentrum für Umweltbewusstes Bauen e.V.
www.zub-kassel.de

Ökobau Rheinland e.V.
www.oekobau-rheinland.de

Deutscher Hanfverband e.V.
www.hanfverband.de

Deutscher Korkverband e.V.
www.kork.de

Fachverband Strohballenbau Deutschland e.V.
www.fasba.de

Deutscher Naturfaserverband e.V.
www.naturfaserverband.de

Zero Emissions Research & Initiatives (ZERI)
www.zeri-germany.de

7.2.2 Institute

Deutsches Institut für Bautechnik
www.dibt.de

Nova Institut
www.nova-institut.de

Institut für Baubiologie + Ökologie Neubeuern
www.baubiologie.de

Fraunhoferinstitut Raum und Bau
www.irbdirekt.de

Institut für Baubiologie Rosenheim GmbH
www.baubiologie.org

eco Umweltinstitut Köln
www.eco-umweltinstitut.de

Institut für angewandte Umweltforschung
www.katalyse.de

öko Institut – Institut für angewandte Ökologie
www.oeko.de

Eidgenössische Materialprüfungs- und Forschungsanstalt
www.empa.ch

Paul-Scherrer-Institut
www.psi.ch

Eidgenössische Forschungsanstalt für Wald, Schnee und Landschaft
www.wsl.ch

Institut für Massivbau und Baustofftechnologie – Materialprüfungsanstalt – Universität Karlsruhe
www.ifmb.bau-verm.uni-karlsruhe.de

Materialprüfungsanstalt Universität Stuttgart – Materialprüfanstalt Stuttgart, Otto-Graf-Institut
www.mpa.uni-stuttgart.de

Versuchsanstalt für Stahl, Holz und Steine – Materialprüfungsanstalt – Universität Karlsruhe
www.va.uni-karlsruhe.de

Materialprüfanstalt für das Bauwesen der Technischen Universität München
www.mpa.bv.tum.de

Amtliche Materialprüfanstalt der Freien Hansestadt Bremen
www.mpa-bremen.de

Amtliche Materialprüfanstalt – Universität Kassel
www.uni-kassel.de/fb14/baustoffkunde/

Materialprüfamt Wiesbaden – Materialprüfamt für Bauwesen
www.mpa-wiesbaden.de

Staatliche Materialprüfungsanstalt – Fachgebiet und Institut für Werkstoffkunde – Technische Universität Darmstadt
www.mpa-ifw.tu-darmstadt.de

Materialprüfanstalt für das Bauwesen – Institut für Baustoffe, Massivbau und Brandschutz der TU Braunschweig
www.mpa.tu-bs.de/mpacms/

Materialprüfanstalt für das Bauwesen Hannover
www.mpa-bau.de

Materialprüfanstalt für Nichtmetallische Werkstoffe – Materialprüfanstalt Clausthal
www.naw.tu-clausthal.de/de/materialpruefanstalt/

Materialprüfanstalt für Werkstoffe und Produktionstechnik Hannover
www.mpa-hannover.de

Materialprüfungsamt Nordrhein-Westfalen
www.mpanrw.de

Materialprüfanstalt Eckernförde Öffentliche Baustoffprüfstelle
www.bauwesen.fh-kiel.de

Materialprüfanstalt Technische Universität Kaiserslautern
www.mpa.uni-kl.de

Materialforschungs- und -prüfanstalt an der Bauhaus-Universität Weimar
www.mfpa.de

7.2.3 Bundesbehörden

Bundesanstalt für Gewässerkunde
www.bafg.de

Bundesamt für Geowissenschaften und Rohstoffe
www.bgr.bund.de

Bundesamt für Naturschutz
www.bfn.de

Bundesamt für Bauwesen und Raumordnung
www.bbr.bund.de

Bundesministerium für Umwelt, Naturschutz und Reaktorsicherheit
www.bmu.de

Umweltbundesamt
www.umweltbundesamt.de

Bund für Umwelt und Naturschutz Deutschland
www.bund.net

Bundesanstalt für Landwirtschaft
www.fal.de

Bundesministerium für Ernährung, Landwirtschaft und Verbraucherschutz
www.bmelv.de

Bundesministerium für Verkehr, Bau und Stadtentwicklung
www.bmvbs.de

Bundesanstalt für Materialforschung und –prüfung
www.bam.de

DIMDI, Deutsches Institut für medizinische Dokumentation und Information, Datenbank: Chemikalien und Kontaktallergie
www.dimdi.de

WECOBIS, Ökologisches Baustoffinformationssystem, Bundesministerium für Verkehr, Bau und Stadtentwicklung
www.wecobis.de

Biozid Info, Informationsportal des Umweltbundesamt zu Biozid-Produkten
www-biozid.info

Buchbesprechung „Natürliche und pflanzliche Baustoffe" bei Xing:
www.xing.com/net/biobaustoffe

7.2.4 Landesbehörden

Ministerium für Ernährung und Ländlichen Raum Baden-Württemberg
http://mlr.baden-wuerttemberg.de

Landesanstalt für Umwelt, Messungen und Naturschutz Baden-Württemberg
www.lubw.baden-wuerttemberg.de

Bayerisches Staatsministerium für Umwelt, Gesundheit und Verbraucherschutz
www.stmugv.bayern.de

Bayerisches Landesamt für Umwelt
www.lfu.bayern.de

Ministerium für Ländliche Entwicklung, Umwelt und Verbraucherschutz Brandenburg
www.mluv.brandenburg.de

Senatsverwaltung für Stadtentwicklung Berlin
www.stadtentwicklung.berlin.de

Bremer Umweltinformationssystem
www.umwelt.bremen.de

Hessisches Ministerium für Umwelt, Ländlichen Raum und Verbraucherschutz
www.hmulv.hessen.de

Umweltministerium Mecklenburg-Vorpommern
www.mv-regierung.de

Landesamt für Umwelt, Naturschutz und Geologie Mecklenburg-Vorpommern
www.lung.mv-regierung.de

Niedersächsisches Landesamt für Bodenforschung
www.nlfb.de

Niedersächsisches Landesamt für Ökologie
www.nloe.de

Niedersächsisches Umweltministerium
www.mu1.niedersachsen.de

Ministerium für Umwelt und Naturschutz, Landwirtschaft und Verbraucherschutz des Landes Nordrhein-Westfalen
www.umwelt.nrw.de

Landesanstalt für Ökologie, Bodenordnung und Forsten des Landes Nordrhein-Westfalen
www.lanuv.nrw.de

Ministerium für Umwelt und Forsten Rheinland-Pfalz
www.muf.rlp.de

Ministerium für Umwelt des Landes Saarland
www.saarland.de/ministerium_umwelt.htm

Sächsisches Staatsministerium für Umwelt und Landwirtschaft
www.smul.sachsen.de

Ministerium für Landwirtschaft und Umwelt Sachsen-Anhalt
www.sachsen-anhalt.de

Ministerium für Umwelt, Naturschutz und Landwirtschaft Schleswig-Holstein
www.schleswig-holstein.de

Landesamt für Natur und Umwelt Schleswig-Holstein
www.umwelt.schleswig-holstein.de

Ministerium für Landwirtschaft, Naturschutz und Umwelt des Freistaates Thüringen
www.thueringen.de/de/tmlnu/

Thüringer Landesanstalt für Umwelt und Geologie
www.tlug-jena.de

7.2.5 Informationsportale im Internet

Netzwerk umweltverträgliche Baustoffe und Bauprodukte
www.umweltbaustoffe.nrw.de

Der grüne Faden – Umweltberatung
www.der-grüne-faden.de

Architectural Green Solar Network
www.agsn.de

Ökosiedlungen
www.oekosiedlungen.de

Ökotest
www.oekotest.de

Energie Einsparverordnung
www.enev-online.de

Erneuerbare Energien, Sanierungen
www.bine.info

Die Umweltdatenbank
www.umweltdatenbank.de

Bauen mit Holz
www.infoholz.de

Deutsche Gesellschaft für Holzforschung
www.holz-und-umwelt.de

Kompetenzzentrum Bauen mit Nachwachsenden Rohstoffen (KNR)
www.knr-muenster.de

Öko-Zentrum NRW
www.oekozentrum-nrw.de

Nachriten-Portal für stoffliche und energetische Nutzung
www.nachwachsende-rohstoffe.info

Inforationssystem Nachwachsende Rohstoffe
www.inaro.de

Centrales Agrar-Rohstoff-Marketing- und Entwicklungs-Netzwerk e.V.
www.Carmen-ev.de

Bio- und Ökoinformationen
www.bioverzeichnis.de

Umweltjournal
www.umweltjournal.de

Ökologische Neuigkeiten
www.oekonews.de

Umweltportal Deutschland
www.portalu.de

Fachlexikon Bauwesen
www.Baubegriffe.com

InfoNet Schleswig Holstein
www.umwelt.schleswig-holstein.de

7.2.6 Qualitätszeichen

Informationsportal für Label
www.label-online.de

Natureplus
www.natureplus.org

Forest Stewardship Coucil
www.fsc-deutschland.de

Umwelt- und Energietechnik – TÜV Rheinland Group
www.umwelt-tuv.de

Blauer Engel
www.blauer-engel.de

RAL Gütezeichen
www.ral.de

Österreichisches Institut für Baubiologie und -ökologie
www.ibo.at

Europäisches Umweltzeichen
www.eco-label.com

Naturland
www.naturland.de

Arbeitsgemeinschaft umweltverträgliches Bauprodukt
www.bau-umwelt.com

IBR Label
www.baubiologie-ibr.de

ECO-Zertifikat
www.eco-umweltinstitut.de

EMICODE
www.emicode.com

Euro-Blume
www.ral.de

Goldenes M
www.dgm-moebel.de

GuT Siegel
www.gut-ev.de

Korklogo
www.kork.de

ÖkoControl
www.oekocontrol.de

PEFC Siegel
www.dfzr.de

Rugmark Siegel gegen Kinderarbeit
www.rugmark.de

ToxProof Siegel
www.tuv.com/de/toxproof_zertifikat.html

7.3 Normungen für Wärmedämmungen und Wärmedämmstoffe

Deutsches Institut für Normung e.V. (DIN)

DIN 1101	Holzwolle-Leichtbauplatten und Mehrschicht-Leichtbauplatten als Dämmstoffe für das Bauwesen; Anforderungen, Prüfungen
DIN 1102	Holzwolle-Leichtbauplatten und Mehrschicht-Leichtbauplatten nach DIN 1101 als Dämmstoffe für das Bauwesen; Verwendung, Verarbeitung
DIN 4102	Brandverhalten von Baustoffen und Bauteilen
DIN 4108	Wärmeschutz im Hochbau
DIN 4109	Schallschutz im Hochbau
DIN 18 161	Korkerzeugnisse als Dämmstoffe für das Bauwesen
DIN 18 165	Faserdämmstoffe für das Bauwesen
DIN 52 275	Wärmeschutztechnische Prüfungen; Bestimmung des Wärmedurchlasswiderstandes und des Wärmedurchgangskoeffizienten von Bauteilen
DIN 52 617	Bestimmung des Wasseraufnahmekoeffizienten von Baustoffen
DIN 52 620	Wärmeschutztechnische Prüfungen; Bestimmung des Bezugsfeuchtegehaltes von Bau- und Dämmstoffen
DIN 68 755	Holzfaserdämmstoffe für das Bauwesen

DIN 1052	Holzbauwerke
DIN 5033	Farbmessung
DIN 5381	Kennfarben
DIN 6164	DIN-Farbenkarte
DIN 6173	Farbabmusterung
DIN 6174	Farbmetrische Bestimmung von Farbabständen bei Körperfarben nach der CIELAB-Formel
DIN 6175	Farbtoleranzen für Automobillackierungen
DIN 6176	Farbmetrische Bestimmung von Farbabständen bei Körperfarben nach der DIN 99-Formel
DIN 18 334	Zimmer- und Holzbauarbeiten
DIN 18 338	Dachdeckungs- und Dachabdichtungsarbeiten
DIN 18 340	Trockenbauarbeiten
DIN 18 345	Wärmedämm-Verbundsysteme
DIN 18 350	Putz- und Stuckarbeiten
DIN 18 353	Estricharbeiten
DIN 18 355	Tischlerarbeiten
DIN 18 356	Parkettarbeiten
DIN 18 363	Maler– und Lackierarbeiten
DIN 18 365	Bodenbelagsarbeiten
DIN 18 550	Putz und Putzsysteme
DIN 18 558	Kunstharzputze
DIN 18 560	Estriche im Bauwesen
DIN 53 219	Beschichtungsstoffe – Bestimmung des Volumens der nichtflüchtigen Anteile
DIN 53 220	Anstrichstoffe und ähnliche Beschichtungsstoffe – Verbrauch zum Beschichten einer Fläche, Begriffe, Einflussfaktoren
DIN 53 221	Beschichtungsstoffe – Prüfungen von Beschichtungen auf Überarbeitbarkeit
DIN 53 778	Scheuerbeständigkeit von Farben
DIN 55 607	Pigmente und Füllstoffe
DIN V 55 650	Bindemittel für Lacke und ähnliche Beschichtungsstoffe – Begriffe
DIN 55 651	Lösemittel für Beschichtungsstoffe – Kurzzeichen
DIN 55 664	Beschichtungsstoffe – Visuelle Abmusterung von Beschichtungsschäden
DIN 55 943	Farbmittel – Begriffe
DIN 55 944	Farbmittel – Einteilung nach koloristischen und chemischen Gesichtspunkten
DIN 55 945	Lacke und Anstrichstoffe – Fachausdrücke und Definitionen für Beschichtungsstoffe und Beschichtungen
DIN 55 950	Bindemittel für Beschichtungsstoffe – Kurzzeichen
DIN 55 977	Prüfung von Farbstoffen; Bestimmung des in Lösemitteln schwerlöslichen Anteils
DIN 55 978	Prüfung von Farbstoffen; Bestimmung der relativen Farbstärke in Lösungen; Spektralphotometrisches Verfahren
DIN 55 979	Prüfung von Pigmenten; Bestimmung der Schwarzzahl von Pigmentrußen
DIN 55 980	Bestimmung des Farbstichs von nahezu weißen Proben

DIN 55 981	Bestimmung des relativen Farbstichs von nahezu weißen Proben
DIN 55 982	Prüfung von Pigmenten; Bestimmung des Aufhellvermögens von Weißpigmenten, Pastenverfahren
DIN 55 983	Prüfung von Pigmenten; Vergleich der Farbe von Weißpigmenten in Purton-Systemen
DIN 55 984	Prüfung von Pigmenten; Bestimmung eines Deckvermögenswertes von weißen und hellgrauen Medien
DIN 55 985	Prüfung von Pigmenten
DIN 55 986	Prüfung von Pigmenten; Bestimmung der relativen Farbstärke und des Restfarbabstandes in Weißaufhellungen; Farbmetrisches Verfahren
DIN 55 987	Prüfung von Pigmenten; Bestimmung eines Deckvermögenswertes pigmentierter Medien; Farbmetrisches Verfahren
DIN 55 988	Bestimmung der Transparenzzahl (Lasur) von pigmentierten und unpigmentierten Systemen; Farbmetrische Verfahren
DIN 68 763	Spanplatten – Flachpressplatten für das Bauwesen – Begriffe, Anforderungen, Prüfung, Überwachung, Deutsches Institut für Normung e. V. (Herausgeber), 1990

DIN Normen auf Grundlage europäischer Normen (DIN EN)

DIN EN 822	Wärmedämmstoffe für das Bauwesen – Bestimmung der Länge und Breite
DIN EN 823	Wärmedämmstoffe für das Bauwesen – Bestimmung der Dicke
DIN EN 824	Wärmedämmstoffe für das Bauwesen – Bestimmung der Rechtwinkligkeit
DIN EN 825	Wärmedämmstoffe für das Bauwesen – Bestimmung der Ebenheit
DIN EN 826	Wärmedämmstoffe für das Bauwesen – Bestimmung des Verhaltens bei Druckbeanspruchung
DIN EN 832	Wärmetechnisches Verhalten von Gebäuden – Berechnung des Heizenergiebedarfs
DIN EN 1602	Wärmedämmstoffe für das Bauwesen – Bestimmung der Rohdichte
DIN EN 1603	Wärmedämmstoffe für das Bauwesen – Bestimmung der Dimensionsstabilität bei Normklima
DIN EN 1604	Wärmedämmstoffe für das Bauwesen – Bestimmung der Dimensionsstabilität bei definierten Temperatur- und Feuchtebedingungen
DIN EN 1605	Wärmedämmstoffe für das Bauwesen – Bestimmung der Verformung bei definierter Druck- Temperaturbeanspruchung
DIN EN 1606	Wärmedämmstoffe für das Bauwesen – Bestimmung des Langzeit-Kriechverhaltens bei Druckbeanspruchung
DIN EN 1607	Wärmedämmstoffe für das Bauwesen – Bestimmung der Zugfestigkeit senkrecht zur Plattenebene
DIN EN 1608	Wärmedämmstoffe für das Bauwesen – Bestimmung der Zugfestigkeit in Plattenebene
DIN EN 1609	Wärmedämmstoffe für das Bauwesen – Bestimmung der Wasseraufnahme bei kurzzeitigem, teilweisem Eintauchen
DIN EN 12 085	Wärmedämmstoffe für das Bauwesen – Bestimmung der linearen Maße von Probekörpern
DIN EN 12 086	Wärmedämmstoffe für das Bauwesen – Bestimmung der Wasserdampfdurchlässigkeit
DIN EN 12 087	Wärmedämmstoffe für das Bauwesen – Bestimmung der Wasseraufnahme bei langzeitigem Eintauchen
DIN EN 12 088	Wärmedämmstoffe für das Bauwesen – Bestimmung der Wasseraufnahme durch Diffusion

DIN EN 12 089	Wärmedämmstoffe für das Bauwesen – Bestimmung des Verhaltens bei Biegebeanspruchung
DIN EN 12 090	Wärmedämmstoffe für das Bauwesen – Bestimmung des Verhaltens bei Scherbeanspruchung
DIN EN 12 091	Wärmedämmstoffe für das Bauwesen – Bestimmung des Verhaltens bei Frost-Tau-Wechselbeanspruchung
DIN EN 12 429	Wärmedämmstoffe für das Bauwesen – Einstellen der Ausgleichsfeuchte bei definierten Temperatur- und Feuchtebedingungen
DIN EN 12 430	Wärmedämmstoffe für das Bauwesen – Bestimmung des Verhaltens unter Punktlast
DIN EN 12 431	Wärmedämmstoffe für das Bauwesen – Bestimmung der Dicke von Dämmschichten unter schwimmenden Estrichen
DIN EN 12 524	Baustoffe und -produkte – Wärme- und feuchteschutztechnische Eigenschaften
DIN EN 12 664	Wärmetechnisches Verhalten von Baustoffen und Bauprodukten – Bestimmung des Wärmedurchlasswiderstandes nach dem Verfahren mit dem Plattengerät und dem Wärmestrommessplatten-Gerät – Trockene und feuchte Produkte mit mittlerem und niedrigem Wärmedurchlasswiderstand
DIN EN 12 667	Wärmetechnisches Verhalten von Baustoffen und Bauprodukten – Bestimmung des Wärmedurchlasswiderstandes nach dem Verfahren mit dem Plattengerät und dem Wärmestrommessplatten-Gerät – Produkte mit hohem und mittlerem Wärmedurchlasswiderstand
DIN EN 12 939	Wärmetechnisches Verhalten von Baustoffen und Bauprodukten – Bestimmung des Wärmedurchlasswiderstandes nach dem Verfahren mit dem Plattengerät und dem Wärmestrommessplatten-Gerät – Dicke Produkte mit hohem und mittlerem Wärmedurchlasswiderstand
DIN EN 13 168	Wärmedämmstoffe für Gebäude – Werksmäßig hergestellte Produkte aus Holzwolle (WW)
DIN EN 13 170	Wärmedämmstoffe für Gebäude – Werksmäßig hergestellte Produkte aus expandiertem Kork (ICB)
DIN EN 13 171	Wärmedämmstoffe für Gebäude – Werksmäßig hergestellte Produkte aus Holzfasern (WF)
DIN EN 29 052	Akustik; Bestimmung der dynamischen Steifigkeit
DIN EN 717	Holzwerkstoffe – Bestimmung der Formaldehydabgabe
DIN EN 927	Lacke und Anstrichstoff
DIN EN 1062	Beschichtungsstoffe und Beschichtungssysteme für mineralische Substrate und Beton im Außenbereich
DIN EN 15 060	Beschichtungsstoffe – Beschichtungssysteme für Holzmöbel im Innenbereich

DIN Normen auf Grundlage europäischer Normen (DIN EN), welche auf internationale Normen der International Organisation for Standardization beruhen (DIN EN ISO)

DIN EN ISO 6946	Wärmedurchlasswiderstand und Wärmedurchgangskoeffizient – Berechnungsverfahren
DIN EN ISO 7345	Wärmeschutz – Physikalische Größen und Definitionen
DIN EN ISO 8990	Wärmeschutz – Bestimmung der Wärmedurchgangseigenschaften im stationären Zustand – Verfahren mit dem kalibrierten und dem geregelten Heizkasten
DIN EN ISO 9229	Wärmedämmung – Begriffsbestimmung
DIN EN ISO 10 211	Wärmebrücken im Hochbau – Wärmeströme und Oberflächentemperaturen
DIN EN ISO 10 456	Baustoffe und -produkte – Verfahren zur Bestimmung der wärmeschutztechnischen Nenn- und Bemessungswerte
DIN EN ISO 12 572	Wärme- und feuchtetechnisches Verfahren von Baustoffen und Bauprodukten – Bestimmung der Wasserdampfdurchlässigkeit

DIN EN ISO 13 370	Wärmetechnisches Verhalten von Gebäuden – Wärmeübertragung über das Erdreich
DIN EN 13 787	Wärmedämmstoffe für die Haustechnik und betriebstechnische Anlagen – Bestimmung des Nennwertes der Wärmeleitfähigkeit
DIN EN ISO 13 789	Wärmetechnisches Verhalten von Gebäuden – Spezifischer Transmissionswärmeverlustkoeffizient
DIN EN ISO 14 683	Wärmebrücken im Hochbau – Längenbezogener Wärmedurchgangskoeffizient – Vereinfachtes Verfahren und Anhaltswerte
DIN EN ISO 3668	Beschichtungsstoffe – Visueller Vergleich der Farbe von Beschichtungen
DIN EN ISO 4618	Lacke und Anstrichstoffe
DIN EN ISO 6270	Beschichtungsstoffe – Bestimmung der Beständigkeit gegen Feuchtigkeit
DIN EN ISO 7783	Beschichtungsstoffe – Bestimmung der Wasserdampfdiffusionsstromdichte
DIN EN ISO 17 1132	Beschichtungsstoffe – T-Biegeprüfung

Technische Regeln für Gefahrstoffe (TRGS)

- TRGS 001 Allgemeines, Aufbau, Anwendung und Wirksamwerden der TRGS.
- TRGS 002 Übersicht über den Stand der Technischen Regeln für Gefahrstoffe.
- TRGS 101 Begriffsbestimmungen.
- TRGS 102 Technische Richtkonzentrationen (TRK) für gefährliche Stoffe.
- TRGS 150 Unmittelbarer Hautkontakt mit Gefahrstoffen, die durch die Haut resorbiert werden können - Hautresorbierbare Gefahrstoffe.
- TRGS 200 Einstufung und Kennzeichnung von Stoffen, Zubereitungen und Erzeugnissen.
- TRGS 201 Einstufung und Kennzeichnung von Abfällen zur Beseitigung beim Umgang.
- TRGS 220 Sicherheitsdatenblatt.
- TRGS 300 Sicherheitstechnik.
- TRGS 400 Ermitteln und Beurteilen der Gefährdungen durch Gefahrstoffe am Arbeitsplatz: Anforderungen.
- TRGS 402 Ermittlung und Beurteilung der Konzentrationen gefährlicher Stoffe in der Luft in Arbeitsbereichen.
- TRGS 403 Bewertung von Stoffgemischen in der Luft am Arbeitsplatz.
- TRGS 420 Ermitteln und Beurteilen der Gefährdungen durch Gefahrstoffe am Arbeitsplatz: Verfahrens- und stoffspezifische Kriterien (VSK) für die betriebliche Arbeitsbereichsüberwachung.
- TRGS 430 Isocyanate - Exposition und Überwachung.
- TRGS 440 Ermitteln und Beurteilen der Gefährdungen durch Gefahrstoffe am Arbeitsplatz: Ermitteln von Gefahrstoffen und Methoden zur Ersatzstoffprüfung.
- TRGS 500 Schutzmaßnahmen: Mindeststandards.
- TRGS 500 (engl.) Protective measures: minimum standards.
- TRGS 505 Blei und bleihaltige Gefahrstoffe.
- TRGS 507 Oberflächenbehandlung in Räumen und Behältern.
- TRGS 511 Ammoniumnitrat.
- TRGS 512 Begasungen.
- TRGS 513 Begasungen mit Ethylenoxid und Formaldehyd in Sterilisations- und Desinfektionsanlagen.

- TRGS 514 Lagern sehr giftiger und giftiger Stoffe in Verpackungen und ortsbeweglichen Behältern.
- TRGS 515 Lagern brandfördernder Stoffe in Verpackungen und ortsbeweglichen Behältern.
- TRGS 516 Antifouling-Farben.
- TRGS 518 Elektroisolierflüssigkeiten, die mit PCDD oder PCDF verunreinigt sind.
- TRGS 519 Asbest: Abbruch-, Sanierungs- oder Instandhaltungsarbeiten.
- TRGS 519 (engl.) Asbestos: Demolition, reconstruction or maintenance work.
- TRGS 519 (span.) Asbesto: Trabajos de Demolici?n, Saneamiento y Mantenimiento
- TRGS 520 Errichtung und Betrieb von Sammelstellen und zugehörigen Zwischenlagern für Kleinmengen gefährlicher Abfälle.
- TRGS 521 Faserstäube.
- TRGS 522 Raumdesinfektion mit Formaldehyd.
- TRGS 523 Schädlingsbekämpfung mit sehr giftigen, giftigen und gesundheitsschädlichen Stoffen und Zubereitungen.
- TRGS 524 Sanierung und Arbeiten in kontaminierten Bereichen.
- TRGS 525 Umgang mit Gefahrstoffen in Einrichtungen zur humanmedizinischen Versorgung.
- TRGS 526 Laboratorien.
- TRGS 530 Friseurhandwerk.
- TRGS 531 Gefährdung der Haut durch Arbeiten im feuchten Milieu (Feuchtarbeit).
- TRGS 531 (engl.) Skin damage from work in wet environments (wet work).
- TRGS 540 Sensibilisierende Stoffe.
- TRGS 551 Teer und andere Pyrolyseprodukte aus organischem Material.
- TRGS 552 N-Nitrosamine.
- TRGS 553 Holzstaub.
- TRGS 554 Dieselmotoremissionen (DME).
- TRGS 555 Betriebsanweisung und Unterweisung nach der Gefahrenstoffverordnung (§ 20).
- TRGS 557 Dioxine (polyhalogenierte Dibenzo-p-Dioxine und Dibenzo-Furane).
- TRGS 560 Luftrückführung beim Umgang mit krebserzeugenden Gefahrstoffen.
- TRGS 602 Ersatzstoffe und Verwendungsbeschränkungen - Zinkchromate und Strontiumchromat als Pigmente für Korrosionsschutz – Beschichtungsstoffe.
- TRGS 608 Ersatzstoffe, Ersatzverfahren und Verwendungsbeschränkungen für Hydrazin in Wasser- und Dampfsystemen.
- TRGS 609 Ersatzstoffe, Ersatzverfahren und Verwendungsbeschränkungen für Methyl- und Ethylglykol sowie deren Acetate.
- TRGS 610 Ersatzstoffe und Ersatzverfahren für stark lösemittelhaltige Vorstriche und Klebstoffe für den Bodenbereich.
- TRGS 611 Verwendungsbeschränkungen für wassermischbare bzw. wassergemischte Kühlschmierstoffe, bei deren Einsatz N-Nitrosamine auftreten können.
- TRGS 612 Ersatzstoffe, Ersatzverfahren und Verwendungsbeschränkungen für dichlormethanhaltige Abbeizmittel.
- TRGS 613 Ersatzstoffe, Ersatzverfahren und Verwendungsbeschränkungen für chromathaltige Zemente und chromathaltige zementhaltige Zubereitungen.

- TRGS 614 Verwendungsbeschränkungen für Azofarbstoffe, die in krebserzeugende aromatische Amine gespalten werden können.
- TRGS 615 Verwendungsbeschränkungen für Korrosionsschutzmittel, bei deren Einsatz N-Nitrosamine auftreten können.
- TRGS 616 Ersatzstoffe, Ersatzverfahren und Verwendungsbeschränkungen für Polychlorierte Biphenyle (PCB).
- TRGS 617 Ersatzstoffe und Ersatzverfahren für stark lösemittelhaltige Oberflächenbehandlungsmittel für Parkett und andere Holzfußböden.
- TRGS 618 Ersatzstoffe und Verwendungsbeschränkungen für Chrom(VI)-haltige Holzschutzmittel.
- TRGS 619 Ersatzstoffe für Keramikfasern.
- TRGS 710 Biomonitoring.
- TRGS 710 (engl.) Biomonitoring.
- TRGS 900 Grenzwerte in der Luft am Arbeitsplatz „Luftgrenzwerte".
- TRGS 901 Begründungen und Erläuterungen zu Grenzwerten in der Luft am Arbeitsplatz.
- TRGS 903 Biologische Arbeitsplatztoleranzwerte - BAT-Werte.
- TRGS 905 Verzeichnis krebserzeugender, erbgutverändernder oder fortpflanzungsgefährdender Stoffe.
- TRGS 906 Verzeichnis krebserzeugender Tätigkeiten oder Verfahren nach der Gefahrenstoffverordnung.
- TRGS 907 Verzeichnis sensibilisierender Stoffe.
- TRGS 954 Empfehlungen zur Erteilung von Ausnahmegenehmigungen für den Umgang mit asbesthaltigen mineralischen Rohstoffen und Erzeugnissen in Steinbrüchen nach der Gefahrenstoffverordnung.

Sachwortverzeichnis

1,2-Dihydroxyanthrachinon 310

A

Abachi 90
Abrieb 35
Acaetyl 77
Acenaphthen 50
Acenaphthylen 50
Acetaldehyd 26
Aceton 26
Achillea filipendulina 8
Achillea millefolium 9
Achiote 7
Ackerschachtelhalm 348
Adenostemma lavenia 10
Adolf von Baeyer 299, 333
Afrikanischer Indigo 10
Afzelia 91
AGFA 332
Agrimonia eupatoria 8, 11
Ägyptisch Blau 5
Ahorn 91
Ai 306
Akarizid 38
Alaun 293, 311, 342
Alaunbeize 347
Alaun-Weinsteinbeize 347
Alcea rosea var. nigra 7
Alchemilla vulgaris 8, 11
Aldehyd 26, 31, 32
Aldehyd-Belastung 34
Algen 38, 213
Algizid 38
aliphatisch 26
Alizarin 6, 309
Alkan 26, 31
Alkanna 6, 277
Alkanna tinctoria 6, 278
Alkannarot 279
Alkannasäure 279
Alkannawurzel 278
Alkannin 6, 278
Alkannwurzel 278
Alkene 26, 34
Alkermeswurzel 278
Alkin 26
Alkohol 26, 31
Alkydharzlack 31
allergen 35
Allium cepa 9, 11
Alnus 350
Alter Fustik 289
Alterungsprozess 35
Altlast
– Lindan 40
Aluminiumsulfat 312
Alumiumtrihydroxid (ATH) 48
Amerikanische Cochenille 12
Amerikanische Kermesbeere 6
Amerikanischer Mahagoni 90
Amerikanisches Gelbholz 289
Ammoniumpolyphosphat 47
Anagyrin 292
Ananas 255
Anatto 7
Anchusa officinalis 278
Anchusarot 279
Anchusasäure 279
Anil 332
Anilin 299, 301, 320
Annattostrauch 7
Anstrichfarbe 320
Anthemis nobilis 9
Anthemis tinctoria 303, 351

Anthocyan 6, 11
Anthracen 50
Anthrachinon 6
Anthranilsäure 301
Anthriscus sylvestris 9
Antimontrioxid 48
Antirutschmittel 37
Anti-Schimmelmittel 40
Apigenin 8, 9, 303, 340
Apserula tinctoria 6
Archäophyt 333
Arctostaphylos uva-ursi 7
Aromat 31
Arthemis tinctoria 8
Artocarpus heterophyllus 289
Asbest 25, 51
Asiatisches Gelbholz 289
Asparagales 324
Asteraceae 295, 303, 320, 329
Asterales 295, 303, 329
Asteridae 278
Asternähnliche 278
Asternartige 295, 303, 329
atemreizend 35
Atommasse 30
Ätznatron 301
Aufblasmöbel 42
augenreizend 35
Auripigment 5
Ausschuss für Einheitliche Technische Baubestimmungen ETB 33
Avocado 347
Azteke 316
Azurit 5
α-Pinen 36
α-Tocopherol 321

B

Bahamarotholz 316
Bahiarotholz 316
Bakterien 39, 287
Bakterizid 38, 40
Balling-Prozess 337
Balsa 90
Bamboo 74
Bambus 73, 74
Bambusa edulis 76
Bambus-Arbeitsplatte 79
Bambus phyllostachys edulis 76
Bambusblüte 76
Bambuseae 74
Bambusfaser 90
Bambusfasereinlage 96
Bambusgerüst 79
Bambusgewächs
– sympodiales 74
Bambushalm 75
Bambusoideae 74
Bambusparkett 83, 91
Bambusparkettrohling 86
Bambus-Raumgewicht 78
Bambusrohr 80
Bambusrohrabschnitt 78
Bambusstreifen 80
Bandstock 204
Baptisia australis 10
Baptisia tinctoria 10
Bärentraube 7
Basella rubra 6
BASF 301, 333
Bastfaser 292
Bastpalme 255
Bauernbewegung 299
Bauernsafran 320
Bauholz 74
Baumwolle 256
Bauproduktegesetz 51
Bauprodukterichtlinie (BPR) 51
BBP 43
BBP DINP 43

Becherpilz 321
Befall
– mikrobieller 40
Beizenfarbstoff 13, 278, 284, 290, 292, 311, 317, 329, 342
Beizenstoff 293
Benzisothiazolinon (BIT) 41
Benzo[a]anthrazen 50
Benzo[a]pyren 50
Benzo[b]fluoranthen 50
Benzo[e]pyren 50
Benzo[g,h,i]perylen 50
Benzo[j]fluoranthen 50
Benzo[k]fluoranthen 50
Benzol 26
Benzylbutylphthalat (BBP) 42
Berberin 9, 11
Berberis vulgaris 9, 348
Berberitze 348
Besenginster 292
Besenheide 8
Beta vulgaris 355
Betacyan 6
Betalaine 6
Betula 349
Betula pendula 7
BgVV 42
Bierlasur 342
Bioakkumulation 40
Biozid 26, 32, 37, 38
Biphenyl (PCB)
– polybromiertes 46
– polychloriertes 37, 44
Birke 7, 90
Birkenblatt 349
Birnenbaum 91
BIT 41
Bixa orellana 7
Bixin 7
Black Oak 284
Blaualge 287
Blaue Klitorie 10
Blauholz 10, 11, 281
Blauholzbaum 281, 300
Blaukorn 337
Blauviolett 300
Bleiessig 278
Bleioxid 5
Bleisalz 290
Blumen-Gardenie 7
Blüte
– zygomorphe 300
Blutholz 281
Blutholzbaum 281, 316
Blutweiderich 6
Bodenpflegemittel 37
Bolinus brandaris 12
Bombayhanf 256
Bongossi/Azobe 91
Bor 26
Boraginaceae 278
Borat 48
Borax 48
– reproduktionstoxisch 48
Borretschgewächs 278
Borsäure 48
Brandschutzanstrich 37
Brasa 316
Brasil 316
Brasilgelbholz 289
Brasilholz 6, 316, 317
Brasilien 317
Brasilien-Gelbholz 289
Brasilienholz 289, 316
Brasilietteholz 316
Brasilin 317
Brasilkiefer 90
Brassica oleracea 355
Brassicaceae 332
Braza 316

Brazilein 317
Brennnessel 256
Bresil 316
Brombeere 347
Bromhydrat 290
Bromierte Phenole 47
Bromierte Styrole 47
Bromphenol 46
Bromstyrol 46
Broussonetia tinctoria 289
Brustkraut 340
Bubinga (Rosenholz) 91
Buche 33
Buchengewächs 284
Bundeinheit 201
Bündel 202
Bundesinstitut für Risikobewertung (BfR) 43
Bundumfang 201
Bürstenkraut 320
β-Pinen 36
β-Tocopherol 321

C

C. oxyacanthus 321
C. persicus 321
Cadmium 25
Caesalpinia 316
Caesalpinia brasiliensis 316
Caesalpinia crista 316
Caesalpinia echinata 316, 317
Caesalpinia sappan 7, 316
Caesalpinia vesicaria 316
Caesalpinie 316
Caesalpinioideae 281
Calendula officinalis 9
Calluna vulgaris 8
Camechebaum 11
Campechebaum 10, 11, 281
Canadisches Wundkraut 297
cancerogen 39
Cannabis 124
Cannabiscetin 282
Carbolineum 49
Carotin 7, 9
Cartamus tinctorius 9
Carthamidin 9, 322
Carthamin 6, 9
Carthamus palaestinus 321
Carthamus tinctorius 6, 326, 356
Caryophyllales 306
Cathamus tinctorius 320, 329
Centaurea jacea 9
Cetraria islandica 354
CFS (chronic fatigue syndrome) 37
Chaume 199
Chelidonium majus 9, 11
Chemikaliengesetz 45
ChemVerbotsV 45
Chinagras 261
Chinaschilf 260
Chinesische Gelbschote 7
Chinesischer Indigo 10
Chinesischer Waid 10
Chinesisches Gelbholz 289
Chinolizidin-Alkaloid 292
Chlor 26
Chlorakne 46
Chloressigsäure 301
Chlorierung 45
Chlormethylisothiazolinon 41
Chlorophora tinctoria 8, 289
Chlorophyta 287
Christoph Kolumbus 284, 317
Chrombeizen 282
Chromkalibeize 347
Chromosom 321
Chromosomensatz
– haploider 324
Chrozophora tinctoria 6
Chrysanthemum vulgare 9

Chrysen 50
Chrysoeriol 9
Chrysokoll 5
Clitoria ternatea 10
CMIT 41
CM-Messgerät 98
CM-Messung 98
Cochenille 12, 311, 320
Cochenillelaus 281
Coffea arabica 354
Coffea canephora 354
Coreopsis tinctoria 7
Cotinus coggygria 8
Crocetin 326
Crocin 9, 326
Crocus sativus 9, 324, 326, 356
Cruciferae 332
Cudbear 287
Cupula 285
Curcuma longa 8
Curcumin 8
Cuthbert Gordon 287
Cyanobakterium 287
Cyanwasserstoff 301
Cyclohexan 26
Cytisin 292

D

Dachdeckerregel 207
Dachdeckung 198
Dachfenster 212
Dachgaube 203, 205
Dachhaut 213
Dachlattenoberkante 203
Dachüberstand 200
Dactylopius coccus costa 12
Dämmschaumstoff 32
Dahlialack 317
Dark Red Meranti 91
DBP 43
DDT 25, 37, 40
De architectura libri decem 299
Decabromdiphenylether (DecaBDE) 47
Deckenplatte 37
Dehnungsfuge 99
DEHP 43
Dendrocalamus 77
Depression 40
Deutsches Dachdeckerhandwerk 207
Di(2-ethylhexyl)phthalat (DEHP) 42
Diaphragma 83
Diarrhö 318
Dibenzodioxin
– polybomiertes 47
Dibenzofuranen (PBDF) 47
Dibutylphthalat (DBP) 42
Dichlordiphenyltrichlorethan (DDT) 37
Dichloroctylisothiazolinon (DCOIT, DCOI) 41
Dicht- und Montageschaum 35
DIDP 43
Diethylether 278
Diisocyanat 34, 35
Diisocyanatodicyclohexylmethan (H12MDI) 35
Diisodecylphthalat (DIDP 42
Diisononylphthalat (DINP) 42
Dioxin 39
Dioxyanthrachinon-Glycosid 310
Diphenylether
– polybromiertes 46, 47
Diphenylmethandiisocyanat 35
Direktfarbstoff 13, 287
disaccharid 326
Dispergiermittel 5
Dispersionsfarbe 31, 37
Distanzkeil 99
DNOP (Di-n-octylphthalat) 43
Docke 202
Domingoblauholz 281
Douglasie 33, 90

Dreifurchenpollen-Zweikeimblättrige 278
Drilltechnik 303
Durchdringung 207
δ-3-Caren 36

E

Eastern Black Oak 284
Ebenholz 91
Echte Bärentraube 7
Echte Färberröte 309
Echte Goldrute 295
Echter Dost 6, 11
Echter Fustik 8, 289
Echter Wau 340
Echtes Brasilienholz 316
Echtes Gelbholz 289
Echtes Mädesüß 7
Efeubeere 347
Eibe 91
Eiche 33, 283, 284
Eichelfrucht 285
Eichenrinde 349
Eindosen 313
Eisen(II)-sulfat 293
Eisenbeizen 282
Eisenoxid 5
Eisenvitriolbeize 347
Eiweiß 34
Elefantengras 260
Emission 27
Emissionsklasse 33
Emissionsmessung 28
Emissionsprüfung 53
Emissionsquelle 31
Energieeinsparverordnung (EnEV) 200
Equisetum arvense 348
erbgutschädigend 34
erbgutverändernd 39
Erdpigment 5
Erdölchemie 25
Erdölprodukt 25
Erdreich 38
Erica 353
Erle 91
Erlenblatt 350
Erlenrinde 350
Erosionsschutz 75
Esche 91
Essigbaumblatt 351
Essigbeere 9
Ester 31
Estrich 37
Ether 31
Europäische Chemikalienagentur (ECHA) 43, 48
EU-Verordnung 35
Evernia-Art 287
Extraktionsfabrikation 290

F

Fabaceae 281, 292, 299, 316
Fabales 292
Faboideae 299
Fagaceae 284
Falscher Alkanna 278
Falscher Gelber Indigo 10
Falscher Safran 320, 326
Falsches Cochenillerot 317
Farbe 37
Farben Saflor 320
Färbende Fleckblume 10
Färbende Geißraute 10
Färbende Ochsenzunge 278
Färberalkanna 6, 278
Färberchamille 303
Färberdistel 6, 320, 326, 329
Färbereiche 7, 284, 340
Färberflechte 6, 287
Färberginster 7, 284, 292, 340, 351
Färbergras 340

Färberhülse 10
Färber-Hundskamille 303
Färberkamille 8, 303, 351
Färberknöterich 10, 306
Färberkrapp 309
Färberkraut 278
Färberkroton 6
Färbermaulbeerbaum 284, 289
Färbermaulbeere 8
Färbermeister 6
Färberorleander 10
Färberpfrieme 292
Färber-Resede 340
Färberröte 6
Färberröthe 310
Färbersaflor 320
Färberscharte 8, 284, 329, 352
Färberschartenkraut 329
Färberschwalbenwurz 10
Färberseele 340
Färberwaid 10, 292, 299, 306, 332, 340
– heimischer 299
Färberwaldmeister 6
Färberwau 8, 284, 335, 340
Färberwurzel 310
Farbpigment 5
Farbstoff 4, 5
– indigoider 12
– natürlicher 5
Farbstoffgehalt 310
Farbvorstufe 306
Farbwachs 343
Farnblättrige Schafgarbe 8
Faserbambus 91
Faserbanane 257
Faserbeton 74
Fassadenfarbe 38
Fatih Sultan Mehmet 316
Faulbaumbeere 352
Faulbaumrinde 352
Feige 289
Feinblau 300
Felberich 8
Fenster
– stehendes 213
Fensterprofil 42
Fermentation 333
Fernambukholz 316
Fertigparkett 32
Fettsäure 34
Feuchtigkeitssperre 98
Fichte 33, 36, 90
Ficus 289
Ficus elastica 289
Filipendula ulmaria 7
Finn 202
First 208
Firstscheitellinie 208
Fisetin 8
Flachs 101
Flammschutzmittel 26, 37, 46
– phosphorhaltiges 47
– stickstoffbasiertes 46, 48
Flavon 303
Flavone 9
Flavonoid 304
Flechte 286, 287
Florentiner Lack 317
Fluoranthen 50
Fluoren 50
Fogging 44
Folie 42
Folium 6
Formaldehyd 26, 27, 32, 301
formaldehydfrei 35
Formaldehydharz
– Ersatz 35
Formaldehydkonzentration 33
Frangula alnus 352
Frauenhilf 8, 11

Frauenmantel 8, 11
Friedrich Ferdinand Runge 332
Frischluftzufuhr 34
Fruchtbecher 285
fruchtschädigend 39
Fugendichtmasse 37
Fungizid 38, 40
Furan 26, 39
Furfural 31
Fußbodenbelag 42

G

Gaius Plinius Secundus Maior 340
Galega tinctoria 10
Galium mollugo 358
Gallapfel 310
Gallium mollugo 6
Gallium verum 6
Garapflanze 10
Garbe 202
Gardenia jasminoides 7
Gardenie 7
Gärung 333
Gaube 212
Gaubenfensterzarge 203
Geierkralle 340
Gekrönte Scharte 329
Gelbe Färberblume 292
Gelbe Schafgarbe 8
Gelber Fingerhut 340
Gelbes Brasilholz 289
Gelbholz 8, 284, 288, 292
Gelbholz-Hartriegel 289
Gelbholzlack 290
Gelbkraut 340
Gelbton 303
Gelbwurzel 8
Gemeine Ochsenzunge 278
Gemeine Scharfgabe 9
Gemeiner Teufelsabbiss 10
Genipa americana 11
Genista 292
Genista scoparia 292
Genista tinctoria 7, 284, 292, 340, 351
Genista tinctoria L. subsp. littoralis 293
Genistein 292
Gentiobiose 326
Georg Rudolf Böhmer 317
gepresst
– horizontal 83
– vertikal 83
Gerbstoff 295
Getreide 116
Gewöhnliche Berberitze 9
Gewöhnliche Färberscharte 329
Gewöhnlicher Felberich 8
Gewöhnliches Labkraut 6
Giebelflächenneigung 200
Gilbblume 303
Gilbblümli 292
Gilbgraut 340
Gilbweiderich 8
Ginster 284, 291, 292
Gips 5
Glutinleim-Farbe 343
Glycosid 306
Glykol 31, 32
Glykosid 333
Goldenes Vlies Thüringen 332
Goldgarbe 8
Goldrute 8, 294
Goldrutenart 295
Goldruthe 295
Gold-Schafgarbe 8
Graf von Jülich 316
Granatapfel 11
Granatlack 317
Großköpfige Färberscharte 329
Grünalge 287
Gummibaum 289

Gustav Hegi 295

H

Haarausfall 40
Haematoxylin 10, 11
Haematoxylum 316
Haematoxylum braziletto 316
Haematoxylum campechianum 10, 11, 281, 300
Hahnenbalken 203
Hain-/Weißbuche 91
Halfagras 257
Halmneigung 200
Halogen 26
Halogenverbindung
– organische 46
Hämatein 10, 11
Hämatoxylin 281
Hanf 124
Hanfpalme 257
Harmalin 7
Harnstoff-Formaldehydharz 32
Hartfaserplatte 32
Hausstaub 27
Haut 40
hautreizend 35
HCHO 32
Heidefirst 208
Heidefirstabdeckung 212
Heidekraut 8, 353
Heidelbeere 6
Hemikryptophyt 309
Hemlock 90
Henna 353
Hennastrauch 6, 7, 11
Hennosid 6, 7, 11
Hernán Cortés 281
Hexabromcyclodecan 47
Hexabromcyclododecan 47, 48
Hexachlorcyclohexan 40
Hexamethylendiisocyanat (HMDI) 35
Hexaplex trunculus 12
Hickory 91
Hohe Garbe 8
Hohe Schafgarbe 8
Hohelied Salomos 325
Holländisches Gelbholz 289
Holunder 347
Holz 7, 38, 140
Holzwerkstoff 38
Holzfertigparkett 35
Holzfärberei 281
Holzhaus 36
Holzpflegemittel 36
Holzschutz 37, 40
Holzschutzmittel 38, 40, 51
– PCP-haltig 39
Holzschutzmittelhersteller 40
Holzschutzmittelskandal 25
Holzschutzmittelsyndrom 37, 40
Holzschutzmittelwirkstoff 38
Hopfen 258
Hülsenfrüchtler 281, 292, 299, 316
Hundskamille 303
Hypericin 8
Hypericum perforatum 8
Hyperosid 7

I

Immunsystem
– Störung 40
Indeno[1,2,3-cd]pyren 50
Indican 332
Indigo 10, 298, 332
Indigofärberei 329
Indigofera argentea 300
Indigofera arrecta 10
Indigofera suffruticosa 10
Indigofera tinctoria 10, 306, 332
Indigofera-Art 299

Indigopflanze ... 10, 299
Indigopulver ... 333
Indigostrauch ... 299, 306, 332
Indikan ... 306
Indischer Spinat ... 6
Indoxyl ... 10, 301, 306, 333
Innenraumanalytik ... 26
Innenraumbelastung ... 34
Innenraumfarbe ... 38
Insektenbestäubung ... 321
Insektenpulver ... 40
Insektenspray ... 40
Insektizid ... 38, 40
Interessengemeinschaft der Holzschutzmittelgeschädigten (IHG) ... 40
International Agency for Research on Cancer (IARC) ... 34
IPA ... 278
Iridaceae ... 324
Isatan B/Indigo ... 10
Isatin ... 333
Isatis indigotica ... 10
Isatis tinctoria ... 10, 292, 299, 306, 340
Islandmoos ... 354
Isocanat ... 35
Isocyanat ... 32, 34
Isocyanatgruppe ... 34
Isocyansäure ... 34
Isohamnetin ... 340
Isolationsmaterialien ... 47
Isophorondiisocyanat (IPDI) ... 35
Isothiazolinon ... 37, 40

J

J. von Wiesner ... 326
Jackfruchtbaum ... 289
Jamaikablauholz ... 281
Jamaikarotholz ... 316
Japanholz ... 316
Jenipapo ... 11
Johannisblume ... 303
Johannisbrotgewächs ... 281
Johanniskraut ... 8
Joseph Kimchi ... 316
Juglans regia ... 357
Jute ... 258

K

Kabelummantelung ... 42
Kaffee ... 354
Kaffeebaum ... 309
Kalifornische Schwarzeiche ... 284
Kalilauge ... 312
Kaliumaluminiumsulfat ... 293, 342
Kaliumcarbonat ... 287
Kaliumsulfat ... 312
Kalk ... 5
Kalkfarbe ... 343
Kalktünche ... 343
Kamille ... 302
Kamillenpflücktechnik ... 303
Kammerfilterpresse ... 312
Kampeschebaum ... 281
Kämpferöl ... 6, 11, 340
Kanadische Goldrute ... 296, 297
Kapok ... 259
Karl Heumann ... 299
Kasein-Borax-Farbe ... 344
Kattundruck ... 281, 284, 290
Kehlbalken ... 203
Kenaf ... 259
Kendalgrün ... 292
Kermes ... 12
Kermes vermilio Planchon ... 12
Kermessäure ... 12
Kernholz ... 281, 289
Keton ... 26, 31
Kiefer ... 33, 36, 90
Kinderspielzeug ... 42
Kirschbaum ... 91
Kleber ... 37, 40

Kleiner Odermennig 11
Kleisoden 209
Kleister 40
Kletterbambus 74
Klimaanlage
– Befeuchterwasser 40
Kloben 289
Kniep 201, 210
Knopflochblume 7
Knöterich 305
Knöterichgewächs 306
Kohlehydrat 77
Kohlendioxid (CO_2) 25
Kohlenmonoxid (CO) 25
Kohlenstoff 25
Kohlenstoffatom 26
Kohlenwasserstoff (PAK) 26
– aromatischer 48
– polyclisch aromatischer 37, 51
– ringförmiger 26
Kokos 156
Kondensator
– in Leuchtstofflampen 37
Kongojute 259
Kongonere 45
Kontaktallergen 42
Konzentrationsschwäche 40
Kopflaus 40
Kopfschmerzen 40
Korbblütler 295, 303, 320, 329
Kork 31, 169
Korkdämmplatte 37
Korkeiche 284
Korkfertigparkett 35
Körperpflegemittel 32
Kosipo Mahagoni 90
Kosmetik 32, 74
Koto 90
Krapp 6, 308, 309, 310, 317, 320, 355
Krapptrockenmasse 311
Krebs 35
Krebskraut 6
krebserzeugend 39
Kreuzbeerenextrakt 285
Kreuzblütengewächs 332
Krokus 324
Krokuszwiebel 325
Krüppelwalmdach 200
Kubaholz 289
Kubalack 290
Küchenzwiebel 9, 11
Kultur 321
Kunstindigo 301
Kunststoff 42
Kunststoffboden 37
Kunststoffindustrie 32
Kunststoffmöbel 42
Küpe 338
Küpenfarbstoff 12, 306, 333
Kupfer 25
Kupferbeizen 282
Kupfersulfat 293
Kupfervitriolbeize 347
Kurkuma 8
Küsten-Färber-Ginster 293

L

La Mancha 324
Labkraut 309
Lack 32, 37
– mit Umweltzeichen 31
Lackmus 6, 287
Lackmusflechte 287
Lackmuskraut 6
Lackprodukt 320
Laguna-Campeche 281
Laminat 32
Laminatboden 35
Lampenöl 320
Lan 306

Lärche ... 90
Latexfarbe ... 42
Lattenflucht ... 203
Laub ... 213
Lawson ... 6, 7, 11
Lawsonia inermis ... 6, 7, 11, 353
Leberschaden ... 40
Lebensmittelsicherheit ... 42
Leder ... 32, 40
Lederfärberei ... 281
Lee-Schicht ... 208
Leinöl ... 312
Leiocarposid ... 296
Liche ... 287
Lichtbeständigkeit ... 317
Ligni ... 77
Lignum campeche ... 281
Limba ... 90
Limonen ... 36
Lindan ... 25, 37, 38
Lindan (Hexachlorcyclohexan, γ-HCH) ... 40
Lindan (γ-HCH) ... 38
Linde ... 90
Linoleum ... 31
Linoleumparkett ... 35
Linolsäure ... 321, 322
Lösemittel ... 30
– natürliches ... 36
– TRGS-konform ... 31
Lösemittelgehalt ... 31
Lotwurz ... 6
Luftbeprobung ... 29
Luftprobe ... 29
Lutein ... 9
Luteolin ... 7, 8, 9, 292, 303, 340, 342
Lutum ... 340
Lysimachia vulgaris ... 8
Lythrum salicaria ... 6

M

Maclura ... 289
Maclura tinctoria ... 8, 284, 289
Maclura tinctoria L. subsp. tinctoria ... 289
Maclurin ... 290
Mädchenauge ... 7
Magic Dust ... 44
Magnesiumdihydroxid (MDH) ... 48
Magnoliopsida ... 306
Maklurin ... 290
Malabarspinat ... 6
Malachit ... 5
Malvidin ... 7
Manganoxid ... 5
Mansarddach ... 200
Mansfeld ... 295
Marcus Vitruvius Pollio ... 299, 340
Mareosid ... 7
Marienkraut ... 8, 11
Maritimetin ... 7
Marronlack ... 317
Marsdenia tinctoria ... 10
Massenkonzentration ... 30
Maulbeere ... 289
Maulbeergewächs ... 289
Maya ... 316
MCS (multiple chemical sensitivity) ... 37
MDF-Platte ... 32
MDI ... 35
Medikament ... 32
Mehmed II ... 316
Mehrschichtplatte ... 82
Melamin ... 48
Melamincyanurat ... 48
Melamin-Formaldehydharz ... 32
Melaminphosphat ... 48
Melocanna ... 77
Mennige ... 5
Messerkranz ... 80

Metalloxid 314
Metallsalz 278
Methanal 32
Methylendiphenyldiisocyanat (MDI) 35
Methylisocyanat 34
Methylisothiazolinon (MIT, MI) 41
MF 32
Mielitz 199
Milbenbefall 39
Mineralfaser
– künstliche 25
Mineralpigment 5
Miscanthus 260
MIT 41
Molmasse 30
Molvolumen 30
Monoisocyanat 34
Monochloressigsäure 301
Mono-Isocyanat 34
monopodial 74
Montageschaum 47
Montageschaumstoff 32
Moos 213
Morgenland 320
Morin 8, 290
Moringerbsäure 290
Morinlack 290
Morus 289
Morus alba 289
Morus nigra 289
Morus tinctoria 289
Mosobambus 74, 76
Mottenfraß 39
Mottenkugel 49
Mottenschutzmittel 49
Müdigkeit 40
MUF 32
MUPF 32
Musterbauordnung (MBO) 51
mutagen 39
Mutant
– triploider 324
Muttergottesmantel 8, 11
MVOC 26
Mykobionte 287
Myricetin 7, 282
Myricetol 282
Myricitin 282
Myrtilli 6

N

Nàd 199
Nadelholz 31, 36
Nährstoffbedarf 337
Nageln 99
Naphthalen 301
Naphthalin 50, 301
Naphthochinon 279
Napoleon Bonaparte 299
Narbenast 324
Natriumcarbonat 287
Natriumhydroxid 301
Natronlauge 301
Naturfarbe 5, 31, 36
Naturharzlack 31
Naturindigo 299
Naturmaterial 27
Nelkenartige 306
Neophyt 329
Nervensystem
– Störung 40
neurotoxisch 34
Neuseelandflachs 261
Nicaraguaholz 316
Nierenschaden 40
Nitrobenzol 333
Nitrolack 31
N-Methylcitisin 292
Nodien 78
Nodienbereichen 83

Nominalform 329
N-Phenylglycin-o-carbonsäure 301
Nussbaum 91

O

o-Aminobenzoesäure 301
Oberputz 38
Ocenambra erinecea 12
Ochsenblut 310
Ochsenzunge 278
Ochsenzungenwurzel 278
Octabromdiphenylether (OctaBDE) 47
Octylisothiazolinon (OIT, OI) 41
Odermennig 8
Öl
– ätherisches 36, 295
Öldistel 320
Öl-Ei-Farbe 344
Ölfarbe 344
Öllasur 345
Ölsäure 321
Onosma echioides 6
Orcanette 278
Orcein 287
Orcéine 287
Orcin 287
Orcinol 287
Oregano 6, 11
Origanum vulgare 6, 11
Orlean 7, 11
Orleansstrauch 7
Orseille 6, 287
Ortgang 210
Ortgangbrett 210
Orzin 287
Orzinol 287
OSB-Platte 32, 35
Ostindisches Rotholz 316
Oxytenanthera 77
Ozon (O_3) 25

P

PAK 26, 37
– aus Bitumenbaustoffen 26
Palmitinsäure 321
Papier 74
Parkett 82
Parkettoberfläche 86
Parkett-Panelenoberfläche 87
Parmelia-Art 287
Pastell 332
PCB 26, 37, 45
PCB-Kongonere 45
PCB-Richtlinie 46
PCP 38, 40
Pedro Álvares Cabra 317
Peganum harmala 7
Pelzfärberei 281
Pentabromdiphenylether (PentaBDE) 47
Pentachlorphenol (PCP) 25, 37, 38, 39
Pentahydroxyflavon 284, 290
Perianth 300
Permethrin 37, 39
Pernambukholz 316
Perückenstrauch 8
Petersilie 9
Petroleumether 278
Petroselinum crispum 9
PF 32
Pfennigkraut 8
Pflanze
– bedecktsamige 306
– diözische 289
– monözische 285
Pflanzenschutz 40
Pflanzendämmstoff 264
Pflanzenschutzmittel 321
Pfropfen 213
Phenanthren 50
Phenol 39
– bromiertes 47

Phenol-Formaldehydharz 32, 95
Phenolglycosid 296
Phenolresorcin-Formaldehydharz 32
Phenylglycinnitril 301
Philenoptera cyanescens 10
Phosphat
- organisches 47
Phosphinat 47
Phosphonat 47
Phosphor 26
Phosphorsäureester 37, 47
Phosphorverbindung 46
Photobionten 287
Phthalat 25, 42, 43
Phyllostachys heterocycla 76
Phytolacca americana 6
Phytophtora drechsleri 322
Pierre Robiquet 287
Pigment
- anorganisches 5
Pilz 38, 287
Pilzbefall 214
Pinene 9
Pitch Pine 90
Plinius der Ältere 340
Pockholz 91
Polnische Cochenille 12
Polygonaceae 306
Polygonum tinctorium 10, 306
Polymeres Diphenylurethan-Diisocyanat 32
Polymeres Diphenylmethandiisocyanat (PMDI) 35
Polyphenol 11
Polystyrolschaum 48
Polyurethan (PU) 35
POM 26
Porphyrophor apolonica L. 12
Potasche 329
ppb (parts per billion) 30
ppm (parts per million) 30
PRF 32
Prokaryoten 287
Proppen 213
Prüfkammerbedingung 33
Pseudoalkanna 278
Pterocarpus 316
Pterocarpus santalinus 316
pubescens 76
pubescens Mazel 76
PU-Bindemittel 35
PU-Schaum 46
Publius Vergilius Maro 340
Puccinia carthami 321
Pultdach 200
Punica granatum 11
Purgierkreuzdorn 9
Purpurlack 317
Purpurschnecke 12
Purpurviolett 300
Putz 38
PVC 42
Pyren 50
Pyrethroid 37, 39
Pyrrolizidinalkaloid 278

Q

Quark-Borax-Farbe 345
Quark-Farbe 346
Quark-Kalk-Farbe 346
Quark-Öl-Farbe 346
Quecksilber 25
Quellverhalten 98
Quercetin 8, 9, 11, 284
Quercirtonrinde 284
Quercitin 9, 11
Quercitrin 7
Quercitron 284, 292
Quercitroneiche 7, 284
Quercitronrinde 340
Quercus 284, 349

Quercus kelloggii 284
Quercus rubra 284
Quercus suber 284
Quercus tinctoria 284
Quercus velutina 284, 340
Quercus velutina (-tinctoria) 7
Querzirtonrinde 284
Querzitron 284

R

Rainfarn 9
Räjde 199
Ramie 261
Ramin 91
Raumluft 27, 40
Raumluftfeuchte 98
REACH-Verordnung 43, 48
Rebenschwarz 4
Red Pine 90
Reed 199
Reet 199
Reetdach 198
Reetdachdecker 212
Reetdachschraube 206
Reetfirst 208
Reetlage 207
Reinigungsmittel 32, 36
Reith 199
Reithgras 199
Reseda 340
Reseda luteola 8, 284, 335, 340, 357
Rhamnelin 9
Rhamnose-Glykosid Quercetin 284
Rhamnus catharticus 9
Rheingold 332
Rhizom 74
Rhizomenmark 311
Rhizomknolle 74
Rhus hirta 351
Ried 199
Riesen-Goldrute 295
Riet 199
Ringelblume 9
Rio-Palisander 91
Robinie 91
Roccella tinctoria 6
Rocella tinctoria 287
Rödelung 206
Rödte 310
Rodung 90
Rohboden-Pionier 341
Rohr 199
– gehechelt 201
Rohrbauer 201
Rohrbefestigung 205
Rohrbund 213
Rohrfirst 208
Rohrgras 199
Rollfirst 209
Romantisches Kraut 340
Römische Kamille 9
Roseau 199
Roselle 259
Rosopsida 278
Rotbuche 91
Röte 310
Rote Beete 355
Rote Ochsenwurzel 278
Rote Ochsenzunge 278
Rötegewächs 309
Roteiche 91, 284
Roter Phosphor 47
Röthe 310
Rotholz 7, 315, 316
Rotkohl 355
Rubia 309
Rubia tinctorum 6, 309, 317, 355
Rubiaceae 309
Rukustrauch 7

S

Saatmaschine 337
Sachkundenachweis 35
Saflor 6, 9, 320, 329, 356
Saflorgelb 320
Saflorkarmin 322
Saflorrost 321
Safran 9, 320, 324, 356
Safranfaden 326
Sägedach 200
Salicarin 6
Salmiakgeist 329
Salvètat 321
Salz
– anorganisches 48
Sambucus nigra 7
Sambucyanin 7
Sandelholz 316
Sandelholzbaum 316
Santa Martaholz 316
Santalholz 316
Santelholz 316
Sapeli-Mahagoni 91
Saponin 295
Sappanholz 316
Satz
– diploider 321
Sauerdorn 9
Sauerstoff 26
SBS (sick building syndrome) 37
Schachtdraht 204
Schädigung 40
Schädlingsbekämpfung 38
Schadstoffanalytik 29
Schafgarbe 9
Schamblume 10
Scharlachrot 311
Scharte 284, 328
Schartengattung 329
Schartenkraut 329
Scheeb 202
Scheibenblüte 303
Schilf 183
Schilfbedarf
– auf Dach 203
Schilfrohr 198
Schilfschoben 210
Schimmelpilz 39
Schlafstörung 40
Schleimhaut 40
Schmetterlingsblütenartige 292
Schmetterlingsblütler 299, 332
Schmetterlings-Erbse 10
Schminkwurz 278
Schnittstoppel 201
Schob 202
Schock 202
Schof 202
Schöllkraut 9, 11
Schönauge 7
Schöngelb 292
Schoof 202
Schurwolle 39
Schüttgelb 285, 290, 297, 329, 340
Schwarze Eiche 7, 284
Schwarze Malve 7
Schwarzer Holunder 7
Schwarzer Maulbeerbaum 289
Schwarzstaubablagerung 44
Schwarztee 356
Schwefel 26
Schwertliliengewächs 324
Schwundverhalten 98
Sclerotinia sclerotiorum 321
Seegras 216
Seidenfärberei 281
Sekundärquelle 27
Sen 90
Serratula 329
Serratula coronata 329

Serratula tinctoria............... 8, 284, 329, 352
Serratula tinctoria ssp. macrocephala......329
Serratula tinctoria ssp. tinctoria 329
Serratulin 8
Sesquiterpen γ-Cadinen 296
Siedepunkt 30
Silikondichtmasse 40
Siloxan 32
Sipo-Mahagoni 90
Sisal-Agave..261
Soda
  – kaustisches 301
Sodenfirst...209
Solidago 295
Solidago canadensis...............................296
Solidago gigantea...................................295
Solidago japonica Kitam.........................295
Solidago leavenwirthii Torr 295
Solidago virgaurea 8, 295
sopropanol 278
Spanplatte 32
Spargelartige..324
Sparrenabstand.......................................204
Sparrenfuß..203
Spartein 292
Speiseöl..320
Speisezwiebel 358
Sperrholz..32
Stammrhizomknolle.................................74
Staphylokokken 278
Stärkkraut...340
Stearinsäure..321
Stecklingzucht..309
Stempelfaden 324
Sticken 208
Stickstoff..26
Stickstoffoxide (NO_x) 25
Stockrose 7
Stoffgruppe
  – chemische 30
Stöpsel 213
Strauchflechte 6
Streichblume..303
Streichkraut..340
Streuschicht 200
Strichkraut 340
Stroh 228
Strohfärberei 281
Strohwulstfirst 209
Studentenblume 9
Styrol 26
  – bromiertes 47
Substanz
  – foggingaktive 44
  – leichtflüchtige 30
  – mittelflüchtige 37
  – schwerflüchtige 37
Succisa pratensis.......................................10
Sumach 310
Superfeinblau...300
superhydrophob 45
Süßgras 74
SVHC 48
SVOC (semivolatile organic compounds) 26, 27, 37, 42
SVOC-Emission 53
Syrische Raute 7

T

Tagetes 9
Tagetes erecta 9
Tanbark Oak 284
Tanne 90
Tapete 37
Taublatt...8, 11
Täuschendes Gelbholz............................289
Tauschüsselchen 8, 11
Tausendkorngewicht....................... 303, 337
Teak 91
Technische Regeln für Gefahrstoffe (TRGS) 30, 40

Tee 356
Tee-Essig-Holzbeize 345
Temperafarbe 345
Tephrosia tinctoria 10
Teppich 37
Teppichrücke 42
teratogen 39
Terpen 31, 34, 36
– leichtflüchtiges 36
Terrassenbelag 92
Tetrabrombisphenol A (TBBPA) 47
Tetrabromphthalsäueranhydrid 47
Tetrahydrofuran 26
Textil 40, 74
Textilfärberei 4
Textilie 32
Thatch 199
Tierversuch 43
Todesopfer 333
Toluoldiisocyanat (TDI) 35
Tonerde 312, 342
Toxizität 40
Tränenschön 8, 11
Trauben-/Weißeiche 91
Traufanschluss 210
Traufe 209
Traufrichtung 208
TRGS 40
Trichloraldehydhydrat 278
Trioxyanthrachinon-Glycosid 310
Tris-(2-chlorethyl)-phosphat (TCEP) 46
– reproduktionstoxisch 48
Trittschalldämmung 98
Trockenmasse 321
Tropenwaldverlust 90
Tropfbrett 212
Trugdolden 335
Tsao 74
Türkischrot 310
Türprofil 42

U

UF 32
Ulme/Rüster 91
Umweltschaden 333
Umweltverschmutzung 25
Unterdach 200

V

Vaccinium myrtillus 6
Vegetationsperiode 300
Verbindung
– bromierte 47
Verblendschale 201
Verbraucherschutz 42
Vergil 340
Verklebung
– vollflächige 99
Verlegung
– schwimmende 99
Verschrauben 99
Vinylschaumtapete 42
Virgaureosid A 296
Vitruv 299, 340
VOC 26, 27, 34
VOC-Emission 53
Volatile Organic Compounds 30
Volumenanteil 30
VVOC 26

W

Wachs 40
Waid 331
Waidanbau 332
Waidball 337
Waidfarbe 332
Waidkogle 337
Walnuss 357
Wandanstrich 37
Wärmdämmverbundsystem 38
Waschmittel 32

Wasserstoff 25
Wau 284, 339, 340, 357
Wauabkochung 342
Wauanbau 284
Weentechnik 205
Weiberkittel 8, 11
Weichholzpflock 208
Weichmacher 25, 26, 37, 42
Weichmacherverbrauch 43
Weide 340
Weihe-Kralle 340
Weinessig 318
Weinstein 311
Weinsteinbeize 347
Weißer Maulbeerbaum 289
Wenge 91
Werft 199
Werst 199
Western Red Cedar 90
Wiede 340
Wiesenflockenblume 9
Wiesengras 245
Wiesenkerbel 9
Wiesenlabkraut 6, 358
Wilder Indigo 10
Wilder Safran 320
William Maclure 289
Windbrett 210
Wolfgang Feige 333
Wrightia tinctoria 10

X

Xanthorhamnin 9
Xylol 26

Y

Yellow Oak 284
Yoruba indigo 10

Z

za'farān 324
Zebrano 91
Zeder 90
Zelluloseleim-Farbe 346
Zeltdach 200
Zhejiang 76
Zierkrokus 325
Zinksulfit 48
Zinn(II)-chlorid 278
Zinnbeizen 282
Zinnober 5
Ziti 199
Zuckerrohr 262
Zungenblüte 303
Zweikomponentensystem 35
Zwergpalme 263
Zwiebel 9, 11, 358
zytotoxisch 34

9783834813213